当代中国学术文库

健康城市发展实践研究

——以苏州为例

谭伟良/主编

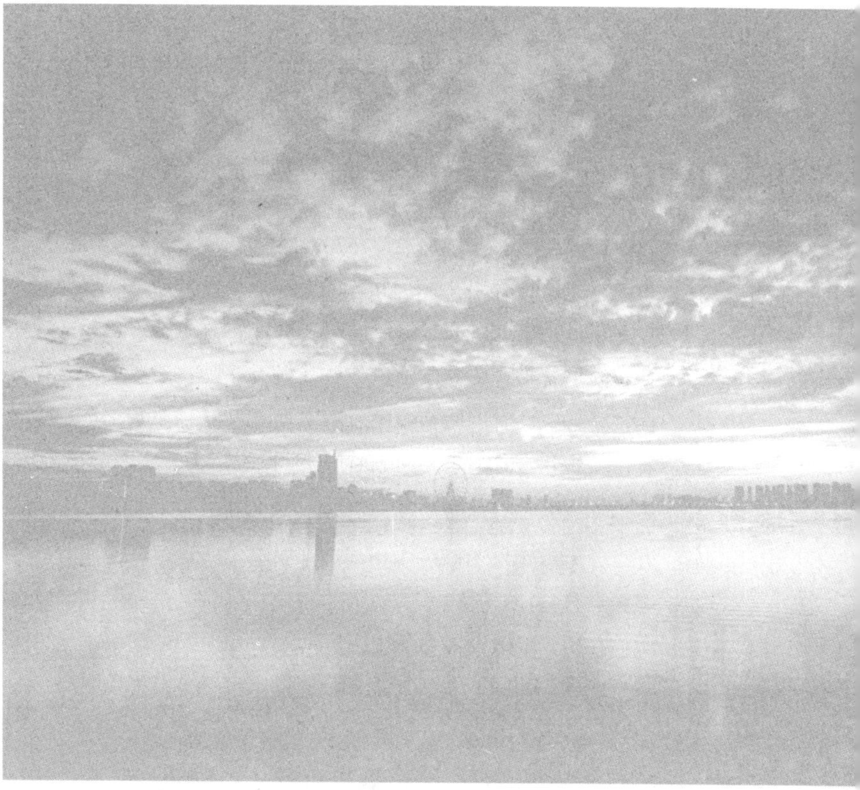

光明日报出版社

图书在版编目（CIP）数据

健康城市发展实践研究：以苏州为例 / 谭伟良主编
--北京：光明日报出版社，2018.1
ISBN 978-7-5194-3928-6

Ⅰ.①健… Ⅱ.①谭… Ⅲ.①城市环境—生态环境建设—研究—苏州 Ⅳ.①X321.253.3

中国版本图书馆 CIP 数据核字（2018）第 016770 号

健康城市发展实践研究：以苏州为例
JIANKANG CHENGSHI FAZHAN SHIJIAN YANJIU：YI SUZHOU WEILI

主　　编：谭伟良

责任编辑：许　怡　　责任校对：赵鸣鸣
封面设计：中联学林　　责任印制：曹　诤

出版发行：光明日报出版社
地　　址：北京市西城区永安路 106 号，100050
电　　话：010-67078251（咨询），63131930（邮购）
传　　真：010-67078227，67078255
网　　址：http：//book.gmw.cn
E - mail：xuyi@gmw.cn
法律顾问：北京德恒律师事务所龚柳方律师

印　　刷：三河市华东印刷有限公司
装　　订：三河市华东印刷有限公司
本书如有破损、缺页、装订错误，请与本社联系调换

开　　本：710×1000　1/16
字　　数：440 千字　　印　张：24.5
版　　次：2018 年 1 月第 1 版　　印　次：2018 年 1 月第 1 次印刷
书　　号：ISBN 978-7-5194-3928-6

定　　价：72.00 元

编 委 会

主　编　谭伟良

副主编　卜　秋　徐　勇

编　委　刘　芳　汤忆眉　刘俊宾　王海涛

孙宏鹏　张　钧　朱昆鹏　杨海兵

刘　洋　刘　强　张　宏　陈学良

胡一河　姚建华　赵秀萍　栾　琳

蒋　骏　滕臣刚　潘耀东

序　言

城市化是当今全球人类社会发展的总趋势，是社会生产力发展的客观要求和必然结果，城市的发展给人类的生活、工作带来很大方便，促进了世界经济的快速发展。当今世界对城市的发展提出了新要求，即城市不仅仅是片面追求经济增长效率的经济实体，城市应该是能够改善人类健康的理想环境，城市应被看作一个有生命、能呼吸、能生长和不断变化的有机体。于是，“健康城市”这个概念应运而生，它通过完善的城市规划、建设和管理，改进自然环境、社会环境和健康服务，全面普及健康生活方式，满足居民健康需求，实现城市建设与人的健康协调发展。其内涵是要充分调动城市各种资源，提高生命质量，减少不公平，达到最高健康水平。健康城市是一个不断开发的、自然和社会环境并行发展社会资源不断扩大，使人们能够在享受生命和充分发挥潜能方面给予一定帮助的城市。

2001 年苏州市第九次党代会上明确提出：“今后 5－10 年内，要把苏州建成健康城市”的奋斗目标。这是苏州城市化进程的必然选择，是争当建设“经济强、百姓富、环境美、社会文明程度高”新江苏先行军和排头兵的重要载体。苏州市在 2002 年正式启动健康城市项目，通过政府的积极推动，在政策上支持、资金上保证、行动上推进，广泛开展宣传，成立志愿者组织，充分挖掘城市健康发展潜力，让广大市民积极参与到健康城市的建设中去。

我们在苏州就健康城市的建设模式进行了积极探索，总结出一套适合于苏州的健康城市建设模式。即在理念上，把国际健康城市理念与中国具体情况相结合；在组织上把政府主导与志愿者组织相结合；

在运行机制上,把卫生部门牵头与政府各部门协作相结合;在方法措施上,把全面推进与具体特色项目相结合。逐步形成了“政府主导,市民参与;问题导向,精准诊断;科学指导,项目为先;以人为本,关注弱势(健康公平);社区先行,全面拓展”的发展模式。通过了18年的努力,苏州健康城市的建设取得了一定的成果,2016年人均期望寿命为82.90岁,其中男性80.57岁,女性85.24岁,孕产妇死亡率降至0.0257‰、婴儿死亡率下降到2.47‰,孕产妇死亡率下降到0.0405‰。这得益于苏州市居民生活水准和医疗救治、疾病防控、妇幼保健等整体健康维护水平的提高,与社会经济条件、健康服务、健康环境、健康保障水平等密切相关。

健康苏州建设也面临新的挑战和机遇,2017年苏州市委市政府出台了《“健康苏州2030”规划纲要》《关于落实健康优先战略推动卫生计生事业发展的若干意见》,针对市民健康面临的重大问题和结构性矛盾,创新地提出并实施健康城市“531”、健康市民“531”、健康卫士“531”、健康单位“531”等系列行动计划,形成统筹解决健康问题的综合性方案。实现发展方式由“以疾病为中心”向“以健康为中心”转变,实现创新驱动发展的卫生与健康服务供给模式转型升级,使发展成果更多地惠及全体人民,更好地提高人民群众健康水平。

目　录

CONTENTS

第一篇　苏州健康城市发展模式研究篇

第一章

新形势下苏州市健康城市的建设模式

城市化是当今全球人类社会发展的总趋势，是社会生产力发展的客观要求和必然结果，城市的发展给人类的生活、工作带来很大方便，促进了世界经济的快速发展。据估测，全球已有50%的人口居住在城市化的人造空间里。然而，高速发展的城市建设，尤其是工业化的城市面临着社会、卫生、生态等诸多问题，如环境恶化、心理紧张化、不良生活方式的泛化、人口老龄化、疾病谱的变化、交通和信息传播的迅速化以及移民和城乡差异引起的社会健康的二元化，这些对当今世界城市的存在和发展提出了新要求，即城市不仅仅是片面追求经济增长效率的经济实体，城市应该是能够改善人类健康的理想环境，城市应被看作一个有生命、能呼吸、能生长和不断变化的有机体。健康城市的构筑理念，应符合可持续发展的普遍原则。健康城市行动的实施，将提供可持续发展的现实基础和动力源泉。

苏州地处太湖流域、沿江地带，人口密度高、人均资源少，生态环境十分敏感而脆弱；流动人口快速集聚，人流、物流更加频繁，给城市承载能力和管理带来新困难；随着人口老龄化和社会竞争的加剧，人群身心健康问题和慢性非传染性疾病不断增多，健康服务体系面临新挑战，建设健康城市已经成为苏州城市发展的必然选择。近10年来，苏州根据城市的具体实际，把国际健康城市理念和发展经验与中国具体情况相结合，提出与世卫组织目标吻合、符合实际的健康城市建设的可行性对策与举措，走出了一条健康城市建设的苏州模式。

一、国外健康城市建设模式借鉴

健康城市是世界卫生组织于20世纪80年代针对城市化给市民健康带来的影响而倡导的全球性行动战略。其目的是呼吁城市在自身发展过程中，通过政府、社会和市民的共同努力，持续改进和消除威胁市民健康的各种社会决定因素，全面提高市民的健康素质和生活质量，让城市成为健康人群、健康环境、健康社会和健康服务有机统一的发展整体。

1990年以来，健康城市在全世界迅速发展，迄今世界范围内已经有数千个城市开展此项行动。在美洲逐渐形成了拉丁美洲模式和美国印第安纳模式。拉丁美洲模式主要通过泛美卫生组织的努力,拉丁美洲在减少疾病方面取得了巨大进步。然而,随着贫富分化日趋严重,经济利益和社会福利越来越多地流向少数人,政府的领导权也更多地集中在有产者手中。大量的农村穷人流入城市贫民区谋生,贫民区的卫生问题层出不穷。为了给贫困居民真正带来希望,使他们对生活充满信心,拉丁美洲在健康城市建设中,特别注重社会利益的共同分享。为了解决贫困及贫困人口的卫生问题,他们坚持:贫困人口能否减少,取决于贫民是否享有诸如经济进步权这样的政治权利。他们认为,健康城市的建设需要全体居民在共同城市价值观的指导下努力完成,平等地参与健康城市的建设,平等地分享健康城市给人们带来的福利。美国印第安纳模式:1988 年,美国印第安纳健康城市计划是在印第安纳大学社区健康护理学院、印第安纳公共卫生协会和印第安纳州的 6 个城市的共同努力下实施的。此计划借鉴欧洲和加拿大健康城市建设的经验和教训,并结合了美国及印第安纳州的政治和社会状况。印第安纳健康城市计划的一个重要而独特之处在于,高度重视城市(或社区)领导权在建设健康城市过程中的积极作用,把它看作建设健康城市的前提条件之一,积极支持社区领导权的建设。

二、国内健康城市的建设现状

中国早在 1994 年 8 月就启动健康城市项目。在世界卫生组织的帮助下,北京市东城区、上海市嘉定区率先开展健康城市的建设工作。随后,海口、大连、苏州等城市也陆续开展。2007 年卫生部爱国卫生办公室又把上海市、杭州市、苏州市、大连市、克拉玛依市、张家港市、北京市东城区和西城区、上海市闵行区七宝镇和金山区张堰镇确定为健康城市建设的 10 个试点。2003 年发生 SARS 公共卫生事件后,中国城市化引发的问题及其严重性和紧迫性日益引起人们的注意。大家都认识到健康城市建设的系统性,即将公共交通、环境保护、循环经济等都纳入到一个整体来考虑,建立起大健康的概念,这其中包括社会心理健康。

目前,国内对健康城市的研究还处在概念和理论引入阶段,没有整体性、专门性研究,缺乏成熟的经验和做法。“健康城市”涉及广泛,包括公共卫生、城市地理学、社会学、政治学、行为学等方面。苏州根据社会经济、文化教育的需要和实际,确定城市的功能定位,提出与世界卫生组织目标吻合、符合实际的健康城市建设的可行性对策与举措,走出了一条健康城市建设的苏州模式。

三、苏州开展健康城市的建设模式

在理念上，把国际健康城市理念与中国具体情况相结合；在组织上把政府主导与志愿者组织相结合；在运行机制上，把卫生部门牵头与政府各部门协作相结合；在方法措施上，把全面推进与具体特色项目相结合。在苏州就健康城市的建设模式进行了积极探索，逐步形成了“政府主导，市民参与；问题导向，精准诊断；科学指导，项目为先；以人为本，关注弱势（健康公平）；社区先行，全面拓展”的发展模式。

1. 政府主导，市民参与

根据目前我国城市政府行政权力特点和社会非政府组织相对弱化的现实状况坚持“政府主导，市民参与”，强调这一行动是政府决策并主导实施的公共行为，各级政府承担着义不容辞的重要职责。各级政府要把建设健康城市作为一项重要工作来抓，使之成为合乎民心、群众广泛得益的实事工程。健康城市的推进都由政府负责，政府专门成立了领导机构，并由一名主管副市长领导，其他部门协作配合，市民积极参与。这是苏州健康城市能如此持续发展的主要经验。

为应对城市化进程带来的健康问题，市委、市政府做出了《关于加快健康城市建设的决定》；制定了《苏州市建设健康城市行动计划》；开展了健康社区、健康家庭、健康单位试点工作，实施了“健康服务工程”“健康宣传工程”和“健康细胞工程”，制定了健康城市指标体系；2001 年苏州市第九次党代会上明确提出：“今后 5～10 年内，要把苏州建成健康城市”的奋斗目标。这是苏州城市化进程的必然选择，也是创建最适宜人居和创业新天堂的有效载体。同时也是苏州市在全国范围内率先建成国家卫生城市群后，向更高更新目标推进的重要一步。

苏州市在 2002 年正式启动健康城市项目通过政府的积极推动，在政策上支持、资金上保证、行动上推进，广泛开展宣传，使市民积极参与，成立志愿者组织，充分挖掘健康促进的资源，广大的市民积极参与到健康城市的建设中去。

2. 问题导向，精准诊断

通过社会学诊断、流行病学诊断、行为和环境诊断、教育和组织诊断、管理和政策诊断，不断发现影响健康的问题，以问题为导向，开展健康城市建设。

3. 科学指导，项目为先

科学指导是采用科学方法，首先对城市进行“健康诊断”，发现存在的问题，以健康促进项目为先，根据不同时期、不同地区、不同行业制定不同的健康城市标准和指标体系，依托实用项目作为健康城市建设的推动力量。

4. 以人为本,关注弱势(健康公平)

关注健康公平是健康城市建设一个重要理念。苏州在健康城市建设中,始终以人为本,关注弱势即服务群众、造福群众,解决好、实现好人民群众最关心、最直接、最现实的健康问题,同时关注不同群体的需要,特别是低收入者、老年人、孕产妇、流动人口、艾滋病患者等,保证健康公平。

5. 社区先行,全面拓展

社区先行,全面拓展即以社区为突破口,在社区内开展健康教育,然后从社区向社会扩展,在企业、学校、宾馆、饭店广泛开展健康促进工作。

在社区中组织开展了健康城市"12+7"宣传、健康教育五进工程(进社区、家庭、企业、学校、单位)、相约健康社区行、健康大篷车进工地等系列活动,编印下发《健康教育五进读本》《健康生活三件套1-3》等百万份的宣传资料和宣传品,开展各类健康知识讲座700多场,12万人参加了健康教育培训课。

四、苏州健康城市的发展前景

苏州市在健康城市的建设中进行了初步的探索,积累了一定的经验,取得了一定成绩,但从世界健康城市的发展趋势来看,还需要在下列五个方面进一步提高:

1. 健康城市的建设要更加注重科学指导

苏州充分认识到健康城市的建设科学指导的重要性。目前正在组建"苏州市健康城市研究所"。通过搭建优势互补的开放式的合作新平台,加强地方政府与高校科研机构合作,有效整合资源,共同推进苏州健康城市发展战略研究,为科学决策提供依据,并使之成为出成果、出人才的高水平的健康城市理论研究和科学实践的主要基地,促进苏州建设健康城市可持续发展。针对苏州经济社会发展、人群健康和医疗卫生事业现状,组织开展前瞻性、实证性研究,调研分析影响城市居民健康的各种社会决定因素,科学诊断城市发展中面临的主要健康问题。

2. 进一步加强基础设施建设,改善生活环境

实践证明,基础设施建设在抵御恶性传染病方面起到了更为重要的作用。而且基础设施建设具有很强的公共性,因此,在推进健康城市的建设中,世界各国一般都会以此为突破口开展工作。苏州也需要进一步加强基础设施建设,改善生活环境,使环境更加健康。

3. 进一步关注健康公平

关注弱势群体的健康成为健康城市建设推进的重点。一个真正的健康城市,不是一个"锦上添花"的城市,而是一个"雪中送炭"的城市,它更应致力于关注弱

势群体的健康改善，近年来世界卫生组织在文件中反复强调了这一点。世界卫生组织西太平洋地区健康城市联盟秘书长中村桂子甚至认为，健康城市联盟的未来，就是培养健康的人群，而工作的重中之重就是努力改善城市弱势群体的健康状况，这主要包括残疾人、老年人和外来人口。

4. 进一步提高居民主动参与健康城市的建设

健康城市建设是十分复杂与艰巨的工作。对于这样一个复杂的系统工程，仅靠单一组织的推动是远远不够的，还需要多组织的合作与互动，特别是居民积极主动地参与。

在发达国家，由于具有比较成熟的公民社会，因此多组织合作主要体现在政府、非政府组织以及社区三者之间的互动与合作方面。三者有机结合，互为补充，相得益彰。在政府层面，一些发达国家在推动健康城市建设的过程中也是多组织互动的。

在我国，由于缺乏发育成熟的公民社会，加之健康城市建设的起步较晚。目前，大多数发展中国家的健康城市建设都采用政府主导模式。这其中也有一个演变过程。在建设健康城市的初期，卫生部门是主导部门。而随着健康城市建设的不断深入，多部门联动逐渐成为健康城市建设的趋势。随着公民社会的不断完善与成熟，非政府组织以及社区力量，在健康城市建设中的作用也将不断加强。

5. 健康城市向更深层次发展

以问题为导向，针对苏州市存在的主要健康问题，苏州市出台了《苏州市健康市民"531"行动计划》和《苏州市健康城市"531"行动计划》，积极做好《苏州市健康卫士"531"行动计划》方案出台的前期准备工作。推进胸痛、卒中、创伤、危重孕产妇和危重新生儿五大区域协同救治中心建设，确定了首批 17 家多中心疾病救治体系建设单位，分别有 6 家医院取得国家级胸痛中心和国家级卒中中心认证。推进"肿瘤、心脑血管疾病、高危妊娠"三大疾病高危因素筛查试点工作，完成心脑血管高危因素筛查 54154 人，肿瘤筛查 834 人，脑血管、心脏病高危率分别为 17.12% 和 14.55%。社区卫生服务中心通过开展"六个一"健康管理服务和"四个一"的能力提升，逐步完成向健康管理综合服务平台转型。

第二章

苏州卫生人力资源现状与配置标准研究

一、研究背景

卫生人力资源是卫生资源的重要组成部分，它直接影响着卫生服务的发展，就全世界范围而言，卫生事业经费中70%用于卫生人员工资。卫生人力资源的配置规模与水平必须综合考虑以下三个因素：社会需要、居民需求和社会经济对卫生事业的支持能力。

WHO在2000年提出要实现全球每千人口医生数为1人的目标。美国社会学家英克斯尔提出的社会现代化标准中，每千人口医生数为1.25人。由此可见，每千人口医生数这个指标的重要性以及它的指导意义。医疗卫生人力资源在不同地区之间的分配和流动更是直接影响到人们是否能够获得所需的医疗服务。在任何国家，如无政府政策干预，医疗卫生人力资源的自发流动总是有利于经济发达的地区。目前关于什么样的卫生人力资源配置比例，才能满足地区的医疗需要，是一个需要解决的普遍问题，也没有统一标准。

目前关于卫生人力资源的配置标准缺乏系统全面研究，在不同社会经济发展水平地区如何来配置卫生人力资源需要结合中国实际，借鉴世界发达国家的情况，合理进行配置。

本研究将在充分调查研究苏州卫生人力资源现状和居民（包括流动人口）健康状况、健康需求的基础上，研究苏州卫生人力资源的配置标准，为制订发达地区卫生人力资源的配置标准提供科学依据。

二、现状分析

1. 目前基本情况

（1）苏州情况

2016年苏州市户籍人口6781957人，常住人口1064.74万人。2016年全市出生75958人，死亡48016人，出生率为11.2‰，死亡率为7.08‰，人口自然增长率为4.12‰。全市登记注册的卫生机构3175个(含医院、卫生院、诊所、医务室、卫生所、社区卫生服务中心(站)),比上年增加54个机构。全市医院共有206家,其中,综合医院97家。2016年新设置二级医院4家、复核评价11家医院,全市共有三级医院19家、二级医院67家。年末全市实际开放床位63241张,比上年增加3937张,增加6.64%:其中医院56697张,社区卫生服务中心(含卫生院)6278张,分别比2015年增加7.36%、0.79%。按常住人口计算,2016年每千人口卫生机构床位数5.94张,每千人口医院床位数5.32张(见图1-2-1)。2016年卫生机构数及床位数见表1-2-1,分地区医疗卫生机构情况见表1-2-2。

表1-2-1　2016年卫生机构数及床位数

	机构数			床位数		
	2016年	2015年	2014年	2016年	2015年	2014年
总计	3175	3121	3063	63241	59304	55218
一、医院	206	194	185	56697	52809	48886
综合医院	97	95	90	33199	31206	28913
中医医院	7	7	7	4713	4439	4491
中西医结合医院	4	4	4	1218	1376	1225
专科医院	54	50	50	7042	6678	6333
护理院	44	38	34	10525	9110	7924
二、基层医疗卫生机构	2858	2822	2762	6304	6255	6092
三、专业公共卫生机构	79	80	92	20	20	20
四、其他卫生机构	32	25	24	220	220	220

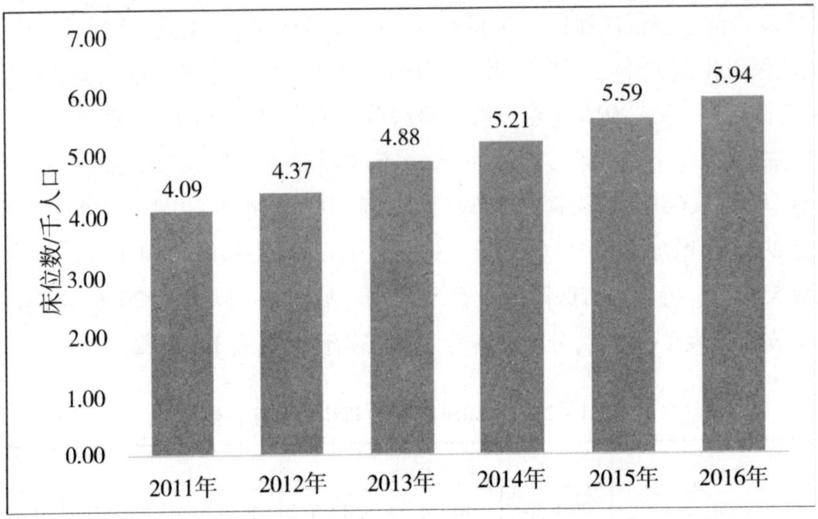

图1-2-1 2011~2016年苏州市每千人口卫生机构床位数的变化趋势

表1-2-2 分地区医疗卫生机构情况

行政区划	合计	医院		基层医疗卫生机构小计
		小计	其中:综合医院	
总计	3175	206	97	2858
姑苏区	238	35	9	189
高新区	186	13	6	168
工业园区	241	3	3	235
吴中区	270	25	6	236
相城区	160	11	3	148
吴江区	419	13	6	387
常熟市	481	24	11	437
张家港市	429	40	25	375
昆山市	504	32	23	453
太仓市	247	10	5	230

按经济类型划分,全市3175个机构中,公立机构1866个,民营机构1309个。医院中,公立医院65家,占医院总数31.55%;民营医院141家,占医院总数68.45%。医院按床位(实有)数分,500张(含)以上30家,100-500张(不含)之间95家,100张(不含)以下81家。2016年末全市卫生机构人员总数89276人,较

上年增加5279人,增幅为6.28%。其中:卫生技术人员72166人,占80.83%。按常住人口计算,每千人口卫生技术人员6.78人,执业(助理)医师2.60人,注册护士2.88人。具体数据见表1-2-3和图1-2-2。

表1-2-3　2016年卫生人员数

机构分类	在岗职工							
	合计	卫生技术人员						
		小计	执业(助理)医师		注册护士	药师(士)	技师(士)	其他
			合计	执业医师				
总计	89276	72166	27667	25201	30699	4203	3597	6000
一、医院	61589	49876	17348	16880	24177	2675	2202	3474
综合医院	40855	34456	12319	12004	16437	1770	1617	2313
中医医院	6896	6081	2372	2355	2740	463	241	265
中西医结合医院	1821	1509	632	615	655	92	83	47
专科医院	7588	5715	1688	1615	2845	276	238	668
护理院	4429	2115	337	291	1500	74	23	181
二、基层医疗卫生机构	23907	19678	9267	7365	6139	1479	911	1882
社区卫生服务中心(站)	7168	6146	2640	2007	1826	602	312	766
卫生院	7360	6348	2661	1985	1908	525	334	920
村卫生室	1195	298	224	75	74	0	0	0
门诊部	4674	3683	1738	1589	1355	231	244	115
诊所·卫生所·医务室	3510	3203	2004	1709	976	121	21	81
三、专业公共卫生机构	2725	1917	801	770	287	33	256	540
四、其他卫生机构	1055	695	251	186	96	16	228	104

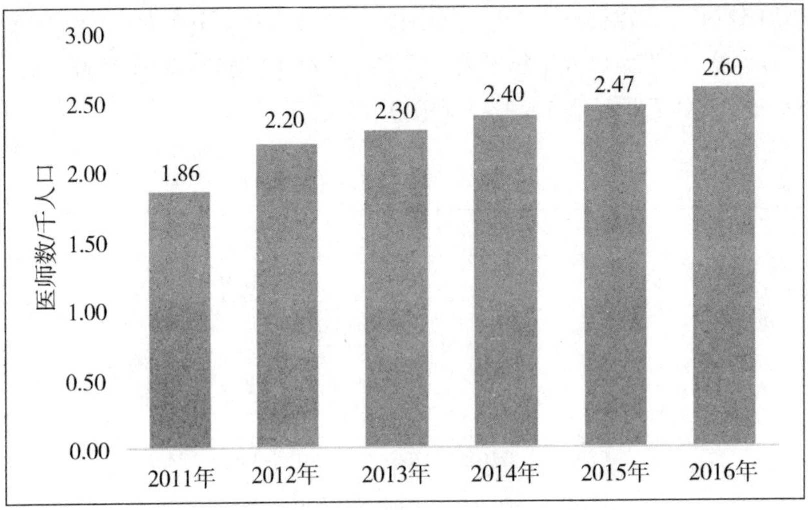

图 1-2-2　2011～2016 年苏州市每千人口执业(助理)医师的变化趋势

全市医疗机构总诊疗人次数 9327.60 万人次,比上年增加 195.80 万人次,增幅 2.14%。其中门、急诊人次数为 9144.77 万人次。全市医疗机构入院人数 176.63 万,比上年增加 13.42 万人,增加 8.22%。全市医院住院病人手术人次为 47.89 万,比上年增加 5.15 万人,增加 12.05%。具体数据见表 1-2-4。

表 1-2-4　2016 年医疗机构诊疗人次数及住院服务人次

机构分类	诊疗人次数(万人次)				住院服务人数(万人次)		
	总诊疗人次数	门、急诊人次			入院人数	出院人数	住院病人手术人次数
		小计	门诊人次	急诊人次			
总计	9327.60	9144.77	8453.29	691.48	176.63	176.12	47.89
一、医院	4965.37	4898.16	4376.01	522.16	160.76	160.31	47.89
综合医院	3669.65	3639.54	3242.65	396.89	122.74	122.60	38.54
中医医院	711.33	686.78	621.81	64.97	18.95	18.88	5.15
中西医结合医院	134.59	134.59	115.05	19.54	4.28	4.28	1.15
专科医院	448.67	436.47	395.72	40.75	12.26	12.21	3.04
护理院	1.12	0.78	0.78	0.00	2.53	2.35	0.00
二. 基层医疗卫生机构	4290.85	4188.29	4033.64	154.64	15.85	15.80	0.00
社区卫生服务中心(站)	1732.91	1685.89	1616.22	69.66	4.12	4.09	0.00

续表

机构分类	诊疗人次数（万人次）				住院服务人数（万人次）		
	总诊疗人次数	门、急诊人次			入院人数	出院人数	住院病人手术人次数
		小计	门诊人次	急诊人次			
卫生院	1275.01	1251.03	1166.05	84.98	11.68	11.65	0.00
村卫生室	529.90	513.08	513.08	0.00	0.00	0.00	0.00
门诊部	309.07	295.75	295.75	0.00	0.06	0.06	0.00
诊所・卫生所・医务室	443.97	442.53	442.53	0.00	0.00	0.00	0.00

全市医疗机构病床使用率为85.06%，其中医院病床使用率为88.17%、卫生院为64.35%、社区卫生服务中心（站）为47.26%。全市医疗机构出院者平均住院日为10.03日，其中医院出院者平均住院日为10.21日，卫生院为7.86日，社区卫生服务中心（站）为8.40日。各类机构病床使用率、出院者平均住院日见表1-2-5。

表1-2-5　2016年医疗机构病床使用情况

机构分类	实有床位（张）	病床使用率（%）	出院者平均住院日
总计	63221	85.06	10.03
一、医院	56677	88.17	10.21
综合医院	33179	89.19	8.36
中医医院	4713	95.85	8.65
中西医结合医院	1218	90.81	9.38
专科医院	7042	84.72	16.20
护理院	10525	82.78	89.62
二、基层医疗卫生机构	6304	58.82	7.97
社区卫生服务中心（站）	2128	47.26	8.40
卫生院	4150	64.35	7.86

综合医院平均每一门诊病人次均诊疗费用为239.67元，比上年增加13.98元，增幅6.19%；住院病人人均住院费用11010.68元，比上年增加308.23元，增幅2.88%。中医医院平均每一门诊病人次均诊疗费用为247.78元，比上年增加17.36元，增幅7.53%；住院病人人均住院费用9823.27元，比上年增加217.32

元,增幅2.26%。各类医院医疗费用见表1-2-6。

表1-2-6 2016年医疗机构服务效率及人均医疗费用

机构分类	医师人均全年担负		医师人均每日担负		门诊病人次均诊疗费用（元）	住院病人人均住院费用（元）
	诊疗人次	住院床日	诊疗人次	住院床日		
总计	3320.3	702.1	13.3	1.9	177.81	10047.98
一、医院	2879.1	1001.3	11.5	2.7	249.09	10723.80
综合医院	2978.9	846.6	11.9	2.3	239.67	11010.68
中医医院	2998.9	694.8	12.0	1.9	247.78	9823.27
中西医结合医院	2492.4	740.5	10.0	2.0	254.75	7850.76
专科医院	2658.0	1191.2	10.6	3.3	326.98	10189.64
二、基层医疗卫生机构	4176.5	143.7	16.7	0.4	84.16	3194.63

（2）江苏情况

2016年末,全省医疗卫生机构总数31235个(含诊所、医务室、卫生所、社区卫生服务站、村卫生室),比上年增加210个。其中:医院1679个,基层医疗卫生机构29116个,专业公共卫生机构1059个。与上年比较,医院增加98个,基层医疗卫生机构增加257个,专业公共卫生机构减少185个。医疗机构中,非营利性医疗机构24528个,占医疗机构总数的79.03%;营利性医疗机构6509个,占医疗机构总数的20.97%。医疗机构按经济类型分,国有3825个,占12.55%;集体17259个,占55.61%;联营636个,占2.05%;私营医疗机构7332个,占23.62%;其他机构1951个,占6.17%。医疗机构中,公立医疗机构21154个,占69.16%;非公医疗机构9883个,占31.84%,较上年增加48个。医疗机构中,三级医疗机构156个,二级医疗机构384个,一级医疗机构697个。医院中,公立医院525个,民营医院1154个。医院按床位数分:100张床位以下医院993个,100~199张的医院260个,200~499张的医院225个,500~799张的医院86个,800张及以上的医院115个。800张及以上床位医院较上年增加5个。基层医疗卫生机构中,社区卫生服务中心(站)2660个,乡镇卫生院1039个,诊所、卫生所和医务室8634个,村卫生室15481个。妇幼健康服务机构中,三级妇幼保健院(妇产医院)10个,二级妇幼保健院(妇产医院)23个。专业公共卫生机构中,疾病预防控制中心117个,卫生监督机构106个。

2016 年末，全省医疗机构床位 443100 张，其中：医院床位 356228 张（内：公立医院 248681 张，民营医院床位数 107547 张），占床位总数的 80.39%；基层医疗卫生机构床位 7546 张，占床位总数的 17.50%。与上年比较，全省医疗机构床位增加 29488 张，增长 7.13%，其中：医院床位增加 27728 张，基层医疗卫生机构床位增加 1413 张。全省每千人口床位数由 2015 年的 5.19 张增加到 2016 年的 5.54 张。

全省卫生人员总数 654210 人（包括村卫生室，下同），与上年比较，增加 35265 人（增长 5.7%）。卫生人员中：卫生技术人员 517065 人，其他技术人员 25200 人，管理人员 26379 人，工勤技能人员 53022 人。与上年比较，卫生技术人员增加 30060 人（增长 6.17%），其他技术人员增加 4396 人，管理人员增加 749 人，工勤技能人员增加 3409 人。卫生技术人员中：在岗执业（助理）医师 204687 人（其中执业医师 169922 人），较上年增加 15471 人，增长 8.18%，在岗注册护士 221202 人，较上年增加 17204 人（增长 8.43%），全省每千人口执业（助理）医师数由 2012 年 1.99 人增加到 2016 年 2.56 人，每千人口注册护士数由 2012 年的 1.96 人增加到 2.77 人。

（3）全国情况

每千人口医疗卫生机构床位数由 2015 年 5.11 张增加到 2016 年 5.37 张。2016 年，每千人口执业（助理）医师 2.31 人，每千人口注册护士 2.54 人；每万人口全科医生 1.51 人，每万人口专业公共卫生机构人员 6.31 人。

2. 苏州与江苏、全国、世界卫生资源比较

表 1－2－7　苏州与江苏、全国、世界卫生资源的比较

	医师/千人	病床/千人
世界（国家）（2006－2013）		
高收入	2.94	5.4
较高收入	1.55	3.2
较低收入	0.78	1.0
低收入	0.24	2.1
平均	1.41	2.7
中国（地区）（2016 年）	2.31	5.37
江苏（2016 年）	2.56	5.54
苏州（2016 年）	4.07（户籍人口计算） 2.60（常住人口计算）	9.32（户籍人口计算） 5.94（常住人口计算）

3. 存在问题与原因分析

(1)数量不足

与高收入国家相比,如果按户籍人口计算,苏州每千人医生数似乎不低于高收入国家,但如果按常住人口计算,苏州每千人医生数明显低于高收入国家,且医生专业水平根本无法与发达国家比。

如果这个数字能够满足社会需求,数字才有意义。美国在 2003 年的每千人医生数是 2. 3 人,比我国同期高 45% 。但美国的医疗服务并没有出现过剩而导致服务费用下降的趋势,相反是逐年上升。

另一方面,我国的《执业医师法》仅仅允许卫生工作人员在一个定点医疗机构进行执业,而这些发达国家没有这个条件限制。也就是说,在这些发达国家的医生,可能在两个以上的医疗机构提供服务。但中国的医生只能在一个医疗机构提供服务。因此相比而言,为了提供相同的医疗服务数量,中国地区所需要的千人医生数要多于发达国家所需要的千人医生数。因而,我国的千人医生数在这个方面无法和发达国家的千人医生数相类比,从而进一步削弱我们的千人医生数质量。

(2)质量不高

苏州执业(助理)医师学历构成较低,本科以上学历,仅占 50% 。高级职称医师仅占 20% 。苏州执业医师学历和高级职称医师构成需要提高。

在美国有三种临床医学学位,医学博士 MD(MEDICAL DOCTOR, 137 所医学院),传统西医医学博士 D. O. (DOCTOR OF OSTEOPATHIC MEDICINE, 26 所医学院),足腕肢端医学博士 DPM (DOCTOR OF PODIATRIC MEDICINE, 9 所医学院),都是大学本科之后的 4 年学位。目前大多数临床医学毕业生属医学博士 MD,其入学要求也较其他两种医学博士略高。临床医生培养过程的质量起始于医学院招生。医学院衡量考生最重要的依据是学生本科学习成绩平均指数(CPA)。一般说 GPA 要达到 3. 8,或平均修 5 门棵,4 门成绩为 A,1 门成绩为 B,才有把握被录取。考生候选条件一般包括三方面:1. 大学本科学习成绩优良,医学必修基础课成绩优秀;2. 合格的入学考试成绩;3. 较高对话能力及技巧,有具体的社会服务经历。临床医学考生必须通过学校招生组织的面试来显示自己的语言能力。学校一般很注重考生的具体服务社会的经历。这体现了责任心和爱心,是临床医生所必需的。

表1-2-8　苏州卫生技术人员性别、年龄、学历、职称构成(%)

	卫生技术人员							其他技术人员	管理人员
	小计	执业（助理）医师	执业医师	注册护士	药师（士）	技师（士）	其他		
构成(%)									
性别									
男	32.72	57.55	59.03	1.11	33.73	44.69	43.38	34.22	48.90
女	67.28	42.45	40.97	98.89	66.27	55.31	56.62	65.78	51.10
年龄									
~25岁	11.64	0.30	0.16	21.28	11.30	10.18	21.85	10.31	3.93
25~34岁	41.21	35.97	35.46	45.01	40.28	41.09	48.44	36.58	30.16
35~44岁	23.52	29.14	28.78	20.83	24.11	25.78	10.18	27.68	28.70
45~54岁	12.16	14.85	14.85	9.80	15.04	12.73	8.27	15.68	21.54
55~59岁	4.72	6.81	7.00	2.21	5.75	5.98	4.42	5.13	10.45
60岁~	6.75	12.93	13.75	0.86	3.52	4.24	6.85	4.61	5.22
工作年限									
0~4年	28.93	16.75	16.71	35.05	24.79	25.90	57.60	25.71	17.12
5~9年	18.84	18.33	18.06	21.80	15.11	20.20	11.82	16.29	15.19
10~19年	21.04	25.02	24.63	19.17	25.37	22.67	9.23	23.47	22.72
20~29年	16.54	18.38	18.30	16.40	19.79	16.65	8.17	19.33	20.62
30年~	14.65	21.53	22.29	7.58	14.95	14.59	13.18	15.20	24.34
学历									
研究生	5.06	9.94	11.01	0.06	1.19	2.14	7.48	1.72	3.61
本科	30.98	47.06	51.41	11.82	22.56	29.49	42.55	23.75	35.43
大专	37.87	24.08	21.90	55.52	41.74	41.62	24.43	38.27	36.78
中专	21.62	15.35	12.92	30.46	25.50	21.98	12.05	17.97	13.25
技校	0.14	0.09	0.05	0.18	0.26	0.08	0.16	0.44	0.59
高中及以下	4.34	3.48	2.71	1.97	8.75	4.69	13.33	17.85	10.34
专业技术资格									
正高	1.81	4.15	4.58	0.03	0.55	0.32	0.56	0.00	0.92
副高	6.51	13.98	15.45	0.96	2.07	4.24	1.09	1.44	8.67

续表

	卫生技术人员							其他技术人员	管理人员
	小计	执业（助理）医师	执业医师	注册护士	药师（士）	技师（士）	其他		
中级	25.64	32.49	35.79	23.24	24.08	29.62	6.99	14.24	19.39
师级/助理	30.46	34.88	35.77	28.00	34.86	32.61	18.81	25.11	16.96
士级	21.21	6.50	0.98	37.05	26.50	21.54	18.42	28.92	12.92
未评及不详	14.36	8.00	7.43	10.72	11.94	11.68	54.12	30.28	41.14
按聘任技术职务分									
正高	1.79	4.06	4.50	0.03	0.58	0.32	0.64	0.08	2.67
副高	6.62	14.23	15.72	0.96	2.16	4.16	1.10	1.36	10.24
中级	26.07	33.59	36.96	22.96	23.95	30.10	7.57	14.92	25.31
师级/助理	31.99	38.24	37.89	29.42	35.83	32.93	14.50	27.36	25.90
士级	22.30	7.07	2.18	38.98	27.89	24.20	17.59	26.11	16.18

（3）负担很重

表1-2-9　2013年中国与一些国家标化死亡率比较（每百万）

	传染病	非传染病	伤害
中国	13.3（2016年） 45（2013年）	576（2013年）	50（2013年）
澳大利亚	14	303	28
加拿大	23	318	31
德国	22	365	23
日本	34	244	40
美国	31	413	44

通过比较我们可以看到，我国人群健康水平明显低于发达国家，医生负担很重。据预测，2016年我国人口老龄化程度达15.5%，随之而来的退行性疾病、功能障碍性疾病等慢性非传染病的发病率将会大幅度增加，城乡年门诊、年住院需求量也将分别增加3成左右。显然，如不正确认识卫生人力资源配置的严峻性，

届时卫生服务适应经济发展和人民日益增长的对卫生服务的需求将成为一句空话。苏州情况更是如此。

(4)城乡配置比例不合理

80%的医疗资源集中在城市,其中2/3又集中在大医院,基层卫生服务和农村卫生资源严重不足,现行卫生服务体系不适应疾病谱的变化,使公共卫生事业面临严峻的挑战。基层卫生资源中更有不少人无大专以上学历;卫生人力知识老化,更新不足。有研究表明,知识经济时代,知识每五年更新一次,而我国除大城市、大医院、大的科研单位外,大部分卫生技术人员很少有机会进修学习,参加学术会议和接触国际最新医学动态;医学专著随知识更新修订再版不及时,医学图书资料陈旧,继续学习的条件差;卫生专业人员离开学校后再系统学习知识的欲望和能力都较差,跟不上当代医学的发展,更谈不上创新;我们卫生人力资源中的顶尖人才队伍和学科带队人队伍年龄老化。

三、发展思路与对策建议

1. 从战略高度重视卫生人力资源建设

根据苏州卫生的现状,来自传染病、慢性非传染性疾病、自然灾害、环境污染等许多方面的挑战愈加严峻,提升医疗卫生工作的核心能力势在必行。加强人才队伍建设无疑是重中之重,不仅是社会经济协调发展的客观需要,也是各级政府、公共卫生机构和广大公共卫生工作者的内在要求。在"人力资源是第一资源"已形成社会共识的前提下,各级政府和医疗卫生机构应抓住当前医疗体制改革的时机,强化卫生人力资源素质,提高医疗卫生工作整体实力。根据苏州卫生的现状和发达国家的经验,建议苏州常住人口统计,按每千人医生数不应低于3,每千人病床数不应低于5。

2. 不断加大政策和资源投入,提高医疗卫生专业队伍的素质

政府必须统筹规划,按照有关技术指标,统筹考虑苏州地区的卫生服务人口中外来人口多、服务半径大以及社会经济状况等多方面因素,加大对医疗卫生机构的财力和物力投入,避免卫生机构通过盈利创收维持运行,最终建设一支有医疗服务良好形象的高素质医疗卫生专业队伍。

3. 深化人事制度改革,提高医务人员积极性

围绕提升医疗卫生核心能力,医疗卫生系统应以提高核心能力为主导开发医疗卫生人力资源,推行具有生机和活力的用人机制,优化人才队伍结构,建立一套完整、现代、高效的人事管理系统,进一步完善准入制度,推行岗位聘用制,配合医疗卫生机构的规范化建设,确立各级机构的定岗、定人、定责要求;对未达到规范

化要求的人员，帮助其充电改进，到期仍不能达标的，作调整调离；形成合理的人才流动机制，努力降低行政后勤人员比例，切实优化人员结构，保障人员素质。

4. 平衡城乡人力资源配置

政府应保证医疗卫生服务的均等性，平衡医疗卫生人力资源在城乡、地区间的差异，确保农村医疗卫生人力资源有效到位；研究制定公共卫生人才发展的中期规划和短期计划，明确医疗卫生人力资源的发展目标、内容、途径和保障措施，把握发展的计划性和长远性。

5. 与医学院校合作，加速人才实用培养

要改变医疗卫生人才培养欠缺的现状就必须调整教育结构，与医学院校合作，优化卫生专业课程，以改善学生的知识和技能结构，加强实践和毕业后继续教育，培养既懂医学治疗又通晓疾病预防的适用型、综合型卫生人才，满足医疗卫生服务的不断发展的需求。

6. 加强疾病预防工作

医疗卫生人才的配置与居民健康状况有密切关系，一个发病率高、患病率高和死亡率高的地区必然要配置更多的医疗卫生资源，所以要加强疾病预防工作，大力开展健康教育，提高居民健康素养，强化三级预防，预防和减少各种传染病和慢性病的发生。

第三章

公共卫生服务绩效评估研究

健康是公民的基本权力，是人类全面发展的基础，也是经济和社会发展的永恒追求。20 世纪，卫生系统为改善人类的健康水平做出了重大贡献，公共卫生服务体系是卫生系统的有机组成部分，具有成本低、效益好的优点，优先发展公共卫生是我国卫生事业发展的必然选择。

近年来，中央和地方各级政府不断增加公共卫生投入。2008 年，中央财政安排的公共卫生专项资金为 126 亿元，2009 年达到 246 亿元。国务院决定从 2009 年开始安排专项经费实施基本公共卫生服务项目，2009 年人均基本公共卫生服务经费标准不低于 15 元，2011 年不低于 20 元。

陆家镇作为实施公共卫生服务的先进地区之一，政府不断加大投入的同时，也越来越关注各项投入是否发挥了效益，是否降低了疾病的发生和危害，提高了人民健康水平。因此，开展公共卫生服务体系绩效评估，科学制定绩效评价指标体系和方案，客观评价公共卫生服务体系的绩效，及时总结公共卫生投入的效益和存在的问题，是新医改形势下加强公共卫生服务体系建设的重要内容，将为进一步促进公共卫生投入的效益提供科学依据。

一、评估内容

绩效考核主要针对 2010 ~ 2014 年国家基本公共卫生服务项目实施情况，包括组织管理、资金管理、项目执行、项目效果四部分。

1. 组织管理。考核各级卫生计生、中医药行政部门的项目管理和协调机制建设、信息系统建设和使用、人员培训、项目宣传推广、问题整改、绩效考核组织实施等情况。考核各类专业公共卫生机构及其他相关项目指导机构的职责分工和落实、人员培训情况。考核基层医疗卫生机构及其他相关服务提供机构的职责分工和落实、信息系统建设和使用、人员培训、项目宣传、绩效考核工作落实等情况。

2. 资金管理。考核各级财政部门的资金预算安排、资金拨付等情况。考核各级卫生计生行政部门补助资金拨付、工作经费安排等情况。考核基层医疗卫生机构及其他相关服务提供机构的预算执行、财务管理等情况。

3. 项目执行。考核基层医疗卫生机构以及其他相关服务提供机构完成工作任务的情况，包括服务数量和服务质量。

4. 项目效果。考核基层医疗卫生机构以及其他相关服务提供机构的健康档案动态使用、重点人群健康管理效果、居民知晓率、服务对象满意度、基层医务人员满意度等情况，反映基本公共卫生服务项目取得的成效。鼓励地方开展对项目管理和实施中的创新点、工作亮点的考核，开展对政府购买服务试点的考核，创新和完善服务模式，探索政府购买服务项目的管理方式。

二、具体方法

首先对陆家镇有关公共卫生服务的相关文件、报告、项目工作进展情况、居民健康档案、财务管理资料、会计核算资料、相关人口数据和卫生数据等基础资料进行分析。

现场考核一般采取查阅资料、问卷调查、入户访谈等形式进行。

三、陆家镇公共卫生服务现状

1. 妇幼保健

2011 年新生儿访视率最低，2011 到 2014 年持续增长，2014 年新生儿访视率最高，为 99.2%。

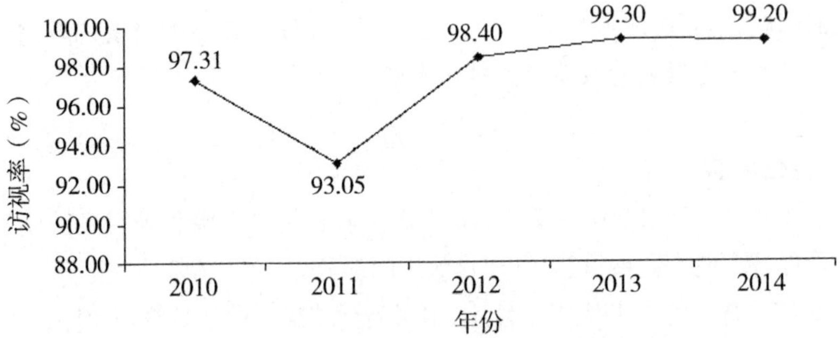

图 1-3-1　2010～2014 年陆家镇新生儿访视率

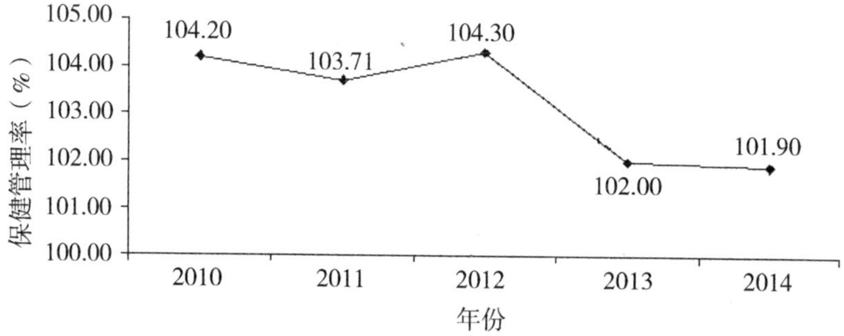

图 1-3-2　2010~2014 年陆家镇 7 岁以下儿童系统保健管理率

2011 年 7 岁以下儿童系统保健管理率为 103.71%，比 2010 年低 0.49%；2012 年最高，到 2014 年呈下降趋势，由 104.3% 下降至 101.9%。

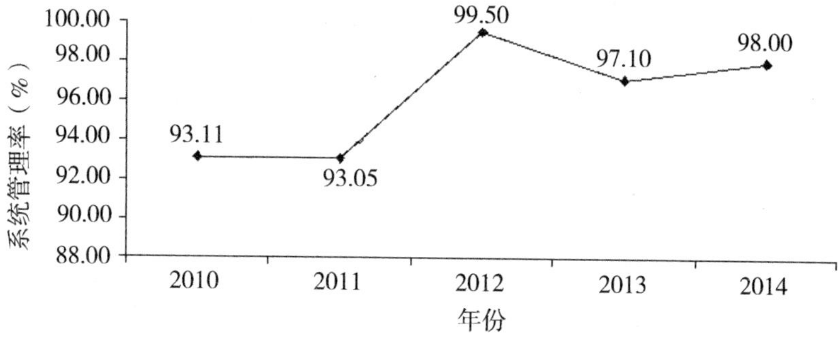

图 1-3-3　2010~2014 年陆家镇孕产妇系统管理率

2012 年孕产妇系统管理率最高，分别比 2013 年和 2014 年高 2.4%、1.5%；2011 年管理最低，为 93.05%。

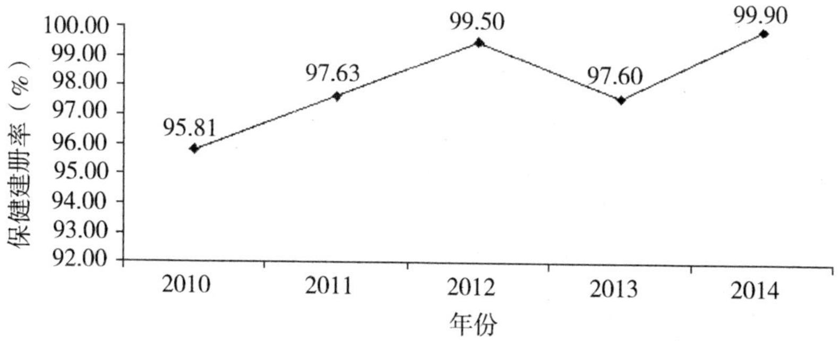

图 1-3-4　2010~2014 年陆家镇孕产妇保健建册率

2010 年到 2012 年孕产妇保健检测率呈上升趋势，2014 年最高，为 99.9%；2013 年较 2012 年有所降低，减少了 1.9%。

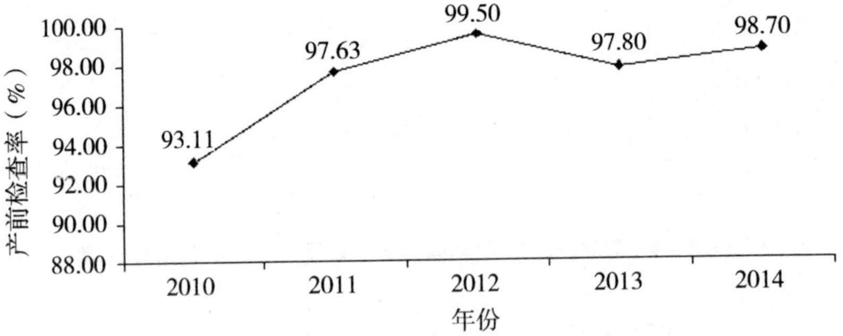

图 1-3-5　2010~2014 年陆家镇产前检查率

2010 至 2012 年产前检查率随时间增加而增长，2012 年最高，为 99.5%；2013 年有所下降，比 2012 年低 1.7%。

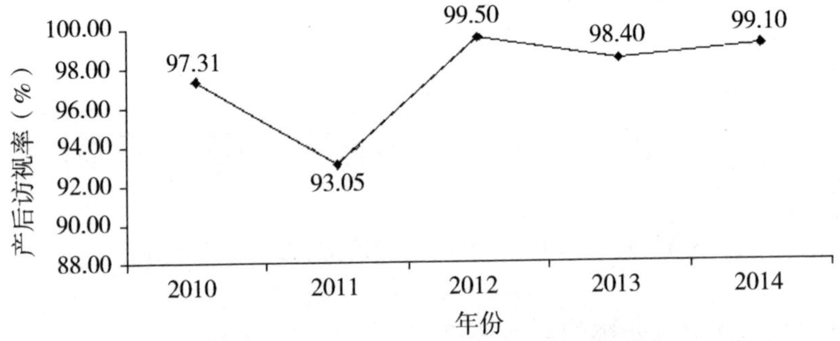

图 1-3-6　2010~2014 年陆家镇产后访视率

2012 年产后访视率最高，分别比 2013 年、2014 年高 1.1%、0.4%；2011 年产后访视率最低，为 93.05%，比 2010 年低 4.26%。

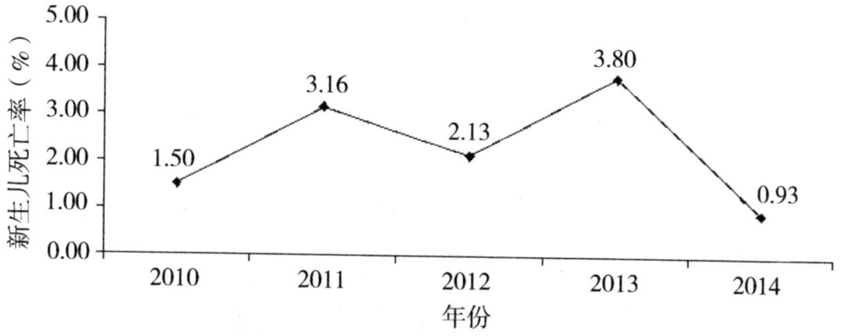

图 1－3－7　2010～2014 年陆家镇新生儿死亡率

2010 到 2011 年、2012 到 2013 年新生儿死亡率上升，2013 年最高，为 3.8‰。

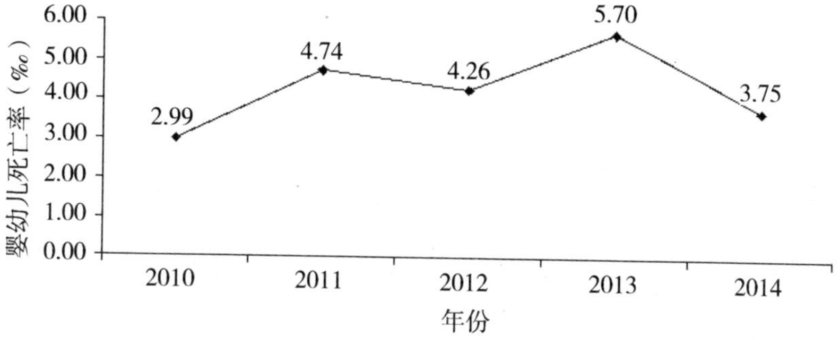

图 1－3－8　2010～2014 年陆家镇婴幼儿死亡率

2013 年婴幼儿死亡率最高，分别比 2012、2014 年高 1.44‰、1.95‰；2010 年婴幼儿死亡率最低，为 2.99‰。

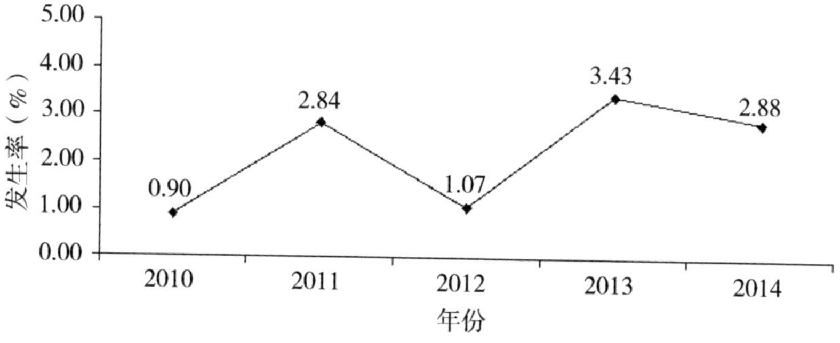

图 1－3－9　2010～2014 年陆家镇低出生体重发生率

2010至2011年、2012至2013年,低出生体重发生率呈上升趋势。2013年最高,为3.43%。

2. 老年健康管理

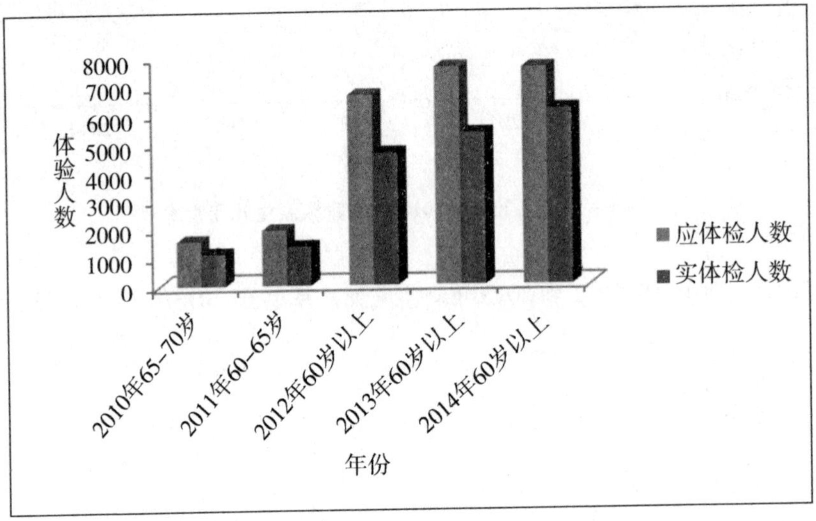

图1-3-10 2010~2014年陆家镇老年人体检情况

表1-3-1 2010~2014年陆家镇老年人体检情况

	2010年 65~70岁	2011年 60~65岁	2012年 60岁以上	2013年 60岁以上	2014年 60岁以上
应体检人数	1568	1941	6633	7591	7559
实体检人数	1126	1371	4621	5299	6126

2010~2014年老年人体检应体检人数高于实际前来体检人数,2014年60岁以上实际体检人数最多,为6216人。

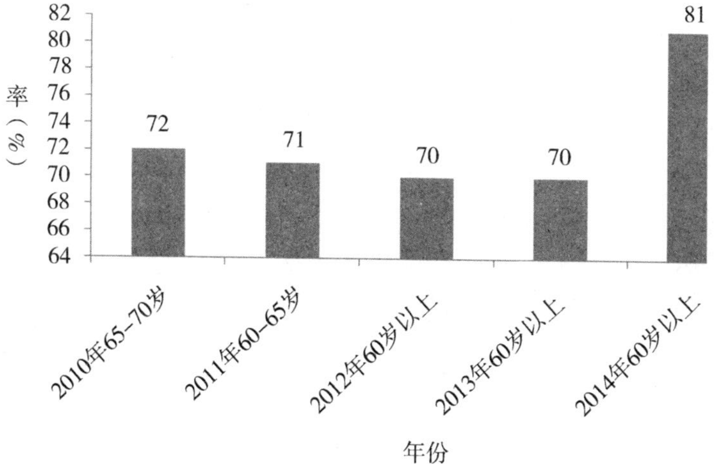

图 1-3-11　2010～2014 年陆家镇老年人体检率

2010 年至 2012 年，老年人体检率为下降趋势，2012 和 2013 年持平，2014 年最高，为 81%。

3. 传染病与计划免疫

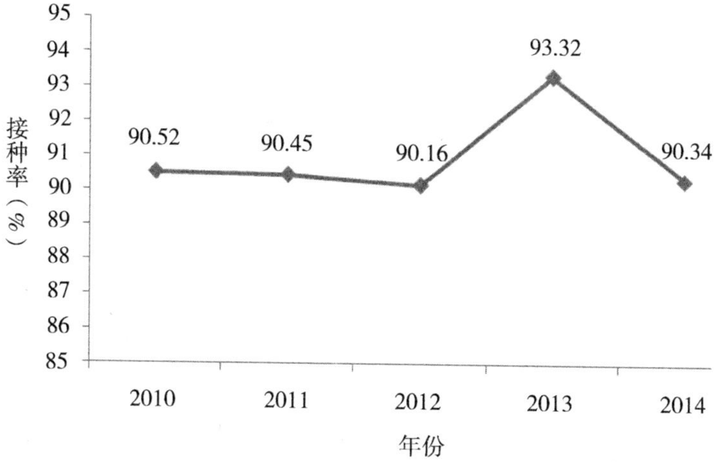

图 1-3-12　2010～2014 年陆家镇五苗全程合格接种率（合丰）

2010 至 2012 年五苗全程合格接种率呈下降趋势，2013 年最高，比 2014 年高 2.98%。

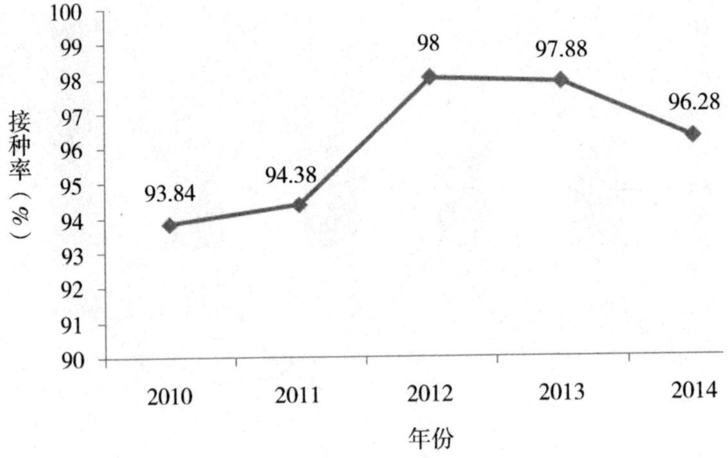

图1-3-13　2010~2014年陆家镇0~7岁儿童计划免疫接种率(合丰)

2010至2012年0~7岁儿童计划免疫接种率呈上升趋势,2012年最高,分别高于2013年和2014年0.12%、1.72%。

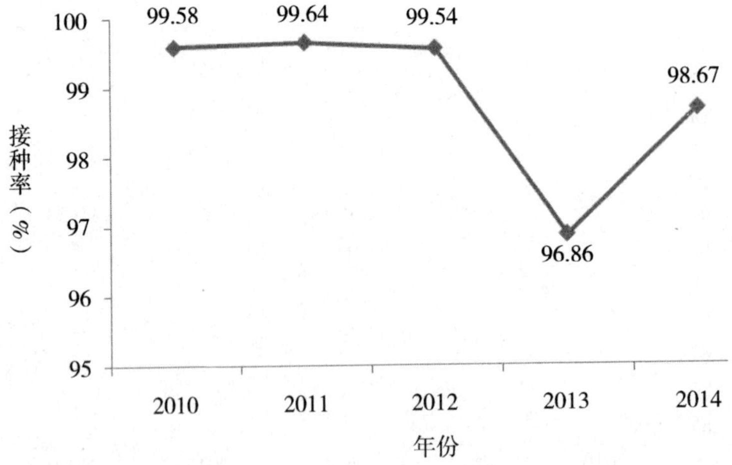

图1-3-14　2010~2014年陆家镇五苗全程合格接种率(邵村)

2010年至2012年五苗全程合格接种率差异较小,2013年最低,比2014年低1.80%。

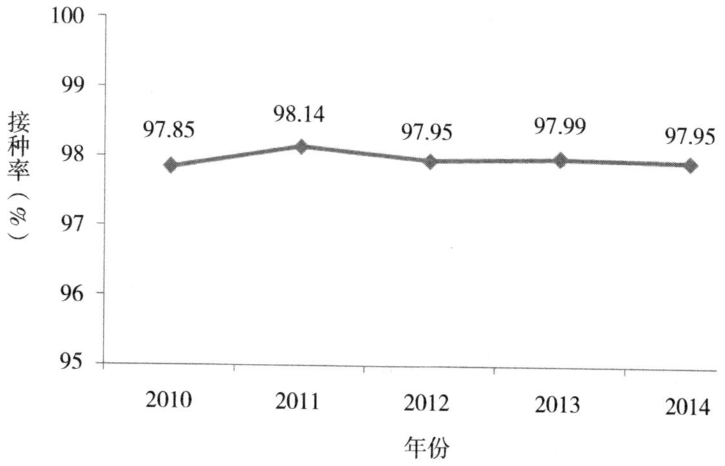

图 1-3-15 2010~2014 年陆家镇 0-7 岁儿童计划免疫接种率(邵村)

2010 至 2014 年 0~7 岁儿童计划免疫接种率差异较小,2011 年最高,为 98.14%。

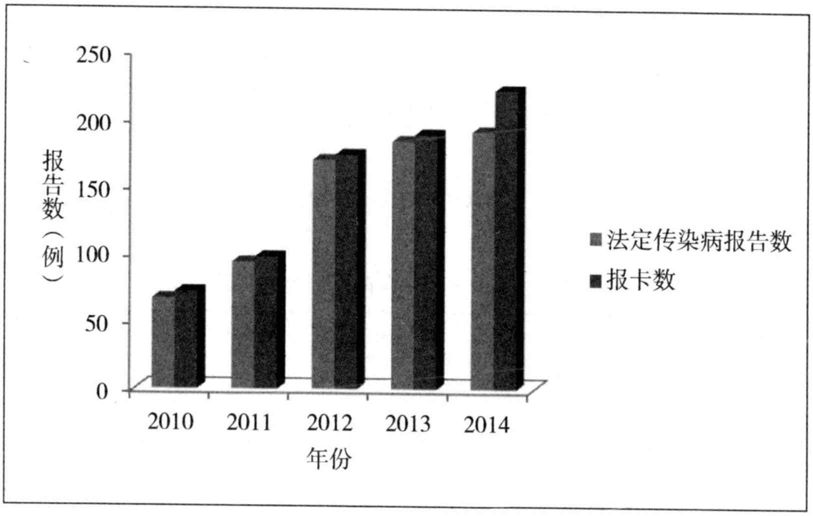

图 1-3-16 2010~2014 年陆家镇法定传染病规范报告情况

表 1-3-2 2010~2014 年陆家镇法定传染病规范报告情况

年份	法定传染病报告数(例)	报卡数(例)	合计
2010	67	72	139

续表

年份	法定传染病报告数(例)	报卡数(例)	合计
2011	94	98	192
2012	170	174	344
2013	184	189	373
2014	191	222	413
合计	706	755	1461

法定传染病报告数和报卡数合格例数随年份增长而增长,2014 年最高,分别为 191 例和 222 例。

4. 2010 ~2014 年全镇居民死亡情况

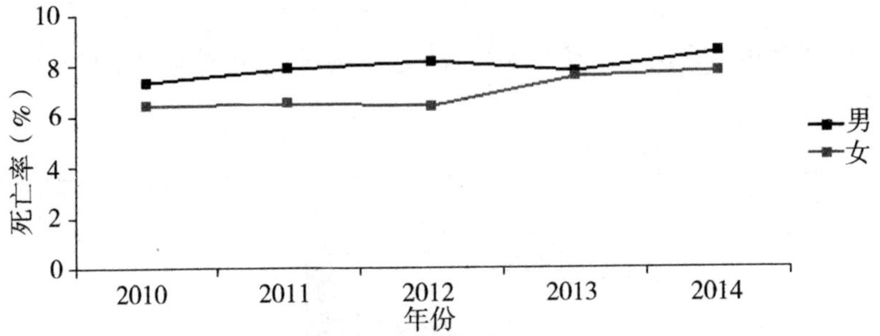

图 1 -3 -17 2010 ~2014 年陆家镇全人口死亡率

表 1 -3 -3 2010 ~2014 年陆家镇全人口死亡率

年份	男(‰)	女(‰)
2010	7. 33	6. 4
2011	7. 87	6. 5
2012	8. 11	6. 36
2013	7. 71	7. 5
2014	8. 48	7. 71

2010 ~2014 年陆家镇男性死亡率高于女性,2013 年相差最小,为 0. 21‰。

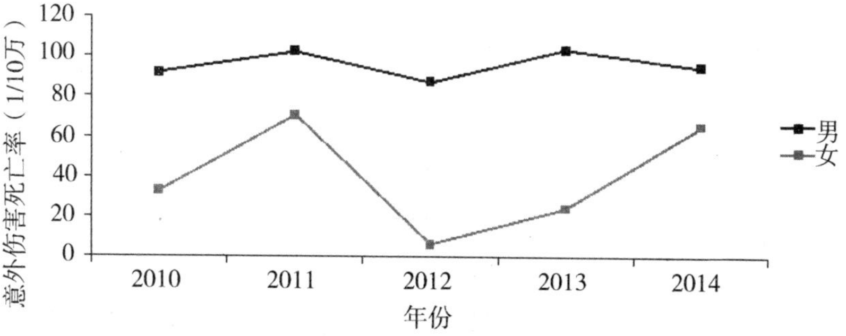

图 1－3－18 2010～2014 年陆家镇意外伤害死亡率

表 1－3－4 2010～2014 年陆家镇意外伤害死亡率

年份	男(1/10 万)	女(1/10 万)
2010	12.5	4.81
2011	13.01	10.19
2012	10.77	0.93
2013	13.39	3.08
2014	11.19	8.03

2010～2014 年陆家镇男性意外伤害死亡率高于女性，2012 年相差最大，为 9.84%。

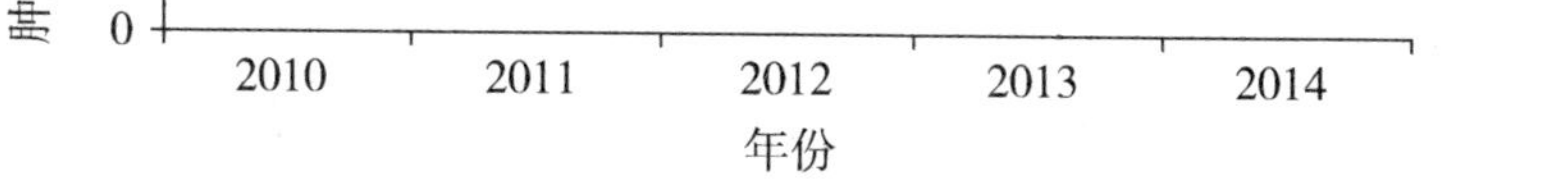

图 1－3－19 2010～2014 年陆家镇肿瘤死亡率

表 1－3－5 2010～2014 年陆家镇居民肿瘤死亡率

年份	男(1/10 万)	女(1/10 万)
2010	91. 6	32. 71
2011	102. 37	70. 38
2012	87. 35	6. 24
2013	103. 16	24. 27
2014	94. 88	65. 23

2010 年～2014 年陆家镇肿瘤死亡率比较稳定，男性肿瘤死亡率高于女性。

5. 陆家镇居民健康档案情况

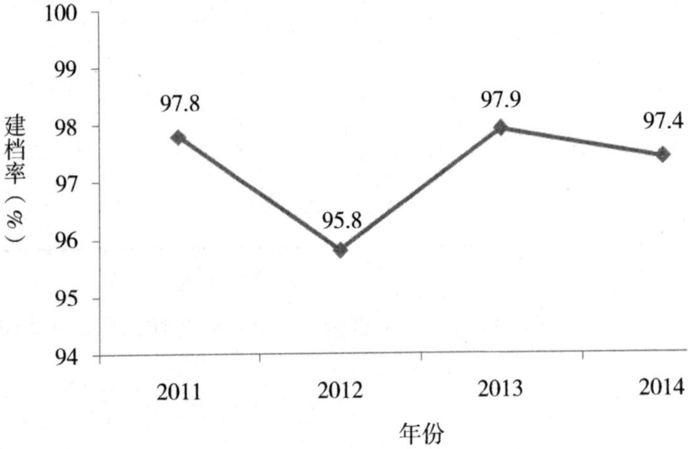

图 1－3－20 2011～2014 年陆家镇居民电子健康档案规范建档率

2012 年居民电子健康档案规范建档率最低，2011 年最高；2012 至 2013 年呈上升趋势。

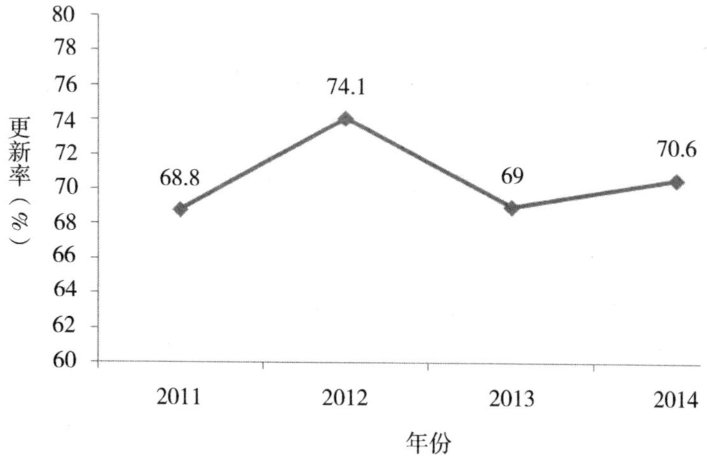

图 1-3-21 2011～2014 年陆家镇居民电子健康档案更新率

2011～2014 年陆家镇居民电子健康档案更新率较为平稳，2012 年最高，为 74.1%。

6. 慢性病管理

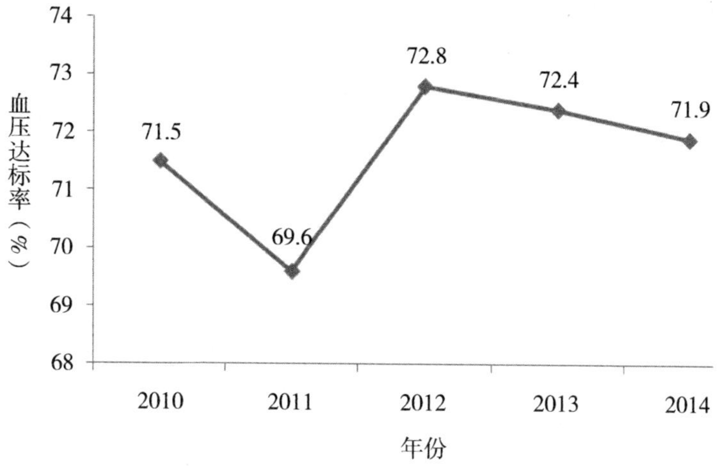

图 1-3-22 2010～2014 年陆家镇高血压病人血压控制达标率

2012 年至 2014 年陆家镇高血压病人血压控制达标率呈下降趋势，2011 年最低，为 69.6%。

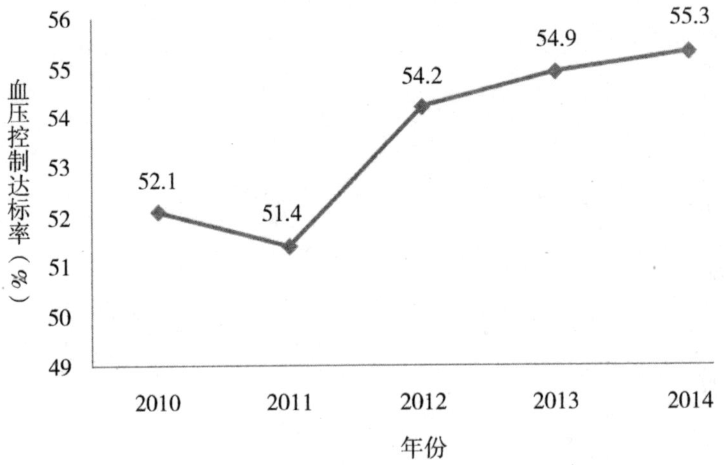

图 1-3-23　2010～2014 年陆家镇糖尿病病人血压控制达标率

2011 年至 2014 年陆家镇糖尿病病人血压控制达标率呈上升趋势，2011 年最低，比 2010 年低 0.7%。

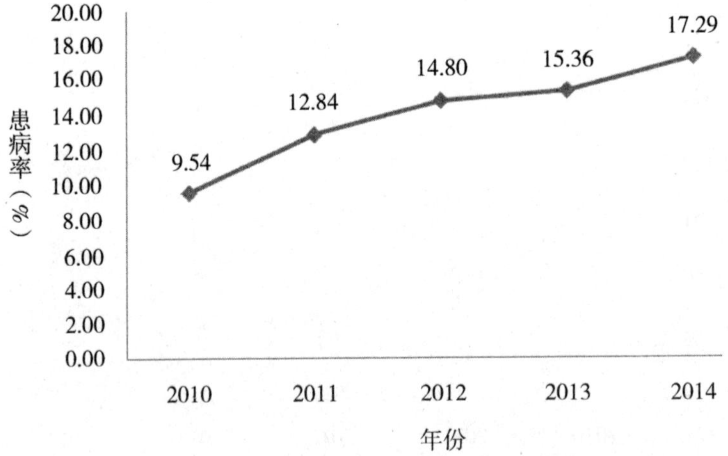

图 1-3-24　2010～2014 年陆家镇 18 以上高血压患病率

2010 年至 2014 年陆家镇 18 以上高血压患病率随年份增长而增加，2014 年最高，为 17.29%。

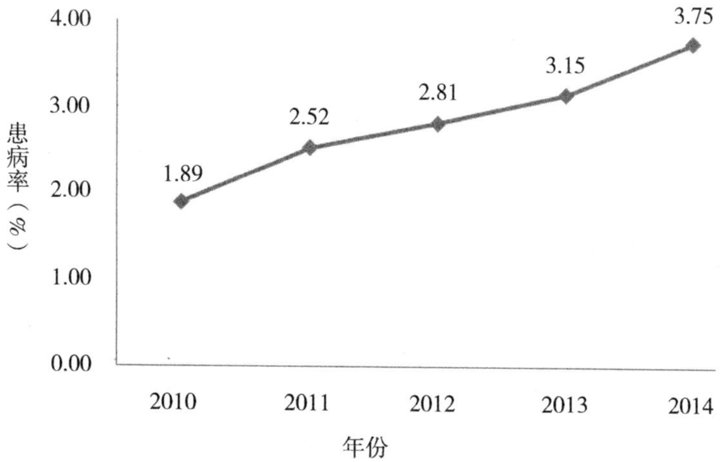

图 1－3－25　2010～2014 年陆家镇 18 岁以上糖尿病患病率

2010 年至 2014 年陆家镇 18 岁以上糖尿病患病率呈增长趋势，2014 年最高，为 3.75%。

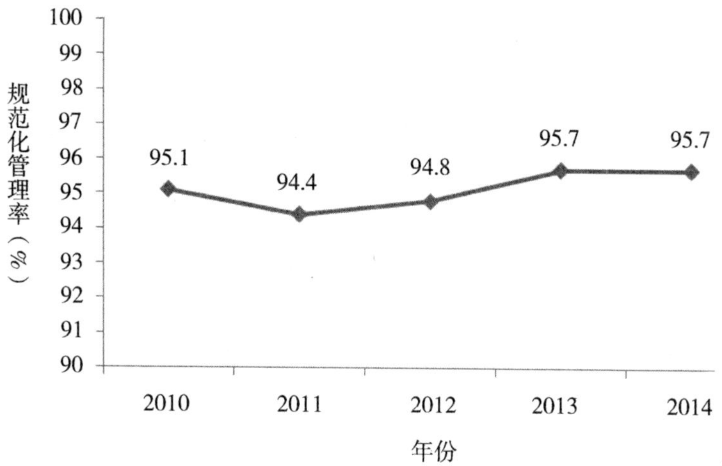

图 1－3－26　2010～2014 年陆家镇社区高血压病人规范化管理率

2010 至 2014 年陆家镇社区高血压病人规范化管理率较为平稳，2011 年最低，为 94.4%。

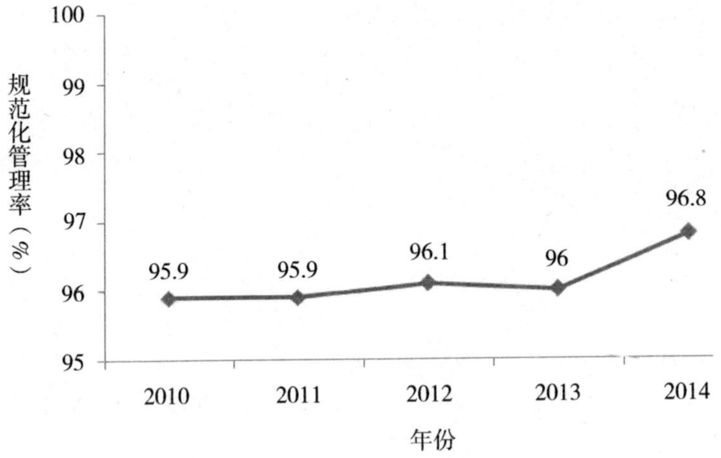

图 1－3－27　2010～2014 年陆家镇社区糖尿病病人规范化管理率

2010 年至 2014 年陆家镇社区糖尿病病人规范化管理率变化趋势较为平稳，2014 年最高，为 96. 8%。

7. 精神病管理

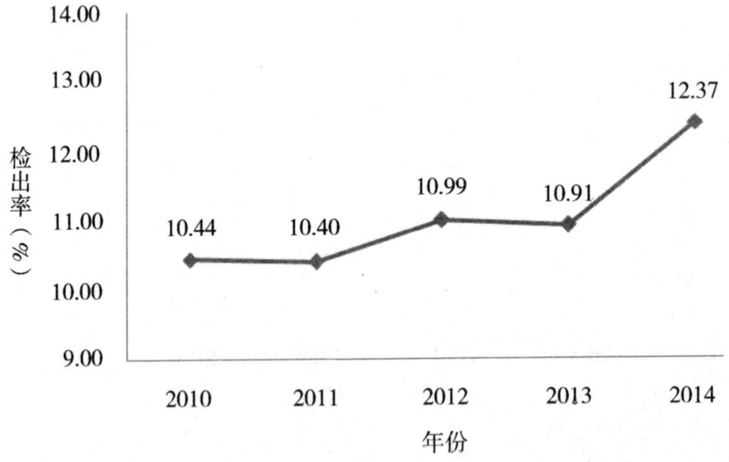

图 1－3－28　2010～2014 年陆家镇 18 岁以上重性精神疾病患者检出率

2010 年至 2013 年陆家镇 18 岁以上重性精神疾病患者检出率变化趋势较为平稳，2014 年最高，为 12. 37%。

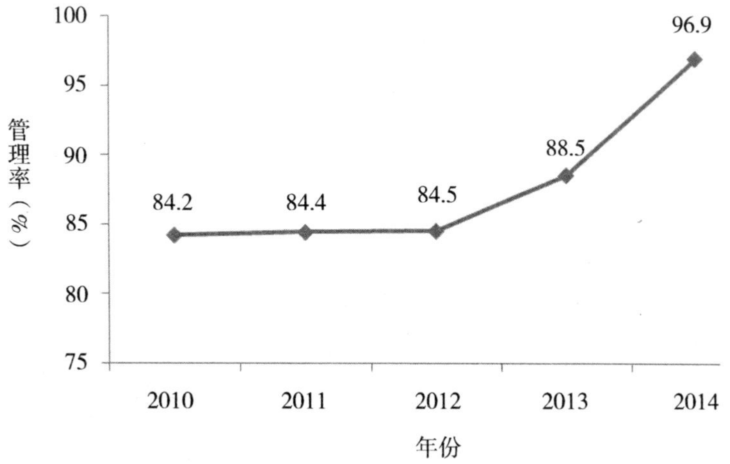

图1-3-29　2010~2014年陆家镇重性精神疾病患者管理率

2010年至2014年陆家镇重性精神疾病患者管理率随年份增长而增加，2014年最高，为96.9%。

8. 学校卫生

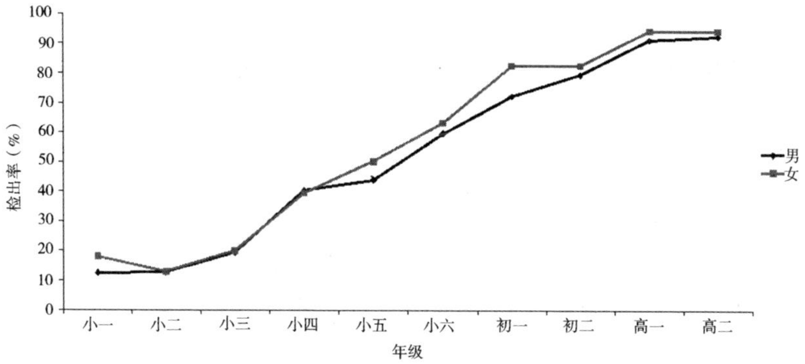

图1-3-30　2014年陆家镇不同年级男女生视力不良检出率

表1-3-6　2014年陆家镇不同年级男女生视力不良检出率

年级	男(%)	女(%)	合计(%)
小一	12.6	18.1	15.0
小二	12.7	13.0	12.8
小三	19.4	20.1	19.7

续表

年级	男(%)	女(%)	合计(%)
小四	40.3	39.5	39.9
小五	43.9	50.1	46.6
小六	59.5	63.1	61.0
初一	72.0	82.4	76.2
初二	79.3	82.4	80.7
高一	91.0	94.1	92.4
高二	92.3	94.1	93.2

男女生不良视力检出率随年级的升高而增长，且女生高于男生。

表 1-3-7　2011~2014 年陆家镇 5~18 岁男女生平均体重

	2011 年	2012 年	2013 年	2014 年
男	35.697	36.187	38.441	38.658
女	32.934	33.003	35.046	35.430
合计	34.529	34.839	36.966	37.258

2011~2014 年陆家镇 5~18 岁男女生平均体重逐年增加，男生高于女生。

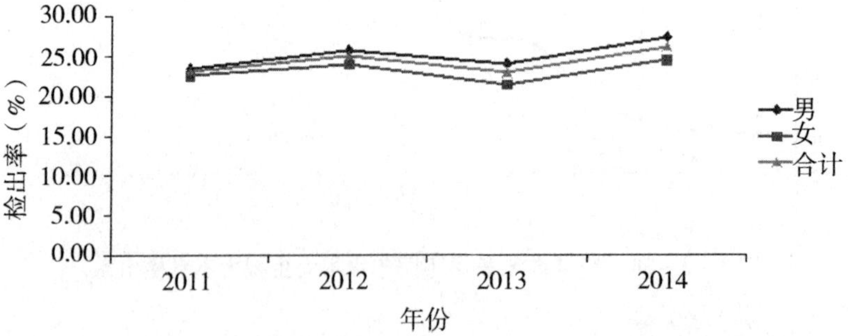

图 1-3-31　2011~2014 年陆家 7~17 岁男女超重检出率

表 1-3-8　2011~2014 年陆家 7~17 岁男女超重检出率

年份	男(%)	女(%)	合计(%)
2011	23.48	22.46	23.05

续表

年份	男(%)	女(%)	合计(%)
2012	25.70	23.90	24.94
2013	24.00	21.32	22.84
2014	27.24	24.37	25.99

2013 年陆家 7~17 岁男女超重检出率最低,男生检出率均高于女生。

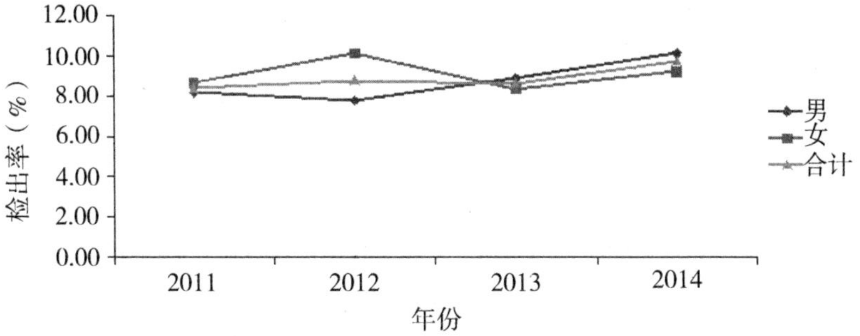

图 1-3-32 2011~2014 年陆家 7~17 岁男女肥胖检出率

表 1-3-9 2011~2014 年陆家 7~17 岁男女肥胖检出率

年份	男(%)	女(%)	合计(%)
2011	8.17	8.65	8.37
2012	7.77	10.12	8.76
2013	8.84	8.34	8.62
2014	10.10	9.19	9.70

2011~2014 年陆家 7~17 岁男女肥胖合计检出率较为平稳,2012~2014 年男生肥胖检出率升高,女生肥胖检出率在 2012 年最高,为 10.12%。

9. 陆家镇公共卫生服务的满意情况

(1)昆山市陆家镇居民对本镇公共服务知晓情况

表 1-3-10 昆山市陆家镇居民对本镇公共服务知晓情况

项目	涉及及知晓人数	总人数	构成比(%)
健康档案管理服务	1838	2455	74.87

续表

项目	涉及及知晓人数	总人数	构成比(%)
健康教育服务	1870	2455	76.17
预防接种服务	1764	2455	71.85
儿童健康管理服务	1698	2455	69.16
孕产妇健康管理服务	1608	2455	65.50
老年人健康管理服务	1717	2454	69.97
高血压患者管理服务	1482	2454	60.39
糖尿病管理服务	1228	2455	50.02
重性精神疾病患者管理服务	1020	2453	41.58

(2)昆山市陆家镇居民对公共卫生服务满意情况

表1-3-11　昆山市陆家镇居民对社区健康档案管理服务满意情况

满意情况	人数	构成比(%)
满意	1311	71.33
基本满意	508	27.64
不满意	19	1.03

昆山市陆家镇居民对社区健康档案管理服务满意率为98.97%。

表1-3-12　昆山市陆家镇居民对社区健康教育服务满意情况

满意情况	人数	构成比(%)
满意	1318	70.48
基本满意	532	28.45
不满意	20	1.07

昆山市陆家镇居民对社区健康教育服务满意率为98.93%。

表 1－3－13　昆山市陆家镇居民对社区预防接种服务满意情况

满意情况	人数	构成比(%)
满意	1296	73.47
基本满意	461	26.13
不满意	7	0.40

昆山市陆家镇居民对社区预防接种服务满意率为 99.60%。

表 1－3－14　昆山市陆家镇居民对社区 0～6 岁儿童健康管理服务情况

满意情况	人数	构成比(%)
满意	1239	72.97
基本满意	452	26.62
不满意	7	0.41

昆山市陆家镇居民对社区 0～6 岁儿童健康管理服务满意率为 99.59%。

表 1－3－15　昆山市陆家镇居民对社区孕产妇健康管理服务满意情况

满意情况	人数	构成比(%)
满意	1164	72.39
基本满意	440	27.36
不满意	4	0.25

昆山市陆家镇居民对社区孕产妇健康管理服务满意率为 99.75%。

表 1－3－16　昆山市陆家镇居民对社区老年人健康管理服务满意情况

满意情况	人数	构成比(%)
满意	1272	74.08
基本满意	432	25.16
不满意	13	0.76

昆山市陆家镇居民对社区老年人健康管理服务满意率为99.24%。

表1－3－17 昆山市陆家镇居民对社区高血压患者管理服务满意情况

满意情况	人数	构成比(%)
满意	1089	73.48
基本满意	386	26.05
不满意	7	0.47

昆山市陆家镇居民对社区高血压患者管理服务满意率为99.53%。

表1－3－18 昆山市陆家镇居民对社区糖尿病管理服务满意情况

满意情况	人数	构成比(%)
满意	916	74.59
基本满意	306	24.92
不满意	6	0.49

昆山市陆家镇居民对社区糖尿病管理服务满意率为99.51%。

表1－3－19 昆山市陆家镇居民对社区重性精神疾病患者管理服务满意情况

满意情况	人数	构成比(%)
满意	759	74.41
基本满意	255	25.00
不满意	6	0.59

昆山市陆家镇居民对社区重性精神疾病患者管理服务满意率为99.41%。

三、陆家镇公共卫生服务的主要成绩

(一)项目组织管理和制度建设

陆家镇预防保健所按照《国家基本公共卫生服务项目规范》和重大公共卫生

项目实施方案有关要求，成立市局主导、政府协同、基层实施的基本公共卫生服务体系，制订《陆家镇2013年基本公共卫生服务项目工作方案》。成立以所长亲自挂帅的“推进陆家镇2013年基本公共卫生服务项目工作领导小组”，下设项目办公室及四个专业指导小组，对十大类41项基本公共卫生服务项目指定专人负责条块，对服务项目实施责任人制度，指导开展社区基本公共卫生服务项目工作，完善预防保健所、中心、站三级管理模式，充分体现预防为主、保健与临床相结合、基层为重点的基本公共卫生服务发展模式，突出便民惠民导向，突出体制机制创新，尽力为辖区居民提供均等化基本公共卫生服务项目。形成“主要领导负总责，分管领导直接抓，科室条线分别抓，一级抓一级，层层抓落实”的工作格局。

根据市卫生局、市财政局、市人口计生委《关于促进基本公共卫生服务逐步均等化的实施意见》精神，切实加强我镇基本公共卫生服务项目工作，着力推进基本公共卫生服务均等化进程，加大基本公共卫生服务在社区卫生服务中的比重。根据陆预防〔2012〕19号《2012年陆家镇社区卫生服务中心（站）绩效考核方案（试行）》文件精神，考核领导小组每月组织预防保健所及医院相关职能科室对社区卫生服务机构开展考核，考核重点为基本公共卫生服务项目完成的数量及质量，所部根据考核结果发放绩效奖励。绩效奖励组成为成本绩效10%、服务人次完成情况30%、基本公共卫生服务项目完成情况60%，把2013年昆山市卫生局下达的基本公共卫生服务项目按照各社区卫生服务中心（站）的服务区域、辖区人口数量等实际情况，遵循可操作性原则，以量化形式分配到各社区，按照各社区的任务测算出完成每一项任务的绩效奖金单元金额，以单位金额乘以每个月完成的基本公共卫生服务的数量构成基本公共卫生服务项目部分实际绩效奖励，2013年辖区内社区卫生服务机构考核分数及排名情况依次为镇南社区站95.83分、邵村中心95.78分、合丰中心94.78分、车塘站94.5分、陈巷站93.61分、夏桥站94.57分、蒋巷站96.50因搬迁暂时未纳入考核体系。

（二）公共卫生主要成效

1. 按照国家规范建立居民健康档案，并实施计算机动态管理，60岁以上老人健康档案建档率达95%以上，其他人群建档率达80%以上。

2. 向城乡居民提供健康教育和健康咨询服务，城乡居民健康素养知识知晓率达70%以上，居民健康行为形成率达80%。

3. 实施扩大国家免疫规划，数字化计划免疫门诊覆盖率100%，辖区内适龄儿童免费接种国家免疫规划疫苗，全程合格接种率达到95%以上。

4. 为6岁以下儿童建立保健手册，开展规范的儿童保健服务。儿童健康管理率达98%以上，儿童系统管理率达95%以上，高危婴幼儿专案管理率达100%。

5. 为孕产妇建立保健手册，开展规范的孕产期保健服务，早孕建卡率、孕产妇健康管理率达95%以上，高危孕产妇管理率达100%。

6. 开展老年人保健工作，每年为65岁以上老年人进行一次健康检查，体检率达到90%，并实施动态跟踪管理。

7. 加强高血压、糖尿病、脑卒中、冠心病和恶性肿瘤等慢性病防治工作，高血压和糖尿病管理率达80%以上，规范管理率达90%以上。

8. 对重性精神疾病患者进行登记管理、治疗随访和康复指导，登记率达70%以上，规范管理率达90%以上，显好率达70%以上。

9. 传染病及突发公共卫生事件规范报告、处理率达100%。

10. 全市公共卫生监督协管信息报告率达95%以上。

11. 基层医务人员国家基本公共卫生服务规范培训率达100%。

12. 居民对基本公共卫生服务项目的知晓率和满意度分别达到95%以上。

13. 积极开展健康教育与促进活动。根据市局要求，健全健康教育网络，大力普及卫生保健知识，提高居民健康知识普及率，适时将卫生宣传与科普宣传结合起来，倡导健康文明的生活方式，增强居民的健康意识和自我保健能力。通过各种渠道发放各类健康教育宣传资料140400份，完成全年任务的143%，其中发放心理咨询宣传资料1500份，通过四院输液室及各社区滚动播放健康宣教DVD等视频资料，更新健教宣传栏253次，完成全年任务数的150%。积极与企事业单位合作，深入企业、社区、学校进行健康教育工作，共开展健康教育讲座91场，在重大卫生日举办相关知识咨询、巡回义诊活动40场次，分别完成全年任务数的168%和167%。二级心灵港湾开展心理咨询288人次。完成居民素养调查100人次，认真落实控烟活动，结合医院门诊楼建设，分别在医院和邵村、合丰中心专门开辟出吸烟区，在候诊区、病房等公共场所设有醒目的禁烟标志，设立兼职禁烟监督员，落实无烟单位长效管理。

14. 切实加强卫生监督执法力度。建立各类卫生档案444家，其中餐饮单位330家，企业职业卫生45家，医疗放射4家，供水单位14家，学校12家，医疗机构15家，黑诊所24家。开展企业接毒员工培训1200人次，学校传染病防控巡查48户次，校内饮用水、食品安全指导48户次。加强卫生监督协管巡查力度，协助巡查192次，发现和报告事件数66次，做好食品卫生、职业卫生的监测防范工作，饮用水采样监测20批次，食品原料采样83批次。共处罚餐饮单位27户，其中简易程序24户，一般程序3户，罚没款总额5.8万元。加强农村集体聚餐监管力度，开展农家宴食品安全技术指导63家。制定辖区内各类突发性公共卫生应急预案，成立应急处置小组，处理食物中毒、举报投诉等食品相关事件28起，共取缔无证诊所56户次，没收药品、医疗器械共计300多公斤，价值3万余元，办理行政处罚案件19起，罚款人民币4.4万元，向公安机关移送无证行医人员2名，有力保障了居民的健康权益。

四、公共卫生服务存在问题

1. 健康档案动态管理不够。由于动迁的原因和外来人员的出入，人员流动比较大，给妇幼卫生、预防接种、健康档案管理等工作带来了很大的影响，特别是居民家庭电话号码及个人手机号码的变化，给健康档案动态管理带来相当的难度。

2. 专业公共卫生人才缺乏。社区人才队伍建设相对滞后，社区医生老龄化，知识结构不全面，52名（含13名乡村医生退休返聘人员）社区基层工作人员在开展基本医疗的同时，无法应对4983名高血压病人、966名糖尿病病人一年四次面对面的随访任务，公共卫生服务项目各项条线任务繁重，人员匮乏。

3. 居民健康素养低。因社会文化等因素的影响，居民整体健康素养低，部分群众对居民健康档案及慢性病管理不理解、不配合。

4. 公共卫生服务具体目标不清，效果不明

目前许多公共卫生服务目标仅是工作目标，缺乏具体效果目标，导致很多工作短时间看不到效果，加上公共卫生服务工作不细，效果不明，直接影响工作积极性。特别慢性病预防控制是一项长期工作，需要社会各个方面共同努力，才能达到预期效果。

5. 慢性非传染性疾病没有得到有效遏制。从2010年至2014年资料看，陆家镇18岁以上高血压患病率随年份增长而增加，2010年至2014年陆家镇18岁以上糖尿病患病率呈增长趋势，主要慢性非传染性疾病没有得到有效遏制，重点需要做好慢性非传染性疾病的预防和控制。

6. 学校卫生问题依然突出。学校近视、肥胖患病率仍然较高，需要加强与教育部门配合，更加积极做好学校卫生工作。

7. 慢性病危险因素控制不够。虽然建立了良好的慢性病死因和主要危险因素的监测系统，但在危险因素控制上缺乏有效手段。

五、发展建议

1. 培养人才、稳定基层队伍。高素质的基层公共卫生服务队伍是保障公共卫生服务健康、持续发展的重要保证。根据预防保健所与各社区卫生服务机构实际需求，制订岗位配置规划，对照现有人力资源情况，按照满足现状、适度超前的原则，制订人才需求计划，分步实施人才引进，同时加强全科医学的规范化培训，要

做好新引进人员的培训规划,使所有社区医务人员接受社区卫生服务继续教育与全科培训,提升基本公共卫生服务项目的服务能力。

2. 进一步深入开展学校卫生监管工作,在食堂、饮用水、传染病、教学设施卫生监督上不断探索思路、积累经验,提高监管能力和水平。

3. 加强传染病监督力度,实行每周自查制,半月检查制,坚决杜绝传染病漏报、迟报的现象。督促临床科室认真履行传染病报告制度,做好传染病报告与登记,提高符合率和及时率,并组织开展传染病相关知识培训。

4. 强化绩效考核,实施公共卫生项目管理。绩效考核是确保基本公共卫生服务顺利实施的有效手段。要健全跟踪督查、考核评估制度,完善基本公共卫生服务项目月报制度,通过平时专项考核与年终综合考评,突出相符率和完成率两个指标,评定工作实绩,并把月报数据与资料收集的相符性和工作完成的进度作为考评的重要内容,真正把基本公共卫生服务工作做细做实。

5. 进一步完善中心家庭医生工作站和居民小区家庭医生工作室的服务内涵,真正做到便民惠民,提高居民的满意度。在镇、村二级领导的支持下在全镇居民小区设立20个以上家庭医生工作室,对小区居民进行健康管理。并进一步探索在家庭医生工作室的基础上设立慢病康复俱乐部和社区医生进企事业单位的服务模式。

6. 加强对全镇高血压、糖尿病等慢性病人及孕产妇、儿童、老年人、重性精神病患者等重点人群的健康管理服务。对重点人群开展健康管理,优化管理模式,推行社区卫生网格化服务模式,既方便群众,又能真正管理到位。

7. 进一步加强健康教育,努力提高居民健康素养

通过健康教育,提高居民健康素养,是公共卫生服务的基础,需要进一步加强健康教育,根据居民的实际需要,开展多种形式的健康教育,努力提高居民健康素养,培养良好健康生活方式,预防疾病发生。

六、保障措施

1. 加强组织领导。实施基本公共卫生服务项目是促进基本公共卫生服务逐步均等化的重要内容,关系人民群众的切身利益,关系千家万户的幸福安康。把实施基本公共卫生服务作为落实科学发展观的重要举措和关注民生、促进社会和谐的重要内容,摆上重要议事日程,列入年度重点工作,切实加强组织领导,完善组织网络,明确工作职责,制定年度计划,落实有力措施,切实将各项工作任务落到实处,有效推进基本公共卫生服务水平的不断提升。

2. 加大经费投入。基本公共卫生服务项目由政府向居民免费提供,镇财政部

门要根据基本公共卫生服务项目内容，足额预算安排并全面落实基本公共卫生服务项目资金，并建立稳定增长的经费投入机制，确保项目工作的顺利实施。公共卫生机构的人员经费、发展建设经费、公用经费和业务经费由政府预算全额安排，实行收支两条线管理；并随财政收入的增长，逐步加大对公共卫生机构经费保障的力度。

3. 强化督导考核。建立健全多层次的督导考核机制。定期对基本公共卫生服务项目进展情况开展综合督导考评，建立奖励机制。

第四章

苏州市社区健康促进能力研究

健康促进工作是在一定的空间和场所进行的,社区或场所(包括单位、企业等)是开展健康城市建设中的主要阵地,所以社区或场所的综合健康促进能力的培育是健康城市建设的成功基础。社区能力是指在某一特定社区中,能促进社区解决集体问题和改善或保持社区健康和幸福的人力资本、组织资源和社会资本的相互作用。

一、研究对象与方法

(一)研究对象

与苏州市爱国卫生与健康促进委员会合作,在 2010 年 10 到 11 月对苏州市 12 个区、县的街道、社区居委会还有社区卫生服务中心(站)的机构和个人进行问卷调查和座谈会。

(二)研究内容

街道、社区居委会和社区卫生服务中心(站)的社区健康促进能力。

(三)研究方法

在预先进行广泛动员和政府发文的基础上,所有研究对象知情同意,通过发放调查问卷,调查对象自主填写问卷,收集后做数据统计。

(四)评估工具

加拿大公共卫生署的社区能力建设工具(Community Capacity Building Tool)[1],该问卷包含了 9 个维度:参与、领导、社区结构、外部支持、确定健康问题、获得资源、技能知识、与其他组织的联系及社区归属感,得分范围 0 ~ 4 分。

(五)统计分析

全部数据录入 Epidata3.1 软件,采用 SPSS17.0 统计软件进行数据分析。社区健康促进能力各维度汇总各维度的评分和总分,计算均数、标准差,采用方差分析进行均数间比较。

二、结果

(一)街道和社区卫生服务中心(站)的社区健康促进能力

街道的社区健康促进能力总评分2.48分,与满分4分相比,差距较大,各个维度的评分可见表1。其中,街道参与评分最高2.70,另外高于2.50分的还有领导能力、组织能力和归属感的评分。

社区卫生服务中心(站)的社区健康促进能力总评分为2.19分,与满分4分的差距很大,其9个维度的评分见表1。其中参与评分最高,为2.59分,确定健康问题能力评分最低,为1.95分。

经方差分析,得到街道和社区卫生服务中心(站)在确定健康问题、获得资源、联系其他组织和社区归属感上的评分的差异都具有统计学意义($P<0.05$),且均为街道的得分大于社区卫生服务中心(站)的得分。

表1-4-1 街道(社区)健康促进能力评分(均数±标准差)

工作单位	参与	领导能力	组织结构	外部支持	确定健康问题
街道	2.70±0.87	2.50±0.97	2.50±0.98	2.32±0.92	2.34±0.93
社区卫生服务中心(站)	2.59±0.89	2.24±0.92	2.34±0.93	2.01±0.85	1.95±0.84*
街道	2.43±1.04	2.44±0.98	2.43±1.02	2.63±1.07	2.48±0.86
社区卫生服务中心(站)	2.09±0.91*	2.26±0.89	2.09±0.88*	2.15±0.84*	2.19±0.75

*与街道的得分比较,$P<0.05$

(二)不同地理位置的街道其社区能力评分比较

由表2可见,在9个维度中,各社区的参与能力得分较高,其均分为2.67分。外部支持和确定健康问题的得分最低,均为2.14分,其得分范围分别在1.83~2.78和1.83~2.64之间。不同地理位置的街道其社区能力评分范围为1.83-2.51分之间,9个维度和总评分在地区分布上经方差分析均具有统计学差异($P<0.05$)。地区4在每个维度上的得分都是12个地区中得分最高的,其均分为2.86分;在9个维度中,除了组织结构和外部支持的得分是地区2最低以外,其他7个维度的得分均是地区5最低,其均分为1.83分。

表 1-4-2 苏州市各地区社区健康促进能力评分（均数 ± 标准差）

地区	参与	领导能力	组织结构	外部支持	确定健康问题
地区 1	2.49 ±1.01	2.29 ±1.00	2.39 ±1.00	2.03 ±0.90	2.01 ±0.92
地区 2	2.44 ±0.79	2.08 ±0.81	1.86 ±0.76	1.83 ±0.70	1.83 ±0.67
地区 3	2.79 ±0.81	2.21 ±1.04	2.43 ±1.04	2.09 ±1.03	2.10 ±0.83
地区 4	3.15 ±0.66	3.12 ±0.71	2.97 ±0.87	2.78 ±0.92	2.64 ±0.84
地区 5	1.91 ±0.99	1.97 ±0.98	1.99 ±1.04	1.84 ±0.84	1.79 ±0.83
地区 6	2.95 ±0.89	2.32 ±1.07	2.48 ±1.00	2.18 ±0.88	2.36 ±0.97
地区 7	2.79 ±1.00	2.25 ±1.05	2.18 ±1.08	1.95 ±0.88	2.03 ±0.87
地区 8	2.45 ±0.86	2.27 ±0.99	2.27 ±0.79	2.03 ±0.88	1.89 ±0.87
地区 9	2.73 ±0.88	2.42 ±0.92	2.62 ±0.89	2.42 ±0.87	2.54 ±0.87
地区 10	2.66 ±0.71	2.23 ±0.84	2.44 ±0.66	1.88 ±0.64	1.89 ±0.94
地区 11	2.85 ±0.77	2.67 ±0.94	2.55 ±1.08	2.23 ±1.07	2.35 ±0.95
地区 12	2.78 ±0.78	2.55 ±0.90	2.72 ±0.92	2.30 ±0.72	2.17 ±0.83
地区	获取资源	技能、知识	与其他组织联系	社区归属感	总评
地区 1	2.25 ±1.01	2.15 ±0.93	2.31 ±0.95	2.33 ±1.03	2.25 ±0.85
地区 2	1.90 ±0.80	1.79 ±0.80	2.01 ±0.76	1.90 ±1.04	1.96 ±0.66
地区 3	2.21 ±0.90	2.25 ±0.85	2.28 ±1.13	2.42 ±0.93	2.32 ±0.84
地区 4	2.74 ±0.99	2.88 ±0.86	2.70 ±1.04	2.80 ±1.08	2.86 ±0.76
地区 5	1.63 ±0.99	1.88 ±0.99	1.76 ±0.91	1.67 ±0.96	1.83 ±0.84
地区 6	2.02 ±0.98	2.36 ±1.09	2.20 ±0.99	2.55 ±1.01	2.39 ±0.85
地区 7	2.23 ±1.13	2.31 ±0.96	1.95 ±0.99	2.13 ±0.95	2.20 ±0.83
地区 8	2.06 ±0.88	1.98 ±0.90	2.16 ±0.90	2.21 ±0.98	2.15 ±0.76
地区 9	2.35 ±0.86	2.57 ±0.86	2.57 ±0.85	2.19 ±0.79	2.49 ±0.77
地区 10	2.43 ±0.79	2.43 ±0.66	2.25 ±0.85	2.41 ±0.80	2.29 ±0.61
地区 11	2.30 ±1.02	2.42 ±1.06	2.45 ±1.01	2.44 ±1.00	2.47 ±0.90
地区 12	2.48 ±0.88	2.46 ±0.73	2.51 ±0.93	2.60 ±0.82	2.51 ±0.67

不同地理位置的 12 个地区的 9 个维度的评分和总评分进行方差分析，均有 $P < 0.05$。

三、讨论

街道的社区健康促进能力总评分 2.48 分，与满分 4 分相比，差距较大。街道参与评分最高，外部支持评分最低，另外街道的确定健康问题的能力也较低，说明外部支持感不足、可获得的外部支持（比如政府部门、基金会、可以联系的社区等）有限是街道提高健康促进能力有待解决的一个难题[2]。社区卫生服务中心（站）的社区健康促进能力总评分：2.19，它与街道的健康促进能力也有一定的差距。其中参与评分最高，确定健康问题能力评分最低。另外，外部支持的评分也较低。由此可见，无论是街道还是社区卫生服务中心（站），作为实施健康促进的场所，一是外部支持感均不足，需要专家指导团和政府提供和创造外部支持的机会；二是确定社区健康问题的能力都是弱项，需要加强，这为下一步的健康单位培训提供了方向[3]。

在确定健康问题、获得资源、联系其他组织和社区归属感这几个得分上，街道的得分均比社区卫生服务中心（站）要高，说明：在确定健康问题方面，街道的工作人员能够更加深入到社区的人群中，发现健康问题及其影响因素，听取群众的意见，并寻找解决健康问题的方案，而社区卫生服务中心（站）的工作人员则除了在政府领导下，在社区中建立医疗服务据点，为社区居民提供优质、高效、便捷的卫生服务以外，还应在对社区进行流行病学诊断，找出妨碍居民健康的主要卫生问题上面多进行一些工作[4]；在获取资源方面，街道的工作人员所获得的内部资源和外部资源更加的充足；在社区归属感的建立方面，街道工作人员的工作更加地贴近居民的生活，更有利于居民对社区归属感的建立[5]。

在不同地理位置的街道其社区能力评分比较的比较中可以看出，地区 4 的各项评分和总评分都是最高的，说明地区 4 在苏州市来说，健康促进工作做得相对较好，它的健康促进能力的建设途径、方法可以通过总结、编整，进行一定程度的推广，给其他地区提供参考；而地区 5 则应在参与、领导、组织、外部支持等多个方面对社区的健康促进能力进行加强，以便于以后社区的健康促进工作的顺利开展。

本研究结果与韩国（对釜山市 16 个公共卫生中心的 43 名公共卫生官员进行社区能力调查，评分 2.35 分[6]）相比，苏州市各地区的社区健康促进能力较强。而与上海[7]的街道和企业的社区能力评分 2.72 分相比，则相对较低，各项的评分均低于上海，尤其是在社区参与方面（上海为 3.33 分）。所以苏州的社区健康促进能力仍需进一步提升。

参考文献：

[1] Public Health Agency of Canada. Community Capacity Building Tool: A tool for planning, building and reflecting on community capacity in community based health projects [M]. Health promotion International 2007.

[2] 邱国胜、李爱国:《国内社区健康教育现状与展望》,载《现代中西医结合杂志》,2003 年第 15 期。

[3] 鲍勇、何园、张静:《国外城市社区健康教育与健康促进回顾与展望》,载《中国全科医学》,2004 年第 3 期。

[4] 严强:《苏州市单位健康促进工作进展研究》,载《医学与社会》,2000 年第 1 期。

[5] 黄敬亨:《社区健康促进的现状与展望》,载《中国健康教育》,1999 年第 3 期。

[6] Jung Min Kim, Kwang Wook Koh, Byeng Chul Yu, et al. Assessment of organization leadership for health promotion [J]. Health Educ Behav 2005; 32(2):195 - 207.

[7]赵芳:《上海市健康城市建设及其健康促进能力研究》,载《复旦大学》,2010 年。

第五章

健康城市建设指南研究

当今世界对城市的存在和发展提出了新要求，即城市不仅仅是片面追求经济增长效率的经济实体，城市应该是能够改善人类健康的理想环境，城市应被看作一个有生命、能呼吸、能生长和不断变化的有机体。健康城市是一个不断开发、发展自然和社会环境并扩大社会资源，使人们能够在享受生命和充分发挥潜能方面互相帮助的城市。健康城市的内涵：健康城市就是要充分调动城市各种资源，提高生命质量，减少不公平，达到最高健康水平。

建设健康城市首先要深刻理解健康城市的内涵、建立健康城市领导小组、宣传发动、开展基线调查与数据收集、城市健康诊断、计划制订、计划实施和评估以及问题分析与改进，形成循环，不断解决城市发展过程中存在的问题，达到促进城市健康的目标。

一、深刻理解健康城市的内涵

1. 城市化是当今全球人类社会发展的总趋势，是社会生产力发展的客观要求和必然结果，城市的发展给人类的生活、工作带来很大方便，促进了世界经济的快速发展。据估测，全球已有50%的人口居住在城市化的人造空间里。然而，高速发展的城市建设，尤其是工业化的城市面临着社会、卫生、生态等诸多问题，如人口密度高、交通拥挤、住房紧张、不符合卫生要求的饮水和食品供应、污染日见严重的生态环境、暴力伤害等社会问题，正逐渐成为威胁人类健康的重要因素。

健康城市的建设对城市发展具有许多好处：

（1）促进经济增长：首先，人是社会经济发展的主体，人的健康尤其是群体健康，是社会经济正常发展的前提条件。其次，自然生态环境是城市经济增长的基础；再次，健康城市最根本的特征，就是健康的社会关系。经济增长需要一个宽容、稳定的社会环境，需要社会成员之间和谐、安宁的互动。

（2）促进城市化进程：快速的城市化进程给人类健康带来了严峻的挑战。建设和发展健康城市，正是对城市化进程中健康问题的一种应对思路。

(3)促进社会可持续发展:城市发展“不能牺牲生态环境,不能牺牲人类健康,不能牺牲社会文明”。健康城市的构筑理念,符合可持续发展的普遍原则。健康城市行动的实施,将提供可持续发展的现实基础和动力源泉。

2. 健康城市的建设要求

(1)以“创新、协调、绿色、开放和共享”为发展理念;

(2)以人为本;

(3)以问题为导向;

(4)以科学方法为基础。

二、建立健康城市领导小组(多部门参与、合作,有目标、有职责)

根据健康的社会决定因素,影响城市居民健康的因素很多,需要建立健康城市多部门参与的、合作管理机构。在一个城市开展健康城市工作,首先要成立市健康城市领导小组,确定各个部门具体任务和责任,指定总协调员和每个部门的协调员,具体负责各项工作的协调。市领导任组长,各组成部门见下表,参与部门数量,可根据工作需要增减。

表 1 –5 –1

发展与改革委员会	监察局	公安局
建设局	园林局	体育局
卫生与计生委	民政局	教育局
共青团市委	文明办	老干部局
妇联	食品药品监督管理局	文广局
疾病预防控制中心	卫生监督所	

以苏州市为例,市委、市政府成立了市建设健康城市领导小组,由市政府主要领导任组长,市委、市政府分管领导任副组长,相关部门主要负责同志任组员,统一领导,统筹管理,指挥协调全市健康城市建设工作,领导小组下设办公室,具体负责日常工作。市建设健康城市领导小组还设立了健康环境、健康服务、健康社会、健康人群、宣传教育和督察等六个专业委员会,实行主任单位负责制。

三、政府及各个部门宣传发动

城市政府及各个部门宣传发动应当通过报纸、电视、广播和各种新媒体,向广大市民广泛宣传开展健康城市建设的意义和实际好处,让广大市民了解健康城市、积极参与健康城市的建设，充分发挥广大市民的聪明才智，提出建设健康城市的意见和建议。

1. 利用报纸、电视、广播和各种新媒体，积极宣传；

2. 通过各种途径，征集建设健康城市的意见和建议，特别通过互联网和移动电话，征集建设健康城市的意见和建议。

四、基线调查、数据收集与文件信息管理

1. 目标、计划、政策档案收集

包括健康城市的总体目标，阶段目标，总体计划，阶段计划，为实现健康城市的总体目标和阶段目标，落实总体计划、阶段计划相关的政策文件。

2. 基础资料收集

（1）内容

可通过收集现有资料或通过调查收集基线资料，目的是进行科学对比分析与评价效果。具体基础资料包括下列指标（各地可根据当地的情况进行选择），详细记录各个指标获得的方法、途径。

（2）方法

通过收集政府各个部门统计数据、政府报告、年鉴和调查报告数据。

通过召开居民讨论会、问卷调查、面对面调查等，了解居民的健康需求和影响市民健康的主要社会因素、环境因素、管理和政策因素，收集影响居民健康的热点问题、难点问题。例如：某市 2012 年人口 160000 人，男 85000 人，女 75000 人。——来源于某市统计局，2013 年统计年鉴。

（3）指标（例如）

表 1－5－2

人口与健康状况统计
总人口
人口性别年龄结构
老年百分率
出生率
死亡率
慢性非传染性疾病

续表

高血压患病率
糖尿病患病率
肥胖率

(4)基线调查、数据收集具体内容

可根据当地的情况进行选择。

五、城市健康问题诊断,确定优先解决问题

根据收集的资料或通过调查收集基线资料,通过社会学诊断、流行病学诊断、行为和环境诊断、教育和组织诊断、管理和政策诊断,发现城市存在的主要健康问题和影响市民健康的主要社会因素、环境因素、管理和政策因素,然后针对这些问题和影响因素有的放矢的开展工作。

1. 社会人口学诊断

人口构成　老年人口构成—是否老龄社会?

存在那些健康问题?

外来人口构成—流动人口问题

存在那些健康问题?

卫生服务公平问题?

2. 流行病学诊断

各种疾病患病率,特别是慢性病(高血压、糖尿病),

那一个年龄患病率高?

有无儿童肥胖问题?

失地农民患病情况如何?

3. 行为和环境诊断

当地居民有哪些好的健康行为?

当地居民有哪些不好的健康行为?

当地哪些习惯有利于健康促进?

当地哪些习惯不利于健康促进?

4. 健康教育与组织诊断

当地健康教育采取那些形式?

这些教育形式那些是有效的?那些是效果不大的?

开展健康教育专业人员的能力如何?

5. 管理和政策诊断

当地那些政策有利于健康促进？

当地那些政策不利于健康促进？

当地那些管理体制有利于健康促进？

当地那些管理体制不利于健康促进？

城市健康问题的具体诊断方法：

1. 专家与政府部门的诊断

通过召开研讨会、专家咨询会，分析比较各个基线指标数据，发现城市存在的主要健康问题。

表 1－5－3　某城市糖尿病患病情况

年龄组	性别	调查人数		高危人数		发生率（%）	
		城市	农村	城市	农村	城市	农村
20～	男	226	162	7	4	3.10	2.47
	女	256	217	8	5	3.13	2.30
30～	男	367	855	38	66	10.35	7.72
	女	363	1103	28	75	7.71	6.80
40～	男	494	2158	57	236	11.54	10.94
	女	543	3163	49	333	9.02	10.53
50～	男	927	2793	117	335	12.62	11.99
	女	1468	4132	157	502	10.69	12.15
60～	男	654	2206	79	255	12.08	11.56
	女	807	2902	103	373	12.76	12.85
70～	男	364	1140	34	162	9.34	14.21
	女	485	1617	88	216	18.14	13.36
80～	男	102	351	18	47	17.65	13.39
	女	173	550	29	91	16.76	16.55
合计	男	3134	9665	350	1105	11.17	11.43
	女	4095	13684	462	1595	11.28	11.66
总计		7229	23349	812	2700	11.23	11.56

通过上表的分析，发现30岁以后，糖尿病患病率明显上升。

2. 居民诊断

通过召开居民讨论会、问卷调查、面对面调查等，了解居民的健康需求和影响市民健康的主要社会因素、环境因素、管理和政策因素。发现影响居民健康的热点、难点问题。

3. 确定优先解决的问题

根据专家与政府部门的诊断及居民诊断的结果，考虑可行性，确定城市健康优先解决的问题。

六、制订健康城市行动方案与实施

1. 目标管理的 SMART 原则

根据目标管理（management by objects）的基本原理，健康城市建设行动方案的目标要符合目标管理的 SMART 原则。

（1）工作目标要明确

目标管理的 SMART 原则之一：S（Specific）——明确性。所谓明确就是要用具体的语言，清楚地说明要达成的行为标准。明确的目标几乎是所有成功团队的一致特点。很多团队不成功的重要原因之一就因为目标定的模棱两可，或没有将目标有效地传达给相关成员。在具体项目中，对目标的描述要明确，在实施项目要求中，目标设置要有项目、衡量标准、达成措施、完成期限以及资源要求，使考核人能够很清晰地看到项目计划要做哪些事情，计划完成到什么样的程度。

（2）工作目标可衡量

SMART 原则二：M（Measurable）——衡量性。衡量性就是指目标应该是明确的，而不是模糊的。应该有一组明确的数据，作为衡量是否达成目标的依据。如果制定的目标没有办法衡量，就无法判断这个目标是否实现。对于目标的可衡量性应该首先从数量、质量、成本、时间、上级或居民的满意程度五个方面来进行，如果仍不能进行衡量，其次可考虑将目标细化，细化目标后再从以上五个方面衡量，如果仍不能衡量，还可以将完成目标的工作进行流程化，通过流程化使目标可衡量。

（3）工作目标要可实现

SMART 原则三：A（Attainable）——可实现性。目标是要可以让执行人实现、达到的，如果利用一些行政手段，利用权力性的影响力一厢情愿地把制定的目标给强压下去，最典型的反映是一种心理和行为上的抗拒：我可以接受，但是否完成这个目标，有没有最终的把握，这个可不好说。一旦有一天这个目标真完成不了的时候，下属有一百个理由可以推卸责任：你看我早就说了，这个目标肯定完成不了,但你坚持要压给我。目标设置要坚持居民参与、上下左右沟通,使拟定的工作目标在组织及个人之间达成一致。既要使工作内容饱满,也要具有可达性。可以制定出跳起来“摘桃”的目标,不能制定出跳起来“摘星星”的目标。

(4)工作目标要有相关性

SMART 原则四:R(Relevant)——相关性。目标的相关性是指实现此目标与其他目标的关联情况。如果实现了这个目标,但对其他的目标完全不相关,或者相关度很低,那这个目标即使被达到了,意义也不是很大。因为毕竟工作目标的设定,是要和岗位职责相关联的,不能跑题。

(5)工作目标的时限性

SMART 原则五:T(Time - based)——时限性。目标特性的时限性就是指目标是有时间限制的。目标设置要具有时间限制,根据工作任务的权重、事情的轻重缓急,拟定出完成目标项目的时间要求,定期检查项目的完成进度,及时掌握项目进展的变化情况,以方便对下属进行及时的工作指导,以及根据工作计划的异常情况变化及时地调整工作计划。

2. 应包括的方案

在专家与政府部门的诊断及居民诊断确定城市健康优先解决问题的基础上,根据 SMART 原则,制订行动方案及各个方案目标。各种方案如下表:

表 1-5-4

环境卫生(包括气候变化)行动方案	卫生体制发展行动方案
建设卫生服务机构行动方案	健康促进行动方案
健康信息管理系统行动方案	卫生应急行动方案
慢病控制行动方案	体育休闲行动方案
食品安全和粮食安全行动方案	社会经济发展行动方案
妇幼保健行动方案	交通与健康行动方案
传染病控制行动方案	预防伤害行动方案
职业安全卫生行动方案	住房与社区设施行动方案
精神卫生行动方案	公立与私立机构合作行动方案
应对人口老龄行动方案	促进外来人口健康行动计划

各方案的实施和完成根据各个部门具体职责,由各个部门具体落实。

3. 案例

创建无烟城市——国家工作人员率先控烟行动计划:

(1)总目标

(2)分目标

(3)项目活动

①组织

②基线与影响因素调查

③干预

④效果评价

(4)项目目标人群

(5)可持续发展计划

(6)行动计划及时间表 行动计划及时间表应与项目活动一致。

七、行动方案的实施效果评价(方案实施前后对比分析)

通过项目建设前后的变化比较,如进行文字、图片和数据的对比分析,评估建设成果与效果。

1. 健康城市开展的活动进行监测评估;

2. 通过对比基线调查数据和市民满意度,分析取得的成果。例如:列出各种成果的变化数据、图表,显示健康城市持续的进展。

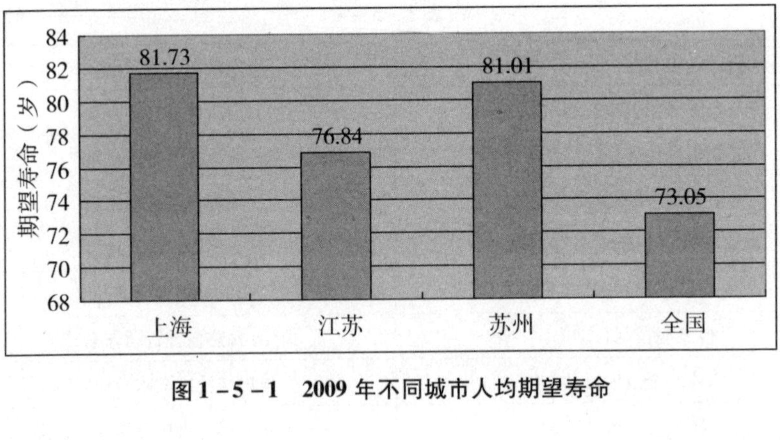

图 1-5-1 2009 年不同城市人均期望寿命

八、问题分析与改进

1. 通过问卷/调查/媒体/座谈/调研等形式，获取群众的意见；

2. 收集社区组织及非政府组织的意见；

3. 通过公共投诉机制来发现项目需要改进的方面；

4. 根据上述收集意见和存在问题，提出改进意见，进一步指导健康城市建设科学发展。

例如，在食品安全项目中，通过问卷/调查/媒体/座谈/调研等形式，获取群众的意见，分析、研究和进一步发现食品安全存在的问题，重新制定和完善食品安全行动计划。

第二篇　苏州市健康城市建设成果篇

第一章

苏州市疾病预防与控制

第一节　人口基本情况

一、人口数

2016 年苏州市户籍人口 6781957 人，常住人口 1064.74 万人（来源于苏州市统计局）。其中男性 3325291 人，女性 3456666 人，男女比例为 0.96:1。户籍人口年龄结构见表 2-1-1。

表 2-1-1　2016 年苏州市户籍人口年龄结构

年龄段	合计		男性		女性	
	人数	构成比	人数	构成比	人数	构成比
<1 岁	67285	0.99	34997	1.05	32288	0.93
1 ~	572260	8.44	295841	8.90	276419	8.00
10 ~	466215	6.87	238269	7.17	227946	6.59
20 ~	803264	11.84	392483	11.80	410781	11.88
30 ~	1025625	15.12	491301	14.77	534324	15.46
40 ~	1078113	15.90	528995	15.91	549118	15.89
50 ~	1060379	15.64	529425	15.92	530954	15.36
60 ~	951814	14.03	472835	14.22	478979	13.86
70 ~	496247	7.32	239992	7.22	256255	7.41
80 ~	229681	3.39	92376	2.78	137305	3.97
90 ~	30501	0.45	8643	0.26	21858	0.63
100 ~	573	0.01	134	0.00	439	0.01
合计	6781957	100.00	3325291	100.00	3456666	100.00

苏州市60岁以上人口占25.20%，其中男性占24.48%，女性占25.89%。同时，苏州市65岁以上老年人占总人数的17.32%，远远超出了世界卫生组织对老龄化社会定义的标准(65岁以上人口占总人口7%)。

二、人口自然增长率

苏州市2016年出生率为11.2‰，死亡率为7.08‰，人口自然增长率为4.12‰。

三、人均期望寿命

苏州市2016年人均期望寿命为82.90岁，其中男性80.57岁，女性85.24岁。各市、区人均期望寿命见表2-1-2。

表2-1-2 苏州市各市、区人均期望寿命

地区	合计	男	女
全市	82.90	80.57	85.24
市区	82.96	80.75	85.22
姑苏区	83.88	81.59	86.28
吴中区	82.54	80.32	84.71
相城区	81.96	79.32	84.68
高新区(虎丘区)	82.62	80.26	85.02
工业园区	83.12	81.30	84.88
吴江区	82.69	80.53	84.93
县级市	82.85	80.38	85.28
常熟市	82.43	79.95	84.84
张家港市	82.58	79.87	85.32
昆山市	83.55	81.32	85.77
太仓市	83.41	81.09	85.64

人均期望寿命是评价居民健康状况的主要指标，它是根据各年龄段人口的死亡情况计算后得出的，是指在现阶段出生的婴儿如果没有意外的情况下应该活到的年龄，与社会经济条件、医疗卫生服务水平密切相关。

近几年苏州市人均期望寿命每年稳步增长，这得益于苏州市居民生活水准和医疗救治、疾病防控、妇幼保健等整体健康维护水平的提高。

2011－2016 年苏州市居民平均期望寿命趋势图见图 2－1－1。

2009－2016 年苏州市孕产妇死亡率趋势图见图 2－1－2。

2009－2016 年苏州市婴儿死亡率趋势图见图 2－1－3。

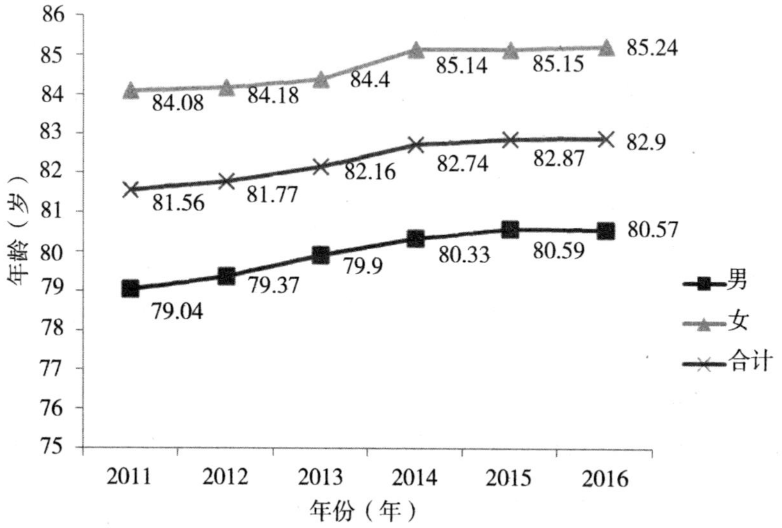

图 2－1－1　2011～2016 年苏州市居民平均期望寿命趋势图

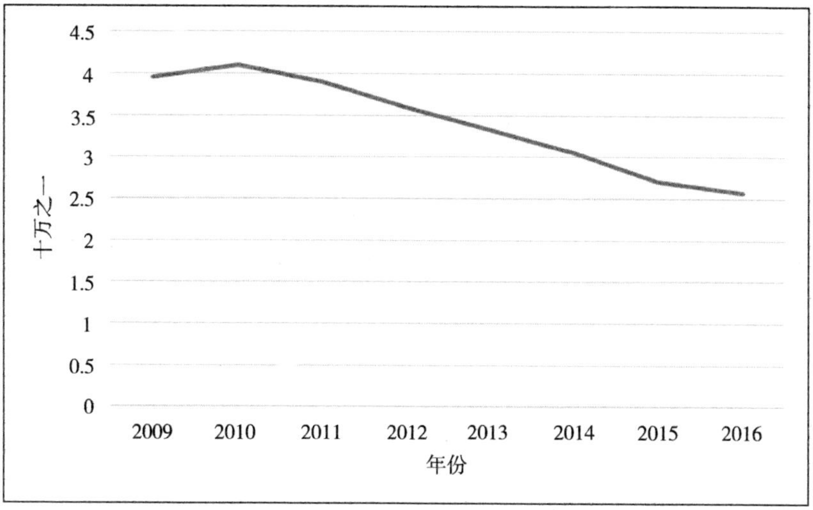

图 2－1－2　2011～2016 年苏州市孕产妇死亡率趋势图

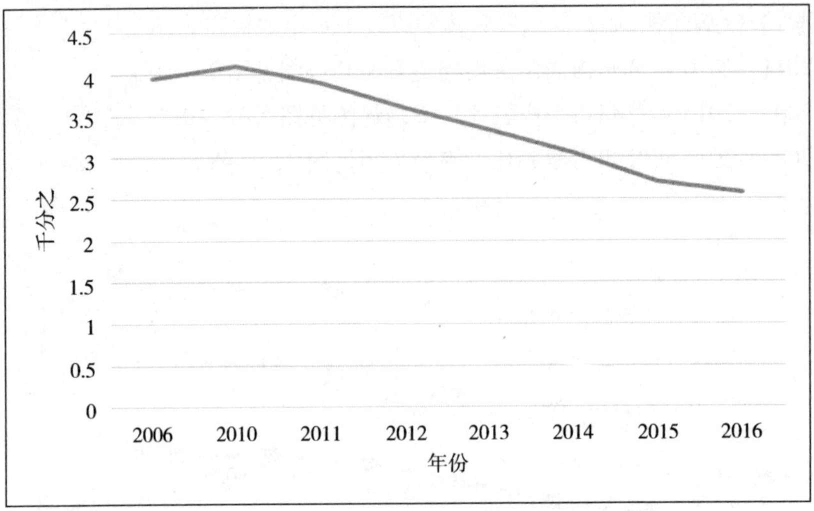

图 2－1－3　2011～2016 年苏州市婴儿死亡率趋势图

四、抚养系数

2016 年苏州市少儿抚养系数为 21.02%，老年抚养系数为 40.76%，社会抚养系数为 61.78%，医学敏感人口为 37.21%。

计算公式：

少儿抚养系数(%)＝0－14 岁人口÷15－59 岁人口×100%；

老年抚养系数(%)＝60 岁以上人口÷15－59 岁人口×100%；

社会抚养系数(%)＝(0－14 岁人口＋60 岁以上人口)÷15－59 岁人口×100%；

医学敏感人口(%)＝(0－5 岁人口＋55 岁以上人口)÷全人口×100%。

五、人口趋势比较

苏州市户籍人口的特点就是老龄化社会发展较快，促使社会抚养系数和医学敏感人口系数大幅度地增加，造成社会负担问题不断加剧。

2016 年与 2015 年和 2010 年人口相关信息比较见表 2－1－3。

表 2－1－3　2010 年、2015 年和 2016 年苏州市人口特征比较

	2010 年	2015 年	2016 年
户籍总人口(万人)	637.65	667.01	678.20
男女比例	0.97:1	0.96:1	0.96:1

续表

	2010 年	2015 年	2016 年
60 岁以上人口占总人口比例(%)	20.65	24.84	25.20
出生率(‰)	7.31	8.21	11.20
死亡率(‰)	6.71	6.91	7.08
人口自然增长率(‰)	0.60	1.3	4.12
人均期望寿命(岁)	81.10	82.87	82.90
其中:男性	78.53	80.59	80.57
女性	83.70	85.15	85.24
少儿抚养系数(%)	15.07	19.57	21.02
老年抚养系数(%)	29.94	39.51	40.76
社会抚养系数(%)	45.01	59.08	61.78
医学敏感人口系数(%)	32.58	37.23	37.21

六、死因顺位

苏州市 2016 年前五位死因依次是恶性肿瘤、脑血管病、呼吸系统疾病、心脏病、损伤和中毒,占全部死亡的比重分别为 30.13%、19.56%、11.89%、11.57%和 8.41%。2016 年苏州市不同性别主要死因、粗死亡率及构成见表 2-1-4。

表 2-1-4　2016 年苏州市不同性别主要死因、粗死亡率及构成

疾病名称	男性			女性			合计		
	死亡率(1/10 万)	构成比(%)	顺位	死亡率(1/10 万)	构成比(%)	顺位	死亡率(1/10 万)	构成比(%)	顺位
恶性肿瘤	277.86	36.01	1	151.35	23.38	1	213.41	30.13	1
脑血管病	139.14	18.03	2	137.98	21.32	2	138.55	19.56	2
呼吸系统疾病	98.68	12.79	3	70.30	10.86	4	84.22	11.89	3
心脏病	78.32	10.15	4	85.42	13.20	3	81.94	11.57	4
损伤和中毒	60.46	7.84	5	58.72	9.07	5	59.57	8.41	5
内分泌、营养和代谢疾病	25.73	3.34	6	38.20	5.90	6	32.08	4.53	6
神经系统疾病	19.76	2.56	7	24.54	3.79	7	22.20	3.13	7

续表

疾病名称	男性			女性			合计		
	死亡率 (1/10万)	构成比 (%)	顺位	死亡率 (1/10万)	构成比 (%)	顺位	死亡率 (1/10万)	构成比 (%)	顺位
消化系统疾病	15.31	1.98	8	15.64	2.42	8	15.48	2.19	8
精神和行为障碍	7.15	0.93	11	11.21	1.73	9	9.22	1.30	9
泌尿生殖系统疾病	10.09	1.31	9	7.70	1.19	10	8.88	1.25	10
传染病和寄生虫病	8.24	1.07	10	4.96	0.77	12	6.57	0.93	11

第二节 慢性非传染性疾病

一、肿瘤

（一）概述

2016 年全市所有各级医疗机构报告 23317 例肿瘤，其中恶性肿瘤 22935 例，中枢神经系统良性肿瘤和动态未定肿瘤 382 例。恶性肿瘤报告发病率 340.99/10 万，男性 373.76/10 万，女性 309.43/10 万。前五位恶性肿瘤分别是肺癌占 19.44%，胃癌占 13.42%，结直肠癌占 11.66%，乳腺癌占 7.50%，肝癌占 5.89%。

全市居民 2016 年因恶性肿瘤死亡 14354 例，恶性肿瘤死亡率 213.41/10 万，前三位分别是肺癌、胃癌、肝癌。其中肺癌占所有恶性肿瘤的 25.85%，胃癌占 16.44%，肝癌占 11.14%。

指标说明：发病率指在一定期间内，一定人群中某病新发生的病例出现的频率，公式：发病率（1/10 万）=（当年全市新发病例人数/当年全市居民数）×100000/10 万；死亡率指一地区在一定时期（通常为一年）内死亡个体数与同期平均种群数量的比值，公式：死亡率（1/10 万）=（当年全市死亡人数/当年全市居民数）×100000/10 万；标化死亡率指按同一人口年龄别构成比（2010 年标准人口构成比）与实际年龄别死亡率计算出来的死亡率，用于对两个或两个以上人口年龄结构存在差别的地区进行全人群死亡率的比较，公式：标化死亡率（1/10 万）=

$\frac{\sum nP_x \cdot nM_x}{\sum nP_x}$ ×100000/10 万，式中 nP_x 是标准人口的年龄别死亡率；nM_x 为待标化人口的年龄别死亡率，n 为各年龄组间距，x 为各年龄组起始年龄。

（二）发病率及死亡率

2016 年苏州市男性恶性肿瘤发病率为 373.76/10 万。肺癌是最常见的男性恶性肿瘤，发病率高达 88.04/10 万，其次分别是胃癌、结直肠癌、肝癌和前列腺癌。女性恶性肿瘤发病率为 309.43/10 万，其中最常见的恶性肿瘤是乳腺癌，发病率为 49.64/10 万，其次分别是肺癌、结直肠癌、甲状腺癌和胃癌。（见表 2－1－5）

表 2－1－5　2016 年肿瘤报告发病情况表

顺位	合计			男性			女性		
	瘤别	发病数	发病率（1/10 万）	瘤别	发病数	发病率（1/10 万）	瘤别	发病数	发病率（1/10 万）
1	肺癌	4459	66.29	肺癌	2905	88.04	乳腺癌	1701	49.64
2	胃癌	3079	45.78	胃癌	2093	63.43	肺癌	1554	45.35
3	结直肠癌	2675	39.77	结直肠癌	1460	44.25	结直肠癌	1215	35.46
4	乳腺癌	1719	25.56	肝癌	877	26.58	甲状腺癌	1050	30.64
5	肝癌	1352	20.10	前列腺癌	861	26.10	胃癌	986	28.78
6	甲状腺癌	1312	19.51	食管癌	702	21.28	宫颈癌	553	16.14
7	食管癌	920	13.68	胰腺癌	481	14.58	肝癌	475	13.86
8	胰腺癌	864	12.85	膀胱癌	429	13.00	胰腺癌	383	11.18
9	前列腺癌	861	12.80	恶性淋巴瘤	337	10.21	胆囊癌	315	9.19
10	恶性淋巴瘤	604	8.98	甲状腺癌	262	7.94	恶性淋巴瘤	267	7.79
所有部位恶性肿瘤		22935	340.99		12332	373.76		10603	309.43

男性恶性肿瘤死亡率为 277.86/10 万，其中肺癌是死亡率最高的恶性肿瘤，死亡率高达 82.92/10 万，其次分别是胃癌、肝癌、结直肠癌和食管癌。女性恶性肿瘤死亡率为 151.35/10 万，死亡率最高的是肺癌为 28.42/10 万，其次分别是胃癌、肝癌、结直肠癌和胰腺癌。（见表 2－1－6）

表 2－1－6 2016 年居民主要恶性肿瘤死亡情况

瘤别	合计		男性		女性	
	死亡数	死亡率（1/10 万）	死亡数	死亡率（1/10 万）	死亡数	死亡率（1/10 万）
肺癌	3710	55.16	2736	82.92	974	28.42
胃癌	2360	35.09	1676	50.80	684	19.96
肝癌	1599	23.77	1030	31.22	569	16.61
结直肠癌	1157	17.20	671	20.33	486	14.18
胰腺癌	1010	15.02	549	16.64	461	13.45
食道癌	868	12.91	649	19.67	219	6.39
恶性淋巴瘤	425	6.32	256	7.76	169	4.93
脑瘤	368	5.47	210	6.36	158	4.61
胆囊癌	321	4.77	105	3.18	216	6.30
白血病	318	4.73	194	5.88	124	3.62
前列腺癌	299	4.45	299	9.06	—	—
乳腺癌	295	4.39	4	0.12	291	8.49

（三）发展趋势

2016 年恶性肿瘤发病率较 2015 年和 2010 年均有上升，2016 年恶性肿瘤死亡率较 2015 年和 2010 年略有上升，但标化死亡率呈现下降趋势。（见图 2－1－4）

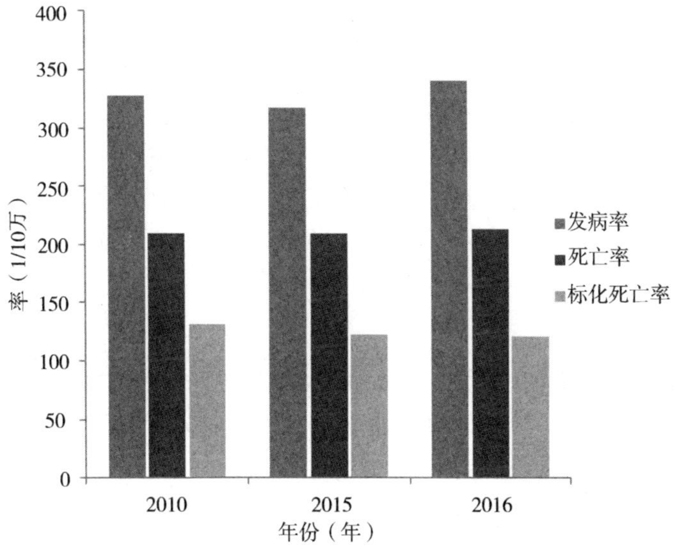

图 2-1-4　历年恶性肿瘤发病率、死亡率及标化死亡率变化情况

(四)综合评价

苏州市从 1973 年开展死因调查至今，恶性肿瘤一直位于死因顺位前列，我市恶性肿瘤发病率(340.99/10 万)和死亡率(213.41/10 万)均高于国家平均水平(2013 年 284.55/10 万、176.28/10 万)，也高于江苏省(2010 年 264.22/10 万、183.08/10 万)。在影响苏州市居民寿命损失的主要疾病中，恶性肿瘤对居民的寿命影响最大，如果去除恶性肿瘤，苏州市居民人均期望寿命预计可增加 3.55 岁。基于我市恶性肿瘤防控的严峻形势，我市开展的健康城市“531”行动计划纳入肿瘤筛查机制，目的在于早发现、早诊断、早治疗肿瘤病人，从而降低肿瘤死亡率，改善肿瘤病人生活质量，提高生存率。

近 10 年，苏州市恶性肿瘤死亡率呈逐年上升趋势，但是经标化后，总体呈现平稳下降趋势，这可能与老年人口是恶性肿瘤死亡高发人群、且苏州市人口老龄化程度不断增高有关系，因为有研究表明老龄人口比例的显著增加是恶性肿瘤死亡率逐年增加的主要因素之一。

男女性恶性肿瘤的死亡率前三位均为肺癌、胃癌、肝癌，男性恶性肿瘤标化死亡率高于女性，这可能是与男性工作生活压力较大、接触致癌危险因素机会较多以及不良生活习惯有关。

二、脑卒中

(一)概述

脑卒中是一种急性脑血管疾病,是由于脑部血管突然破裂或因血管阻塞导致血液不能流入大脑而引起脑组织损伤的一组疾病,包括缺血性和出血性卒中。2016年苏州市缺血性卒中发病率(438.59/10万)高于出血性卒中(67.27/10万),占脑卒中总数的82.52%。

(二)发病率及死亡率

2016年苏州市脑卒中报告35750例,报告发病率为531.52/10万;脑卒中死亡人数9319人,位于死亡顺位的第二位,死亡率为138.55/10万,标化死亡率为56.15/10万。男性居民脑卒中死亡率为139.14/10万,女性居民的死亡率为137.98/10万。标化后男性死亡率略高于女性(60.22>52.00/10万)。

从脑卒中发病的不同类型来看,脑梗死占的比例最大,占所有脑卒中的82.52%,发病率为438.59/10万;其次是脑出血,占11.20%,发病率为59.54/10万。从性别比较来看,脑出血和脑梗死发病率男性高于女性。(见表2-1-7)

表2-1-7 苏州市2016年居民不同类型脑卒中发病情况

类型	男性		女性		合计	
	发病数	发病率(1/10万)	发病数	发病率(1/10万)	发病数	发病率(1/10万)
脑出血	2476	75.04	1529	44.62	4005	59.54
脑梗死	14795	448.41	14705	429.15	29500	438.59
蛛网膜下腔出血	247	7.49	273	7.97	520	7.73
中风,未特指	898	27.22	827	24.13	1725	25.65

从脑卒中死亡的不同类型来看,脑梗死占的比例最大,占所有脑卒中的43.73%,脑梗死死亡率和标化死亡率分别为60.59/10万和22.86/10万;其次是脑出血,占22.43%,死亡率为31.07/10万,标化死亡率为14.85/10万。从性别比较来看,脑出血死亡率男性高于女性,脑梗死男女差异不大。(见表2-1-8)

表 2-1-8 苏州市 2016 年居民不同类型脑卒中死亡率(1/10 万)

类型	男性		女性		合计	
	死亡率	标化死亡率	死亡率	标化死亡率	死亡率	标化死亡率
脑出血	34.55	17.50	27.72	12.19	31.07	14.85
脑梗死	60.10	23.92	61.05	21.79	60.59	22.86
蛛网膜下腔出血	0.97	0.58	1.31	0.72	1.14	0.65
中风,未特指	43.52	18.22	47.89	17.31	45.75	17.78

分年龄组比较发现,60 岁之前脑卒中死亡率较低,之后快速上升,随着年龄的增加,脑卒中死亡率也快速增加,到 85 岁以上年龄组,死亡率高达 3338.40/10 万。(见图 2-1-5)

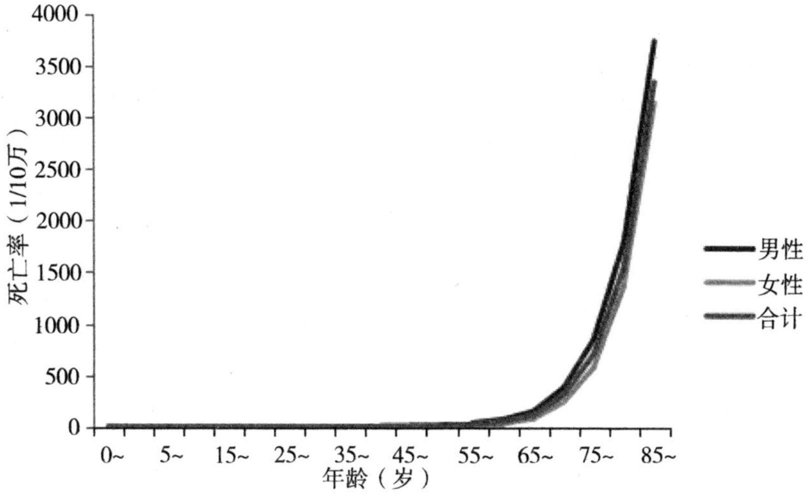

图 2-1-5 苏州市 2016 年脑卒中年龄别死亡率分布情况

(三)发展趋势

2016 年脑卒中发病率较 2010 年和 2015 年呈现上升趋势,2016 年脑卒中死亡率和标化死亡率较 2015 年和 2010 年变化不大。(见图 2-1-6)

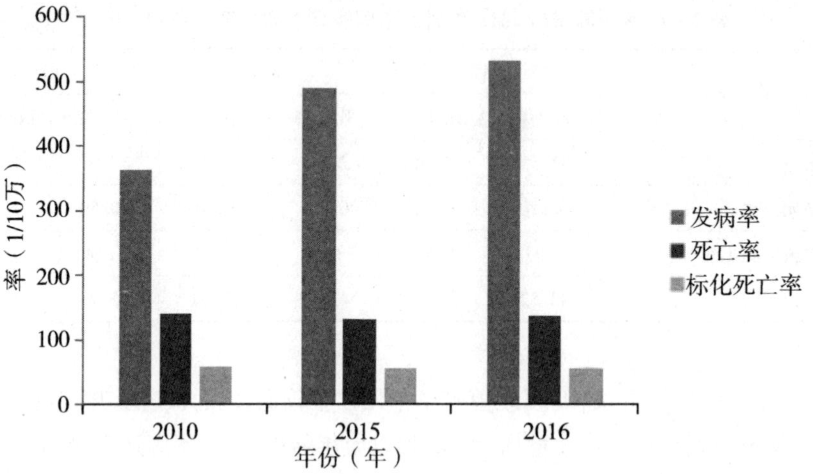

图2-1-6 历年脑卒中发病率、死亡率及标化死亡率变化情况

（四）综合评价

脑卒中是影响苏州市居民寿命损失的第二位死因，如果去除脑卒中死因，居民人均期望寿命将增加2.38岁。苏州市健康市民“531”行动计划已建立卒中中心并将心脑血管疾病筛查机制作为一项工作重点，为居民提供心脑血管疾病健康状况评价。脑卒中预防重点应把整个人群的普遍预防和高危人群重点预防结合起来，进一步加强宣传教育工作，促使居民养成良好的行为习惯和生活方式，戒烟、控烟，合理膳食，同时加强对高血压目标人群的系统治疗和管理。

三、心脏病

（一）概述

心脏病是一类比较常见的循环系统疾病，常见症状为心悸、呼吸困难、发绀、咳嗽、咯血、胸痛、水肿、少尿等；常见体征为心脏增大征、异常心音、心律失常征、脉搏异常等。2016年苏州市居民死于心脏病5511人，位于第四死亡顺位。

（二）死亡率

2016年苏州市居民心脏病死亡率为81.94/10万，标化死亡率为32.25/10万。男性心脏病粗死亡率为78.32/10万，标化死亡率为35.09/10万；女性粗死亡率为85.42/10万，标化死亡率为29.45/10万。（见图2-1-7）

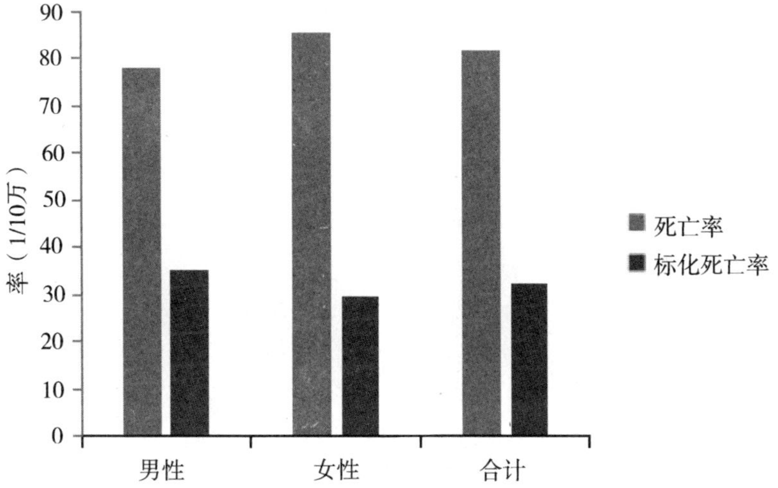

图 2－1－7　苏州市 2016 年居民心脏病死亡率

分年龄组比较，60 岁以前心脏病死亡率很低，60 岁以后死亡率直线上升，到 85 岁以上年龄组最高，高达 2375.17/10 万。（见图 2－1－8）

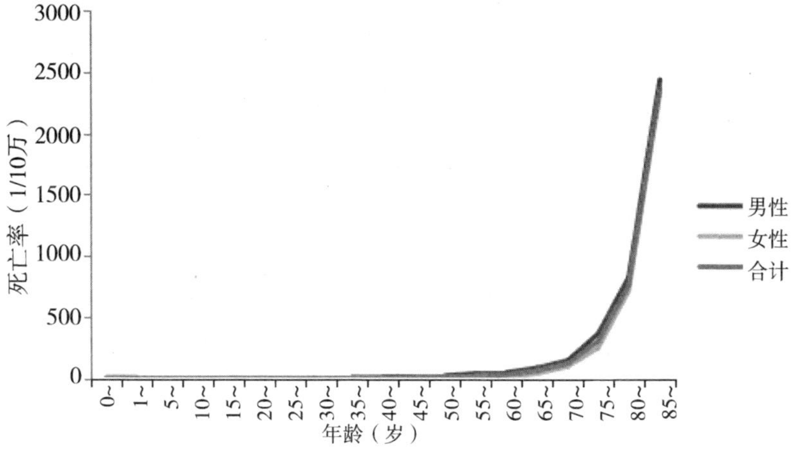

图 2－1－8　苏州市 2016 年心脏病年龄别死亡率分布情况

（三）发展趋势

心脏病粗死亡率近 30 年呈现上升趋势，从 1987 年的 51.96/10 万上升到 2013 年的 87.38/10 万，上升幅度高达 68.17%，2014 年之后由于统计原因略有下降，即肺源性心脏病追溯根本死亡原因很多病例归到慢性支气管疾病（呼吸系统疾病），

2015 年降至 75. 21/10 万,2016 年上升为 81. 94/10 万。标化死亡率与死亡率变化趋势一致。(见图 2 - 1 - 9)

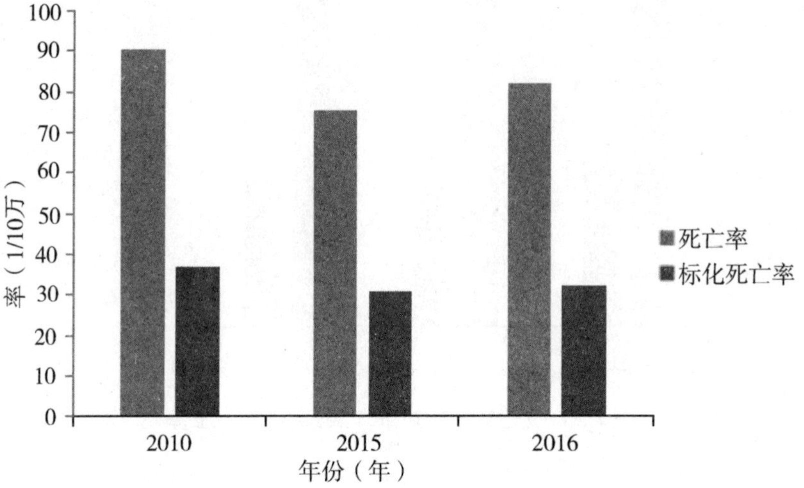

图 2 - 1 - 9　历年心脏病死亡率及标化死亡率变化情况

(四)综合评价

心脏病是影响苏州市居民寿命损失的第四位死因,如果去除心脏病死因,居民人均期望寿命将增加 1. 37 岁。苏州市健康市民“531”行动计划中落实开展心脑血管疾病筛查工作的同时,建立胸痛中心,为胸痛患者第一时间建立生命通道,提高救治率。对心脏病的防治,建议采取以下综合措施:开展以社区为基础的慢性非传染性疾病的综合防治;制定相应的健康教育规划,完善健康教育网络,针对不同人群开展形式多样的干预活动;大力培训广大基层医疗保健人员;对 35 岁以上人群定期开展心脏病普查,做到未病先防,已病早治;提倡控制血压,合理膳食,适量运动,控制体重,戒烟限酒,改善生活环境,避免噪音和拥挤,提高生活质量。

四、糖尿病

(一)概述

糖尿病是一组以高血糖为特征的代谢性疾病,高血糖则是由于胰岛素分泌缺陷或其生物作用受损,或两者兼有引起,常见症状为多饮、多尿、多食和消瘦,糖尿病后期通常导致各种组织,特别是眼、肾、心脏、血管、神经的慢性损害及功能障碍。

（二）发病率及死亡率

2016年苏州市报告糖尿病22101例，糖尿病报告发病率328.59/10万，男性285.17/10万，女性366.72/10万，男性低于女性。2016年苏州市居民糖尿病死亡率为18.73/10万，标化死亡率为9.01/10万。男性糖尿病死亡率水平低于女性，去除掉年龄差异后，男性糖尿病标化死亡率仍低于女性。（表2-1-9）

表2-1-9　2016年居民糖尿病发病率、死亡率及标化死亡率（1/10万）

指标	男性	女性	合计
发病率	285.17	366.72	328.59
死亡率	16.70	20.69	18.73
标化死亡率	8.19	9.91	9.01

（三）发展趋势

2016年糖尿病发病率较2010年呈现上升趋势，与2015年相比变化不大，2016年糖尿病死亡率和标化死亡率较2010年和2015年呈现上升趋势（见图2-1-10）。

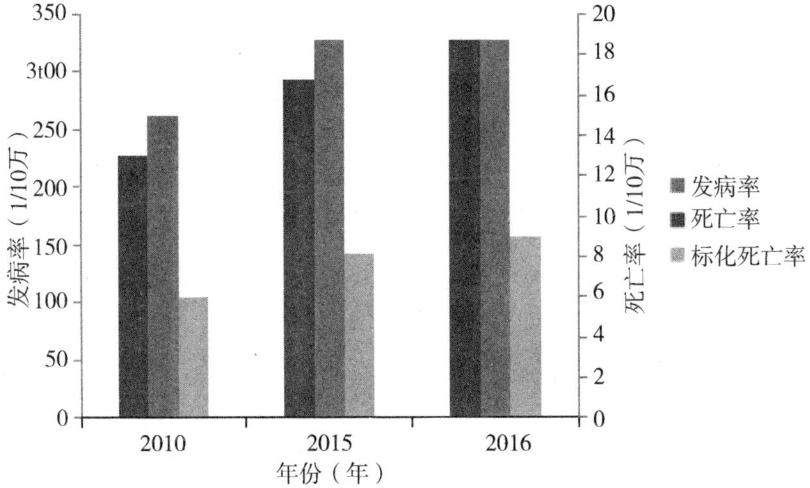

图2-1-10　历年糖尿病发病率、死亡率及标化死亡率变化情况

（四）综合评价

糖尿病的发生是遗传与环境因素共同作用所致。近年来，糖尿病发病率及死亡率呈现上升趋势，预防重点应将人群的普遍预防和高危人群的重点预防相结合，加大科教力度，使居民养成良好的生活方式和行为习惯，加强身体锻炼，戒烟控酒,合理膳食,同时对糖尿病患者积极治疗,预防并发症,提高其生活质量。

五、呼吸系统疾病

(一)概述

呼吸系统疾病是一种常见病、多发病,主要病变在气管、支气管、肺部及胸腔,病变轻者多咳嗽、胸痛、呼吸受影响,重者呼吸困难、缺氧,甚至呼吸衰竭而致死,主要包括哮喘病、气管炎、支气管炎、慢性阻塞性肺疾病、肺心病等。2016 年苏州市居民死于呼吸系统疾病共 5665 人,位于第三死亡顺位。

(二)死亡率

2016 年苏州市居民呼吸系统疾病死亡率为 84.22/10 万,标化死亡率为 29.65/10 万。男性呼吸系统疾病死亡率和标化死亡率分别为 98.68/10 万和 37.09/10 万,女性死亡率和标化死亡率分别为 70.30/10 万和 21.89/10 万。无论死亡率还是标化死亡率,均是男性高于女性。(见图 2 - 1 - 11)

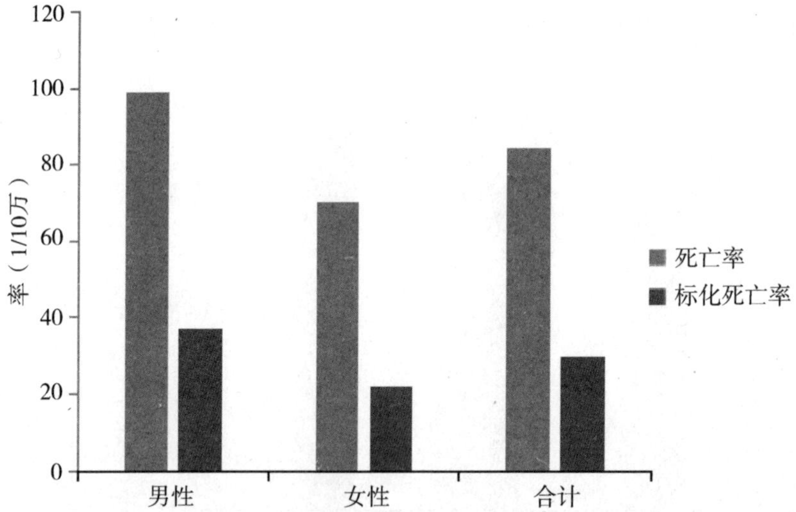

图 2 - 1 - 11　苏州市 2016 年居民呼吸系统疾病死亡率

分年龄组比较,65 岁以前呼吸系统疾病死亡率很低,65 岁以后死亡率直线上升,到 85 岁以上年龄组最高,高达 2643.09/10 万。(见图 2 - 1 - 12)

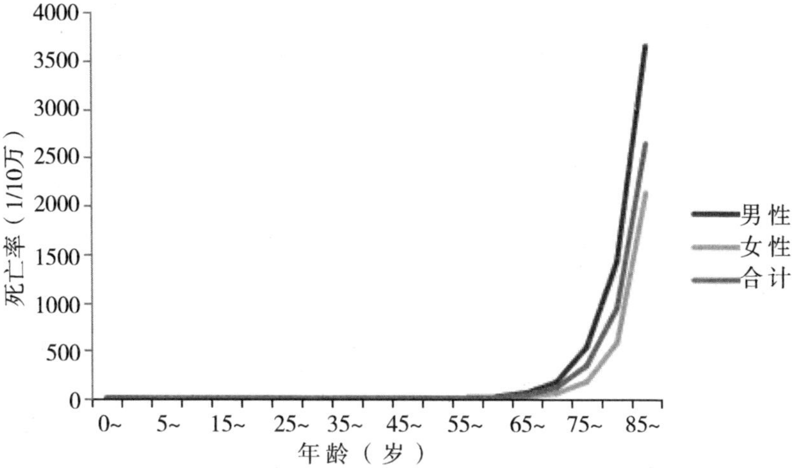

图 2－1－12　苏州市 2016 年呼吸系统疾病年龄别死亡率分布情况

（三）发展趋势

自 2014 年后，呼吸系统疾病死亡率由于统计原因略有上升，即肺源性心脏病追溯根本死亡原因，很多病例从心脏病归到呼吸系统疾病，但仍然需要引起关注。2016 年呼吸系统疾病死亡率较 2010 年略高，但较 2015 年有所下降，标化死亡率较 2010 年和 2015 年略有下降。（见图 2－1－13）

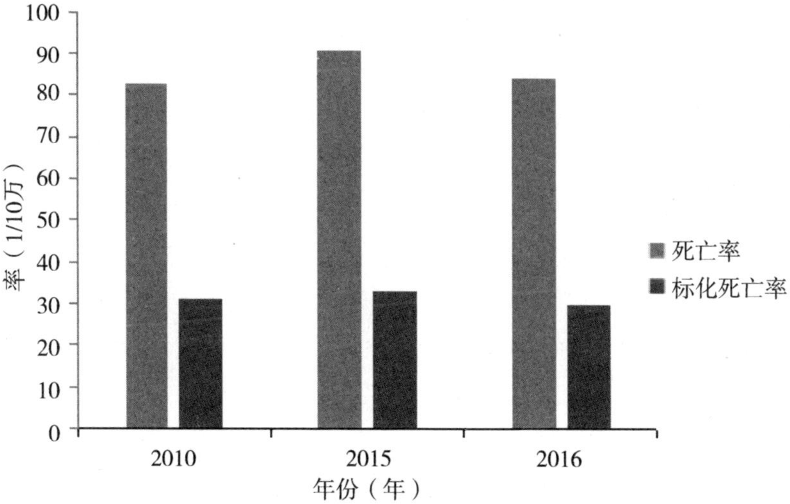

图 2－1－13　历年呼吸系统疾病死亡率及标化死亡率变化情况

(四)综合评价

呼吸系统疾病是与人口老龄化、环境污染、吸烟、气候、遗传等诸多因素相关的疾病,是影响苏州市居民寿命损失的第三位死因,如果去除呼吸系统疾病,居民人均期望寿命将增加 1.39 岁。当前控烟、减少环境污染是预防这些疾病发生发展的关键。中国烟草生产量占世界首位,吸烟人数占人口比例为世界最高的国家之一,采取切实有效的措施戒烟,是一项重要任务;同时由于城市环境污染日益加剧,严重影响机体健康,居民生活环境水平急需提高。

六、慢性病行为危险因素

(一)概述

慢性病行为危险因素是指个体不良的行为生活方式,主要包括吸烟、饮酒、膳食、身体活动等个人行为和身高、体重、腰围、血压、血糖、血脂等身体测量和生化指标等。

我市 2005 年开始行为危险因素调查工作,以后每 2 ~3 年使用同样的调查问卷进行调查,不作测量,为非固定人群。调查对象年龄固定为 18 ~69 岁,男女比例尽量接近 1:1。

(二)2016 年慢性病行为危险因素流行率

2016 年全市 9 个县级市、区(昆山市信息未列入)调查 34201 人,有效问卷 34092 份,男女比例为 1:1.16。主要行为危险因素的流行率如下:

1. 肥胖程度:根据世界卫生组织评判肥胖的标准:BMI18.5 ~24.9 为正常,25 ~29.9 为超重,30 以上为肥胖,18.5 以下为消瘦。此次监测者 23886 人(70.06%)为正常,8093 人(23.74%)为超重,837 人(2.45%)为肥胖,1279 人(3.75%)为消瘦。

2. 每天睡眠时间:66.97% 的居民是在 6 ~8 小时,13.88% 在 8 小时以上,15.88% 介于 4 ~6 小时,1.00% 是小于 4 小时,2.24% 的居民睡眠是没有规律的;睡眠质量:43.74% 好,51.15% 为一般,4.83% 差。

3. 吸烟情况:9.20% 的人吸烟(其中男性吸烟 39.83%,女性 0.52%),4.71% 的人过去吸烟;35 岁以上的吸烟率为 20.89%。在吸烟的人中,开始吸第一支烟的平均年龄是 22.33 岁,他们平均每天吸 15.18 支烟,目前打算戒烟的有 18.44%。

4. 饮酒情况:经常饮酒的有 7.33%,偶尔饮酒的有 18.18%。他们在过去 30 天中,饮酒超过 15 次的有 29.94%;他们在过去 30 天,有一次以上饮相当于 3 两以上的白酒的有 33.59%。

5. 活动情况:在过去 30 天中,认为自己日常工作的体力活动属于不太活动的有 10.11%，轻度活动的有 52.30%，中度活动的有 33.91%，重度活动的有 3.46%；在过去 30 天，参加过体育锻炼或运动的有 34.88%。

6. 高血压意识：能分辨出正常血压的居民有 33.71%。

7. 糖尿病意识：能正确知道糖尿病后遗症的占 17.13%。

（三）发展趋势

2005 年至 2016 年，我市共开展行为危险因素调查 6 次。通过历次调查比较显示：吸烟率呈下降趋势、锻炼率有波动、饮酒率呈下降趋势、健康率呈上升趋势。（见表 2-1-10）

表 2-1-10 历次行为危险因素监测结果（主要危险因素指标）

年份	调查人数	男:女(1:X)	吸烟率	锻炼率	饮酒率	健康率
2005	2767	1.05	25.40	24.90	32.80	71.30
2007	3065	1.29	22.70	29.40	32.60	71.30
2009	4563	1.10	23.00	39.20	34.30	70.70
2011	4842	1.14	23.25	40.38	30.34	78.56
2013	53917	1.14	22.63	28.39	25.82	84.62
2016	34092	1.16	19.2	34.88	25.51	84.42

指标解释：

1. 吸烟：一生中连续或累计吸烟六个月或以上者。

吸烟率：指符合吸烟的条件，在调查前 30 天内吸过烟的人占调查数的比例（%）；

2. 锻炼率：指在过去 30 天参加过体育锻炼或运动的人数占调查数的比例（%）；

3. 饮酒：指喝过购买或自制的各类含有乙醇成分的饮料，包括白酒、啤酒、黄酒、米酒、葡萄酒等。

饮酒率：经常饮酒和偶尔喝酒之和的人数处于调查人数的比例（%）；

4. 健康率：指居民在过去 30 天内没有身体感觉不好的人数占调查人数的比例（%）。

（四）综合评价

行为危险因素调查是慢性病个体危险因素监测的主要方法，苏州市定期开展工作，具有实际价值。从历次调查结果来看，吸烟和饮酒这两大个人不良健康行为正在得到逐步改善，居民健康的自我感觉也在稳步提高，这些与慢性病综合防控措施的组织实施有着密切的关系。2013 年我国 18 岁以上居民现在吸烟率 27.3%,30 天内饮酒率 28.1%,锻炼率 20.0%;2013 年我省 18 岁以上居民现在吸烟率 22.3%,30 天内饮酒率 26.2%,锻炼率 17.4%。由此可以看出,我市居民抵抗行为危险因素的覆盖面优于全国和全省水平。

第三节　传染病发病与预防控制概况

一、概述

根据《中华人民共和国传染病防治法》相关规定,我国法定传染病分甲、乙、丙三类,共 39 种。甲类传染病:鼠疫、霍乱,共 2 种;乙类传染病:传染性非典型肺炎、艾滋病(艾滋病病毒感染者)、病毒性肝炎、脊髓灰质炎、人感染高致病性禽流感、麻疹、流行性出血热、狂犬病、流行性乙型脑炎、登革热、炭疽、细菌性和阿米巴性痢疾、肺结核、伤寒和副伤寒、流行性脑脊髓膜炎、百日咳、白喉、新生儿破伤风、猩红热、布鲁氏菌病、淋病、梅毒、钩端螺旋体病、血吸虫病、疟疾、人感染 H7N9 禽流感,共 26 种;丙类传染病:流行性感冒、流行性腮腺炎、风疹、急性出血性结膜炎、麻风病、流行性和地方性斑疹伤寒、黑热病、包虫病、丝虫病,除霍乱、细菌性和阿米巴性痢疾、伤寒和副伤寒以外的感染性腹泻病、手足口病,共 11 种。

二、流行趋势

(一)发病、死亡趋势

建国 60 多年来,传染病防控成效显著,自 20 世纪 80 年代起,苏州市法定甲乙类传染病发病率稳步下降,其中 80 年代平均发病率为 886.91/10 万,90 年代平均发病率为 372.88/10 万,2000 年至 2009 年平均发病率为 199.04/10 万,2010 年至 2016 年平均发病率为 113.76/10 万。同时,死亡率亦呈下降趋势并保持在较低水平,20 世纪 80 年代平均死亡率为 0.86/10 万,90 年代平均死亡率为 0.34/10 万,2000 年至 2009 年平均死亡率为 0.36/10 万,2010 年至 2016 年平均死亡率为 0.30/10 万。1980 年至 2016 年苏州市法定甲乙类传染病报告发病率、死亡率趋势图见图 2-1-14。

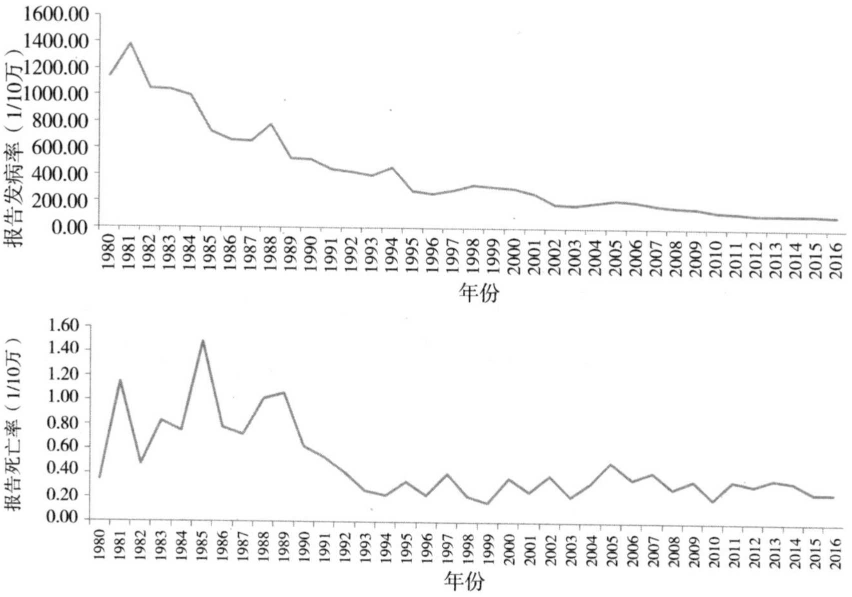

图 2－1－14　1980～2016 年苏州市法定甲乙类传染病报告发病率、死亡率趋势图

（二）分类传染病疫情趋势

按照传播途径，将法定甲乙类传染病分成肠道类、呼吸道类、自然疫源及虫媒类、血源及性传播类。其中，肠道类病种包括：霍乱、甲肝、戊肝、肝炎（未分型）、脊灰、痢疾、伤寒＋副伤寒。呼吸道类传染病病种包括：传染性非典型性肺炎、麻疹、肺结核、流脑、百日咳、白喉、猩红热、人感染 H7N9 禽流感。自然疫源及虫媒类包括：鼠疫、人感染高致病性禽流感、出血热、狂犬病、乙脑、登革热、炭疽、布病、钩体病、血吸虫病、疟疾。血源及性传播类包括：艾滋病、乙肝、丙肝、丁肝、淋病、梅毒。

20 世纪 90 年代，我市传染病发病构成以血源及性传播类和肠道类为主，其次是呼吸道类。21 世纪以来逐渐以血源及性传播类和呼吸道类为主。各类疾病的发病率稳步下降，1997 年肠道类、呼吸道类、自然疫源及虫媒类、血源及性传播类的发病率依次为 147.67/10 万、37.15/10 万、1.43/10 万、102.63/10 万，降至 2016 年的 5.24/10 万、29.46/10 万、0.23/10 万、67.82/10 万，传染病防控工作成效显著。1997 年至 2016 年苏州市法定甲乙类传染病分类报告发病率趋势图见图 2－1－15。

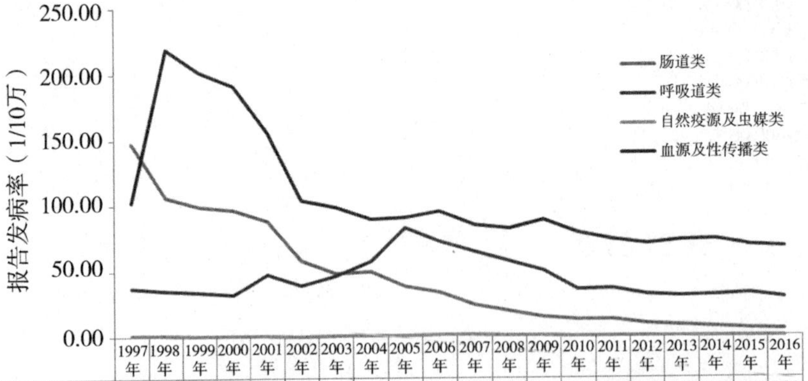

	1997年	1998年	1999年	2000年	2001年	2002年	2003年	2004年	2005年	2006年	2007年	2008年	2009年	2010年	2011年	2012年	2013年	2014年	2015年	2016年
肠道类	147.6	106.2	99.32	96.70	87.89	57.84	48.36	49.30	38.20	34.03	23.85	19.26	14.71	13.32	13.15	9.67	8.27	7.11	6.09	5.24
呼吸道类	37.15	35.14	33.93	32.15	47.41	38.81	46.06	57.38	82.89	72.09	64.45	57.30	50.40	36.08	36.48	32.13	30.46	31.13	32.29	29.46
自然疫源及虫媒类	1.43	1.23	0.82	0.73	0.65	0.24	0.30	0.75	0.81	1.20	1.34	0.73	0.40	0.29	0.21	0.15	0.14	0.17	0.18	0.23
血源及性传播类	102.6	219.4	201.4	191.2	155.4	103.7	98.53	89.53	90.72	95.43	84.53	82.15	88.51	78.69	73.82	70.34	72.72	73.90	68.88	67.82

图 2－1－15　1997～2016 年苏州市法定甲乙类传染病分类报告发病率趋势图

三、2016 年传染病疫情概况

(一)2016 年法定甲乙类传染病疫情概况

1. 疫情概述

根据《传染病报告信息管理系统》统计,2016 年全市 10 个市、区均有病例报告,除鼠疫、传染性非典、脊灰、人感染高致病性禽流感、狂犬病、炭疽、白喉、新生儿破伤风、钩体病、血吸虫病无病例报告,共报告其他法定甲乙类传染病 18 种,共计 14312 例,报告死亡 35 例。与 2015 年相比,报告发病数下降 2. 07%,报告死亡数上升 2. 94%。报告发病率、死亡率、病死率分别为 102. 75/10 万、0. 25/10 万、0. 24%;与 2015 年相比,报告发病率下降 4. 39%,死亡率上升 0. 51%,病死率上升 5. 12%。

与 2015 年相比(见图 2－1－16),全市有 8 种甲乙类传染病报告发病率增加,按增幅大小依次为:人感染 H7N9 禽流感(0. 34/10 万,＋837. 32%)、登革热(0. 02/10 万,＋192. 91%)、百日咳(0. 04/10 万,＋95. 28%)、布病(0. 07/10 万,＋62. 73%)、伤寒＋副伤寒(0. 20/10 万,＋18. 86%)、淋病(15. 10/10 万,＋9. 98%)、肝炎(21. 06/10 万,＋4. 74%)、肺结核(25. 19/10 万,＋1. 24%);报告发病率减少的病种有:流脑(0. 01/10 万,－67. 45%)、麻疹(1. 69/10 万,－55. 26%)、猩红热(2. 18/10 万,－38. 62%)、痢疾(2. 07/10 万,－26. 39%)、梅毒(32. 94/10 万,－9. 45%)、艾滋病(1. 69/10 万,－5. 19%)、疟疾(0. 11/10 万,－2. 36%)。今年报告出血热 2 例、霍乱 1 例、乙脑 1 例,发病率均为 0. 01/10 万,去年无该种病例报告。

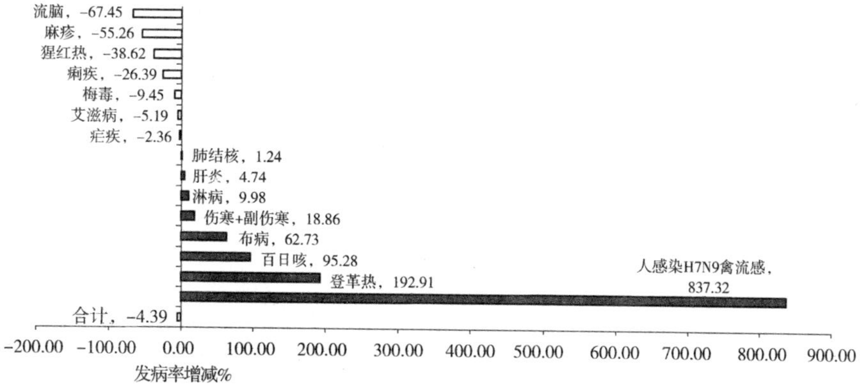

图 2-1-16 苏州市 2016 年法定甲乙类传染病报告发病率与 2015 年比较(±%)

2. 位次

2016 年苏州市法定甲乙类传染病报告发病与死亡前 5 位病种见表 2-1-11。

表 2-1-11 2016 年苏州市法定甲乙类传染病报告发病与死亡前 5 位病种

报告发病				报告死亡			
位次	病种	发病数(例)	发病率(/10 万)	位次	病种	死亡数(例)	死亡率(/10 万)
1	梅毒	4588	32.94	1	艾滋病	20	0.14
2	肺结核	3509	25.19	2	肺结核	7	0.05
3	肝炎	2934	21.06	3	人感染 H7N9 禽流感	7	0.05
4	淋病	2103	15.10	4	肝炎	1	0.01
5	猩红热	303	2.18				

3. 地区分布

2016 年法定甲乙类传染病报告发病数在前三位的市、区为:昆山市(2289 例)、常熟市(2445 例)、吴江区(1813 例);报告发病率在前三位的市、区为:姑苏区(148.61/10 万)、常熟市(123.06/10 万)、太仓市(116.01/10 万)。2016 年法定甲乙类传染病报告死亡数在前三位的市、区为:姑苏区、常熟市、张家港市、昆山市均为 6 例;报告死亡率在前三位的市、区为:姑苏区(0.57/10 万)、张家港市(0.38/10 万)、常熟市(0.30/10 万)。

报告发病率与 2015 年相比上升的市、区有:昆山市(+8.43%)、常熟市(+5.34%)、工业园区(+0.52%);其余各市、区均有下降,其中:张家港市(-

20.07%)、太仓市(-13.50%)、高新虎丘区(-9.63%)、姑苏区(-9.39%)、相城区(-8.97%)、吴中区(-6.55%)、吴江区(-3.56%)。2016年各市、区均有死亡病例报告,报告死亡率与2015年相比增加的市、区有:昆山市(+489.77%)、吴江区(+62.24%)、姑苏区(+47.45%);其余各市、区均减少。各地区报告发病率与去年情况比较详见图2-1-17。

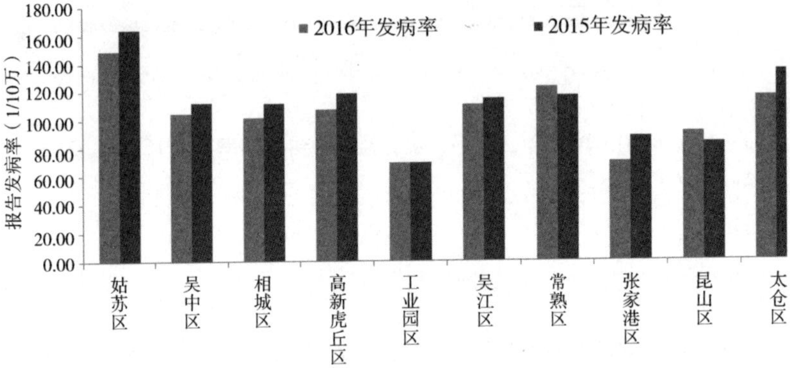

图2-1-17 苏州市2016年法定甲乙类传染病地区分布

4. 人群分布

2016年法定甲乙类传染病报告发病数和死亡数均为男性多于女性,性别比分别为1.85:1和7.75:1。发病年龄以15~组至75~组发病较多,报告发病数计占总数的94.65%。各年龄段报告发病数情况详见图2-1-18。在人群分类上,发病以农民为主,报告发病数占总数的27.28%;其次为家务及待业和商业服务,分别占26.89%、15.34%。死亡中以离退人员为主,占28.57%;其次为农民,占17.14%。

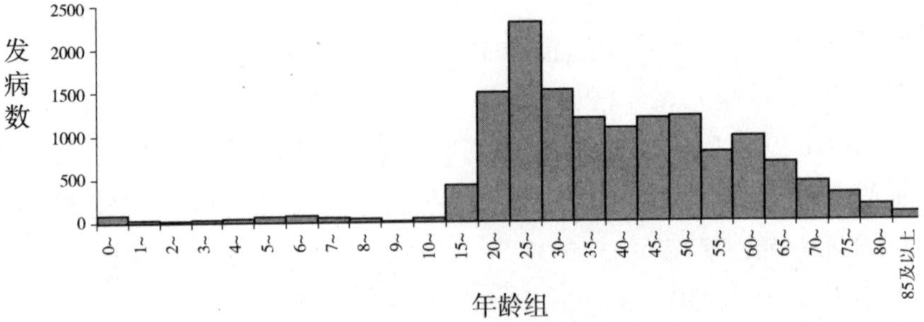

图2-1-18 苏州市2016年法定甲乙类传染病年龄分布

5. 季节分布

2016 年法定甲乙类传染病和各分类传染病总体发病趋势较平缓,报告发病数 2 月最低,5 月最高;从总体上看,4 ~ 10 月报告病例数较多,期间共报告发病数占全年总数的 61.96%。各类传染病发病季节又有所不同,肠道类传染病以 5 ~ 8 月发病相对较多,期间报告发病数占全年总数的 40.41%;呼吸道类传染病以 3 ~ 8 月发病最多,期间报告发病数占全年总数的 55.76%;血源及性传播类传染病无明显季节高峰;自然疫源及虫媒类传染病除 4、11 月无病例报告外,其余各月均有病例报告;新生儿破伤风无病例报告。苏州市 2016 年法定甲乙类传染病按月分布详见图 2 – 1 – 19。

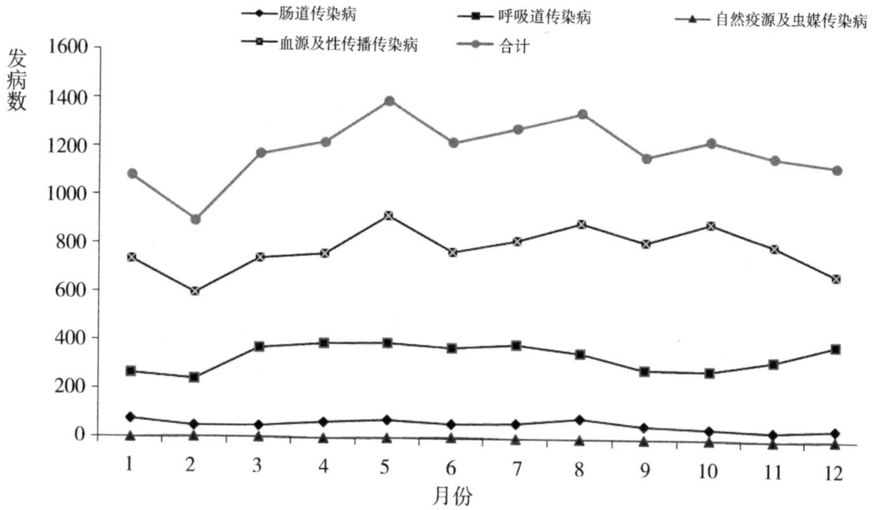

图 2 – 1 – 19　苏州市 2016 年法定甲乙类传染病按月分布

6. 各类传染病发病情况

2016 年全市报告血源及性传播传染病发病数 9447 例(死亡数 21 例),占总发病数的 66.01%,发病率为 67.82/10 万,较去年下降 1.54%;呼吸道传染病发病数 4103 例(死亡数 14 例),占总发病数的 28.67%,发病率为 29.46/10 万,较去年下降 8.76%;肠道传染病发病数 730 例(无死亡报告),占总发病数的 5.10%,发病率为 5.24/10 万,较去年下降 13.96%;自然疫源及虫媒传染病发病数 32 例(无死亡报告),占总发病数的 0.22%,发病率为 0.23/10 万,较去年上升 27.78%。苏州市 2016 年法定甲乙类传染病发病构成见图 2 – 1 – 20。

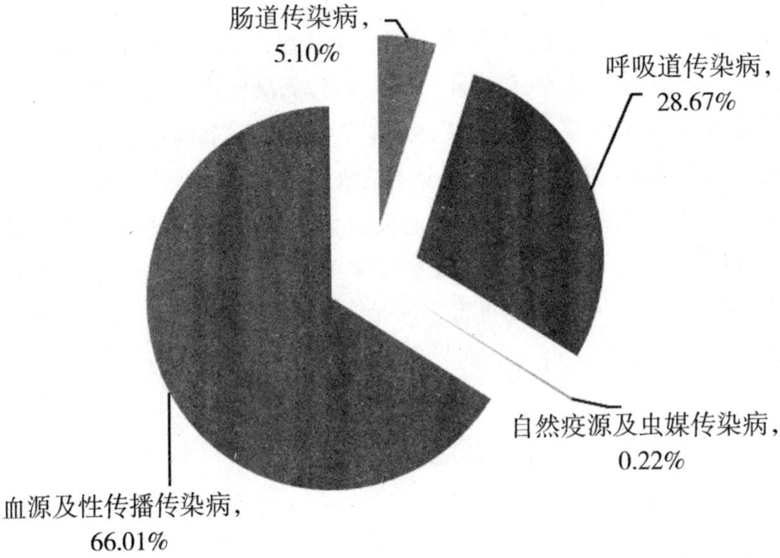

图 2－1－20　苏州市 2016 年法定甲乙类传染病发病构成

（二）2016 年法定丙类传染病疫情概况

1. 疫情概述

2016 年全市 10 个市、区均有丙类传染病报告，共报告丙类传染病 7 种 37661 例，无死亡病例报告。与 2015 年相比，报告发病数上升 64.11%；报告发病率为 270.38/10 万，比 2015 年上升 60.24%。

与 2015 年相比（见图 2－1－21），全市有 2 种丙类传染病报告发病率增加，按增幅大小依次为：流行性感冒（3.74/10 万，＋182.61%）、手足口病（243.25/10 万，＋76.60%）；报告发病率减少的病种有：风疹（0.11/10 万，－88.51%）、急性出血性结膜炎（0.01/10 万，－86.05%）、流行性腮腺炎（6.44/10 万，－18.61%）、其他感染性腹泻病（16.81/10 万，－18.57%）、麻风病（0.01/10 万，－2.36%）。

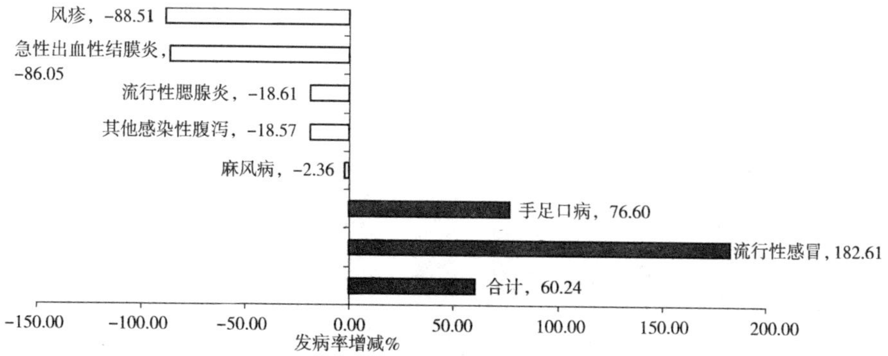

图 2－1－21　苏州市 2016 年法定丙类传染病报告发病率与 2015 年比较(±%)

2. 位次

2016 年苏州市法定丙类传染病报告发病病种见表 2－1－12。

表 2－1－12　2016 年苏州市法定丙类传染病报告发病病种

报告发病			
位次	病种	发病数(例)	发病率(/10 万)
1	手足口病	33882	243. 25
2	其他感染性腹泻病	2342	16. 81
3	流行性腮腺炎	897	6. 44
4	流行性感冒	521	3. 74
5	风疹	16	0. 11
6	急性出血性结膜炎	2	0. 01
7	麻风病	1	0. 01

3. 地区分布

2016 年法定丙类传染病报告发病数在前三位的市、区为:吴江区(6066 例)、常熟市(5502 例)、吴中区(5178 例);报告发病率在前三位的市、区为:吴中区(374. 32/10 万)、吴江区(370. 23/10 万)、工业园区(335. 91/10 万)。

报告发病率与 2015 年相比,10 个市、区均有上升:工业园区(+122. 82%)、姑苏区(+99. 15%)、吴中区(+97. 38%)、高新虎丘区(+73. 87%)、昆山市(+69. 89%)、相城区(+57. 80%)、常熟市(+50. 80%)、吴江区(+35. 59%)、太仓市(+28. 65%)、张家港市(+25. 94%)。各地区报告发病率与去年情况比较详见图 2－1－22。

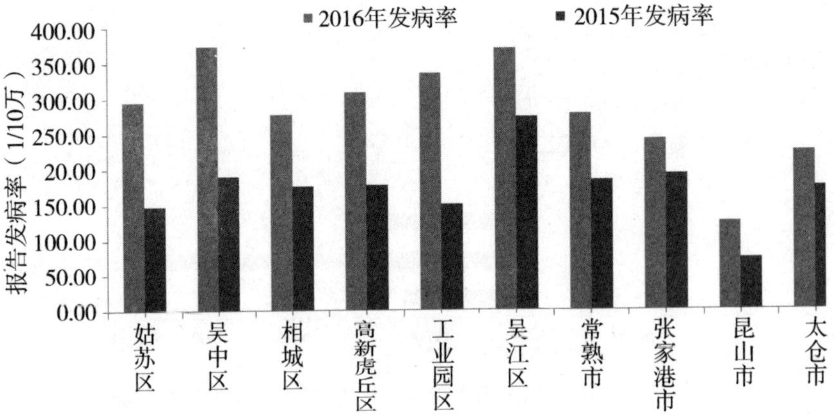

图 2－1－22　苏州市 2016 年法定丙类传染病地区分布

4. 人群分布

2016 年法定丙类传染病报告发病数男性多于女性，性别比为 1.47∶1。发病年龄以 0～组至 10～组发病较多，报告发病数计占总数的 98.47%。各年龄段报告发病数情况详见图 2－1－23。在人群分类上，发病以散居儿童为主，报告发病数占总数的 59.06%；其次为幼托儿童和学生，分别占 33.25%、6.26%。

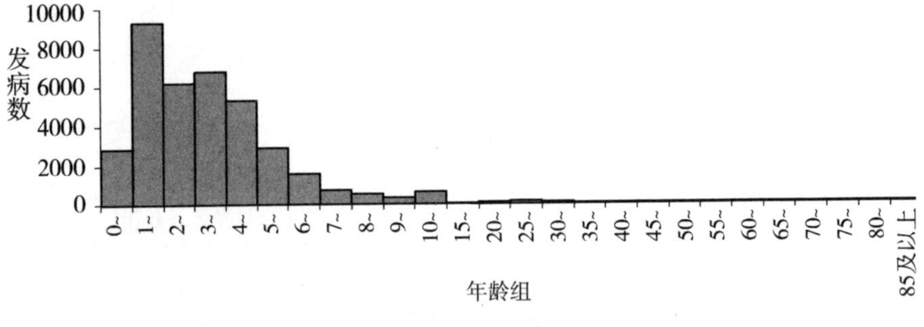

图 2－1－23　苏州市 2016 年法定丙类传染病年龄分布

5. 季节分布

2016 年法定丙类传染病发病数各月波动较大，高峰值明显。报告发病数 2 月最低，6 月最高；从总体上看，全年的丙类传染病发病高峰在 5～7 月，11～12 月有个小高峰。苏州市 2016 年法定丙类传染病按月分布详见图 2－1－24。

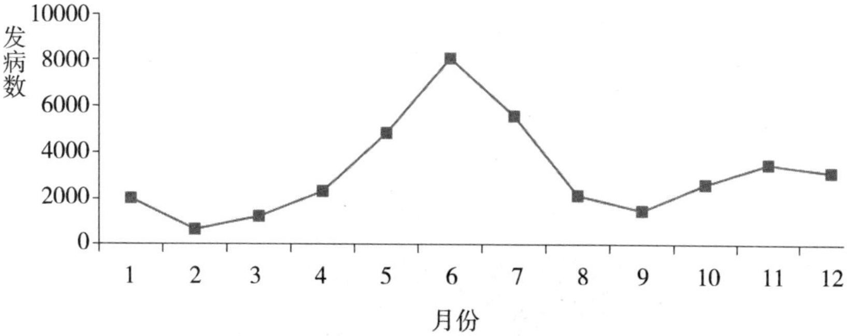

图 2-1-24 苏州市 2016 年法定丙类传染病按月分布

第四节 常见急性传染病

一、病毒性肝炎

(一)疫情概况

2016 年全市共报告病毒性肝炎 2934 例(死亡 1 例),居全市甲乙类传染病发病数第三位(占 20.50%),发病率为 21.06/10 万,发病率较去年上升 4.74%。其中甲肝报告 55 例,占肝炎总发病数的 1.87%,发病率为 0.39/10 万,较去年上升 14.26%;乙肝 2184 例,占 74.44%,发病率为 15.68/10 万,较去年上升 8.19%;丙肝 337 例(死亡 1 例),占 11.49%,发病率为 2.42/10 万,较去年下降 3.51%;戊肝 232 例,占 7.91%,发病率为 1.67/10 万,较去年下降 2.78%;未分型 126 例,占 4.29%,发病率为 0.90/10 万,较去年下降 13.97%。苏州市 2016 年各型肝炎构成详见图 2-1-25。

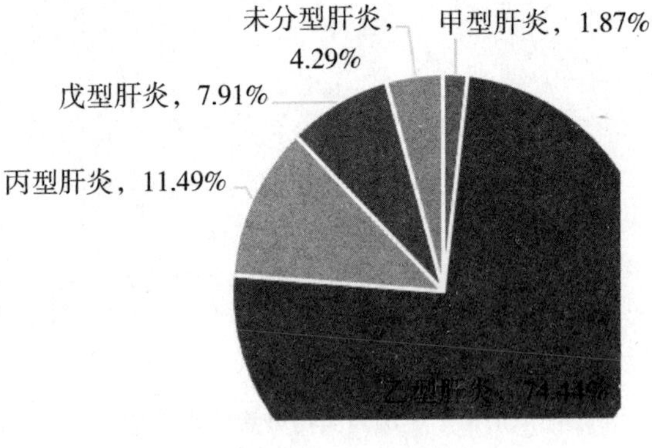

图 2－1－25　苏州市 2016 年各型病毒性肝炎构成

（二）三间分布

1. 地区分布：全市报告发病数在前三位的地区为：昆山市（825 例）、常熟市（398 例）、吴江区（301 例），计占总数的 51. 94%；其中粪口途径传播的甲戊型肝炎报告前三位的地区为昆山市、吴江区、张家港市，合计占全市的 45. 64%；血源途径传播的乙丙型肝炎报告前三位的地区为昆山市、常熟市、吴江区，合计占全市的 53. 59%。

报告发病率在前三位的地区为：昆山市（32. 67/10 万）、姑苏区（25. 33/10 万）、高新虎丘区（24. 44/10 万）。与 2015 年相比，发病率增幅居前三位的地区依次为工业园区（＋37. 01%）、吴江区（＋21. 58%）、高新虎丘区（＋17. 54%）。甲戊型肝炎发病率居前三位的地区为：姑苏区、吴江区、张家港市；乙丙型肝炎发病率居前三位的地区为：昆山市、姑苏区、高新虎丘区。地区分布详见图 2－1－26。

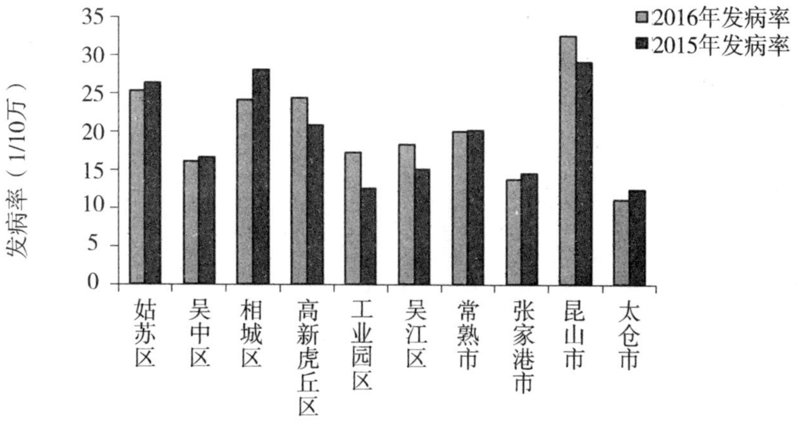

图 2－1－26　苏州市 2016 年病毒性肝炎分地区情况及与 2015 年比较

2. 人群分布：报告病毒性肝炎病例中男性 1978 例，女性 956 例，男女性别比为 2.07∶1。年龄分布以 20～69 岁组人群为主，占全部报告的 92.98%，其次为 70 岁及以上年龄组，占 5.76%。详见图 2－1－27。

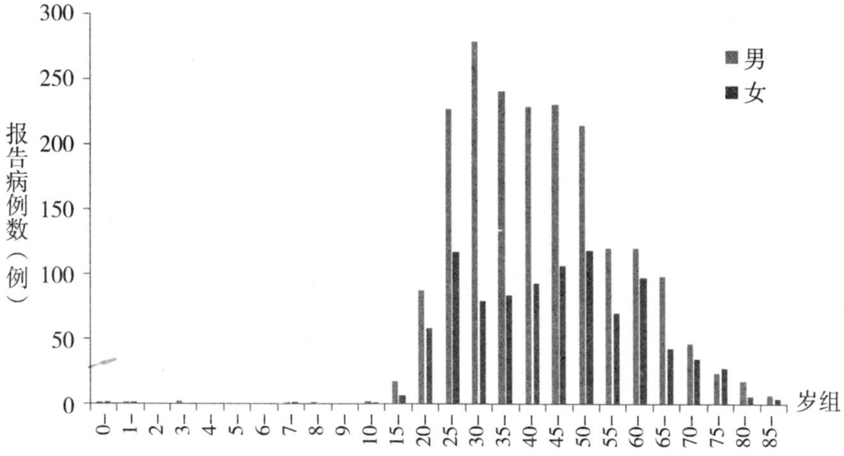

图 2－1－27　苏州市 2016 年病毒性肝炎分年龄性别情况

按照职业分布看，主要发病人群为农民（23.69%），其次为家务及待业（22.90%）、工人（20.86%）和商业服务（13.63%）。详见图 2－1－28。

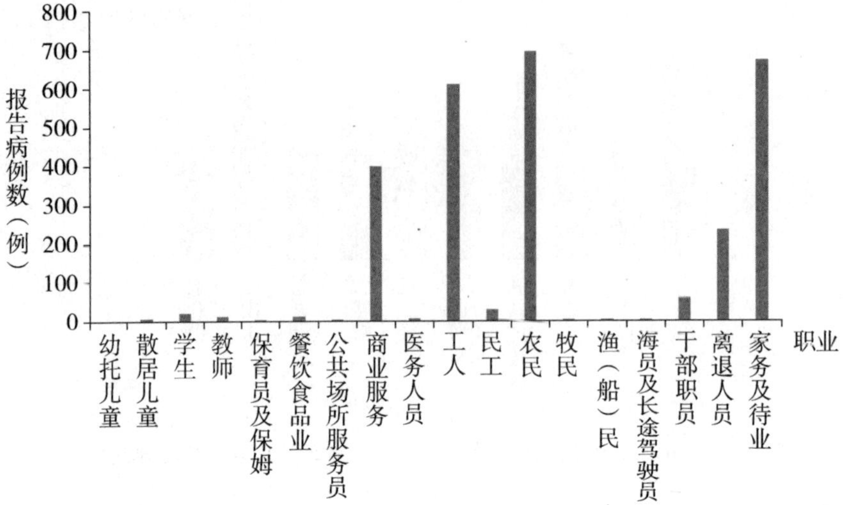

图 2-1-28　苏州市 2016 年病毒性肝炎分职业情况

3. 时间分布:全年各月均有病例报告,无明显季节性。

二、手足口病

(一)疫情概况

2016 年全市共报告手足口病 33882 例,重症 154 例,无死亡病例。报告病例数占丙类传染病总数的 89.97%,报告发病率为 243.25/10 万,发病率比 2015 年上升 76.60%。

(二)三间分布

1. 地区分布:全市报告发病数在前三位的地区为:吴江区(5565 例)、常熟市(4927 例)、吴中区(4628 例),计占总数的 44.63%;报告发病率在前三位的地区为:吴江区(339.65/10 万)、吴中区(334.56/10 万)、工业园区(300.79/10 万)。与 2015 年相比,各地发病率均上升。详见图 2-1-29。

报告重症病例数居前三位的地区为:吴江区(39 例)、吴中区(20 例)、相城区、姑苏区、昆山市(各 15 例),计占报告重症病例总数的 67.53%;重症病例数占总病例数百分比前三位的地区为:吴江区(0.70%)、相城区(0.66%)、昆山市(0.55%)。

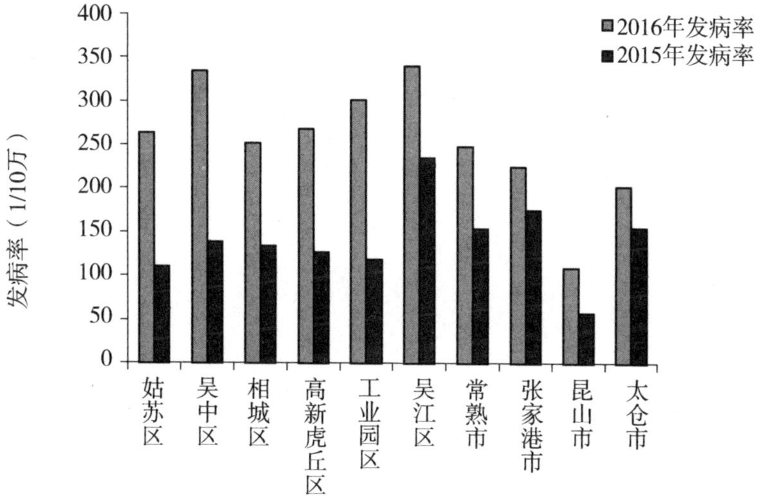

图 2－1－29　苏州市 2016 年手足口病分地区情况及与 2015 年比较

2. 人群分布：报告手足口病病例中男性 20153 例，女性 13729 例，男女性别比为 1：0.68。年龄分布以 5 岁及以下儿童为主，占全部报告的 82.48%。详见图 2－1－30。

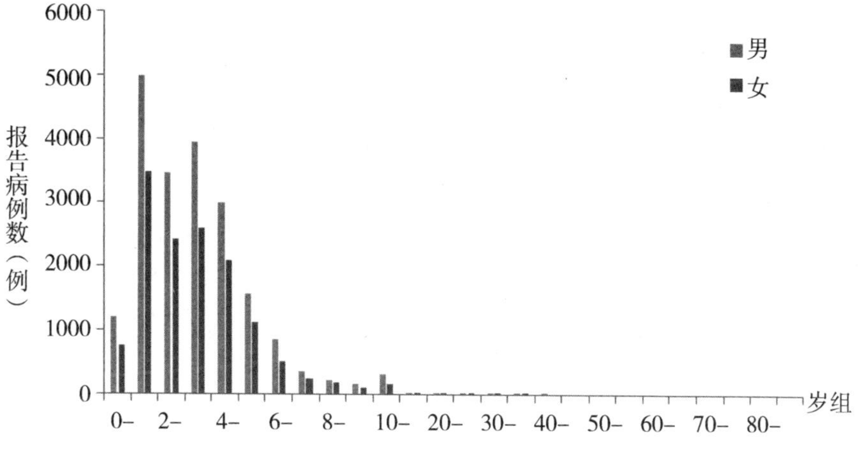

图 2－1－30　苏州市 2016 年手足口病分年龄性别情况

按照职业分布来看，主要发病人群为散居儿童，其次为幼托儿童和学生，三者发病数合计占全部发病的 99.63%。详见图 2－1－31。

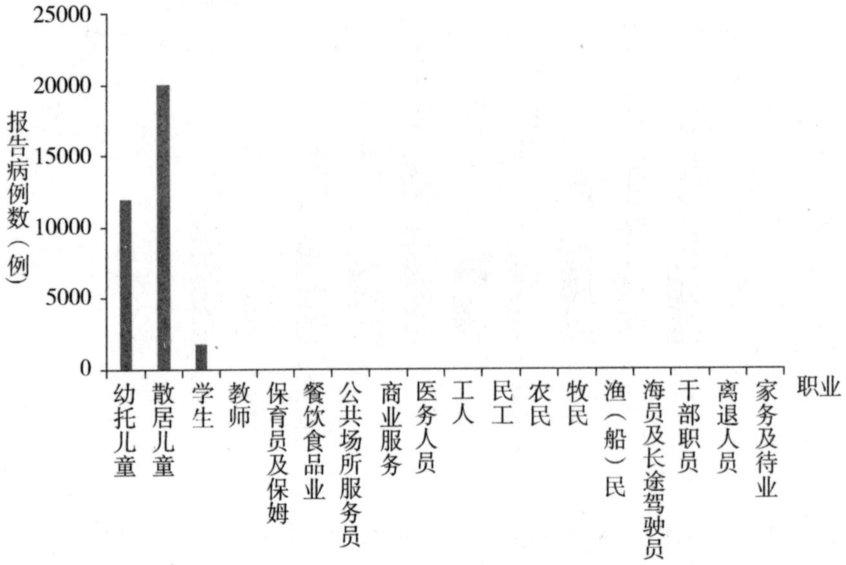

图 2-1-31 苏州市 2016 年手足口病分职业情况

手足口病重症病例发病以 5 岁及以下儿童为主，男性发病高于女性，性别比为 2.42:1；职业分布以散居儿童为主，占 75.32%。

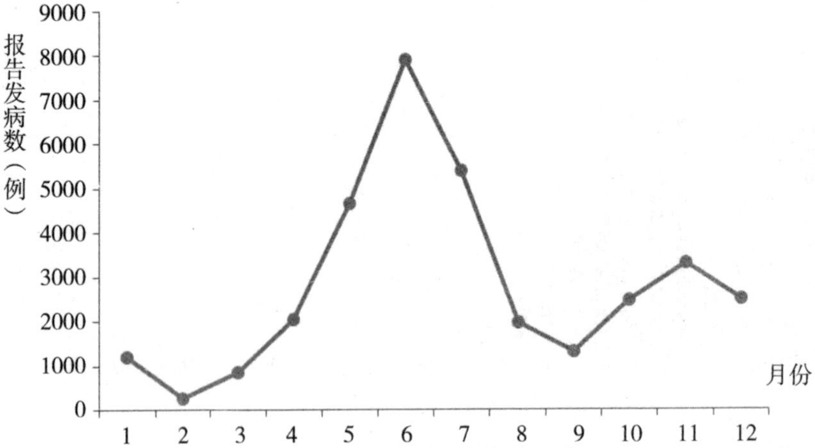

图 2-1-32 苏州市 2016 年手足口病分月发病情况

3. 时间分布：全年各月均有病例报告，4～7 月为发病高峰，10～12 月出现全年次高峰。重症病例发病高峰为 4 ~7 月,与手足口病流行高峰基本一致。详见图 2 -1 -32。

(三)监测工作开展情况

2016 年我市报告的病例数中实验室确诊病例 633 例,实验室诊断率为 1.87%(633/33882),其中 EV71 感染阳性 239 例,占 37.76%,CoXA16 阳性 163 例,占 25.75%,其他肠道病毒阳性 231 例,占 36.49%。2016 年普通病例以其他肠道病毒和 CoXA16 感染为主,重症病例以 EV71 感染为主。

三、病毒性腹泻监测

(一)概况

病毒是造成感染性腹泻的主要病原体,包括轮状病毒、杯状病毒、肠道腺病毒、星状病毒等。其中轮状病毒与杯状病毒感染所占比例最大。为持续地进行病毒性腹泻监测,以掌握病毒性腹泻流行特征和毒株变化趋势,以苏州大学附属儿童医院为病毒性腹泻为监测点。采集因腹泻住院,且住院时间超过 24 小时,年龄在 5 岁以下并排除药物引起的腹泻以及院内感染的腹泻病例。

(二)病毒性腹泻监测情况

1. 病原学检出情况:2016 年共收集标本 305 份,其中轮状病毒阳性率 25.90%,诺如病毒阳性率 20%,札如病毒阳性率 1.97%,肠道腺病毒阳性率 1.31%,星状病毒阳性率 1.97%。检出情况见表 2 -1 -13。

表 2 -1 -13　2016 年苏州市病毒性腹泻病原学检出情况

感染情况	阳性数
仅感染一种病毒	
轮状病毒	57
诺如病毒	44
札如病毒	0
星状病毒	2
腺病毒	3
感染两种病毒	
轮状病毒 + 诺如病毒	14
轮状病毒 + 星状病毒	3
轮状病毒 + 札如病毒	2

续表

感染情况	阳性数
诺如病毒 + 札如病毒	1
感染三种病毒	
轮状病毒 + 诺如病毒 + 星状病毒	1
轮状病毒 + 诺如病毒 + 札如病毒	1
轮状病毒 + 诺如病毒 + 腺病毒	1

2. 人群分布:仅检出轮状病毒阳性的年龄组中 13～24 月龄组阳性率最高,至少检测出一种病毒的阳性率在 13～24 月龄组最高,详见图 2－1－33。

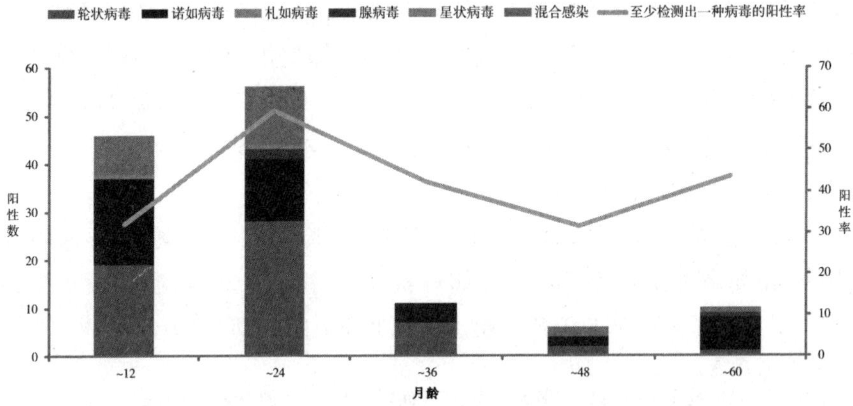

图 2－1－33　苏州市 2016 年病毒性腹泻监测分月龄监测情况

3. 季节分布:至少检测出一种病毒的阳性率在 1 月、11 月、12 月较高,详见图 2－1－34。

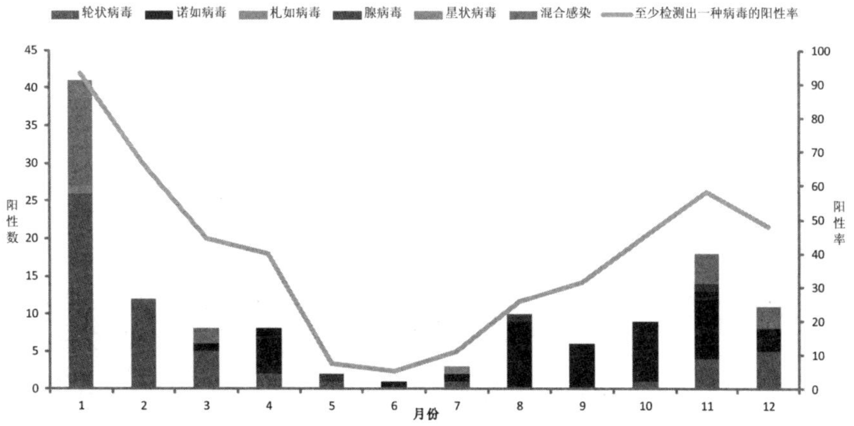

图 2-1-34 苏州市 2016 年病毒性腹泻监测分月监测情况

四、人感染 H7N9 禽流感

(一)概况

2013 年 2 月起,我国首次暴发了人感染 H7N9 禽流感疫情,此次人间 H7N9 疫情的暴发引起了广大群众的高度恐慌,同时也给禽类市场带来了致命的打击。该病发病季节为冬春季,主要发病人群为老年人。发病重点地区为长三角以及广东等省份。根据现有病例的流行病学调查结果,活禽市场暴露是发病的主要危险因素,携带病毒的家禽及其排泄物、分泌物可能是人感染 H7N9 禽流感病毒的主要传染来源。虽有零散的人传人的相关报道,但尚无证据表明该病毒具有持续的人传人能力。苏州市是全国为数不多的重灾区之一,每年均有病人因感染 H7N9 而死亡。每年均要投入大量的人力、物力来应对人感染 H7N9 禽流感疫情,给苏州市百姓生命健康带来了威胁,经济损失也很严重。

(二)苏州市人感染 H7N9 禽流感情况

截至目前,我市发生了五波人感染 H7N9 禽流感疫情,第一波为 2013 年 3 ~ 4 月份,共报告 6 例病例;第二波为 2014 年 1 ~ 4 月份,共报告 4 例病例;第三波为 2014 年 12 月 ~ 2015 年 5 月份,共报告 7 例病例。第四波开始于 2015 年 12 月 ~ 2016 年 3 月份,共报告 9 例病例。第五波开始于 2016 年 10 月 ~ 2017 年 2 月份,共报告 52 例病例。年发病数最多的为 1 月份,其次为 12 月份(见表 2-1-14)。以男性为主,男女性别比为 3.3:1。以老年人为主,年龄中位数为 58 岁,最小年龄 20 岁,最大年龄 91 岁。病死率较高,为 50%(见表 2-1-15)。

表 2 –1 –14　苏州市人感染 H7N9 禽流感月份分布

月份	发病数
1	30
2	4
3	5
4	5
5	1
10	1
11	3
12	29
总计	78

表 2 –1 –15　苏州市人感染 H7N9 禽流感情况统计表

波次	性别			年龄			死亡	病死率（%）
	男	女	合计	最小	中位	最大		
第一波	5	1	6	20	66	83	3	50
第二波	2	2	4	27	43	74	2	50
第三波	6	1	7	53	65	78	4	57
第四波	7	2	9	43	53	91	4	44
第五波	37	15	52	28	58	89	19	37
合计	57	21	78	20	58	91	32	41

（三）外环境监测结果

为掌握外环境中 H7N9 动态感染情况，我市常年对外环境禽类 H7N9 感染情况进行动态监测。全市每月采集 80 份禽类相关样本，分别为吴江禽类相关样本 40 份，太仓禽类相关样本 40 份。2016 年共采集禽类相关标本 910 份外环境样，共检出 A 型阳性 347 份，其中 H7N9 病毒核酸阳性标本 127 份，H7N9 阳性率为 13.96%。

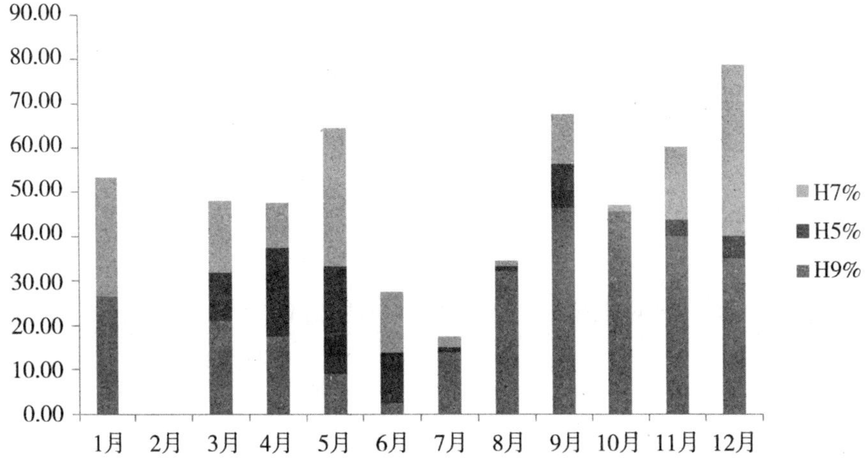

图 2－1－35　苏州市 2016 年人感染 H7N9 禽流感外环境监测结果

五、流感监测

为监测流感活动水平和流行动态，监测流感样病例的构成、时间与空间分布特征。我市设有国家级流感监测哨点医院 2 家，分别为苏州市立医院以及苏州大学附属儿童医院，另设有非国家级哨点医院 2 家，分别为吴江区第一人民医院和吴中区光福镇社区卫生服务中心。

（一）国家级流感样病例监测哨点医院工作情况

流感样病例报告：2016 年，我市 2 家国家级流感哨点监测医院苏州大学附属儿童医院（简称儿童医院）、苏州市立医院本部（简称市立医院）均通过中国流感监测信息系统及时完成了门急诊流感样病例（ILI）数和门急诊就诊总数的网络报告工作，无缺报和漏报。2 家医院数据报告情况见表 2－1－16。

表 2－1－16　苏州市 2016 年国家级流感哨点医院 ILI 报告情况

哨点医院名称	门急诊 ILI 数	门急诊就诊总数	ILI%
苏州市立医院本部	1331	345764	0. 38
苏州大学附属儿童医院	112203	735484	15. 26
合计	113534	1081248	10. 50

1. 时间分布：2016 年，我市国家级流感哨点监测医院门急诊 ILI% 周分布情况如图 2－1－36 所示。

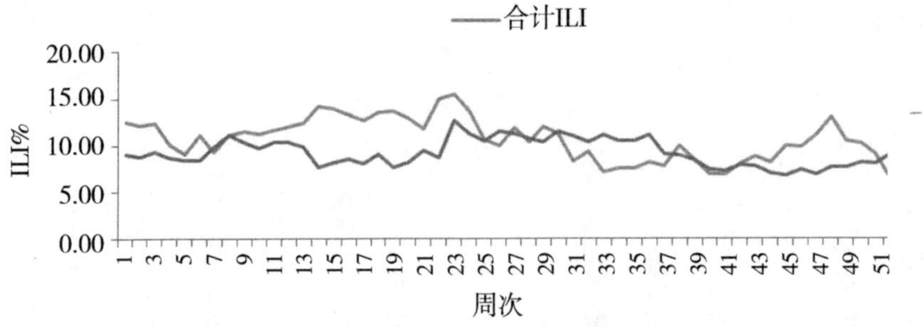

图 2-1-36　2016 年苏州市国家级流感哨点监测医院门急诊 ILI% 趋势分析

注:ILI% 历年均值根据 2013~2015 年监测数据进行统计

2. 人群分布:2016 年,我市流感样病例年龄构成以 0~4 岁组所占比例最高,达 84.18%;其次为 5~14 岁组人群,占 14.57%;15~24 岁组占 0.40%;25~59 岁组占 0.69%;60 岁以上组 ILI 占 0.16%。

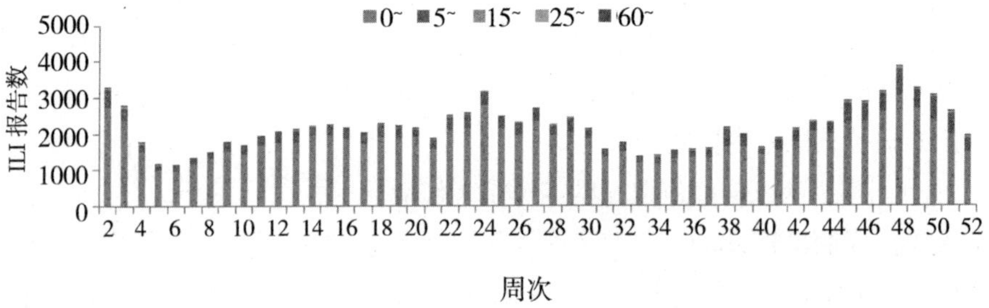

图 2-1-37　2016 年苏州市国家级流感哨点监测医院门急诊 ILI 年龄构成情况

3. 标本采集送检:2016 年,我市 2 家国家级流感哨点监测医院共采集标本 2085 份,两家医院的周采样量均符合监测要求(周采样量不少于 20 份)。2 家医院每周送样 2 次,所有标本均在采集后 48 小时内送达流感网络实验室,48 小时内及时送检率为 100%。

(二)网络实验室病原学检测情况

1. 核酸检测情况:2016 年送检的 2085 份标本中,280 份检测出流感病毒阳性,检测阳性率为 13.43%。其中有 81 份季节性 H3 流感病毒阳性,87 份 B 型流感病毒 Victoria 亚型阳性,1 份 B 型流感病毒 Yamagata 亚型阳性,111 份新甲 H1N1 流感病毒阳性。2016 年我市国家级流感哨点监测医院标本病原学结果时间分布情况见图 2-1-38。

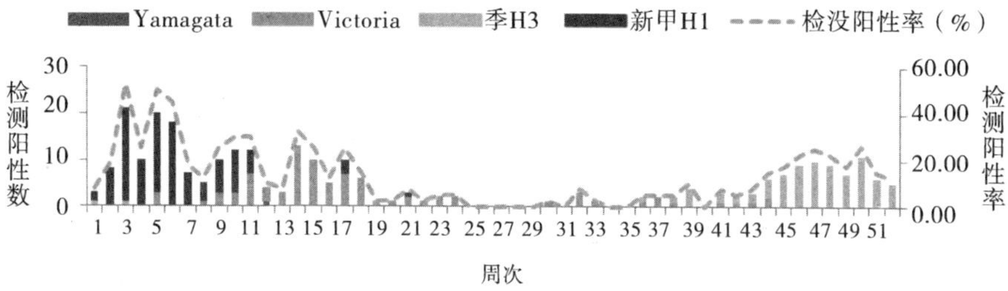

图 2-1-38 2016 年苏州市国家级流感哨点监测医院标本病原学结果时间分布

2. 病毒分离情况:2016 年,苏州市疾控中心国家流感网络实验室共分离到流感毒株 30 株,全部采用鸡胚分离,型别均为 B 型 Victoria 系,标本均已及时报送。

(三)省级流感样病例监测情况

目前,我市设立 2 所省级流感样病例监测哨点医院,分别为吴江区第一人民医院和吴中区光福镇社区卫生服务中心。

1. 流感样病例报告:2016 年,我市 2 家省级流感哨点监测医院均通过中国流感监测信息系统及时完成了门急诊流感样病例(ILI)数和门急诊就诊总数的网络报告工作,无缺报和漏报。2 家医院数据报告情况见表 2-1-17,其门急诊 ILI 年龄构成情况见图 2-1-38 和图 2-1-39。

表 2-1-17 苏州市 2016 年省级流感哨点医院 ILI 报告情况

哨点医院名称	门急诊 ILI 数	门急诊就诊总数	ILI%
吴江区第一人民医院	1602	481218	0.33
吴中区光福镇社区卫生服务中心	2841	159100	1.79
合计	4443	640318	0.69

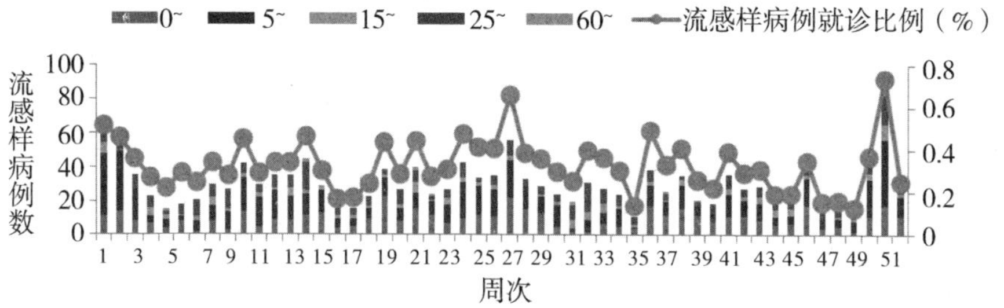

图 2-1-39 2016 年苏州市吴江区省级哨点监测医院门急诊 ILI 年龄构成情况

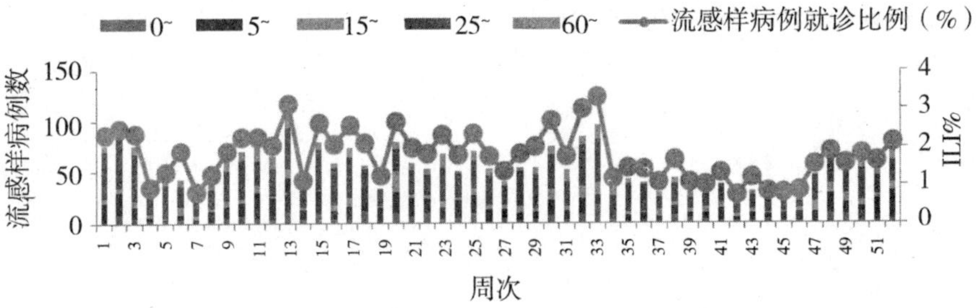

图 2-1-40　2016 年苏州市吴中区省级哨点监测医院门急诊 ILI 年龄构成情况

2. 流感样病例病原学检测：2016 年，苏州市疾控中心国家流感网络实验室共登记接收吴江区省级流感哨点监测医院送检标本 269 份，其中 28 份检测出流感病毒阳性，检测阳性率为 10.41%。2016 年苏州市吴江区省级流感哨点监测医院标本病原学结果时间分布情况见图 2-1-41。

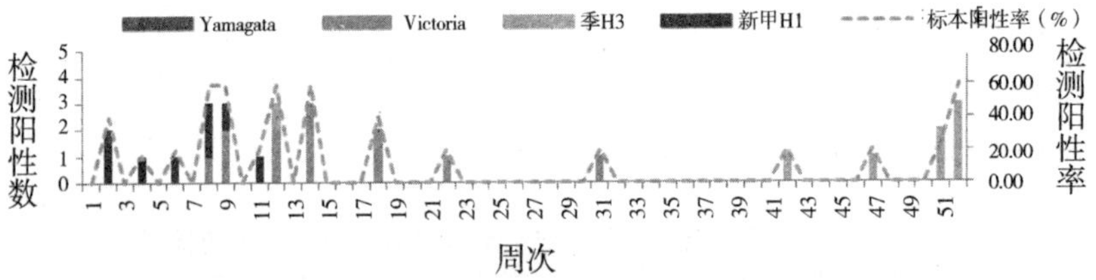

图 2-1-41　2016 年苏州市吴江区省级哨点监测医院标本病原学结果时间分布

2016 年，苏州市疾控中心国家流感网络实验室共登记接收吴中区省级流感哨点监测医院送检标本 260 份，检测发现有 14 份样本为阳性，检测阳性率为 5.38%。2016 年苏州市吴中区省级流感哨点监测医院标本病原学结果时间分布情况见图 2-1-42。

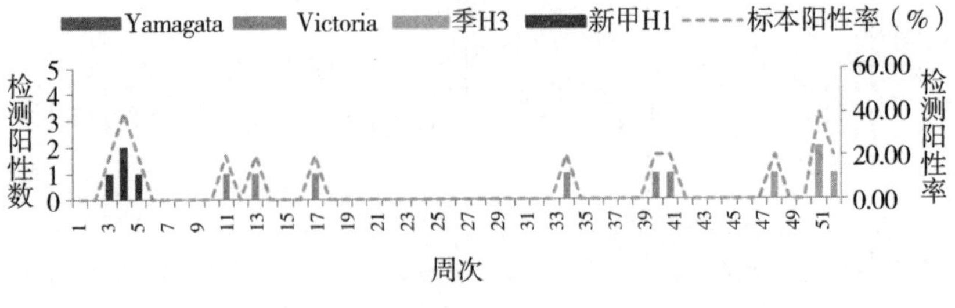

图 2-1-42　2016 年苏州市吴中区省级哨点监测医院标本病原学结果时间分布

（四）暴发疫情报告与处置

2016 年，我市共报告流感/流感样病例暴发疫情 20 起，其中新甲 H1 型 1 起，B 型 5 起，季节性 H3 型 12 起，流感阴性 2 起，无死亡病例。

表 2－1－18 2016 年苏州市流感/流感样病例暴发疫情一览表

地区	单位名称	报告日期	发病人数	型别
姑苏区	姑苏区八一小学	2016－1－11	29	新甲 H1
虎丘区	苏州高新区秦馀实验小学	2016－3－2	31	BV
昆山市	昆山市开发区包桥小学	2016－3－8	13	BV
张家港市	张家港市福前实验小学	2016－3－31	14	BV
相城区	相城区蠡口小学分校	2016－3－31	23	BV
张家港市	张家港市中兴小学	2016－4－12	12	BV
姑苏区	姑苏区苏州市时代工程咨询设计管理有限公司	2016－10－28	20	H3
吴江区	一起吴江区实验小学（爱德校区）	2016－11－7	14	H3
虎丘区	苏州高新区枫桥中心小学	2016－11－7	13	阴性
常熟市	常熟市绿地实验小学	2016－11－14	17	阴性
吴江区	吴江区同里实验小学	2016－11－15	15	H3
工业园	关于苏州工业园区方洲小学	2016－11－29	24	H3
常熟市	常熟市石梅小学	2016－12－8	19	H3
虎丘区	苏州高新区江淮教育集团苏州实训基地	2016－12－20	22	H3
常熟市	常熟市星城小学	2016－12－21	28	H3
姑苏区	姑苏区金阊新城实验小学	2016－12－26	10	H3
昆山市	昆山市玉山镇培本实验小学西校区	2016－12－28	12	H3
昆山市	昆山市娄江实验学校	2016－12－28	14	H3
昆山市	昆山市周市镇新镇小学	2016－12－29	14	H3
昆山市	昆山市周市镇裕元小学	2016－12－29	12	H3

六、呼吸道综合监测

近年来，呼吸道传染病流行已成为严重的公共卫生问题，SARS、新甲型 H1N1、人感染禽流感、MERS 等的出现使呼吸道感染疾病的监测与控制成为公共卫生界关注的热点。

为掌握我市住院肺炎病例和门诊流感样病例(influenza like illness,ILI)的病原谱,以苏州市立医院和苏州大学附属儿童医院为监测点,苏州市立医院每月采集6份符合“监测病例”定义的肺炎病例呼吸道标本(3份成人、3份儿童),苏州大学附属儿童医院每月采集5份肺炎病例呼吸道标本,市疾病预防控制中心实验室进行标本检测,检测病原种类包括流感病毒甲、乙、丙型及其主要亚型、副流感病毒Ⅰ-Ⅳ型、呼吸道合胞病毒、腺病毒、鼻病毒、人偏肺病毒、冠状病毒(HCoV-229E、HCoV-OC43、HCoV-NL63、HCoV-HKU1、MERS-CoV)、人博卡病毒、单纯疱疹病毒、肺炎链球菌、流感嗜血杆菌、军团菌、肺炎衣原体、肺炎支原体;每月从两家医院流感监测标本中各随机抽取10份(共20份),市疾病预防控制中心实验室进行标本检测,检测病原种类包括流感病毒甲、乙、丙型及其主要亚型、呼吸道合胞病毒、腺病毒、鼻病毒、冠状病毒(HCoV-229E、HCoV-OC43、HCoV-NL63、HCoV-HKU1)、单纯疱疹病毒、肺炎链球菌、流感嗜血杆菌。

2016年共检测132例住院肺炎病例呼吸道标本,阳性检出率分别为:呼吸道合胞病毒(18.18%),肺炎链球菌(14.39%),流感嗜血杆菌(10.61%),鼻病毒(9.85%),肺炎支原体(5.30%),甲型流感、单纯疱疹病毒均为3.03%,乙型流感、副流感Ⅱ、副流感Ⅲ、HCoV-OC43、HCoV-HKU1均为1.52%,副流感Ⅳ、腺病毒均有检出,检出率低于1%;检测240例ILI标本,阳性检出率分别为:流感嗜血杆菌(11.67%),肺炎链球菌(10.00%),呼吸道合胞病毒(5.83%),甲型流感(4.58%),鼻病毒(4.17%),腺病毒(2.92%),HCoV-NL63(1.67%),HCoV-OC43、单纯疱疹病毒、丙型流感、HCoV-229E均有检出,检出率均低于1%。

表3-2-7为2016年住院肺炎病例和流感样病例各季度病源检测阳性例数,住院肺炎病例中,甲型流感在冬季有检出,呼吸道合胞病毒、肺炎链球菌在冬春季节检出率高,流感嗜血杆菌在春夏季检出率高,其余病原季节分布不明显;流感样病例中,呼吸道合胞病毒在冬春季检出率高,甲型流感在12月份检出率最高,腺病毒、鼻病毒、流感嗜血杆菌季节性变化不明显。

表2-1-19 2016年住院肺炎病例和流感样病例各季度病源检测阳性例数

检测项	住院肺炎病例				流感样病例			
	第一季度	第二季度	第三季度	第四季度	第一季度	第二季度	第三季度	第四季度
流感甲	3	0	0	1	0	0	2	9
流感乙	0	2	0	0	0	0	0	0

续表

检测项	住院肺炎病例				流感样病例			
	第一季度	第二季度	第三季度	第四季度	第一季度	第二季度	第三季度	第四季度
流感丙	0	0	0	0	0	1	0	0
呼吸道合胞病毒	12	0	2	10	6	0	2	6
腺病毒	0	1	0	0	1	1	3	2
鼻病毒	0	2	7	4	1	4	1	4
HCoV - 229E	0	0	0	0	1	0	0	0
HCoV - OC43	0	1	1	0	0	0	2	0
HCoV - NL63	0	0	0	0	0	0	3	1
HCoV - HKU1	2	0	0	0	0	0	0	0
单纯疱疹病毒	3	0	0	1	0	0	1	1
肺炎链球菌	5	7	4	3	5	9	6	4
流感嗜血杆菌	1	6	3	4	9	11	2	6
副流感Ⅰ	0	0	0	0	-	-	-	-
副流感Ⅱ	1	0	1	0	-	-	-	-
副流感Ⅲ	0	1	1	0	-	-	-	-
副流感Ⅳ	0	0	0	1	-	-	-	-
人偏肺病毒	0	0	0	0	-	-	-	-
MERS - CoV	0	0	0	0	-	-	-	-
人博卡病毒	0	0	0	0	-	-	-	-
军团菌	0	0	0	0	-	-	-	-
肺炎衣原体	0	0	0	0	-	-	-	-
肺炎支原体	0	2	4	1	-	-	-	-

第五节 艾滋病

一、艾滋病疫情分析

(一)疫情概况

2016年苏州市新报告艾滋病病毒感染者和艾滋病病人(以下简称HIV/AIDS)835人,至2016年底,全市累计报告HIV/AIDS 4259人,死亡450人。历年新报告、死亡人数见图2-1-43。

2016年末,居住于苏州、存活且接受随访管理HIV/AIDS 2906人,其中艾滋病病人1160人(39.91%),苏州本市户籍1283人(44.15%)。

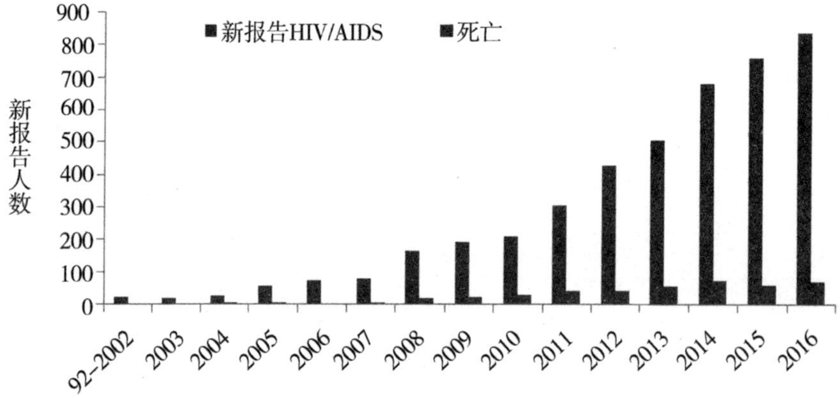

图2-1-43 苏州市历年新报告HIV/AIDS及死亡人数

(二)感染途径

自2011年以来,新报告HIV/AIDS以男男同性传播为主,历年新报告HIV/AIDS感染途径见图2-1-44。

2016年新报告者中,男男同性传播占65.38%,异性传播33.78%,注射吸毒传播0.73%,母婴传播0.12%(1例,为外地至苏州就诊者),无输血等途径感染病例。累计报告的4259名HIV/AIDS中,位居前三位的感染途径为男男同性传播(56.96%)、异性传播(36.16%)和注射吸毒传播(3.83%)。

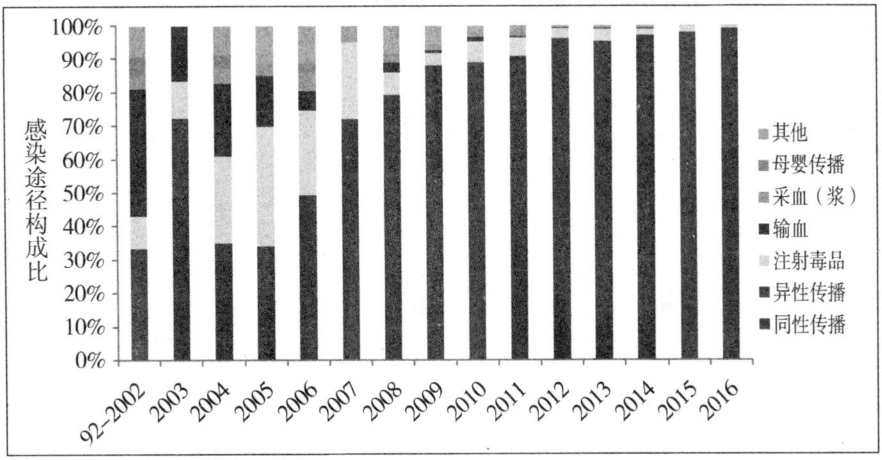

图 2－1－44　苏州市历年新报告 HIV/AIDS 感染途径构成

（三）人群分布

1. 性别:2016 年新报告者中,男性 756 人(90.54%),女性 79 人(9.46%),性别比为 9.57:1。累计报告的 4259 人中,男性 3737 人(87.74%),女性 533 人(12.26%),性别比为 7.16:1。

2. 年龄分布:2016 新报告者年龄中位数为 32 岁,最小者 3 岁,最大者 84 岁,主要集中在 20～50 岁,占本年报告数的 76.28%。累计报告的 HIV/AIDS 中,年龄主要集中 20～50 岁,占总报告数的 80.05%。历年报告 HIV/AIDS 年龄分布情况见图 2－1－45。

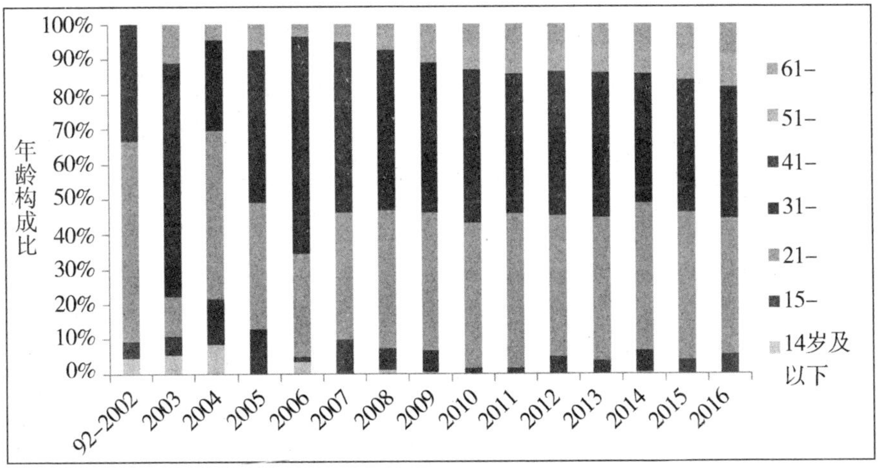

图 2－1－45　苏州市历年新报告 HIV/AIDS 年龄构成

3. 职业:历年新报告 HIV/AIDS 均以商业服务、工人和自由职业等人群为主,占报告总数的 60% 以上。2014 年以来,青年学生(年龄 15 ~ 24 岁、自我报告为在校学生)病例人数呈增加趋势,其主要传播途径为男男同性传播。2016 年新报告青年学生 HIV/AIDS 17 人,均为男生,其中男男同性传播 16 人,异性传播 1 人。历年青年学生病例报告及感染途径见图 2 - 1 - 46。

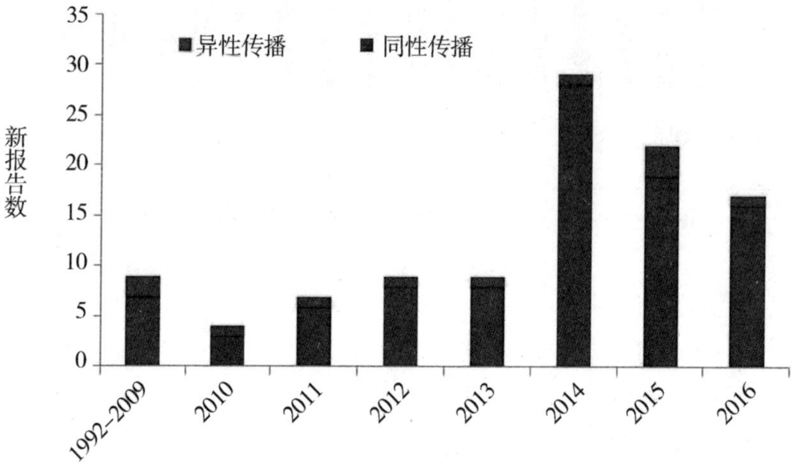

图 2 - 1 - 46 苏州市历年新报告青年学生 HIV/AIDS 病例数及感染途径

二、主要工作

(一)检测监测

2016 年,全市 HIV 抗体检测 134.89 万人次,人群检测比例为 12.79%,新报告 HIV/AIDS 835 人,各地区新报告数见表 2 - 1 - 20。全市开展男男性行为人群、孕产妇、性病门诊男性就诊者、吸毒人群、青年学生、娱乐场所从业人员、结核病人、供浆人群、流动人口等 10 类重点人群艾滋病哨点检测,共检测 5124 人次,共检出 HIV 抗体阳性 102 人,HIV 阳性检出率在 5% 以上的人群有男男性行为人群、性病门诊男性就诊者。

(二)随访管理

2016 年末,全市共随访管理 HIV/AIDS 2906 人,各区随访人数见表 2 - 1 - 20。2016 年累计 CD4 + T 淋巴细胞检测 38 批次、4189 人次,随访管理者中 97.46% 接受检测。为 99.50% 的 HIV/AIDS 提供结核筛查。检测 HIV/AIDS 配偶 461 人,配偶检测完成比例 97.46%。张家港市、相城区等地率先推行病人社区管理模式,姑苏区率先实行定点医院一站式随访管理病人工作模式,目前均正在有序推进。

表 2－1－20　2016 年苏州市各地区新报告、随访管理 HIV/AIDS 人数

地区	2016 年新报告 HIV/AIDS	2016 年末随访管理 HIV/AIDS
全市	835	2906
姑苏区	173	438
吴中区	48	323
相城区	39	212
高新区、虎丘区	18	273
工业园区	31	338
吴江区	51	214
常熟市	95	352
张家港市	76	293
昆山市	143	361
太仓市	23	102
苏州市疾病预防控制中心	138	/

（三）免费艾滋病抗病毒治疗

2016 年新增免费艾滋病抗病毒治疗 693 人，至 2016 年底，2493 名 HIV/AIDS 在全市 6 家定点医院接受抗病毒治疗，各医院治疗人数见图 2－1－47。全市抗病毒治疗覆盖比例为 85.79%；治疗满一年的 HIV/AIDS 中，92.59% 病毒得到抑制（HIV 病毒载量 <400 拷贝/毫升）。

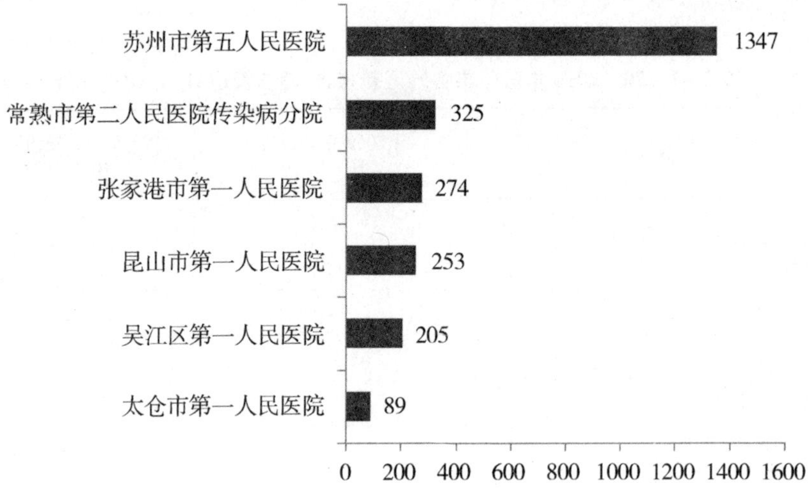

图 2－1－47　2016 年末苏州市各定点医院在治 HIV/AIDS 人数

（四）高危行为干预

全年干预娱乐场所从业人员 55033 人次，HIV 抗体检测 7300 人，HIV 抗体阳性 1 人；干预男男性行为人群 7360 人次，检测 3780 人次，HIV 抗体阳性 263 人。目前美沙酮维持治疗在治 253 人。

（五）母婴阻断

全年全市孕产妇 HIV 抗体检测 23.34 万人次，新发现 HIV 抗体阳性 7 人。2016 年累计为 24 人提供规范的艾滋病治疗和母婴阻断服务。

（六）艾滋病示范区

第三轮艾滋病示范区有高新区、相城区和姑苏区，除常规工作外，示范区主要围绕性病门诊扩大 HIV 检测、男男性行为人群艾滋病相关危险因素、艾滋病病人随访管理模式、社会组织动员等方面探索艾防工作新模式。2016 年，高新区针对高校青年学生开展多种形式的艾滋病防治宣传，相城区以艾防主题绘画大赛为切入点开展中小学生艾滋病防治宣教，姑苏区逐步推进定点医院一站式随访管理病人工作模式。

三、主要防治成效

（一）新报告病例增幅放缓

我市新报告 HIV/AIDS 病例数虽逐年增加，但近年同比增幅有所减缓。2012～2016 年新报告病例数分别为 426、503、679、757 和 835，同比增幅分别为 40.1%、

18.1%、35.0%、11.5%和10.3%。

(二)经输血传播、注射吸毒传播和母婴传播得到有效控制

我市新报告(现住址在苏州)输血传播、注射吸毒传播和母婴传播病例减少。2012~2016年,共报告注射吸毒传播病例35例,其中本市户籍3人,外地户籍32人,主要在监管场所检测发现;报告母婴传播病例2例,均为外地户籍;报告输血传播病例1例。2012~2016年本市常住人口中经输血传播、注射吸毒传播和母婴传播病例情况见图2-1-48。

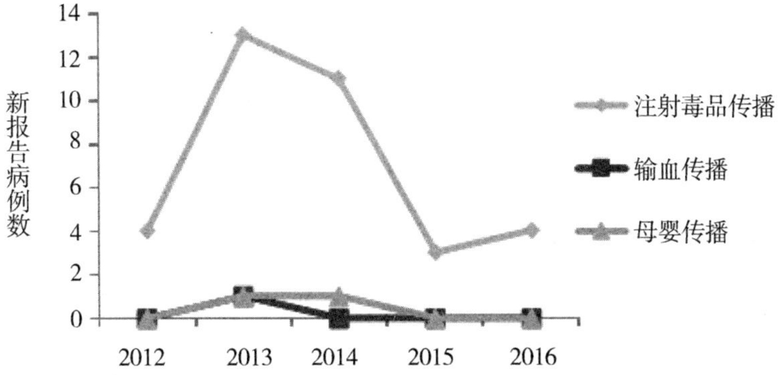

图2-1-48 2012~2016年苏州市经输血、注射吸毒和母婴传播HIV/AIDS报告

(三)扩大艾滋病抗病毒治疗,死亡率下降

近年,国家免费抗病毒治疗入组标准逐渐放宽,2016年6月国家卫计委调整免费抗病毒治疗标准,有意愿的HIV/AIDS均可在当地申请抗病毒治疗。为落实国家免费抗病毒治疗政策,我市逐步扩大治疗覆盖面,治疗比例从2012年的58.14%增至2016年85.79%。随着治疗覆盖率的扩大以及治疗时机的提前,我市HIV/AIDS人群死亡率呈下降趋势,从2012年的3.87/100人年降至2016年1.76/100人年,见图2-1-49。

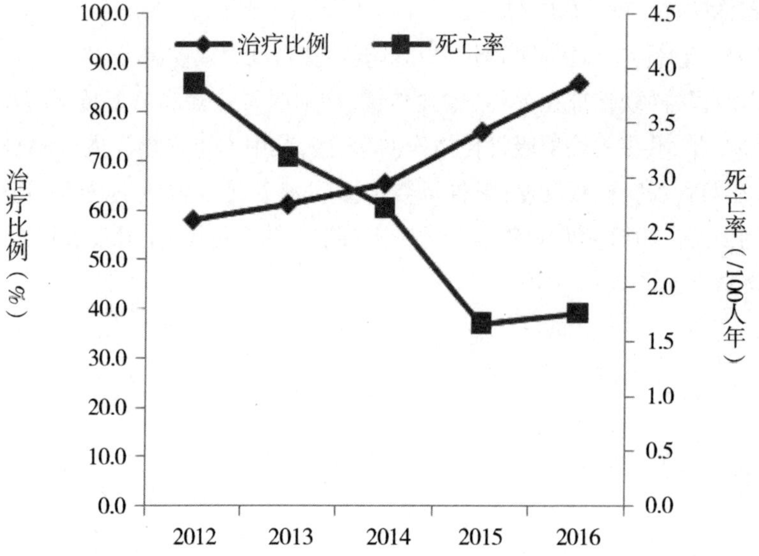

图 2-1-49　2012-2016 年苏州市 HIV/AIDS 人群治疗比例与死亡率

第六节　性病疫情分析

一、疫情概况

据传染病信息报告管理系统数据统计，淋病、梅毒、尖锐湿疣、生殖器疱疹和生殖道沙眼衣原体等五种重点监测性病中，按现住址统计病例报告数最多为梅毒，病例报告数最少为生殖器疱疹（见表 2-1-21）。

表 2-1-21　2016 年苏州市五种监测性病病例报告发病情况一览表

疾病病种	2016 年发病数	2016 年发病率（/10 万）	2015 发病数	2015 年发病率（/10 万）	发病数同比增幅（%）	发病率同比增幅（%）
淋病	2110	19.86	1868	17.58	12.96	13.06
梅毒	4725	44.51	5019	47.24	-5.86	-5.77

续表

疾病病种	2016 年发病数	2016 年发病率（/10 万）	2015 发病数	2015 年发病率（/10 万）	发病数同比增幅（%）	发病率同比增幅（%）
尖锐湿疣	677	6. 38	830	7. 81	- 18. 43	- 18. 36
生殖器疱疹	86	0. 81	154	1. 45	- 44. 16	- 44. 10
生殖道沙眼衣原体感染	659	6. 21	800	7. 53	- 17. 63	- 17. 55

注：发病数按审核日期、现住址统计，梅毒、淋病发病数含疑似病例。

二、梅毒疫情分析

2016 年苏州市梅毒报告 4725 例，报告发病率为 44. 51/10 万。报告发病率较去年同期下降 5. 77% ，以隐性梅毒（2122 例，44. 91% ）为主。同比 2015 年，Ⅰ期、Ⅱ期和胎传梅毒发病率下降，Ⅲ期梅毒上升明显，隐性梅毒持平（见图 2 - 1 - 50）。

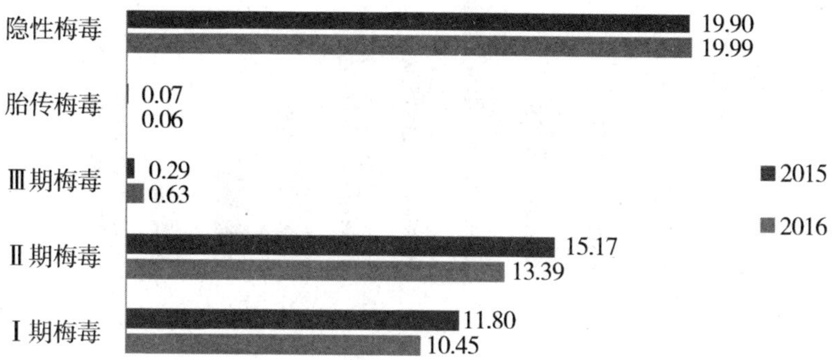

图 2 - 1 - 50　苏州市 2016 年梅毒发病率统计（1/10 万）

1. 人群分布：2016 年梅毒报告 4725 例，其中男性 2376 例，女性 2349 例。梅毒病例男女之比为 1. 01∶1，高发年龄组仍集中在 20 ~ 65 岁，占总发病数的 84. 36% ，15 ~ 45 岁年龄组女性发病率高于男性，45 岁以上男性发病率高于女性（见图 2 - 1 - 51）；职业位居前三位的分别是家务及待业（1412 例，29. 88% ）、农民（1377 例，29. 14% ）和商业服务（954 例，20. 19% ）。

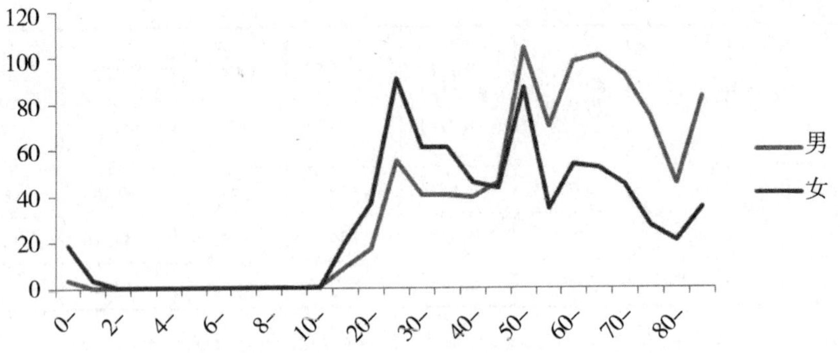

图 2-1-51 苏州市 2016 年不同年龄组梅毒发病率

2. 地区分布:梅毒发病率位居前三位的地区为姑苏区、常熟市、太仓市;较 2015 年同比下降幅度最大的地区为姑苏区、张家港市、太仓市(见图 2-1-52)。

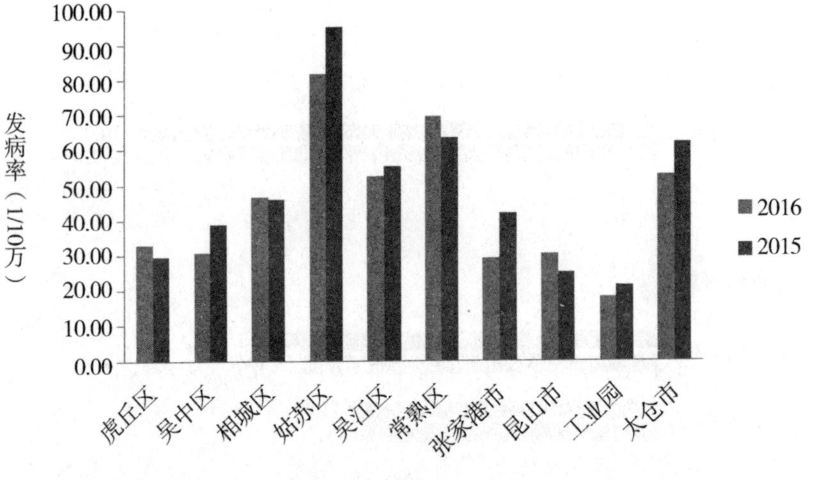

图 2-1-52 2016 年苏州市各地区梅毒报告较 2015 年增减情况

3. 疫情特点:2016 年梅毒病例报告总数较 2015 年下降,Ⅰ期、Ⅱ期和胎传梅毒病例数下降,Ⅲ期梅毒上升明显,隐性梅毒持平。性活跃期年龄高发,15~45 岁年龄组女性发病率高于男性,45 岁以上男性发病率高于女性。职业分布以家务及待业、农民和商业服务为主。

三、淋病疫情分析

1. 疫情概况:2016 年苏州市淋病病例报告 2110 例,报告发病率为 19.86/10

万,报告发病率较去年同期上升 13.06%。

2. 人群分布:2016 年淋病报告 2110 例,其中男性 1722 例,女性 388 例,男女之比为 4.44:1,高发年龄组仍集中在 20 ~ 、30 ~ 和 40 ~ 三个年龄组,占总发病数的 77.16%;淋病病例职业分布前三位的分别是家务及待业(727,34.45%)、商业服务(592,28.06%)和农民(363,17.20%)。

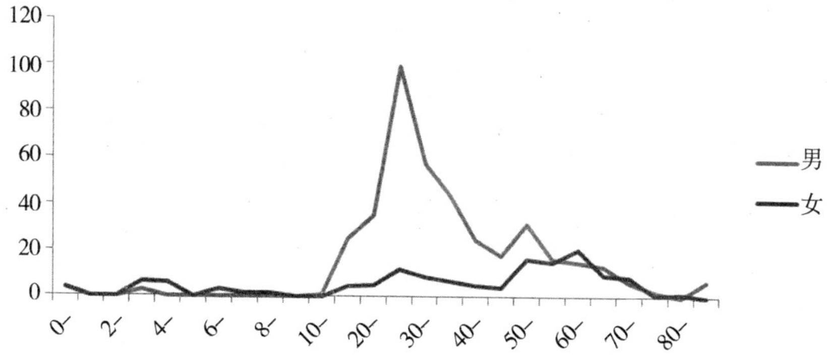

图 2-1-53　2016 年苏州市不同年龄组淋病发病率

3. 地区分布:淋病报告发病率前三位的地区为太仓市、姑苏区、吴中区,各区报告发病率与 2015 年比较情况见图 2-1-54。

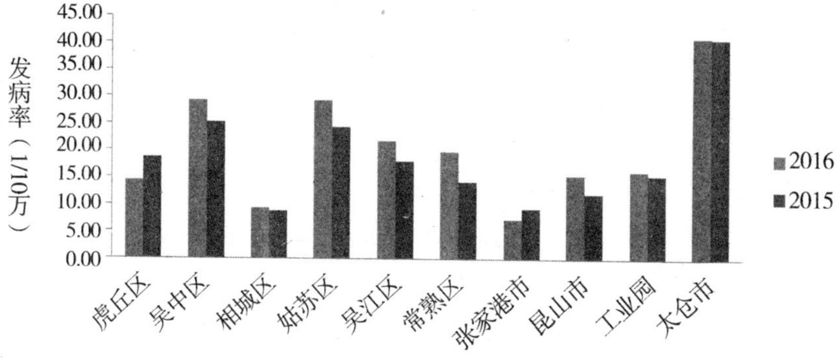

图 1-1-54　2016 年苏州市各区淋病报告发病率比较 2015 年增减情况

4. 疫情特点:2016 年淋病报告病例数上升明显,高发年龄仍集中在 20 ~ 50 岁性活跃年龄,男性病例报告数明显高于女性,职业分布以家务及待业、商业服务和农民为主。

第六节 结核病

一、2016 年全市结核病疫情情况

2016 年全市共登记治疗活动性肺结核 3331 人，其中学生肺结核 96 人，治管耐多药肺结核 42 人；上年度全市共登记治疗活动性肺结核 3385 人，其中学生肺结核 78 人，治管耐多药肺结核 17 人。2016 年全市活动性肺结核新发病例数较上年相比有所下降，全市各地结核病疫情总体呈下降的趋势，但全市肺结核报告发病数、报告死亡数依然位居法定报告传染病的前列。

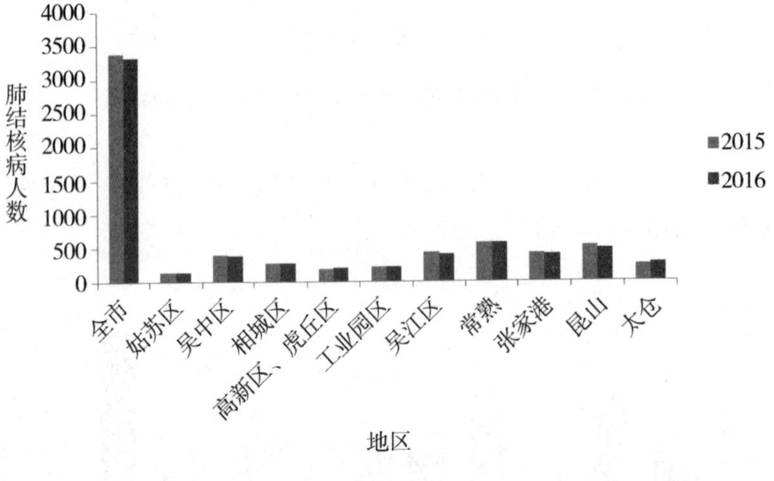

图 2-1-55 2015、2016 年苏州市肺结核病人登记情况

二、各项结核病防治指标完成情况

全市 10 家 DOTS 实施单位全部建成了"三位一体"的新型结核病防治服务体系，并进一步进行了健全和完善，全市的 DOTS 覆盖率继续保持 100%。2016 年全市共发现 3331 例活动性肺结核病人，为全年发现任务数的 98.60%，达到了全年病人发现任务 95% 指标要求；2016 年 1～12 月份病案信息初次录入及时率为 100.00%，≥99% 的指标要求。

表 2-1-22 2016 年苏州市病案信息初次录入情况

地区	登记人数	病案信息初次录入及时人数	录入及时率(%)
全 市	3331	3331	100.00
市 区	1611	1611	100.00
姑苏区	149	149	100.00
吴中区	379	379	100.00
相城区	265	265	100.00
高新区、虎丘区	206	206	100.00
工业园区	219	219	100.00
吴江区	393	393	100.00
县级市	1720	1720	100.00
常 熟	563	563	100.00
张家港	400	400	100.00
昆 山	485	485	100.00
太 仓	272	272	100.00

2016 年共登记耐多药肺结核可疑患者 206 例,其中 201 例开展了痰结核菌培养工作,全市痰培养率为 97.57%,超过了 90% 的指标要求;2016 年涂阳耐多药肺结核可疑患者开展涂阳痰培养 307 例,其中培养阳性 281 例,涂阳培养阳性率为 91.53%,也达到了 80% 的指标要求。

表 2-1-23 2016 年苏州市耐多药肺结核可疑患者筛查情况

地区	应筛查数	实际筛查数	筛查率(%)	涂阳培养数	阳性数	涂阳培阳率(%)
全市	206	201	97.57	307	281	91.53
市区	83	81	97.59	162	149	91.98
姑苏区	13	13	100.00	13	12	92.31
吴中区	13	13	100.00	16	15	93.75
相城区	21	21	100.00	29	26	89.66
高新区、虎丘区	14	13	92.86	17	14	82.35
工业园区	8	8	100.00	28	27	96.43
吴江区	14	13	92.90	59	55	93.22

续表

地区	应筛查数	实际筛查数	筛查率（%）	涂阳培养数	阳性数	涂阳培阳率（%）
县级市	123	120	97.56	145	132	91.03
常熟	69	66	95.65	69	59	85.51
张家港	31	31	100.00	33	31	93.94
昆山	4	4	100.00	5	5	100.00
太仓	19	19	100.00	38	37	97.37

2015 年 1－12 月份新涂阳肺结核病人 1300 例，治愈 1157 例，治愈率为 89.00%，达到了≥85%的标准要求。

表 2－1－24　苏州市新发涂阳肺结核病人治愈情况

地区	新发涂阳肺结核病人	治愈数	治愈率（%）
全市	1300	1157	89.00
市区	574	520	90.59
姑苏区	44	43	97.73
吴中区	155	147	94.84
相城区	106	92	86.79
高新区、虎丘区	73	67	91.78
工业园区	68	67	98.53
吴江区	128	104	81.25
县级市	726	637	87.74
常熟	313	267	85.30
张家港	160	143	89.38
昆山	139	123	88.49
太仓	114	104	91.23

2015 年度登记肺结核患者 3383 例，其中专报系统管理 3356 例，肺结核患者系统管理率为 99.20%，达到了≥95%的指标要求；1－12 月份病案转归信息完整 3368 例，完整率为 99.56%，达到了≥99%的指标要求。

表 2－1－25 苏州市肺结核患者病案转归信息完整情况

地区	登记人数	病案转归信息完整人数	转归信息完整率(%)
全市	3383	3368	99.56
市区	1631	1619	99.26
姑苏区	138	137	99.28
吴中区	401	400	99.75
相城区	267	266	99.63
高新区、虎丘区	185	183	98.92
工业园区	216	215	99.54
吴江区	424	418	98.58
县级市	1752	1749	99.83
常熟	570	569	99.82
张家港	409	409	100.00
昆山	524	524	100.00
太仓	249	247	99.20

2015 年 12 月～2016 年 11 月共发现结核病患者(可疑者)5796 例，到位 5722 例，总体到位率为 98.72%，达到了≥95%的指标要求。

表 2－1－26 2016 年苏州市可疑肺结核患者总体到位情况

地区	肺结核患者/可疑患者	到位人数	总体到位率(%)
全市	5796	5722	98.72
市区	2717	2674	98.42
姑苏区	390	381	97.69
吴中区	624	623	99.84
相城区	345	345	100.00
高新区、虎丘区	379	366	96.57
工业园区	537	535	99.63
吴江区	442	424	95.93
县级市	3079	3048	98.99
常熟	1336	1333	99.78
张家港	653	632	96.78

续表

地区	肺结核患者/可疑患者	到位人数	总体到位率(%)
昆山	328	324	98.78
太仓	762	759	99.61

2016年涂阳肺结核患者密切接触者筛查率为100%。2016年1月~12月份外地共转入苏州患者9例,均进行反馈,信息反馈率为100%。全市10个市、区抗结核固定剂量复合制剂使用覆盖率达到了100%。全年未出现药品破损,药品破损率<3%。

指标说明:

1. 病案信息初次录入及时率=病案信息24小时内完成初次录入数/同期辖区内登记肺结核患者生成病案数×100%。

2. 耐多药肺结核可疑患者痰培养率=开展了痰结核菌培养的耐多药肺结核可疑患者人数/同期辖区内耐多药肺结核可疑患者人数×100%。

3. 耐多药肺结核可疑患者痰涂阳培阳率=涂阳耐多药肺结核可疑患者中痰培养阳性人数/同期辖区内开展了痰结核菌培养的涂阳耐多药肺结核可疑患者人数×100%。

4. 新涂阳肺结核病人治愈率=新发涂阳肺结核患者中治愈的人数/同期辖区内新发涂阳肺结核患者人数×100%。

5. 肺结核患者系统管理率=辖区内指定的结核病防治机构进行系统治疗管理的肺结核患者人数/同期辖区内登记治疗管理的肺结核患者人数×100%。

6. 病案转归信息完整率=病案转归信息完整的肺结核患者人数/同期辖区内登记治疗管理的肺结核患者人数×100%。

7. 结核病患者(可疑者)总体到位率=到辖区内指定的结核病定点诊疗机构就诊的由非结防机构报告的肺结核患者和疑似肺结核患者人数/同期非结防机构报告的现住址在辖区内的肺结核患者和疑似肺结核患者人数×100%。

8. 涂阳肺结核患者密切接触者筛查率=实际开展肺结核筛查的涂阳肺结核患者密切接触者人数/同期辖区内治疗管理的涂阳肺结核患者的所有密切接触者×100%。

9. 转入患者信息反馈率=已进行反馈的外地转入本地的治疗管理肺结核患者人数/同期由辖区外转入本辖区的已登记治疗管理的肺结核患者人数×100%。

第七节　伤害

一、概述

伤害是指机体急性暴露于物理介质如机械能、热量、电流、化学能和电离辐射，其数量或速度超过了机体耐受水平而导致的机体损伤。据估计:我国每年各类伤害发生2亿人次，需要就诊和医疗的非致命性伤害约6000至7000万人次，100多万人留下残疾。其中1~14岁儿童、青少年和劳动力人口的第一位死因是伤害。可控制的伤害通常被称作“意外伤害”，看似无法避免，但大量成功的经验告诉我们:通过实施科学的预防策略措施，大多数的儿童伤害可以避免发生，大多数伤害的严重程度可以减轻，伤害并不是意外和偶然，不是不可预测的悲剧，它的发生有一定的模式和明确的危险因素。

近年来，我市因伤害导致的死亡位于居民死亡谱的第五顺位，伤害致残、致伤事件数量更为庞大，严重威胁了居民的生命和健康，已成为重要的公共卫生问题，开展伤害干预迫在眉睫。据统计，我国伤害致死位于死因顺位的第五位，2016年，苏州市有4007人死于伤害，死亡率达59.57/10万，其中最主要的是意外跌落(39.68%)和交通事故(25.63%)。

二、苏州市基本情况

根据苏州市死因信息报告，2016年，苏州市户籍人口死亡47635例，其中机动车辆交通事故死亡1027人。2016年损伤与中毒死亡人数4007人，位居全死因第5位。

(一)伤害病例基本情况

根据2016年苏州市死因监测网结果分析，因损伤和中毒死亡中，男性1995例，女性2012例，年龄分布以65岁以上组病例数所占比例最高，其次是45~64岁组和25~44岁组，分别占总病例的69.13%、21.81%和6.49%(表2-1-27);

表2-1-27　2016年苏州市伤害病例分性别、年龄构成

年龄组(岁)	男		女	
	例数	构成比(%)	例数	构成比(%)
0~	16	0.80	18	0.89

续表

年龄组(岁)	男		女	
	例数	构成比(%)	例数	构成比(%)
5～	13	0.65	9	0.45
15～	10	0.50	4	0.20
20～	26	1.30	7	0.35
25～	198	9.92	62	3.08
45～	564	28.27	310	15.41
65～	1168	58.55	1602	79.62
合计	1995	100.00	2012	100.00

（二）伤害死亡主要原因

排在首位的是跌倒/坠落，占总数的39.68%，其次是由机动车车祸和非机动车车祸引起的道路交通伤害(25.63%)。伤害死亡主要原因的顺位与2015年相比基本相同。不同年龄段伤害死亡原因有所不同，0～14岁组主要是跌倒/坠落和溺水，15～44岁组以道路交通伤害为主，45～65岁组以跌倒/坠落和道路交通伤害为主(表2－1－28)。

表2－1－28　2016年苏州市伤害病例分年龄发生原因构成

年龄组(岁)	机动车车祸		意外中毒		跌倒/坠落		火灾		溺水	
	例数	构成比(%)	例数	构成比(%)	例数	构成比(%)	例数	构成比(%)	例数	构成比(%)
0～	5	0.49	0	0	8	0.50	0	0	6	1.32
5～	4	0.39	0	0	6	0.38	0	0	7	1.55
15～	2	0.19	0	0	5	0.31	0	0	3	0.66
20～	10	0.97	0	0	3	0.19	0	0	7	1.55
25～	89	8.67	13	30.95	29	1.82	3	10.71	40	8.83
45～	417	40.60	14	33.33	130	8.18	3	10.71	75	16.56
65～	500	48.69	15	35.71	1409	88.62	22	78.57	315	69.54
合计	1027	100	42	100	1590	100	28	100	453	100

续表

年龄组（岁）	意外窒息		触电		自杀		被杀		其他	
	例数	构成比（%）	例数	构成比（%）	例数	构成比（%）	例数	构成比（%）	例数	构成比（%）
0 ~	7	29. 17	0	0	0	0	1	6. 25	7	1. 26
5 ~	1	4. 17	0	0	3	1. 17	0	0	1	0. 18
15 ~	0	0	0	0	3	1. 17	0	0	1	0. 18
20 ~	0	0	2	13. 33	9	3. 52	0	0	2	0. 36
25 ~	4	16. 67	4	26. 67	45	17. 58	3	18. 75	30	5. 40
45 ~	3	12. 5	8	53. 33	104	40. 63	8	50. 00	112	20. 14
65 ~	9	37. 50	1	6. 67	92	35. 94	4	25. 00	403	72. 48
合计	24	100	15	100	256	100	16	100	556	100

三、伤害监测点基本情况

按照《全国伤害监测方案》要求，顺应《质量发展纲要》及争创全国质量强市示范城市的要求，也是顺应进一步完善伤害预防控制工作的要求。张家港市作为全国伤害监测试点地区之一，张家港于 2006 年正式开展了伤害监测工作，为了使更多的病例得到报告，兼顾地理分布，我市确立了张家港市第三人民医院、张家港市中医院和南丰医院三家医院作为我市的伤害监测哨点医院，这三家医院分别位于张家港市的南部、中部和北部，地理分布比较合理，覆盖比较全面，每年收集网络直报大量伤害病例信息，具有较好的伤害监测工作基础。

（一）伤害病例基本情况

2016 年张家港三家哨点医院共报告伤害病例 29665 例，其中张家港中医医院 11857 例，张家港第三人民医院 14156 例，南丰社区卫生服务中心 3652 例。全年报告病例与 2015 年相比，略有上升（表 2 - 1 - 29）。

表 2 - 1 - 29　2012 年 ~ 2016 年张家港市伤害监测病例报告数

年份	中医医院	第三人民医院	南丰社区卫生中心	合计
2012	11647	11768	4282	27697
2013	12894	12198	3561	28653

续表

年份	中医医院	第三人民医院	南丰社区卫生中心	合计
2014	9679	11800	4039	25518
2015	11607	13618	3495	28720
2016	11857	14156	3652	29665

男性19750例,女性9915例,男女性别比为1.99:1。伤害病例中本地户籍24907人,流动人口4769人。年龄分布以25~44岁组病例数所占比例最高,其次是45~64岁组和65岁以上年龄组,分别占总病例的39.66%、26.29%和9.57%(表2-1-30);户籍伤害病例以25~44岁组所占比例最高,占户籍伤害病例37.56%,其次是45~64岁组27.27%,流动人口以25~44岁组最高,占流动人口伤害病例50.64%,其次是45~64岁组21.20%。职业构成以生产运输设备操作人员所占比例最高,其次是商业和家务,分别占总病例的48.57%、10.67%和10.15%(图2-1-56)。文化程度以初中学历为主,占总数34.17%。

表2-1-30　2016年张家港市伤害监测伤害病例分性别、年龄构成

年龄组(岁)	男		女	
	例数	构成比(%)	例数	构成比(%)
0~	820	4.15	416	4.19
5~	1563	7.91	718	7.24
15~	680	3.44	328	3.31
20~	2077	10.51	661	6.66
25~	8562	43.34	3207	32.33
45~	4686	23.72	3117	31.42
65~	1369	6.93	1472	14.84
合计	19757	100.00	29665	100.00

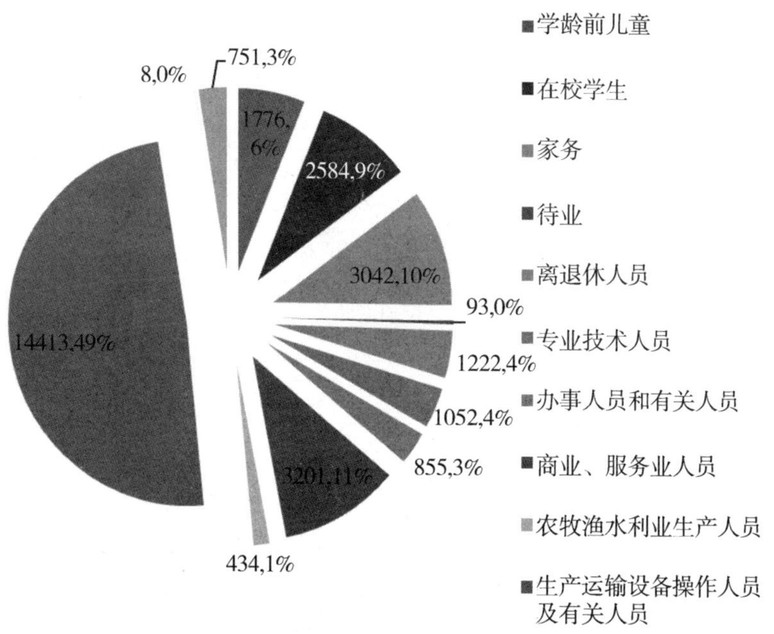

图 2-1-56 2016 年张家港市伤害病例职业分布图

（二）伤害发生基本特征

1. 伤害发生时间：2 月伤害病例数最少（1444 人），8 月份（3311 人）伤害病例数最多，7 月份以后逐渐下降。伤害发生时间自 4:00 起病例数迅速增加，至 10:00 时达最高峰，12:00 时迅速减少，至次日 4:00 时达最低（图 2-1-57、图 2-1-58）。

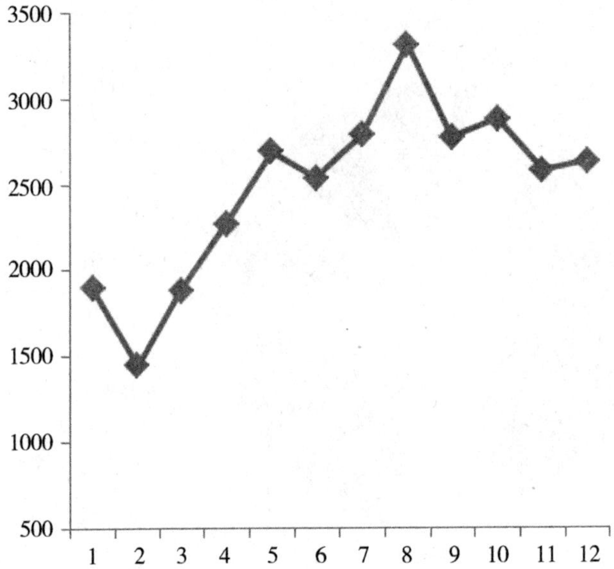

图 2-1-57　2016 年伤害病例发生月分布

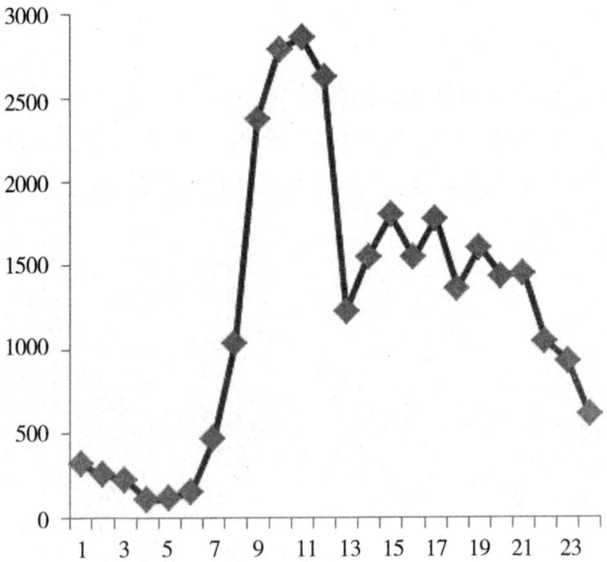

图 2-1-58　2016 年伤害病例发生时间分布

2. 伤害发生原因:排在首位的是跌倒/坠落,占总数的 32.10%,其次是由机动车车祸和非机动车车祸引起的道路交通伤害(19.05%)和钝器伤(13.32%),跌倒/坠落仍同2015年为第一。伤害监测病例伤害发生原因的顺位与2013年相比基本相同。不同年龄段伤害发生原因有所不同,0~14岁组主要是跌倒/坠落和动物伤,15~44岁组以钝器伤和道路交通伤害为主,45~65岁组以跌倒/坠落和道路交通伤害为主(表2-1-29)。

3. 伤害发生地点和活动:伤害发生地点主要为家中(38.46%)、公路/街道(23.71%)和工业建筑场所(18.79%),伤害发生在家中的比例维持2015年的第一。0~14岁组主要发生在家中和学校与公共场所,而15~64岁主要在工业建筑场所和公路/街道,65岁以上年龄组伤害主要在家中和公路/街道。伤害发生时的活动主要为驾乘交通工具(占41.68%)、体育活动(20.98%)和休闲活动(13.94%)。

4. 伤害意图:伤害病例以非故意(意外事故)为主,占病例数的96.52%,其次是故意(暴力、攻击)(2.46%)和自残/自杀(0.29%)。自残/自杀的主要原因为刀/锐器伤(59.77%)和中毒(29.89%),女性(59.77%)自残/自杀的比例高于男性(40.23%)。故意(暴力、攻击)的主要原因为钝器伤(55.27%)和其他(19.43%),男性(77.15%)故意(暴力、攻击)的比例高于女性(22.85%)。

表2-1-29 2016年张家港市伤害监测病例分年龄发生原因构成

年龄组(岁)	跌倒/坠落		钝器伤		刀/锐器伤		非机动车车祸		动物伤	
	例数	构成比(%)	例数	构成比(%)	例数	构成比(%)	例数	构成比(%)	例数	构成比(%)
0~	520	42.07	135	10.92	96	7.77	64	5.18	286	23.14
5~	943	41.34	202	8.86	194	8.51	168	7.37	574	25.16
15~	329	32.64	167	16.57	190	18.85	80	7.94	145	14.38
20~	792	28.94	341	12.46	381	13.92	466	17.03	423	15.45
25~	3254	27.66	1842	15.66	1649	14.02	1727	14.68	1284	10.91
45~	2348	30.11	1075	13.79	1115	14.30	1009	12.94	841	10.78
65~	1336	47.04	188	6.62	279	9.82	300	10.56	341	12.01
合计	9522	32.10	3950	13.32	3904	13.16	3814	12.86	3894	13.13

续表

年龄组（岁）	机动车车祸		其他		烧烫伤		中毒		火器伤	
	例数	构成比（%）	例数	构成比（%）	例数	构成比（%）	例数	构成比（%）	例数	构成比（%）
0～	17	1.38	46	3.72	49	3.96	9	0.73	0	0.00
5～	75	3.29	58	2.54	27	1.18	3	0.13	0	0.00
15～	45	4.46	16	1.59	12	1.19	8	0.79	0	0.00
20～	154	5.63	86	3.14	42	1.53	29	1.06	0	0.00
25～	722	6.14	855	7.27	149	1.27	108	0.92	2	0.02
45～	598	7.67	435	5.58	93	1.19	46	0.59	2	0.03
65～	226	7.96	39	1.37	16	0.56	11	0.39	0	0.00
合计	1837	6.19	1535	5.17	388	1.31	214	0.72	4	0.01

年龄组（岁）	不清楚		溺水		窒息/上吊		性侵犯		合计	
	例数	构成比（%）	例数	构成比（%）	例数	构成比（%）	例数	构成比（%）	例数	构成比（%）
0～	11	0.89	3	0.24	0	0.00	0	0.00	1236	100.00
5～	33	1.45	2	0.09	2	0.09	0	0.00	2281	100.00
15～	14	1.39	1	0.10	0	0.00	1	0.10	1008	100.00
20～	22	0.80	0	0.00	0	0.00	1	0.04	2737	100.00
25～	167	1.42	3	0.03	3	0.03	0	0.00	11765	100.00
45～	233	2.99	1	0.01	2	0.03	0	0.00	7798	100.00
65～	98	3.45	6	0.21	0	0.00	0	0.00	2840	100.00
合计	578	1.95	16	0.05	7	0.02	2	0.01	29665	100.00

（三）临床特征

1. 伤害的性质和部位：伤害的性质前三位依次是挫伤/擦伤（49.67%）、锐器/咬伤/开放性伤（27.70%）和骨折（10.09%）。伤害发生部位主要在上肢（30.00%）、下肢（29.64%）和头部（20.61%）。

2. 伤害的严重程度和结局：伤害病例以轻度（80.80%）为主，男性重度病例的比例约是女性的2倍。在各伤害原因中，重度病例比例较高的依次为道路交通伤害（65.88%）、钝器伤（9.48%）和跌倒/坠落（9.00%）。伤害结局为92.28%治疗后回家，0.68%观察/住院/转院，0.17%死亡（表2－1－30）。

表 2－1－30　2016 年张家港市伤害监测分性别、伤害严重程度和结局构成

伤害性质和结局	男		女	
	例数	构成比（%）	例数	构成比（%）
严重程度				
轻	15849	80. 25	8120	81. 90
中	3705	18. 76	1738	17. 53
重	167	0. 85	44	0. 44
结局				
治疗后回家	18249	92. 40	9125	92. 03
观察/住/转院	137	0. 69	65	0. 66
死亡	27	0. 14	22	0. 22
其他	1305	6. 61	686	6. 92
合计	39439		27920	

（备注：文中年龄分组是按照国家伤害分析系统划分，分别为学龄前儿童、学龄儿童、青年、中年、老年）

第二章

苏州市学校卫生与儿童青少年健康

第一节 儿童青少年健康状况

自2009年我市实施中小学生每年免费体检以来，我中心每年收集上一年度全市中小学学生健康检查结果。2017年收集了2016年中小学学生健康检查数据，整理分析如下。

一、全市学校、学生体检总数

2016年657所学校785399名学生参与了免费体检（见表2-2-1），其中男生423083（53.87%）人，女生362316（46.13%）人。

表2-2-1 苏州市2016年各地学校学生分布情况

地区	学校数	学生数
全市	657	785399
市直属	30	28070
姑苏区	47	50704
吴中区	55	66336
相城区	25	29032
高新区、虎丘区	42	42917
工业园区	37	67330
吴江区	71	79554
常熟	91	94344
张家港	97	112960
昆山	106	153807

续表

地区	学校数	学生数
太仓	56	60345

学生的年龄分布情况见图 2－2－1，其中 6 岁 86820 人（11.05%），7 岁 107020 人（13.63%），8 岁 102219 人（13.01%），9 岁 97946 人（12.47%），10 岁 88428 人（11.26%），11 岁 78893 人（10.04%），12 岁 76795 人（9.78%），13 岁 63179 人（8.04%），14 岁 17911 人（2.28%），15 岁 25932 人（3.30%），16 岁 31288 人（3.98%），17 岁 7901 人（1.01%），18 岁 967 人（0.12%），19 岁 100 人（0.01%）。

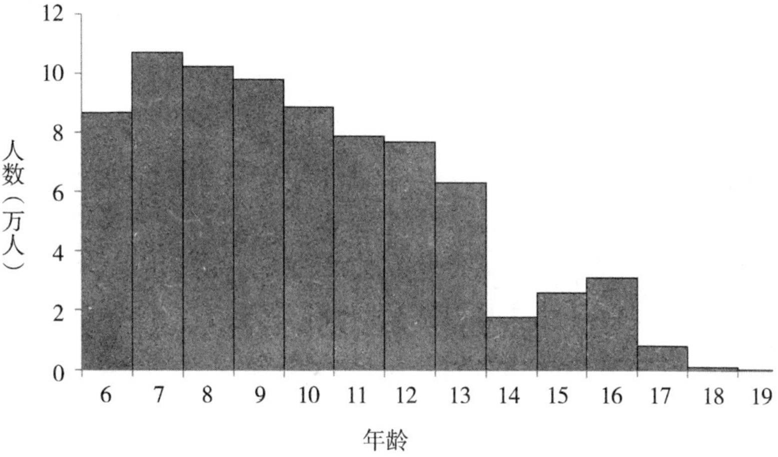

图 2－2－1　苏州市 2016 年不同年龄学生分布情况

二、学生营养状况

本报告依据《中国 6～19 岁学龄儿童青少年分年龄身高筛查生长迟缓界值范围》《中国 6～19 岁学龄儿童青少年分年龄 BMI 筛查消瘦界值范围》《中国学龄儿童青少年 BMI 超重、肥胖筛查标准》对学生的营养状况进行评价。随着年龄的增长，学生的身高总体呈上升趋势，男生在 7～9.5 岁年龄段身高均值大于女生，而女生在 10～12 岁年龄段身高均值超过男生，12 岁以后男生身高均值再次超过女生，表明男女生生长发育过程中身高均值出现二次交叉（图 2－2－2 中）。学生的体重也随年龄的增长而呈上升趋势，各年龄段男生的体重均值都大于女生（图 2－2－3）。

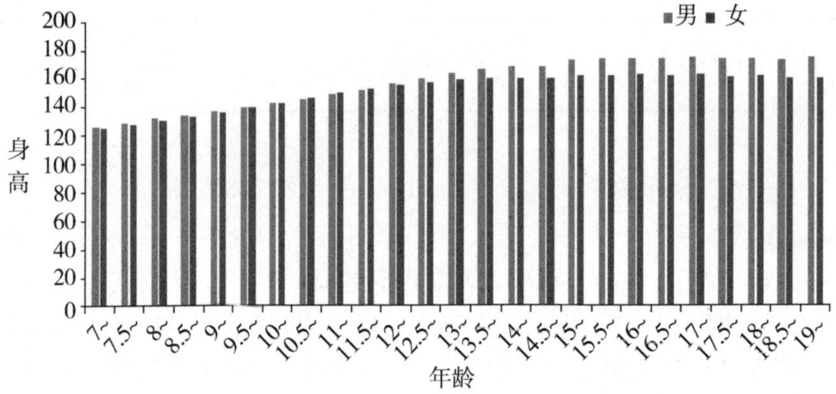

图 2-2-2　苏州市 2016 年 7～19 岁学生平均身高情况

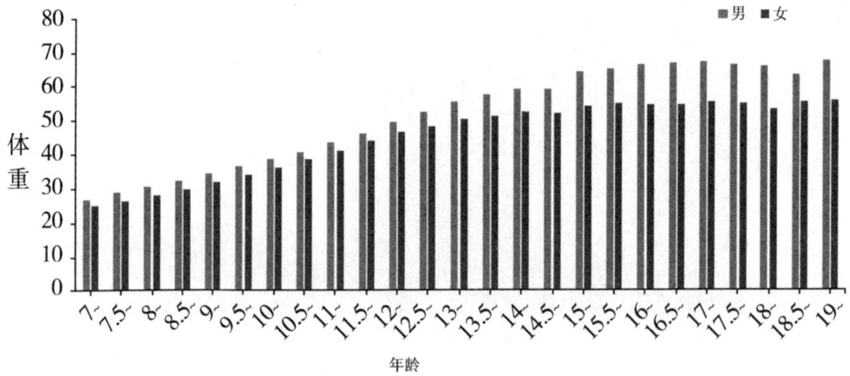

图 2-2-3　苏州市 2016 年 7～19 岁学生平均体重情况

苏州市 2016 年中小学生整体营养状况，从体重状况看，正常学生 246518 人，占 67.85%；超重 54894 人，占 15.11%；肥胖 42655 人，占 11.74%；轻度消瘦 11134 人，占 3.06%；中重度消瘦 8116 人，占 2.23%。从身高发育看，正常学生 362430 人，占 99.80%；生长迟缓 887 人，占 0.20%。营养不良为生长迟缓、轻度消瘦、中重度消瘦三者合计得之，三者至少占其一即可定义为营养不良，共 20002 人占 5.51%。苏州中小学生体重营养状况总体情况正常 67.85%，超重肥胖 26.85%（其中超重 15.11%，肥胖 11.74%），消瘦 5.30%（轻度消瘦 3.07%、中重度消瘦 2.23%）（图 2-2-4）。

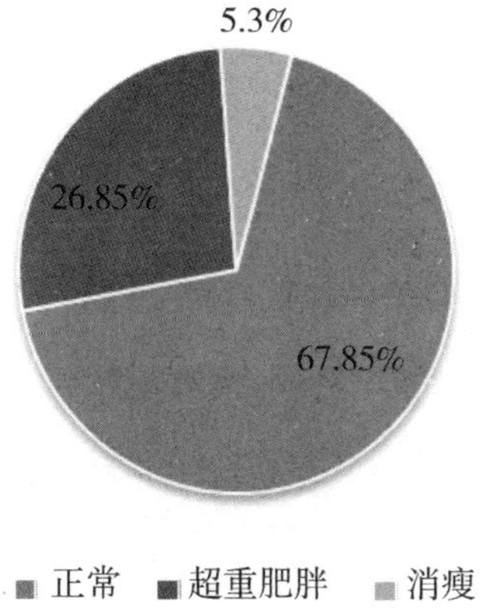

图 2 -2 -4　苏州市 2016 年 7 ~ 19 岁学生体重营养状况分布

超重肥胖检出率男生明显高出女生，消瘦检出率男生、女生无显著差别（图 2 -2 -5、图 2 -2 -6）。

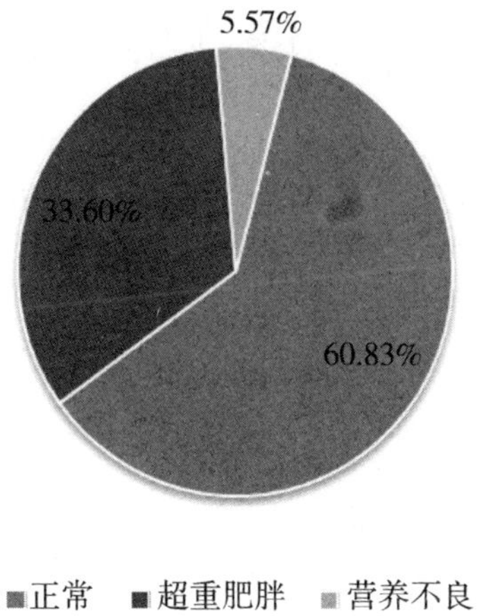

图 2 -2 -5　苏州市 2016 年 7 ~ 19 岁男生体重营养状况分布

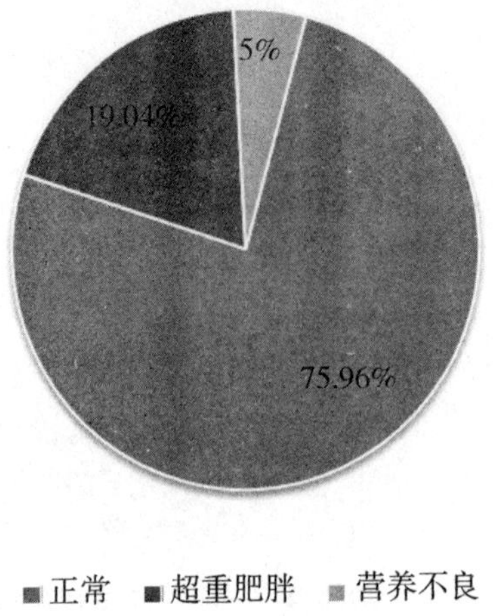

图 2-2-6 苏州市 2016 年 7~19 岁女生体重营养状况分布

三、学生视力检查情况

苏州市各中小学 6~19 岁在校学生的视力情况受检率 99.98%。其中视力不良 423825 人，视力不良检出率为 53.97%，并且女生视力不良率高于男生（表 2-2-2）。

表 2-2-2 苏州市 2016 年不同性别学生视力不良检出情况

性别	受检人数	视力不良	
		视力不良人数	检出率（%）
男	423002	217477	51.41
女	362236	206348	56.97
合计	785238	423825	53.97

不同年龄学生视力检查情况结果见表 2-2-3，受检的 785238 人中，15~19 岁的视力不良检出率最高，为 92.42%；6~8 岁的视力不良检出率最低，为 32.10%，各年龄组的视力不良检出率随着年龄增加而升高。

表 2－2－3　苏州市 2016 年不同年龄学生视力不良检出情况

年龄(岁)	受检人数	视力不良	
		视力不良人数	检出率(%)
6～	296028	95030	32.10
9～	265234	143078	53.94
12～	157821	124575	78.93
15～19	66155	61142	92.42
合计	785238	423825	53.97

四、学生血压测量结果

儿童高血压诊断标准按季成叶主编的《现代儿童少年卫生学》第二版(2010年出版)公布的《中国 6～22 岁儿童青少年血压百分位数正常值(LMS 法)》来判断,按年龄、性别、收缩压、舒张压界值分别判断血压状态,分为正常(小于 P95)、高血压(P95 和 P99 之间)、严重高血压(达到或者超过 P99)。血压偏高指高血压和严重高血压。不同年龄、性别学生血压水平分布情况结果见表 2－2－4,785339 名受检学生中,检出血压偏高 200636 人,血压偏高检出率为 25.55%。从性别来看,男生受检 423053 人,检出血压偏高 106014 人,检出率为 25.06%;女生受检 362286 人,检出血压偏高 94622 人,检出率为 26.12%。

表 2－2－4 苏州市 2016 年不同年龄、性别学生血压偏高分布情况

年龄（岁）	男			女			总体		
	样本量（n）	血压偏高例数（n）	检出率（%）	样本量（n）	血压偏高例数（n）	检出率（%）	样本量（n）	血压偏高例数（n）	检出率（%）
6	46671	11860	25. 41	40130	12506	31. 16	86801	24366	28. 07
7	58276	14261	24. 47	48734	12417	25. 48	107010	26678	24. 93
8	55126	12433	22. 55	47082	11067	23. 51	102208	23500	22. 99
9	53453	12266	22. 95	44492	9075	20. 40	97945	21341	21. 79
10	48043	11195	23. 30	40380	9236	22. 87	88423	20431	23. 11
11	42795	10168	23. 76	36090	9538	26. 43	78885	19706	24. 98
12	41267	11446	27. 74	35527	9362	26. 35	76794	20808	27. 10
13	33884	10237	30. 21	29292	9206	31. 43	63176	19443	30. 78
14	9997	2597	25. 98	7913	2430	30. 71	17910	5027	28. 07
15	12930	4015	31. 05	13001	3958	30. 44	25931	7973	30. 75
16	15663	4478	28. 59	15625	4658	29. 81	31288	9136	29. 20
17	4353	951	21. 85	3548	1062	29. 93	7901	2013	25. 48
18	535	91	17. 01	432	96	22. 22	967	187	19. 34
19	60	16	26. 67	40	11	27. 50	100	27	27. 00
合计	423053	106014	25. 06	362286	94622	26. 12	785339	200636	25. 55

不同营养状况学生血压偏高检出率检测结果见表 2-2-5,785339 名学生中,体重正常、超重、肥胖者血压偏高检出率依次为 21.43%、31.31%、41.90%,呈现依次上升趋势。男生、女生血压偏高检出率均随体重指数升高而升高,女生高于男生。

表 2-2-5　苏州市 2016 年不同体重状况学生血压偏高分布情况

体重状况	男			女			总体		
	样本量	血压偏高例数	检出率(%)	样本量	血压偏高例数	检出率(%)	样本量	血压偏高例数	检出率(%)
正常	277295	54778	19.75	287022	66151	23.05	564317	120929	21.43
超重	78536	23587	30.03	43287	14554	33.62	121823	38141	31.31
肥胖	67222	27649	41.13	31977	13917	43.52	99199	41566	41.90
合计	423053	106014	25.06	362286	94622	26.12	785339	200636	25.55

五、学生沙眼检出情况

2016 年苏州市学生健康检查人数为 785399 人,纳入本次沙眼结果分析的有市直属、常熟、吴中和苏州工业园区四个地区,有效人数为 256080 人。有效人数中,男生 135970 人,占 53.10%;女生 120110 人,占 46.90%。沙眼可疑 3082 人(1.20%),沙眼阳性 1969 人(0.77%)。不同性别学生沙眼检出情况见表 2-2-6。

表 2-2-6　苏州市 2016 年不同性别学生沙眼检出情况

性别	体检人数	可疑		阳性	
		人数	检出率(%)	人数	检出率(%)
男	135970	1588	1.17	1125	0.83
女	120110	1494	1.24	844	0.70
合计	256080	3082	1.20	1969	0.77

不同年龄组学生沙眼检查情况结果见表 2-2-7。

表 2-2-7 苏州市 2016 年不同年龄学生沙眼检出情况

年龄（岁）	体检人数	可疑		阳性	
		人数	检出率（%）	人数	检出率（%）
6~	88547	1527	1.72	490	0.55
9~	78718	1187	1.51	696	0.88
12~	64058	339	0.53	573	0.89
15~19	24757	29	0.12	210	0.85
合计	256080	3082	1.20	1969	0.77

六、学生龋齿检出情况

本次调查总人数 785399，排除信息不全者，实际有效人数为 780708 人，2016 年苏州市中小学生总恒牙龋患率为 10.30%，总恒牙龋均为 0.22。恒龋患率以 15~19 岁组最高，为 23.54%，恒龋患率男生为 8.84%，女生为 12.01%，女生的恒龋患率高于男生。恒龋均以 15~19 岁组最高，为 0.58，随着年龄增长有上升趋势，恒龋均男生为 0.15，低于女生的 0.21。不同年龄组女生的恒龋患率、恒龋均高于男生（见表 2-2-8）。

表 2-2-8 苏州市 2016 年不同性别学生各年龄组恒牙龋患率和龋均

年龄（岁）	恒龋患率（%）			恒龋均		
	男	女	合计	男	女	合计
6~	4.20	5.17	4.64	0.11	0.12	0.11
9~	8.65	11.07	9.75	0.15	0.19	0.18
12~	13.71	19.10	16.19	0.17	0.27	0.33
15~19	19.22	27.98	23.54	0.31	0.47	0.58
合计	8.84	12.01	10.30	0.15	0.21	0.22

注：恒龋患率（%）=（D+M+F）患者数/受检总人数 * 100%；恒牙龋均 =（D+M+F）牙数/受检总人数

如表 2-2-9 所示，恒牙龋齿所占比例最大为 89.17%，恒龋补的比例为 8.25%，恒龋失的比例最小为 2.58%。不同性别之间，恒牙龋失补的构成比不全相同，男生的恒龋率、恒龋失高于女生，恒龋补低于女生。

表 2-2-9　苏州市 2016 年不同性别学生各年龄组恒牙龋失补构成比(%)

年龄(岁)	恒龋率			恒龋失			恒龋补		
	男	女	合计	男	女	合计	男	女	合计
6～	94.06	93.32	93.68	4.31	4.47	4.39	1.63	2.21	1.93
9～	93.06	93.00	93.03	2.58	2.11	2.33	4.36	4.89	4.64
12～	89.18	87.96	88.48	1.73	1.66	1.69	9.09	10.38	9.83
15～19	83.26	80.54	81.55	2.39	2.66	2.56	14.35	16.80	15.89
合计	90.26	88.31	89.17	2.66	2.52	2.58	7.08	9.17	8.25

注：恒龋率(%)=D/(D+M+F)*100%；恒龋失(%)=M/(D+M+F)*100%；恒龋补(%)=F/(D+M+F)*100%

第二节　苏州市 2016 年学校教学环境卫生检测情况

一、检测学校教室数据

为促进苏州市学校环境卫生状况不断改善，根据国家相关要求，苏州市疾控部门每年抽取20%的学校进行教学环境卫生检测，2016 年全市共检测学校 118 所教室 601 间，其中高中教室 101 间，初中教室 173 间，小学教室 327 间。各地检测学校数分布情况见表 2-2-10。

表 2-2-10　苏州市 2016 年教学环境检测学校教室数

地区	学校数	教室			
		高中	初中	小学	合计
全市	118	101	173	327	601
市直属	7	7	18	0	25
姑苏区	10	0	0	21	21
吴中区	12	25	36	12	73
相城区	6	0	12	22	34
高新区、虎丘区	6	1	6	20	27
工业园区	4	0	2	2	4

续表

地区	学校数	教室			
		高中	初中	小学	合计
吴江区	12	12	24	41	77
常熟	19	15	45	54	114
张家港	16	38	10	48	96
昆山	18	3	20	65	88
太仓	8	0	0	42	42

二、检测项目和评价标准

检测项目包括学校教室内采光和照明、课桌椅卫生、微小气候等16个项目：桌面采光系数、桌面平均照度、桌面照度均匀度、黑板面反射比、黑板平均照度、黑板照度均匀度、后墙反射比、窗地面积比、灯桌间距、黑板下缘与讲台地面的垂直距离、课椅分配符合率、课桌分配符合率、课桌椅分配符合率、教室人均面积、室内CO2浓度、教室内平均噪声。

检测依据与评价标准包括：《中小学校设计规范》（GB5009－2011）、《公共场所卫生检测方法第2部分：化学污染物》（GB/T18204.26－2014）、《中小学校教室采光和照明卫生标准》（GB7793－2010）、《学校课桌椅功能尺寸及技术要求》（GB/T3796－2014）、《学校卫生综合评价》（GB/T18205－2012）等。

三、结果

（一）各检测项目的合格率

2016年各检测项目的合格率见表2－2－11，合格率达到80%以上的项目有：桌面采光系数（93.18%）、窗地面积比（89.02%）、课桌面平均照度（84.69%）、课桌面照度均匀度（80.87%）、黑板照度均匀度（94.44%）、灯桌距离（99.17%）、室内CO_2浓度（98.04%）以及室内平均噪声（88.33%）。合格率低于80%高于60%的检测项目有：黑板面反射系数（62.23%）、后墙反射系数（64.23%）。合格率低于60%的检测项目有：教室人均面积（59.73%）、黑板下缘与讲台地面的垂直距离（53.58%）、黑板面平均照度（51.94%）以及课桌分配符合率（14.64%）、课椅分配符合率（12.15%）、课桌椅分配符合率（3.83%）。

表 2-2-11　苏州市 2016 年教学环境检测结果汇总表

检测项目	合计		
	检测数	合格数	合格率(%)
教室人均面积	601	359	59.73
黑板下缘与讲台地面的垂直距离	601	322	53.58
灯桌间距	601	596	99.17
桌面采光系数	601	560	93.18
窗地面积比	601	535	89.02
课桌面平均照度	601	509	84.69
课桌面照度均匀度	601	486	80.87
黑板平均照度	593	308	51.94
黑板照度均匀度	593	560	94.44
黑板面反射系数	593	369	62.23
后墙反射系数	601	386	64.23
课桌分配符合率	601	88	14.64
课椅分配符合率	601	73	12.15
课桌椅分配符合率	601	23	3.83
室内 CO_2 浓度	460	451	98.04
室内平均噪声	600	530	88.33

(二)不同学习阶段学校检测比较

按学生不同学习阶段(见表 2-2-12),可以看出高中的采光系数(88.12%)和课桌面平均照度(71.29%)合格率最低,黑板平均照度合格率初中最低为 32.73%。课桌椅分配符合率各个学习阶段都很低,小学最低(2.45%),其次初中(4.62%)、高中(6.93%)。教室人均面积合格率最低的是高中(48.51%)。室内 CO_2 浓度合格率初中最低为 94.44%,高中和小学均为 100%。室内平均噪声合格率小学最低为 81.04%,初中和高中分别为 95.35% 和 100%。

表 2-2-12 苏州市 2016 年不同学习阶段教学环境检测结果汇总表

检测项目	小学		初中		高中	
	合格数	合格率（%）	合格数	合格率（%）	合格数	合格率（%）
教室人均面积	203	62.08	107	61.85	49	48.51
黑板下缘与讲台地面的垂直距离	170	51.99	79	45.66	73	72.28
灯桌间距	323	98.78	172	99.42	101	100
桌面采光系数	315	96.33	156	90.17	89	88.12
窗地面积比	288	88.07	152	87.86	95	94.06
课桌面平均照度	300	91.74	137	79.19	72	71.29
课桌面照度均匀度	250	76.45	140	80.92	96	95.05
黑板平均照度	193	59.02	54	32.73	61	60.40
黑板照度均匀度	307	93.88	157	95.16	96	95.05
黑板面反射系数	190	58.10	105	63.64	74	73.27
后墙反射系数	204	62.39	102	58.96	80	79.21
课桌分配符合率	38	11.62	40	23.12	10	9.90
课椅分配符合率	33	10.09	36	20.81	8	7.92
课桌椅分配符合率	8	2.45	8	4.62	7	6.93
室内 CO_2 浓度	237	100	153	94.44	61	100
室内平均噪声	265	81.04	164	95.35	101	100

第三章

苏州市预防接种

第一节 基本情况

一、在册管理儿童人口情况

2005 年,苏州市政府将“实现儿童计划免疫全覆盖”列入实事工程之一。时苏州市卫生局下发《苏州市儿童计划免疫全覆盖实施方案》,启动创建流动儿童计免达标市(区)活动,之后又启动创建流动儿童计免达标镇(街道)活动,各市区相继通过达标验收。2007 年至今我市已基本建立了以政府主导、部门协作、卫生部门组织实施的流动儿童免疫规划长效管理机制。各社区卫生服务机构每月进行摸底、整卡,及时通知到期未种的儿童前来接种,有效地提高了外来儿童的接种率,第一类疫苗接种率稳定 95% 以上,全面强化了我市基础免疫屏障。

2005 ~ 2016 年,我市在册管理儿童数(0 ~ 6 周岁)呈现逐步上升趋势,2010 年和 2011 年儿童数略低于 2009 年儿童数,2016 年儿童数略低于 2015 年。2016 年 0 ~ 6 周岁本地户籍儿童人数达 415529 人,0 ~ 6 周岁外来常住儿童人数达 528698 人。2005 ~ 2016 年 0 ~ 6 周岁外来常住儿童占总儿童人数比例总体呈现上升趋势,2010 年和 2011 年外来常住儿童数所占比例略低于 2009 年,2016 年该比例略低于 2015 年。

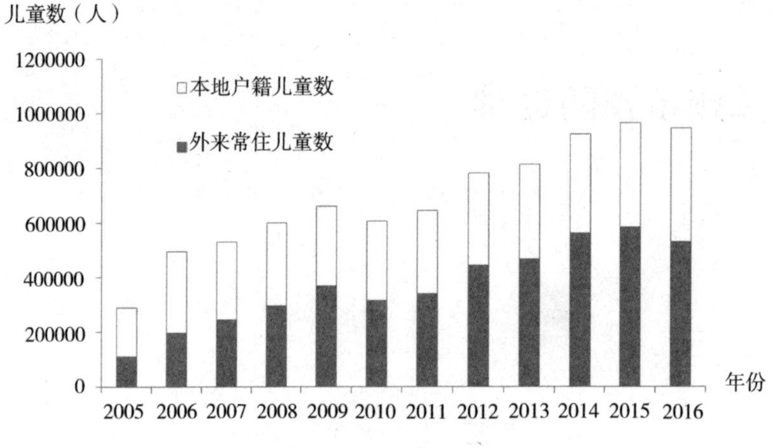

图 2-3-1　2005~2016 年苏州市 0~6 周岁儿童数

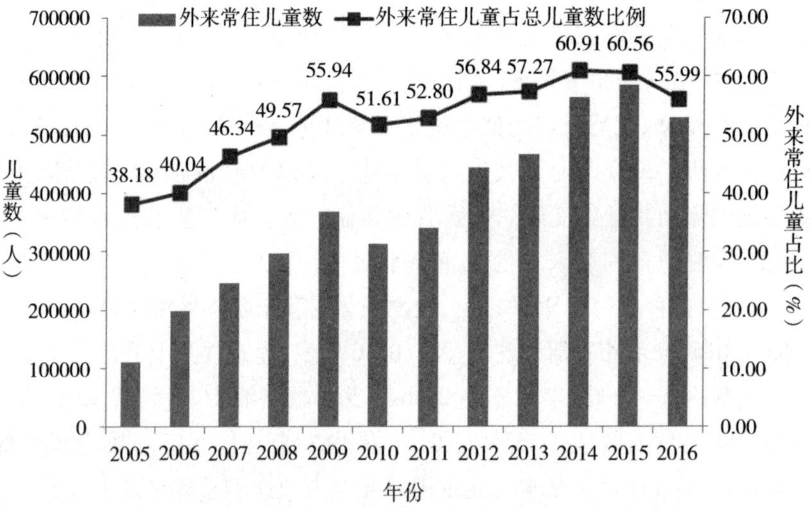

图 2-3-2　2005~2016 年苏州市外来常住儿童数占总儿童数比例

二、疫苗品种及程序

江苏省扩大儿童免疫规划的疫苗均是国家和省财政出资，经全国免疫预防专业委员会专家认证，通过公开招标采购的疫苗，保证接种疫苗的安全和有效。

表 2-3-1　江苏省扩大儿童免疫规划免费疫苗免疫程序表

年龄	疫苗名称											
	乙肝疫苗	卡介苗	脊灰灭活疫苗	脊灰减毒活疫苗	无细胞百白破疫苗	白破二联疫苗	麻风或麻疹疫苗	麻腮风疫苗	乙脑疫苗	A 群流脑多糖疫苗	A+C 群流脑多糖疫苗	甲肝灭活疫苗
出生时	√	√										
1 月龄	√											
2 月龄			√									
3 月龄				√	√							
4 月龄				√	√							
5 月龄					√							
6 月龄	√											
8 月龄							√		√			
6~18 月龄										√2 针		
18 月龄					√			√				√
2 岁									√			
2~2.5 岁												√
3 岁											√	
4 岁				√								
6 岁						√					√	
接种剂次数	3	1	1	3	4	1	1	1	2	2	2	2

注:1. 自 2016 年 4 月 1 日起,江苏省脊灰疫苗免疫策略调整成 2 月龄接种 1 剂脊灰灭活疫苗,3、4 月龄和 4 周岁各接种 1 剂二价脊灰减毒活疫苗,脊灰减毒活疫苗为二价脊灰。

三、一般预防接种门诊设置

截至 2016 年底,全市共设 205 家一般接种单位,其中规范化预防接种门诊 194 家,接种点 11 家。全市已报告建成的数字化预防接种门诊 150 家,覆盖 98.98% 的乡镇(街道,除相城区望亭)。市、县、乡三级冷链温湿度监控已全覆盖。2016 年,姑苏区建成了儿童预防接种安全工程,该项目整合了数字化预防接种门诊、疫苗冷链温湿度监控和安全监控等功能,在全省处于前列。

表 2-3-2　2016 年苏州市规范化及数字化预防接种门诊建设情况统计

地区	乡镇数	预防接种门诊数	接种点数	数字化门诊建设情况		
				报告建成数	覆盖乡镇数	乡镇覆盖率(%)
全市	98	194	11	150	97	98.98
姑苏区	16	19	0	19	16	100
吴中区	15	16	0	16	15	100
相城区	8	11	2	10	7	87.5
高新虎丘区	8	8	0	8	8	100
工业园区	5	17	9	10	5	100
吴江区	8	21	0	14	8	100
常熟	10	33	0	18	10	100
张家港	9	20	0	18	9	100
昆山	11	26	0	25	11	100
太仓	8	23	0	12	8	100

四、医院产科预防接种室设置

截至 2016 年底,全市 85 家设有产科的医疗机构均设置了产科预防接种室,并依据《江苏省新生儿预防接种工作规定》相关要求,按照“谁接生,谁接种”的原则,承担新生儿乙肝疫苗及卡介苗预防接种服务。

表 2-3-3　2016 年苏州市医院产科预防接种室设置情况统计

地　区	设有产科医疗机构数	设有产科预防接种室机构数
全　市	85	85
姑苏区	10	10
吴中区	8	8
相城区	8	8
高新虎丘区	4	4
工业园区	5	5
吴江区	6	6
常　熟	7	7

续表

地　区	设有产科医疗机构数	设有产科预防接种室机构数
张家港	21	21
昆　山	11	11
太　仓	5	5

五、成人预防接种门诊设置

截至 2016 年底，全市共设成人预防接种门诊 210 家，提供成人乙肝、流感、肺炎等疫苗的接种。

表 2－3－4　2016 年苏州市成人预防接种门诊设置情况统计

地　区	成人预防接种门诊数	其中在一般接种单位中设置数
全　市	217	183
姑苏区	21	19
吴中区	17	16
相城区	11	11
高新虎丘区	9	8
工业园区	26	25
吴江区	23	21
常　熟	35	33
张家港	26	2
昆　山	27	26
太　仓	22	22

六、狂犬病暴露预防处置门诊设置

截至 2016 年底，全市共设狂犬病暴露预防处置门诊 167 家，承担疑似狂犬病暴露者伤口处置、人用狂犬病疫苗和人用抗狂犬病免疫球蛋白的接种服务。

表 2-3-5 2016 年苏州市狂犬病暴露预防处置门诊设置情况统计

地　区	狂犬病暴露预防处置门诊数量	其中在一般预防接种单位独立设置数
全　市	167	125
姑苏区	1	0
吴中区	15	14
相城区	11	11
高新虎丘区	2	2
工业园区	7	5
吴江区	19	17
常　熟	32	30
张家港	29	4
昆　山	29	20
太　仓	22	22

七、预防接种人员情况

截至 2016 年底,全市疾控机构共有免疫规划专业人员 43 人,预防接种单位免疫规划专职人员有 369 人。2016 年 10 月,全市持有江苏预防接种上岗证的人员为 3444 人,其中 A 类(一般接种单位接种人员)2100 人,B 类(医院产科接种单位人员)1203 人,C 类(成人接种门诊接种人员)141 人。

表 2-3-6 2016 年苏州市免疫规划专业及预防接种人员统计

单位	总人数	疾控中心计免人员			城市街道计免人员（持 A 类证）			乡镇计免人员（持 A 类证）			持有江苏省预防接种上岗证其他人员			
		主管医师及以上	医师及以下	小计	主管医师及以上	医师及以下	小计	主管医师及以上	医师及以下	小计	A 类	B 类	C 类	小计
全 市	3487	24	19	43	28	63	91	60	218	278	1731	1203	141	3075
姑苏区	811	3	2	5	7	16	23	0	0	0	283	476	24	783
吴中区	303	2	1	3	4	6	10	6	10	16	163	111	0	274
相城区	146	1	1	2	0	0	0	0	16	16	84	44	0	128
高新虎丘区	277	1	0	1	3	2	5	0	3	3	140	92	36	268
工业园区	179	1	2	3	9	17	26	0	0	0	94	30	26	150
吴江区	408	2	1	3	0	0	0	16	31	47	225	128	5	358
常 熟	548	2	2	4	5	11	16	6	24	30	451	47	0	498
张家港	301	3	2	5	0	0	0	9	13	22	89	135	50	274
昆 山	203	3	2	5	0	0	0	19	77	96	14	88	0	102
太 仓	303	0	4	4	0	11	11	4	44	48	188	52	0	240
市疾控	8	6	2	8	0	0	0	0	0	0	0	0	0	0

八、预防接种证查验

2016 年 4 月 18 日，苏州市卫生和计划生育委员会和苏州市教育局联合下发《关于印发〈苏州市入托入学预防接种证查验和疫苗补种工作指导实施方案〉的通知》（苏卫计疾控〔2016〕18 号），苏州市疾控中心设计开发了苏州市儿童预防接种查询和评价平台、苏州接种查验 APP、苏州市入托入学预防接种证查验与疫苗补种平台等系列软件，取代传统的手工查验模式，优化工作流程，减轻学校和接种单位工作人员的工作量，并实现全流程监控查验证及疫苗补种完成情况，苏州市儿童预防接种查询和评价平台同时提供流动人口学龄前随迁子女预防接种评价功能。2016～2017 学年，我市 1395 所学校（幼儿园及小学分别算作一个学校机构）开展了接种证查验工作，其中 1125 所学校使用了苏州市入托入学预防接种证查验与疫苗补种平台进行查验工作，占学校总数的 80.65%。

2016 年我市 1395 所幼儿园、小学预防接种证查验工作开展率为 100%。疾控机构对 1395 家学校均进行了现场督导，培训查验人员 2014 人。应查验入托入学儿童 263701 人，实查验接种证 263701 人，补证 225 人。

表 2－3－7　2016 年苏州市预防接种证查验及疫苗补种情况汇总表

单位	托幼机构、学校			查验人员培训		新人托、人学或转学人数	验证人数	无证(卡)人数	实补(卡)证人数	应补种人数	实补种合格人数
	总数	已开展查验单位数	疾控机构现场督导数	应培训人数	已培训人数						
全市	1395	1395	1395	2014	2014	263701	263701	225	225	31045	29913
姑苏区	133	133	133	133	133	17675	17675	0	0	2218	2149
吴中区	155	155	155	164	164	27618	27618	43	43	2568	2462
相城区	81	81	81	117	117	17554	17554	2	2	2105	2002
高新虎丘区	77	77	77	77	77	16141	16141	0	0	1257	1212
工业园区	121	121	121	121	121	28884	28884	0	0	4647	4426
吴江区	207	207	207	692	692	32270	32270	0	0	3404	3268
常熟	172	172	172	172	172	26857	26857	0	0	3167	3106
张家港	137	137	137	137	137	32913	32913	0	0	3502	3380
昆山	214	214	214	281	281	46495	46495	74	74	4788	4662
太仓	98	98	98	120	120	17294	17294	106	106	3389	3246

第二节 疫苗接种

一、常规免疫接种

2016 年全市各级疾病预防控制机构及预防接种单位，共为 94.42 万适龄儿童接种 340 万针次。其中，脊灰基础、脊灰加强、麻风、麻腮风、乙肝、卡介苗、百白破基础、百白破加强、A 群流脑、乙脑基础、乙脑加强、甲肝、白破、A + C 群流脑等 14 项疫苗接种率均达到 95% 以上，乙肝首针及时率以市、区为单位保持在 90% 以上。

表 2－3－8 2016 年苏州市常住儿童常规免疫报告接种情况统计

单位	卡介苗			脊髓灰质炎疫苗						百白破疫苗						麻疹或麻风疫苗			麻腮风		
				基免			加免			基免			加免								
	应种	受种	%	应种	受种	%	应种	受种	%	应种	受种	%	应种	受种	%	应种	实种	%	应种	实种	%
全市	67919	67595	99.52	193133	191579	99.20	62546	61857	98.90	190048	188943	99.42	65442	65022	99.36	57487	57145	99.41	67189	66797	99.42
姑苏区	4811	4764	99.02	14079	14060	99.87	5042	5033	99.82	13909	13898	99.92	4501	4501	100	4087	4082	99.88	4850	4847	99.94
吴中区	7011	6968	99.39	19005	18886	99.37	6405	6350	99.14	18315	18164	99.18	6515	6462	99.19	5204	5146	98.89	6528	6480	99.26
相城区	5521	5495	99.53	14524	14149	97.42	5024	4929	98.11	14006	13825	98.71	4921	4838	98.31	4119	4049	98.3	4976	4899	98.45
高新虎丘区	4497	4468	99.36	11545	11359	98.39	3777	3762	99.60	10755	10714	99.62	3900	3886	99.64	3158	3145	99.59	3852	3841	99.71
工业园区	7359	7340	99.74	20412	20409	99.99	5393	5391	99.96	19332	19325	99.96	6220	6219	99.98	5870	5867	99.95	6585	6583	99.97
吴江区	7825	7783	99.46	23610	23361	98.95	8311	8049	96.85	22831	22525	98.66	8016	7911	98.69	6479	6420	99.09	7816	7715	98.71
常熟	9214	9137	99.16	25376	24967	98.39	7663	7454	97.27	24822	24531	98.83	8594	8460	98.44	7384	7281	98.61	8638	8530	98.75
张家港	8941	8903	99.57	24886	24789	99.61	8527	8495	99.62	24809	24712	99.61	9503	9480	99.76	7493	7467	99.65	9557	9520	99.61
昆山	9105	9102	99.97	29475	29391	99.72	8751	8747	99.95	31208	31196	99.96	9841	9834	99.93	10655	10651	99.96	11077	11074	99.97
太仓	3635	3635	100	10221	10208	99.87	3653	3647	99.84	10061	10053	99.92	3431	3431	100	3038	3037	99.97	3310	3308	99.94

表 2-3-9 2016 年苏州市常住儿童常规免疫报告接种情况统计

单位	乙肝				乙脑						甲肝			流脑			流脑 A+C			白破		
	基免			首针	基免			加免														
	应种	实种	%	及时%	应种	实种	%	应种	实种	%	应种	实种	%	应种	实种	%	应种	实种	%	应种	实种	%
全市	198072	197263	99.59	95.07	55789	55350	99.21	64280	63734	99.15	131376	130394	99.25	113635	112703	99.18	97913	96730	98.79	44061	43510	98.75
姑苏区	14771	14730	99.72	97.21	4073	4069	99.9	5004	5002	99.96	9705	9685	99.79	8120	8112	99.9	8206	8200	99.93	3844	3840	99.9
吴中区	19875	19748	99.36	90.38	5279	5201	98.52	6570	6496	98.87	13175	13052	99.07	10603	10470	98.75	9359	9251	98.85	3856	3821	99.09
相城区	15084	14965	99.21	98.64	4120	4054	98.4	5013	4939	98.52	10027	9878	98.51	8392	8245	98.25	8032	7874	98.03	3713	3639	98.01
高新虎丘区	12115	12090	99.79	96.01	3187	3175	99.62	3977	3961	99.6	7882	7851	99.61	6364	6338	99.59	5987	5961	99.57	2683	2669	99.48
工业园区	21301	21293	99.96	98.60	5251	5251	100	5126	5126	100	12301	12298	99.98	11656	11652	99.97	7856	7854	99.97	3644	3641	99.92
吴江区	23155	22957	99.14	91.96	6582	6477	98.4	8294	8087	97.5	15811	15518	98.15	13278	13007	97.96	12237	11780	96.27	5544	5307	95.73
常 熟	25898	25709	99.27	91.65	7365	7221	98.04	8353	8212	98.31	17174	16912	98.47	15073	14817	98.3	12893	12531	97.19	5636	5473	97.11
张家港	25517	25426	99.64	93.62	7359	7332	99.63	9542	9512	99.69	19333	19266	99.65	15278	15208	99.54	13144	13091	99.6	5744	5727	99.7
昆 山	29896	29887	99.97	99.54	9296	9293	99.97	8896	8895	99.99	19095	19068	99.86	18608	18598	99.95	14995	14990	99.97	6992	6990	99.97
太 仓	10460	10458	99.98	97.03	3277	3277	100	3505	3504	99.97	6873	6866	99.9	6263	6256	99.89	5204	5198	99.88	2405	2403	99.92

表 2-3-10 2016 年苏州市流动儿童常规免疫报告接种情况统计

单位	卡介苗			脊髓灰质炎疫苗						百白破						麻疹(麻风)			麻腮风		
				基免			加免			基免			加免								
	应种	受种	%	应种	受种	%	应种	受种	%	应种	受种	%	应种	受种	%	应种	实种	%	应种	实种	%
全市	66876	66531	99.48	260162	258871	99.5	96637	95770	99.1	274056	272534	99.44	97080	96364	99.26	95915	95216	99.27	99669	99000	99.33
姑苏区	4828	4793	99.28	18188	18173	99.92	6437	6429	99.88	18132	18118	99.92	6288	6285	99.95	6080	6074	99.9	6629	6623	99.91
吴中区	9421	9375	99.51	33792	33623	99.5	10994	10871	98.88	34682	34449	99.33	11001	10887	98.96	11716	11615	99.14	11703	11568	98.85
相城区	8923	8855	99.24	24625	24323	98.77	8060	7961	98.77	25168	24924	99.03	8610	8485	98.55	8729	8626	98.82	8967	8850	98.7
高新虎丘区	5326	5297	99.46	15423	15377	99.7	5454	5438	99.71	16109	16055	99.66	5522	5506	99.71	5405	5385	99.63	5765	5748	99.71
工业园区	6951	6945	99.91	23476	23466	99.96	8971	8969	99.98	25132	25122	99.96	9119	9115	99.96	8534	8532	99.98	9696	9693	99.97
吴江区	8091	8044	99.42	33533	33230	99.1	11875	11490	96.76	34195	33735	98.65	12667	12393	97.84	12110	11921	98.44	12369	12146	98.2
常熟	6596	6506	98.64	27812	27457	98.72	10658	10478	98.31	28682	28260	98.53	10029	9879	98.5	10054	9810	97.57	10228	10107	98.82
张家港	5763	5746	99.71	21853	21795	99.73	9457	9425	99.66	22726	22666	99.74	8080	8062	99.78	8011	7988	99.71	8286	8259	99.67
昆山	8953	8947	99.93	47788	47768	99.96	19326	19317	99.95	54988	54971	99.97	20089	20080	99.96	20012	20005	99.97	20363	20356	99.97
太仓	2024	2023	99.95	13672	13659	99.9	5405	5392	99.76	14242	14234	99.94	5675	5672	99.95	5264	5260	99.92	5663	5650	99.77

表 2－3－11　2016 年苏州市流动儿童常规免疫报告接种情况统计

单位	乙肝				乙脑						甲肝			流脑			流脑 A＋C			白破		
	基免			首针	基免			加免			应种	实种	%	应种	实种	%	应种	实种	%	应种	实种	%
	应种	实种	%	及时%	应种	实种	%	应种	实种	%												
全 市	235229	234316	99.61	95.34	93074	92409	99.29	93630	92675	98.98	192209	190721	99.23	184601	183243	99.26	156285	154502	98.86	75391	74687	99.07
姑苏区	16602	16574	99.83	98.13	6043	6038	99.92	6514	6505	99.86	13254	13215	99.71	11668	11661	99.94	11667	11661	99.95	5871	5867	99.93
吴中区	31139	30991	99.52	90.55	11804	11661	98.79	10930	10744	98.3	22880	22538	98.51	23331	23087	98.95	17622	17355	98.48	8379	8297	99.02
相城区	24204	24041	99.33	98.39	8787	8670	98.67	8408	8293	98.63	17468	17191	98.41	17088	16843	98.57	12767	12556	98.35	5498	5414	98.47
高新虎丘区	15334	15291	99.72	95.86	5628	5610	99.68	5461	5443	99.67	11435	11393	99.63	10629	10588	99.61	9527	9499	99.71	4600	4584	99.65
工业园区	22329	22322	99.97	98.25	7855	7855	100	8456	8456	100	18902	18898	99.98	17032	17028	99.98	14819	14818	99.99	7884	7883	99.99
吴江区	27950	27690	99.07	92.91	12355	12109	98.01	12827	12371	96.44	24496	24164	98.64	24051	23551	97.92	18676	17766	95.13	8811	8511	96.6
常熟	24346	24154	99.21	90.34	9684	9576	98.88	9713	9582	98.65	20330	20019	98.47	19724	19481	98.77	15454	15168	98.15	6779	6592	97.24
张家港	19963	19906	99.71	94.93	7994	7969	99.69	7879	7856	99.71	16157	16113	99.73	15984	15929	99.66	16011	15957	99.66	8162	8139	99.72
昆山	43122	43111	99.97	99.1	17560	17557	99.98	18067	18065	99.99	36256	36177	99.78	34678	34665	99.96	31710	31700	99.97	15504	15499	99.97
太仓	10240	10236	99.96	95.04	5364	5364	100	5375	5360	99.72	11031	11013	99.84	10416	10410	99.94	8032	8022	99.88	3903	3901	99.95

二、成人乙肝免疫

2010 年起,时苏州市卫生局将“当年成人乙肝疫苗接种人数达到 18 岁以上户籍高危人群的 5%,或累计接种率达到 80%”列入对各市、区疾病预防控制工作考核指标。截至 2016 年底,成人乙肝接种张家港和昆山市已完成重点人群累计接种率 80%的目标,本年度相城区已接种完成目标人群的 23%。2010 ~ 2016 年,全市累计有 104 万人接受了成人乙肝疫苗的接种。

表 2 - 3 - 12 2010 ~ 2016 年苏州市成人乙肝疫苗接种情况统计

地区	2010 ~ 2016 年成人乙肝累计报告接种人数	2016 年报告接种人数
全市	1047164	44617
姑苏区	8495	953
吴中区	11366	1294
相城区	114716	35282
高新虎丘区	2765	415
工业园区	10741	1549
吴江区	148934	1119
常熟	85247	1981
张家港	381626	1821
昆山	229950	1813
太仓	55276	342

第三节 疑似预防接种异常反应(AEFI)监测

2016 年全市共报告 AEFI 2484 例,除昆山外各地及时报告率 100%、各地及时调查率和 3 日内调查表上报率均为 100%;出现严重异常反应、偶合症和心因性反应均及时调查并在 7 天内上传初步调查报告。

表 2-3-13 2016 年苏州市 AEFI 监测情况分析

地区	报告 AEFI 数	报告及时率(%)	应调查数	调查及时率(%)	3 日内调查表上报率%	严重异常反应、偶合症和心因性反应数	7 天内调查报告上传率(%)
全市	2484	99.96	87	100	100	12	100
姑苏区	136	100	14	100	100	0	-
吴中区	249	100	4	100	100	0	-
相城区	185	100	15	100	100	3	100
高新虎丘区	170	100	4	100	100	0	-
工业园区	181	100	7	100	100	1	100
吴江区	257	100	8	100	100	1	100
常熟	414	100	13	100	100	4	100
张家港	285	100	7	100	100	0	-
昆山	405	99.75	14	100	100	3	100
太仓	202	100	1	100	100	0	-

第四节 免疫规划针对传染病

一、麻疹

1996~2016 年苏州市麻疹报告发病率趋势图如图 2-3-3。苏州市 1996~2000 年麻疹保持较低的平稳发病趋势,2001 年报告发病率为 9.11/10 万,随后进入上升趋势。2005 年达到最高峰(报告发病率为 25.13/10 万),之后逐渐下降。2011~2014 年处在历史较低水平,报告发病率均在 0.25/10 万以下。2015 年略有上升后,2016 年报告发病率下降至 2.23/10 万。

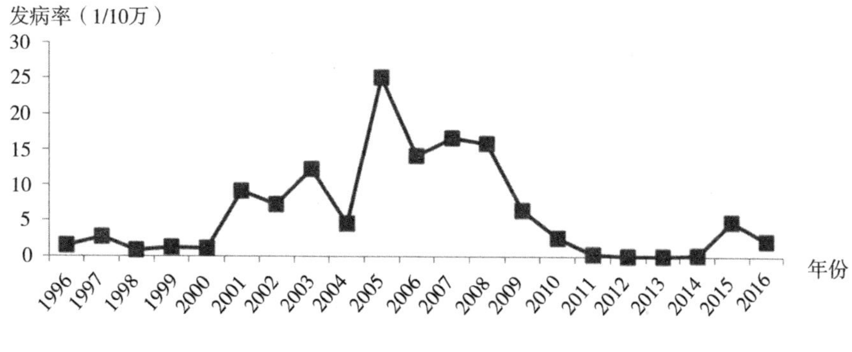

图 2-3-3 1996～2016 年苏州市麻疹报告发病率趋势图

二、流行性腮腺炎

2004～2016 年苏州市流行性腮腺炎报告发病率趋势图如图 2-3-4，报告发病率在 8.79/10 万-43.27/10 万之间。2008 年处于报告发病率最高水平，随后呈现下降趋势，至 2016 年下降至最低 8.79/10 万。

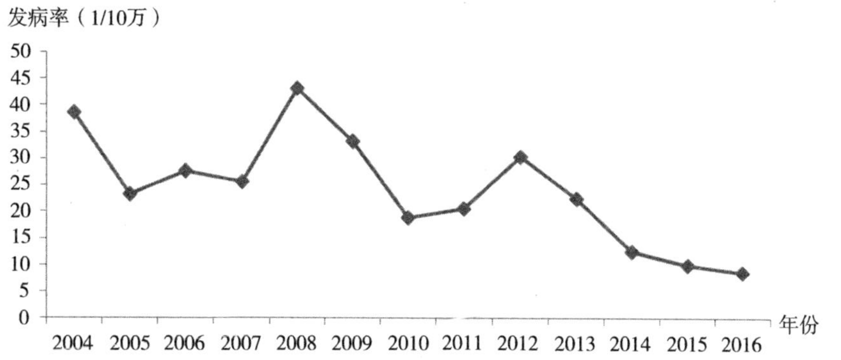

图 2-3-4 2004～2016 年苏州市流行性腮腺炎报告发病率趋势图

三、流行性脑脊髓膜炎

1996～2016 年苏州市流行性脑脊髓膜炎报告发病率趋势图如图 2-3-5。苏州市流行性脑脊髓膜炎在 1998 年、2006 年出现两次发病高峰，报告发病率分别为 0.21/10 万、0.20/10 万。2006 年之后报告发病率呈现总体下降趋势，2007～2016 年，报告发病率保持在较低水平，均未超过 0.10/10 万。

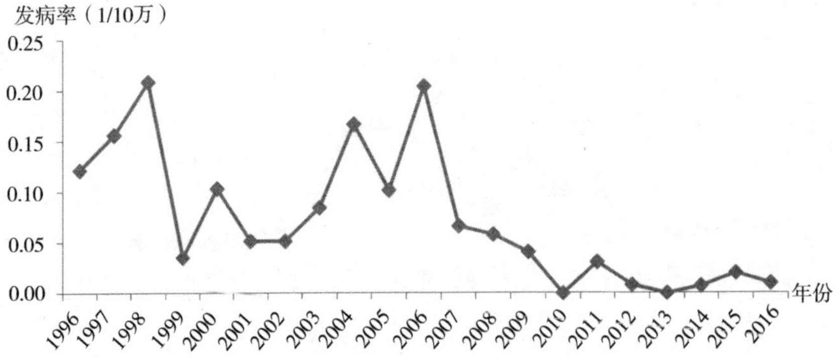

图 2-3-5　1996～2016 年苏州市流行性脑脊髓膜炎报告发病率趋势图

四、乙型脑炎

1996～2016 年苏州市乙型脑炎报告发病率趋势图如图 2-3-6。苏州市乙型脑炎报告发病率 2006 年出现发病的高峰，报告发病率为 0.43/10 万。2006 年之后逐渐下降，2011～2016 年，报告发病率保持较低水平，均未超过 0.10/10 万。

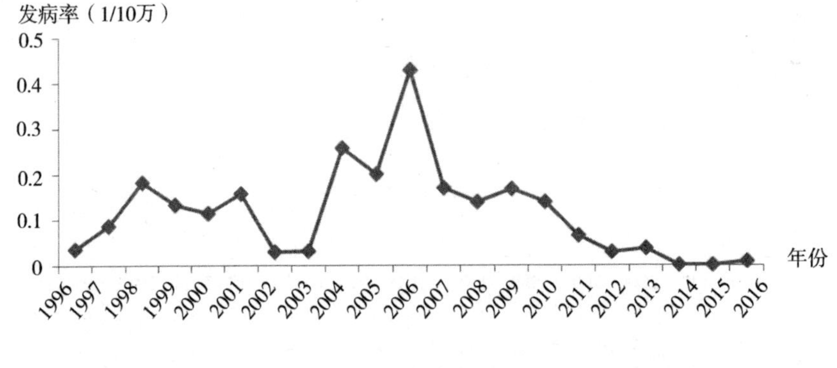

图 2-3-6　1996～2016 年苏州市乙型脑炎报告发病率趋势图

五、甲型肝炎

2004～2016 年苏州市甲型肝炎报告发病率趋势图如图 2-3-7。苏州市甲型肝炎报告发病率 2004 年从 4.82/10 万开始逐渐下降，下降至 2006 年 2.16/10 万，2007 年略上升至 3.94/10 万，随后逐年下降。2011～2016 年，报告发病率保持较低水平，均未超过 1/10 万。

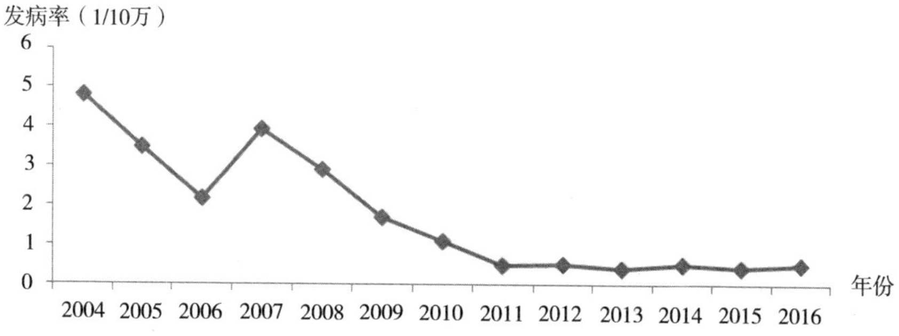

图 2－3－7　2004～2016 年苏州市甲型肝炎报告发病率趋势图

六、5 岁以下儿童乙型肝炎

2004～2016 年苏州市 5 岁以下儿童乙型肝炎报告发病率趋势图如图 2－3－8。2004～2016 年，苏州市 5 岁以下儿童乙型肝炎报告发病率在 0.40/10 万～3.78/10 万范围内波动。2011～2016 年，保持逐年持续下降的趋势。

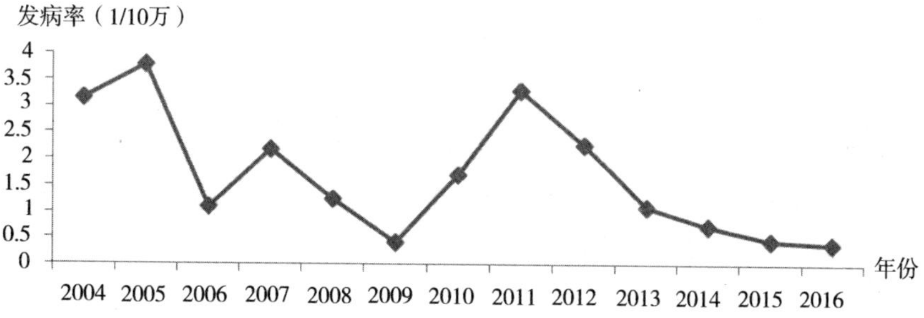

图 2－3－8　2004～2016 年苏州市 5 岁以下儿童乙型肝炎报告发病率趋势图

第五节　"苏州预防接种"微信公众服务号

"苏州预防接种"微信公众服务号（以下简称公众号）于 2016 年 1 月 1 日正式运行，其建设和推广应用是我市"智慧健康"项目的重要组成部分。旨在创新预防接种服务模式，贴近居民生活，有效提升我市预防接种服务能力和水平。至 2016 年末，"苏州预防接种"微信公众号各市（区）累计绑定总儿童数为 241283 人，未满 2 周岁儿童绑定率全市平均 40.99%，其中张家港市绑定率达 60% 以上。

表 2-3-14　2016 年"苏州预防接种"微信公众服务号累计绑定情况统计

地区	累计绑定总儿童数	未满 2 周岁儿童绑定情况		
		未满 2 周岁儿童数	绑定量	绑定率(%)
全市	241283	311882	127838	40.99
姑苏区	18821	20881	10006	47.92
吴中区	27366	34161	14055	41.14
相城区	20892	27199	9714	35.71
高新虎丘区	16933	17555	7757	44.19
工业园区	29312	28389	12082	42.56
吴江区	14388	40494	7825	19.32
常熟	34523	39419	16705	42.38
张家港	31312	31379	20159	64.24
昆山	42723	55234	25923	46.93
太仓	5013	17171	3612	21.04

现对微信公众服务号的各项指标说明如下：

免疫规划：是指根据国家传染病防治规划，使用有效疫苗对易感人群进行预防接种所制定的规划、计划和策略，按照国家或者省、自治区、直辖市确定的疫苗品种、免疫程序或者接种方案，在人群中有计划地进行预防接种，以预防和控制特定传染病的发生和流行，通过国家免疫规划的实施，提高群众健康水平和卫生文明水平。

第一类疫苗：是指政府免疫向公民提供，公民应当依照政府的规定受种的疫苗，包括国家免疫规划确定的疫苗，省、自治区、直辖市人民政府在执行国家免疫规划时增加的疫苗，以及县级以上人民政府或者其卫生主管部门组织的应急接种或者群体性预防接种所使用的疫苗。

第二类疫苗：是指公民自费并且自愿受种的其他疫苗。

接种率：某疫苗（某剂次）接种率 = 某疫苗（某剂次）实际接种人数/该疫苗（该剂次）应种人数 ×100%。应种人数为到本次接种时，在接种单位辖区范围内，常住户口和流动人口中达到免疫程序规定应接受某疫苗（某剂次）接种的适龄儿童人数，加上次接种时该疫苗（该剂次）应种儿童中漏种者。受种人数：指本次接种中，某疫苗（某剂次）应种人数中的实际接种人数。

预防接种规范化门诊：是指经县级卫生行政部门批准审核认定，有经培训考核合格的专业技术人员、固定的预防接种工作用房、设备，按《预防接种工作规范》和省市相关要求，实行定时、定点以乡（镇、街道）集中接种的接种单位。

接种点：作为规范化预防接种门诊的补充，按省市相关要求定期开展预防接种。

数字化预防接种门诊：是在规范化接种门诊的基础上，将传统的预防接种的各个工作环节，以数字化电子信息的形式表现出来，进一步扩展儿童预防接种信息管理系统的功能，改善门诊环境，强化质量管理，提高预防接种服务水平。

成人预防接种门诊：是指经县级卫生行政部门批准审核认定，有经培训考核合格的专业技术人员、固定的预防接种工作用房、设备，按《苏州市成人预防接种门诊设置规定》相关要求，实行成人疫苗定期接种的接种单位。

医院产科接种单位：设有产科的各级各类医疗卫生机构按照“谁接生，谁接种”的原则，承担新生儿乙肝疫苗及卡介苗预防接种服务，相关单位人员、房屋和设备等均应符合《江苏省新生儿预防接种工作规定》相关要求。

狂犬病暴露预防处置门诊：是指经县级卫生行政部门批准审核认定，有经培训合格的专业技术人员，按《狂犬病暴露预防处置工作规范》的要求，承担疑似狂犬病暴露者伤口处置、人用狂犬病疫苗和人用抗狂犬病免疫球蛋白接种服务的医疗机构。

预防接种证制度：国家对儿童实行预防接种证制度。接种单位必须按照规定为适龄儿童建立预防接种证，作为儿童预防接种的凭证、记录和证明；同时做好其他适龄人群预防接种的记录工作。

第四章

苏州市居民健康素养调查

我市根据国家和省市卫计委等有关方案要求，于2016年在全市15～69岁（年满15周岁，不满70周岁）的城乡常住居民中开展了居民健康素养调查。

第一节　调查对象的人口学和社会学特征

在全市范围内，共调查5232户，回收有效问卷4890份。首先对调查对象的人口学和社会学特征进行分析，平均年龄46.60±13.64周岁，最大69周岁，最小15周岁。在调查对象中，家庭常住人口数平均为3.73±1.45人，最多10人，最少为1。其他社会学特征见表2－4－1。

表2－4－1　2016年苏州居民健康素养调查对象的人口学和社会学特征分布

人口学特征	调查人数	构成比（%）
合计	4890	100.00
地区		
城市	1624	33.21
农村	3266	66.79
性别		
男	2454	50.18
女	2436	49.82
文化程度		
不识字/少识字	288	5.89
小学	934	19.10
初中	1635	33.44

续表

人口学特征	调查人数	构成比(%)
高中/职高/中专	1015	20.76
大专/本科	991	20.27
硕士及以上	27	0.55
职业		
公务员	32	0.65
教师	96	1.96
医务人员	65	1.33
其他事业单位人员	325	6.65
学生	127	6.60
农民	934	19.10
工人	1457	29.80
其他企业人员	965	19.73
其他	889	18.18
健康状况自评		
好	1713	35.03
比较好	1748	35.75
一般	1297	26.52
比较差	113	2.31
差	19	0.39
是否患有慢性病		
是	1093	22.35
否	3797	77.65

第二节　苏州市居民健康素养结果

经过全市所有的监测点的监测数据分析,2016 年苏州市抽样调查的健康素养水平为 21.76%,比 2015 年提高了 0.46 个百分点。监测结果发现:1. 农村居民再次逆转城市居民健康素养水平;2. 素养水平性别差异不明显;3. 高龄组群体素养水平低于低龄组群体素养水平;4. 文化程度越高,素养水平越高;5. 医生、教师、公务员群体素养水平最高,农民群体素养水平最低;6. 自评健康状况好者、非慢性病患者的素养水平较高。不同特征人群健康素养水平的详细数据见表2－4－2。

表2－4－2 2016年苏州市居民具备健康素养的比例(%)

组别	人数	健康素养
合计	4890	21.76
城乡		
城市	1624	19.95
农村	3266	22.60
性别		
男	2454	21.88
女	2436	21.55
年龄		
15～	324	27.16
25～	821	39.10
35～	867	27.34
45～	1434	16.95
55～	1016	12.01
65～	428	11.92
不同文化程度		
不识字/少识字	288	4.86
小学	934	12.63
初中	1635	15.96
高中/职高/中专	1015	25.52
大专/本科	991	39.67
硕士及以上	27	62.96
不同职业		
公务员	32	43.75
教师	96	42.71
医务人员	65	63.08

续表

组别	人数	健康素养
其他事业单位人员	325	29.23
学生	127	24.41
农民	934	8.24
工人	1457	19.84
其他企业人员	965	30.78
其他	889	19.91
健康状况自评		
好	1713	22.30
比较好	1748	25.34
一般	1297	17.12
比较差	113	10.62
差	19	15.79
是否患有慢病		
是	1093	14.64
否	3797	23.76

第三节　不同维度健康素养分布情况

一、健康素养三个方面的水平

"中国公民健康素养66条"将其66条内容划分为基本知识和理念、健康生活方式与行为及健康技能三个方面，相应的在健康素养监测问卷中，也将其中的题目划分为三个方面，不同特征人群这三个方面的健康素养水平详细情况见表2－4－3。

表 2-4-3 苏州市居民具备三个方面健康素养比例（%）

组别	人数	健康素养	基本知识和理念	健康生活方式与行为	健康技能
合计	4890	21.76	29.88	24.21	24.72
城乡					
城市	1624	19.95	26.11	21.18	25.25
农村	3266	22.60	31.75	25.72	24.46
性别					
男	2454	21.88	29.42	23.76	25.02
女	2436	21.55	30.34	24.67	24.43
年龄					
15～	324	27.16	36.11	29.32	27.16
25～	821	39.10	46.29	41.29	39.46
35～	867	27.34	36.33	27.68	30.57
45～	1434	16.95	26.22	19.18	21.13
55～	1016	12.01	18.41	16.73	15.35
65～	428	11.92	20.09	15.19	17.06
不同文化程度					
不识字/少识字	288	4.86	11.81	12.50	7.29
小学	934	12.63	19.81	18.31	16.38
初中	1635	15.96	24.65	18.10	18.90
高中/职高/中专	1015	25.52	35.37	26.01	30.05
大专/本科	991	39.67	46.72	40.57	40.67
硕士及以上	27	62.96	62.96	55.56	66.67
公务员	32	43.75	46.88	43.75	46.88
教师	96	42.71	47.92	42.71	50.00
医务人员	65	63.08	72.31	44.62	66.15
其他事业单位人员	325	29.23	37.85	29.23	27.69
学生	127	24.41	35.43	29.92	24.41
农民	934	8.24	17.24	14.03	10.81

续表

组别	人数	健康素养	基本知识和理念	健康生活方式与行为	健康技能
工人	1457	19.84	26.77	22.79	22.24
其他企业人员	965	30.78	38.24	31.92	34.92
其他	889	19.91	29.81	22.05	24.75
健康状况自评					
好	1713	22.30	30.71	25.63	26.39
比较好	1748	25.34	32.44	26.83	26.72
一般	1297	17.12	26.91	19.89	21.28
比较差	113	10.62	15.04	10.62	10.62
差	19	15.79	10.53	31.58	10.53
是否患有慢性病					
是	1093	14.64	20.86	18.12	18.12
否	3797	23.76	32.47	25.97	26.63

二、健康素养六类问题的水平

健康素养从问题导向划分，可分为科学健康观、传染病防治、慢性病防治、安全与急救、基本医疗及健康信息获取能力共六个维度。结果显示慢性病素养水平仍然远低于其他几类问题的素养水平。我市 2016 年监测结果见表 2－4－4。

表 2－4－4　苏州市居民具备六类问题健康素养比例(%)

组别	人数	健康素养	科学健康观	传染病防治	慢性病防治	安全与急救	基本医疗	健康信息
合计	4890	21.76	49.16	41.25	6.03	58.55	16.85	25.38
城乡								
城市	1624	19.95	47.60	36.27	5.79	61.51	12.32	25.37
农村	3266	22.60	49.94	43.72	6.15	57.07	19.11	25.38
性别								
男	2454	21.88	49.71	41.56	5.87	59.74	17.69	25.39
女	2436	21.55	48.60	40.93	6.20	57.35	16.01	25.37

续表

组别	人数	健康素养	科学健康观	传染病防治	慢性病防治	安全与急救	基本医疗	健康信息
年龄								
15 ~	324	27.16	57.10	50.00	8.33	67.28	25.62	29.01
25 ~	821	39.10	66.38	57.00	9.87	75.03	24.24	41.29
35 ~	867	27.34	58.02	49.13	6.23	67.47	19.15	29.41
45 ~	1434	16.95	43.24	36.75	5.44	54.74	14.71	22.18
55 ~	1016	12.01	38.48	30.41	3.54	46.06	11.22	15.75
65 ~	428	11.92	37.38	29.21	4.44	44.63	11.92	17.52
不同文化程度								
不识字/少识字	288	4.86	29.86	20.14	2.78	32.29	7.64	6.60
小学	934	12.63	39.08	31.80	4.50	45.07	11.99	17.13
初中	1635	15.96	41.83	35.41	4.89	53.03	14.20	19.33
高中/职高/中专	1015	25.52	55.57	48.18	5.52	67.78	19.41	30.44
大专/本科	991	39.67	68.82	58.22	10.70	77.60	25.23	42.18
硕士及以上	27	62.96	85.19	62.96	11.11	92.60	40.74	70.37
不同职业								
公务员	32	43.75	65.63	65.63	6.25	78.13	21.88	37.50
教师	96	42.71	73.96	57.29	7.29	79.17	22.92	50.00
医务人员	65	63.08	76.92	73.85	10.77	89.23	47.69	56.92
其他事业单位人员	325	29.23	57.23	48.00	8.31	65.23	17.54	31.69
学生	127	24.41	53.54	49.61	7.09	60.63	27.56	32.28
农民	934	8.24	34.26	26.87	4.71	41.11	10.81	11.35
工人	1457	19.84	45.71	40.84	4.74	56.01	17.16	23.68
其他企业人员	965	30.78	59.59	49.74	8.08	70.98	20.93	33.68
其他	889	19.91	50.28	39.15	5.85	59.62	13.39	25.20
健康状况自评								

续表

组别	人数	健康素养	科学健康观	传染病防治	慢性病防治	安全与急救	基本医疗	健康信息
好	1713	22.30	50.50	43.26	7.53	60.13	17.92	28.08
比较好	1748	25.34	52.46	43.82	5.95	60.53	18.25	26.83
一般	1297	17.12	44.18	36.78	4.32	55.74	14.65	20.82
比较差	113	10.62	31.86	23.89	3.54	36.28	4.42	15.04
差	19	15.79	68.42	31.58	10.53	57.89	15.79	21.05
是否患有慢性病								
是	1093	14.64	41.26	34.49	3.84	51.60	12.08	18.76
否	3797	23.76	51.44	43.19	6.66	60.55	18.22	27.28

第四节　历年健康素养水平变化情况

一、不同维度素养历年变化情况

下表列出素养各个维度的历年变化情况，从 2014 年起，素养调查问卷保持相对稳定，没有进行大的改动，数据结果较为稳定。详细数据见下表 2-4-5。

表 2-4-5　不同维度素养水平变化情况表（%）

分组	2011 年	2012 年	2013 年	2014 年	2015 年	2016 年
健康素养	18.3	19.9	20.4	21.1	21.3	21.76
三个方面						
基本知识和理念	24.2	48.4	30.7	21.6	22.0	29.88
健康生活方式与行为	17.4	13.7	14.5	25.3	28.4	24.21
健康技能	60.1	42.8	24.0	27.9	21.5	24.72
六类问题						
科学健康观	41.7	59.8	48.7	31.8	32.6	49.16
传染病防治	20.3	23.0	27.3	21.0	21.5	41.25

续表

分组	2011年	2012年	2013年	2014年	2015年	2016年
慢性病防治	7.4	42.3	16.2	4.65.1	6.03	
安全与急救	38.2	65.4	55.5	53.9	58.9	58.55
基本医疗	19.5	28.3	11.7	6.97.3	16.85	
健康信息获取	–	–	26.5	34.0	25.9	25.38

二、国家、江苏省及苏州市历年健康素养变化情况

我市居民健康素养水平逐年上升，今年上升趋势变缓，今年部分地区采用pad进行调查，调查方式的改变，对数据结构有一定的影响。历年结果见表2-4-6。

表2-4-6 国家、江苏省及苏州市居民历年健康素养水平(%)

地区分组	2008年	2009年	2010年	2011年	2012年	2013年	2014年	2015年	2016年
国家	6.4	–	–	–	8.8	9.48	9.79	10.25	
江苏	9.52	9.55	10.68	11.26	14.19	15.25	15.95	14.95	18.86
苏州	–	15.3	17.7	18.3	19.9	20.4	21.1	21.3	21.76

三、苏州市历年城乡居民健康素养水平变化情况

城乡居民健康素养水平呈现交替上升的趋势，详细数据见表2-4-7。

表2-4-7 苏州市2011~2015年城乡居民健康素养水平变化表(%)

分组	2011年	2012年	2013年	2014年	2015年	2016年
城市	20.7	19.1	20.7	18.9	23.7	19.95
农村	16.6	20.9	20.1	23.4	18.7	22.60
合计	18.3	19.9	20.4	21.1	21.3	21.76

第五节 56个核心知识点回答正确率情况分析

2016年问卷与2015年相比，知识点稍微有所变动，对各个知识点的回答正确

率情况详见表2-4-8。其中知识点得分正确率较低者已经加粗,这些知识点将是今年素养干预工作的重点。

表2-4-8　56个知识点回答正确率情况表(n=1953/4890)

题目编号	题目	正确率(%)	
		2015年 n=1953	2016年 n=4890
101	预防流感最好的办法是服用抗生素(消炎药)。	70.6	72.15
102	保健食品不是药品,也不能代替药品治病。	85.6	86.38
103	输液(打吊针)疗效好、作用快,所以有病后要首先选择输液。	82.0	80.96
104	水果和蔬菜的营养成份相近,可以用吃水果代替吃蔬菜。	80.4	79.51
105	正常人的体温在一天内可以上下波动,但是波动范围一般不会超过1℃。	74.0	81.19
106	儿童青少年也可能发生抑郁症。	83.7	89.71
107	长期睡眠不足不仅会加快衰老,还会诱发多种健康问题	-	96.34
108	居民可以到社区卫生服务中心(站)和乡镇卫生院(村卫生室)免费获得健康知识。	93.9	97.63
109	"久病成良医",慢性病患者可以根据自己的感受调整治疗方案。	54.8	56.24
110	健康体检发现的健康问题和疾病,如没有症状,可暂时不采取措施。	77.2	77.34
201	健康的概念。	81.7	82.76
202	通常情况下,献血者要到什么地方进行无偿献血?	-	84.27
203	乙肝可以通过哪些方式传染给他人?	67.7	74.83
204	关于自测血压的说法,错误的是:	51.4	55.58
205	关于吸烟危害的说法,哪个是错误的?	49.7	58.18
206	下列哪项不是癌症早期危险信号?	59.2	63.11
207	发生煤气中毒后,救护者首先应该怎样处理煤气中毒的人?	80.9	80.78
208	对肺结核病人的治疗,以下说法正确的是:	61.3	68.34

续表

题目编号	题目	正确率(%)	
		2015 年 n = 1953	2016 年 n = 4890
209	从事有毒有害作业时,工作人员应该:	82.4	86.44
210	碘缺乏最主要的危害是:	68.3	74.66
211	剧烈活动时,会因大量出汗而丢失体内水分。在这种情况下,最好补充:	72.8	78.30
212	关于国家基本公共卫生服务的理解,错误的是:	46.5	51.76
213	下列哪种情况下,应暂缓给儿童打疫苗:	87.8	87.44
214	出现发热症状,正确做法是:	73.1	78.00
215	当患者依照医生的治疗方案服药后出现了不良反应,正确的做法是:	79.4	81.68
216	某地发生烈性传染病,以下做法正确的是:	62.3	86.95
217	警示图的正确认识。	80.9	83.31
218	全国统一的免费卫生热线电话号码是:	23.8	33.99
219	以下关于就医的说法,错误的是:	75.9	77.67
220	某药品标签上印有“OTC”标识,则该药品为:	32.1	36.42
221	关于开窗通风,以下说法错误的是:	72.1	74.97
222	用玻璃体温计测体温时,应该如何读取数值?	57.2	62.01
223	动物咬伤的正确做法是?	–	97.73
224	超过保质期的食品如何处理?	–	94.48
225	皮肤轻度烫伤出现水泡,以下做法正确的是:	74.2	78.36
226	发生火灾时,正确逃生方法是:	88.4	88.69
301	关于促进心理健康的方法,以下说法正确的是:	52.4	58.67
302	以下关于就医的说法,正确的是:	69.5	81.92
303	关于肝脏描述,以下说法正确的是:	15.8	16.22
304	孩子出现发热、皮疹等症状,家长应该:	65.9	66.46
305	对骨质疏松症的正确认识:	12.2	10.86
306	选购包装食品时,应注意包装袋上的哪些信息?	46.2	47.85
307	发现病死禽畜,应做到:	78.2	77.20
308	遇到呼吸、心跳骤停的伤病员,应采取哪些措施?	69.6	70.08

续表

题目编号	题目	正确率(%)	
		2015 年 n = 1953	2016 年 n = 4890
309	吃豆腐、豆浆等大豆制品的好处有:	19.6	21.29
310	运动对健康的好处包括:	51.5	55.48
311	某报纸上说,任何糖尿病患者通过服用某降糖产品,都可以完全治愈。看到这条信息后,下面哪些做法是错误的?	81.3	88.06
312	咳嗽、打喷嚏时,正确的处理方法是:	31.6	35.93
313	以下关于就医的说法,正确的是:	78.3	76.03
314	母乳喂养对婴儿的好处:	44.3	48.00
315	保管农药时,应注意:	68.3	72.92
316	在户外,出现雷电天气时,以下做法正确的是:	86.8	87.73
401	BMI 计算。	43.7	52.15
402	BMI 指数应用。	42.2	52.92
403	控制体重的方式方法。	72.1	78.49
404	超重容易导致哪些疾病?	75.0	81.98

第六节 各市、区健康素养水平分析

2016 年我市个别区、市进行了全面监测,可以得出辖区相应的素养水平,非全面监测的地区,素养监测数据仅供参考,数据结果见表 2-4-9。

表 2-4-9 各区、市素养参考水平(%)

地区	是否全面监测	监测点性质	监测样本量	素养水平
大市合计	-	-	4890	21.76
姑苏区	否(样本量扩大)	市级点	418	23.44
吴中区	否	市级点	135	21.48
相城区	否	市级点	120	12.50
高新区	否	国家点	433	23.33
苏州工业园区	否	市级点	91	15.38
吴江区	否	国家点	427	15.93
常熟市	否(全面监测样本量偏少)	市级点	878	31.21
张家港市	是	市级点	1201	22.23
昆山市	否(全面监测样本量偏少)	市级点	998	16.23
太仓市	否	市级点	189	18.52

第七节 存在的问题及建议

一、主要问题

1. 我市近年流动人口总数较多,人员流动性大,健康素养干预难度大。

2. 全市健康素养干预的力度不够,特别是城市人口健康素养干预力度不如农村地区,可能与城市地区相关行政、业务人员少,干预经费相对较少有关。城市人口的健康素养水平基本维持在20%左右。

3. 卫生系统内、外相关部门配合联动开展健康素养干预力度不够。慢性病防治和基本医疗素养水平近年一直处于较低水平,特别是有些素养知识点没有变化。

4. 各地开展健康素养干预的针对性、精准性还不够。近三年来监测数据统计低于50%正确率的素养知识和技能调查题没有明显提高。

5. 个别地区存在素养监测调查点选取不科学、调查质量控制要求不高问题。

二、主要建议

1. 提高对健康素养干预与监测工作重要性的认识。2016年是“十三五”开局之年，在这一年，国家召开了全国卫生与健康大会，提出了“健康中国2030”规划，目标要求中国居民健康素养水平在2030年达到30%。江苏省出台的“健康江苏2030”规划纲要设定我省居民健康素养水平在2020年要达到24%。苏州市制定的健康城市“531”行动计划中，提出我市居民健康素养水平到2020年要达到24%以上。这一系列规划的提出和实施，将居民健康素养监测体系的建立和完善、监测能力的提升、监测质量的提高与监测结果的重要性都提高到前所未有的高度。各地要进一步强化健康素养干预与监测工作的领导，加大干预与监测工作的力度。

2. 加强各行政部门与相关业务部门的协调和联动。健康素养干预与监测工作是一项全民工程，是在各级爱卫部门的行政领导、推动下，并应用系统内外资源联合开展各项干预活动。各级相关业务部门与行政部门应加强沟通、汇报，在工作中形成合力，共同推动健康素养提升工程各项工作的顺利开展。

3. 发挥监测结果对干预工作的指导意义。素养监测结果不单单是一个数据的呈现，对监测结果的应用具有现实意义。根据每年的监测结果，联合有关部门，有针对性地针对重点人群、健康素养薄弱维度、得分低的薄弱知识点开展精准干预教育，从而有效提升居民健康素养的水平。

4. 提高素养监测工作的质量控制水平。质量控制是素养干预与监测工作过程控制的主要方面，高质量的干预与监测工作是获取科学、准确监测数据的必然要求。业务部门应制定切实可行的质量控制方案，与行政部门共同提高质量控制水平，提高干预与监测工作的质量。

5. 进一步提升各级业务部门监测工作能力。各级业务部门由于人员力量参差不齐且人员流动性较大，强化各级业务部门的监测工作能力仍是一项不可松懈的长期工作。

第五章

苏州市环境与健康

第一节　水与健康

为贯彻落实《中华人民共和国传染病防治法》和《生活饮用水卫生监督管理办法》，全面提高城乡饮用水卫生管理水平，按照江苏省卫生和计划生育委员会和江苏省爱国卫生运动委员会办公室下发的《关于印发2016年江苏省饮用水和农村环境卫生监测工作方案的通知》(苏爱卫办[2016]16号)文件以及苏州市疾病预防控制中心制定的《2016苏州市疾病预防控制中心工作要点》，苏州市各级疾病预防控制中心开展了全市生活饮用水卫生监测工作，监测情况报告如下。

一、饮用水监测

(一)农村饮用水

1. 监测任务与检测项目：各县级市和吴江区农村供水水厂共有7个(以2016年第三季度城乡供水单位定义重新调整后计，调整前有9个农村供水单位)，其中：常熟2个、张家港1个、昆山2个、吴江1个和太仓1个，均为集中式区域供水，无分散式供水，集中式供水人口覆盖率100%。每个乡镇(城关镇除外，含辖区村)设不少于4个末梢水监测点，在每年枯水期和丰水期监测。出厂水监测项目覆盖《生活饮用水卫生标准》(GB5749－2006)全部常规指标和非常规指标，末梢水监测项次覆盖《生活饮用水卫生标准》常规指标和氨氮。

2. 监测结果：2016年度各县级市和吴江区共监测出厂水16份、管网末梢水319份，合计335份，合格335份，合格率100%；监测14596项次，合格14596项次，合格率100%(详见表2－5－1)。

表 2－5－1 2016 年苏州市农村饮用水卫生监测结果

时间	地区	水样数（份）	合格数（份）	合格率（%）	项次数（次）	项次合格数(次)	项次合格率(%)
丰水期	吴江区	32	32	100	1156	1156	100
	常熟市	40	40	100	1400	1400	100
	张家港市	32	32	100	1304	1304	100
	昆山市	36	36	100	2088	2088	100
	太仓市	28	28	100	1204	1204	100
	合计	168	168	100	7152	7152	100
枯水期	吴江区	32	32	100	1218	1218	100
	常熟	40	40	100	1490	1490	100
	张家港	32	32	100	1348	1348	100
	昆山市	36	36	100	2174	2174	100
	太仓市	27	27	100	1214	1214	100
	合计	167	167	100	7444	7444	100
总计		335	335	100	14596	14596	100

3. 结论：监测结果显示，2016 年度各县级市和吴江区农村饮水水质状况优良，能够充分保障农村地区饮用水卫生安全并满足社会经济发展需求。各县级市和吴江区均为城乡区域供水，各集中式供水单位水源均为地面水（长江、太湖、阳澄湖、尚湖），水源安全可靠、水质稳定有保障。各集中式供水单位全部采用了混凝、沉淀、过滤、消毒等完全处理方式，部分集中式供水单位在水处理工艺中增加了预臭氧及臭氧－生物活性炭等水质深度处理工艺，有效保障了出厂水水质卫生安全。

（二）城市饮用水

1. 监测任务与检测项目：苏州市城区共有 9 个市政供水水厂，分别是苏州市自来水公司白洋湾水厂、相城水厂、胥江水厂、苏州高新区新宁自来水发展有限公司、苏州高新区第二自来水厂、苏州工业园区清源华衍水务有限公司（星港街和阳澄湖水厂）、苏州吴中供水有限公司（吴中自来水厂和吴中新水厂）。水源水为太湖水和阳澄湖水，无地下水水源水。常熟、张家港、昆山、吴江和太仓各有 1 个城市供水水厂。各集中式供水单位水处理工艺均采取了集中混凝、沉淀、过滤及含氯消毒剂消毒等常规水处理工艺。全市城区自来水厂均列为出厂水监测点，与其相对应选择具有代表性末梢水监测点。苏州市区设50个监测点，县级市城区设8个监测点。水样类型包括出厂水、末梢水和二次供水，优先监测出厂水、二次供水，其次为末梢水。每个季度开展1次常规监测，其中枯、丰水期对出厂水进行全分析。全分析监测项目覆盖《生活饮用水卫生标准》(GB5749－2006)中全部常规指标和非常规指标；常规分析监测项目覆盖《生活饮用水卫生标准》(GB5749－2006)中全部常规指标。

2. 监测结果：2016年苏州市城区设置出厂水监测点9个，末梢水监测点31个，二次供水设置10个监测点，全年共采集到201份水样，其中201份合格，水样合格率为100%；监测8871项次，合格8871项次，合格率为100%。各县级市和吴江区共监测样品164份，合格数164份；监测7122项次，合格7122项次，合格率为100%(详见表2－5－2)。

表2－5－2 苏州市2016年城市饮用水卫生监测结果

季度	地区	水样数(份)	合格数(份)	合格率(%)	项次数(次)	项次合格数(次)	项次合格率(%)
第一季度	苏州城区	50	50	100	2485	2485	100
	吴江区	8	8	100	288	288	100
	常熟市	8	8	100	280	280	100
	张家港市	8	8	100	320	320	100
	昆山市	8	8	100	464	464	100
	太仓市	10	10	100	540	540	100
	合计	92	92	100	4377	4377	100
第二季度	苏州城区	50	50	100	1900	1900	100
	吴江区	8	8	100	288	288	100
	常熟市	8	8	100	272	272	100
	张家港市	8	8	100	272	272	100
	昆山市	8	8	100	464	464	100
	太仓市	8	8	100	344	344	100
	合计	90	90	100	3540	3540	100

续表

季度	地区	水样数（份）	合格数（份）	合格率（%）	项次数（次）	项次合格数(次)	项次合格率(%)
第三季度	苏州城区	50	50	100	2546	2546	100
	吴江区	8	8	100	352	352	100
	常熟市	8	8	100	337	337	100
	张家港市	8	8	100	364	364	100
	昆山市	8	8	100	463	463	100
	太仓市	9	9	100	440	440	100
	合计	91	91	100	4502	4502	100
第四季度	苏州城区	51	51	100	1940	1940	100
	吴江区	8	8	100	288	288	100
	常熟市	8	8	100	272	272	100
	张家港市	8	8	100	272	272	100
	昆山市	8	8	100	420	420	100
	太仓市	9	9	100	382	382	100
	合计	92	92	100	3574	3574	100
总计		365	365	100	15993	15993	100

3. 结论：根据全年监测结果显示，2016 年度苏州全市饮用水合格率 100%，能够充分保障水质卫生安全，满足人民群众的饮水需求。各监测点均为集中式供水，水源均为地面水，水源安全可靠、水质稳定有保障。未来将注重保护水源地，严格落实饮用水水源保护区制度，强化监督执法和应急指导，加强水源地监控能力建设；完善应急预案体系发展，提高应对突发性水源污染和自然灾害的供水安全保障能力；推进动态监管二次供水，最大程度地实现常态化、长效化。

（三）环太湖饮用水

根据《太湖水源生活饮用水卫生监测方案》和《关于修订 < 太湖水源生活饮用水卫生监测方案 > 的通知》的要求，苏州市环太湖监测范围包括苏州地区以太湖水为水源的地区，包括姑苏区、相城区、高新区、工业园区、吴中区和吴江区。

出厂水监测点包括苏州市自来水公司胥江水厂、白洋湾水厂、相城水厂，苏州新区新宁自来水发展有限公司及高新区第二自来水厂，苏州工业园区清源华衍水务有限公司星港街水厂，苏州吴中供水有限公司吴中水厂和吴中新水厂，吴江华衍水务有限公司庙港净水厂及松陵二水厂，共10家市政集中式供水单位。末梢水监测点：根据各供水单位的供水范围、供水人口等情况，共设置监测点18个，其中市区13个、吴江区5个。

监测指标包括：菌落总数、总大肠菌群、大肠埃希氏菌、耐热大肠菌群、色度、浑浊度、臭和味、肉眼可见物、pH、耗氧量、亚硝酸盐氮、氨氮、游离氯、微囊藻毒素-LR、铁、锰、硝酸盐氮、总有机碳18项。另外于枯水期1月、丰水期7月，对各区太湖水源生活饮用水集中式供水单位出厂水监测点开展了全分析。

监测结果显示，2016年度合计监测水样358份，其中出厂水121份，合格样品121份，合格率100%；末梢水237份，合格237份，合格率100%；监测7963项次，合格7963项次，合格率100%。

二、游泳池水质

依据《公共场所卫生管理条例》《公共场所卫生管理条例实施细则》和《游泳池卫生标准》，苏州市各级疾病预防控制中心接受委托，开展游泳池水质监测，总结如下：2016年共接受406家单位委托，共采集样品1590个，合格样品844个，样品合格率为53.08%。共开展监测9095项次，合格8204项次，合格率为90.20%。主要的不合格项次为水温、余氯和尿素等。

表2-5-3　苏州市2016年游泳池水水质监测结果

疾控中心	委托单位数	水样数（份）	合格数（份）	项次数（次）	项次合格数（次）	主要不合格指标
苏州市	6	242	112	1694	1553	水温、余氯
姑苏区	1	4	4	8	8	无
吴中区	31	85	41	505	412	水温、余氯
相城区	30	49	42	225	218	余氯
高新区	23	47	42	277	272	余氯
工业园区	107	325	176	1950	1801	尿素
吴江区	80	172	79	868	759	尿素
常熟市	24	237	108	1087	947	余氯、尿素、细菌总数
张家港市	27	153	108	918	858	余氯、尿素
昆山市	64	233	95	1389	1208	尿素、余氯
太仓市	13	43	37	174	168	余氯

续表

疾控中心	委托单位数	水样数（份）	合格数（份）	项次数（次）	项次合格数（次）	主要不合格指标
合计	406	1590	844	9095	8204	—

三、医疗机构污水水质

依据《医疗机构水污染物排放标准》GB18466－2005，苏州市各级疾病预防控制中心接受医疗机构委托，开展医疗机构污水水质监测，总结如下。2016年共接受405家医疗机构委托，采集样品885个，合格样品552个，样品合格率为62.37%。共开展监测3865项次，合格3335项次，合格率为86.29%。主要的不合格项次为总余氯、粪大肠杆菌、PH。

表2－5－4　苏州市2016年处理后医院污水水质监测结果

疾控中心	委托医院数	采集样品数	合格样品数	监测项次数	合格项次数	主要不合格项次
苏州市	14	60	35	840	638	PH、总余氯、粪大肠菌群
姑苏区	4	4	4	8	8	—
吴中区	17	55	50	206	186	余氯
相城区	11	21	21	63	63	—
高新区	11	23	11	249	236	粪大肠菌群
工业园区	18	28	13	112	97	粪大肠菌群
吴江区	65	73	65	182	174	总余氯
常熟	50	75	38	290	253	总余氯、粪大肠菌群
张家港	43	95	61	190	162	总余氯
昆山	148	427	237	1642	1442	总余氯、粪大肠菌群数
太仓	24	24	17	83	76	总余氯
合计	405	885	552	3865	3335	—

四、涉水产品

依据《卫生部涉及饮用水卫生安全产品检验规定》,苏州市疾病预防控制中心接受企业委托,对涉及饮用水产品进行卫生学检测。2016 年共接受企业委托、签字委托涉水产品检测协议 70 份,检测 255 批次,项次 3871 项,项次合格率 99.5%。主要不合格项目为镍。

五、介水传播性疾病

资料来源于 1990 ~ 2016 年国家传染病疫情报告系统,主要包括霍乱、伤寒、副伤寒、病毒性肝炎(甲肝、戊肝和未分型肝炎)、细菌性痢疾、阿米巴性痢疾以及除霍乱、细菌性和阿米巴性痢疾、伤寒和副伤寒以外的感染性腹泻病。

(一)时间分布

自 1990 年以来我市介水传播性疾病发病率的变化规律和流行趋势见图 2 - 5 - 1 和图 2 - 5 - 2。

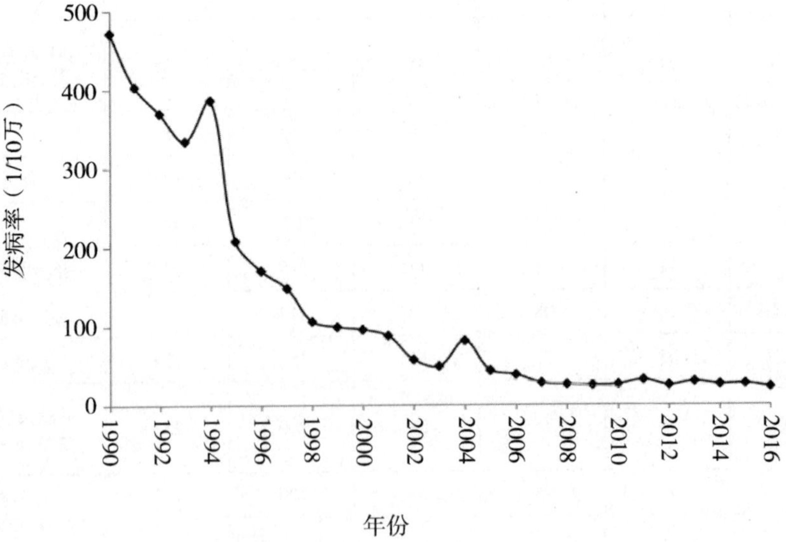

图 2 - 5 - 1　1990 ~ 2015 年苏州市介水传播性疾病变化情况

从图 7 - 1 可以看出:1990 年以来,苏州市介水传播性疾病发病率总体呈下降趋势,由 1990 年的 471.4/10 万下降到 2016 年的 21.8/10 万,尤其是 1990 年至

1998 年期间下降趋势比较显著;此后,保持在 10 万分之 100 以内,呈低水平散发态势。

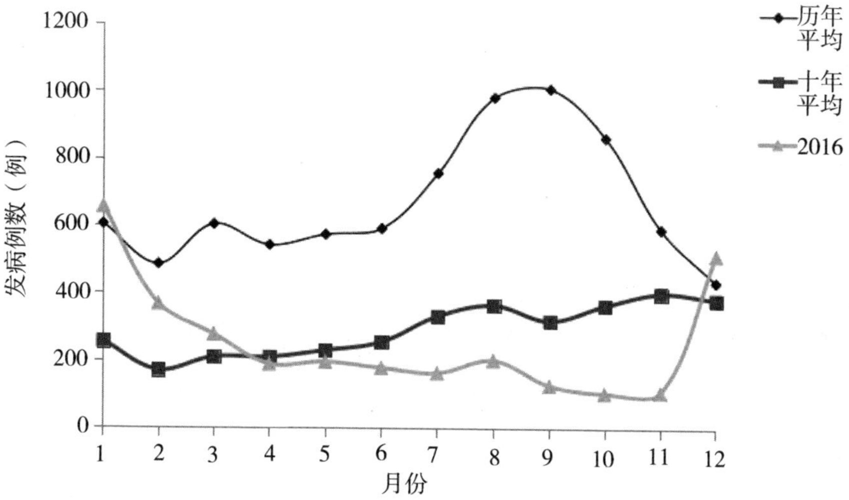

图 2－5－2　1990～2015 年苏州市介水传播性疾病月度变化

图 7－2 提示苏州地区介水传播性疾病 8～10 月份为高发期,冬春季度出现一个小高峰,1994 年之前尤为明显;2004 年以后夏秋季高发的特征则不明显。

(二)地区分布

图 2－5－3 反映的是市区和各市不同年份介水传播性疾病变化情况和规律,显示各市的变化趋势和总的变化类似,而市区的变化幅度则明显缓慢;由图 2－5－4 可以看出,不同时期我市介水传播性疾病市区和各市的构成不同;2009 年之前主要分布在各市,尤其是 1995 年之前,各市介水传播性疾病例数是市区的 2.1～5.2 倍;随着时间的推移,在 2002 年以后介水传播性疾病市区和各市的地区分布差异越来越小,呈全市散发特征。

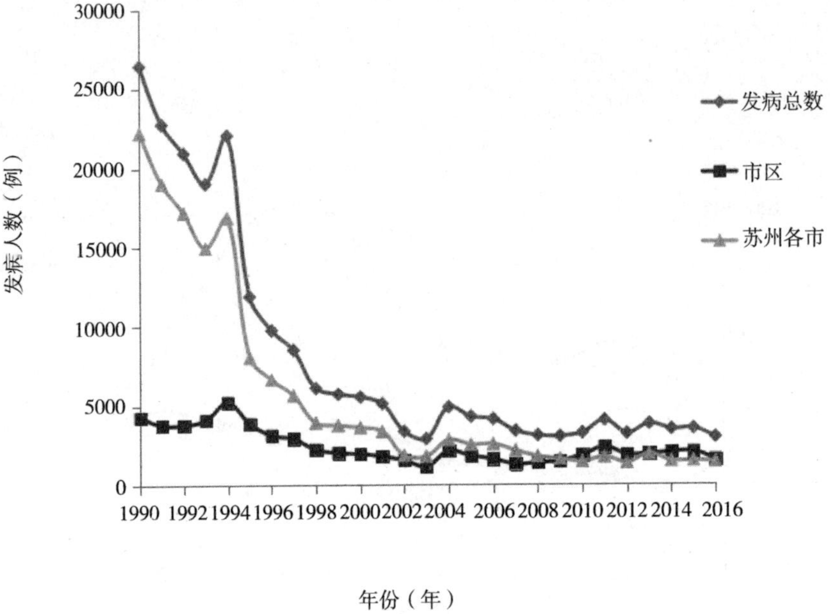

图 2-5-3　1990～2016 年苏州市、各市水性疾病变化情况

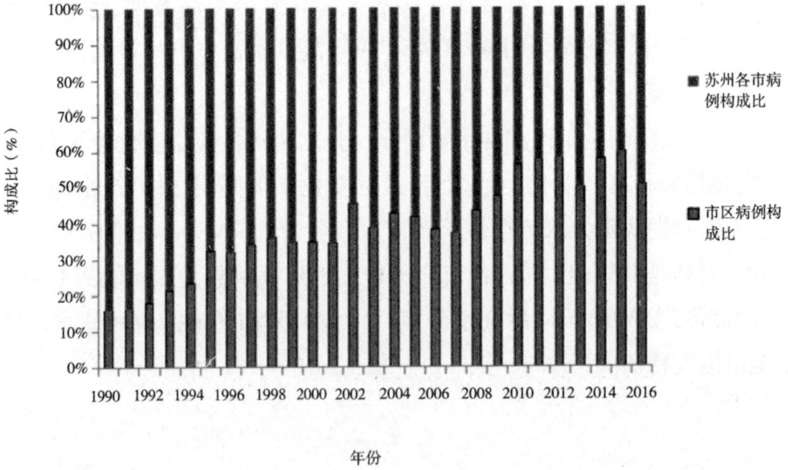

图 2-5-4　1990～2016 年苏州市不同地区介水传播性疾病构成变化

（三）人群分布

2016 年苏州市常见介水传播性疾病发病年龄主要集中在 0～3 岁组，男性和女性比为 1.60∶1，其中在霍乱、伤寒、副伤寒、病毒性肝炎（甲肝、戊肝和未分型肝炎）、细菌性痢疾、阿米巴性痢疾等介水传播性疾病中，男性和女性比为1.23:1，峰值主要集中在20～70岁组段，0～3岁组段呈现一段小峰。而在其他感染性腹泻病例中男性所占比例更高，男性和女性比为1.73:1，年龄组分布呈单个波峰，为0－3岁组。

第二节　空气与健康

一、空气污染（雾霾）人群健康影响监测

为建立空气污染对人群健康影响监测系统，评估空气污染对人群健康影响，采取有效措施，保护公众健康，依据《关于印发2016年江苏省空气污染对人群健康影响监测工作方案的通知》（苏爱卫办[2016]15号）的要求，苏州张家港市开展了2016年度空气污染（雾霾）人群健康影响监测工作，为揭示空气污染对人群健康影响，为采取有效干预措施、保护公众健康提供科学依据。

（一）空气污染对死亡的影响

1. 空气污染状况对死亡的影响。根据张家港市环保局提供的监测点数据，定义空气状况为优和良的为达标日，轻、中和重度污染的为超标日，经统计学检验显示，2016超标日的总死亡人数、呼吸系统和循环系统死亡数显著高于达标日。

表2－5－5　张家港市2016年空气污染状况对死亡影响

空气质量情况	总死亡			呼吸系统			循环系统		
	均数	标准差	p*	均数	标准差	p*	均数	标准差	p*
达标	18.01	5.21	0.002	1.10	1.27	0.002	6.14	2.92	0.016
超标	20.02	5.97		1.55	1.28		6.97	3.09	

*:t检验

2. 不同污染物对死亡的影响。各污染物在不同污染程度时的总死亡、呼吸系统和循环系统死亡日死亡均值分布如下表所示，结果显示PM 2.5、SO_2、PM10、和O_3在不同浓度分布时，总死亡和循环系统死亡人数存在显著性差异，其中PM 2.5和PM10的死亡人数随浓度增加明显，而O_3－1h和O_3－8h的分布情况则相反，即随浓度增加而死亡人数逐渐减少；呼吸系统死亡人数则在不同污染物的不同浓度级别中均未检出显著性差异。

表 2-5-6 张家港市 2016 年不同空气污染物（μg/m³）对死亡影响

污染物名称	浓度	天数	总死亡			呼吸系统			循环系统		
			日均死亡人数	死亡人数增加（%）	p*	日均死亡人数	死亡人数增加（%）	p*	日均死亡人数	死亡人数增加（%）	p*
PM 2.5	0~35	139	17.87	0.00	0.000	0.99	0.00	0.001	3.54	0.00	0.001
	36~75	157	18.01	0.01		1.24	0.25		3.75	0.06	
	76~99	38	21.13	0.18		1.84	0.86		3.19	-0.10	
	100~150	30	21.90	0.23		1.53	0.54		3.94	0.11	
	151~200	2	19.50	0.09		1.50	0.51		5.23	0.48	
	>200	0	—	—							
PM10	0~49	27	18.56	0.00	0.003	1.33	0.00	0.002	6.63	0.00	0.008
	50~99	182	17.91	-0.03		1.03	-0.23		5.94	-0.10	
	100~149	104	18.39	-0.01		1.30	-0.03		6.39	-0.04	
	150~199	37	21.70	0.17		1.84	0.38		7.76	0.17	
	200~250	15	21.00	0.13		1.47	0.10		7.80	0.18	
	>250	1	19.00	0.02		3.00	1.25		6.00	-0.09	
SO2	0~25	194	17.60	0.00	0.001	1.10	0.00	0.043	6.05	0.00	0.029
	26~50	152	19.72	0.12		1.37	0.25		6.63	0.10	
	51~99	20	19.95	0.13		1.55	0.41		7.65	0.26	
	100~	0	—	—		—	—		—	—	
NO2	0~19	18	21.11	0.00	0.000	1.50	0.00	0.136	7.67	0.00	0.000
	20~39	166	18.16	-0.14		1.10	-0.27		6.20	-0.19	
	40~59	123	17.75	-0.16		1.22	-0.19		5.82	-0.24	
	60~79	41	19.80	-0.06		1.49	-0.01		7.02	-0.08	
	80~99	14	23.79	0.13		1.71	0.14		9.43	0.23	
	100	4	22.25	0.05		1.75	0.17		7.75	0.01	
O_3-1h	0~79	119	19.98	0.00	0.005	1.40	0.00	0.128	7.17	0.00	0.003
	80~159	185	18.42	-0.08		1.22	-0.13		6.23	-0.13	
	160~199	34	16.53	-0.17		0.91	-0.35		5.65	-0.21	

续表

污染物名称	浓度	天数	总死亡			呼吸系统			循环系统		
			日均死亡人数	死亡人数增加(%)	p *	日均死亡人数	死亡人数增加(%)	p *	日均死亡人数	死亡人数增加(%)	p *
	200 ~ 249	23	17.52	-0.12		1.17	-0.16		5.35	-0.25	
	250 ~	3	15.00	-0.25		0.33	-0.76		3.67	-0.49	
O_3 -8h	0 ~ 49	56	19.89	0.00		1.30	0.00		7.11	0.00	
	50 ~ 99	192	19.09	-0.04		1.27	-0.03		6.65	-0.06	
	100 ~ 159	83	17.48	-0.12		1.17	-0.10		5.78	-0.19	
	160 ~ 199	26	16.42	-0.17		1.12	-0.14		5.19	-0.27	
	200 ~ 249	9	17.11	-0.14		1.00	-0.23		5.11	-0.28	
	250 ~	0	—	—		—	—		—	—	
CO	0 ~ 0.49	20	17.05	0.00	0.014	1.05	0.00	0.116	5.85	0.00	0.015
	0.5 ~ 0.99	214	18.01	0.06		1.16	0.11		6.04	0.03	
	1.0 ~ 1.49	104	19.45	0.14		1.31	0.25		6.77	0.16	
	1.5 ~ 1.99	27 1	21.19 20.00	0.24 0.17		1.70 0.00	0.62 -1.00		7.89 8.00	0.35 0.37	

*:Spearman 相关分析。

3. 不同污染物与死亡相关性分析。相关性检验表明,除总死亡数、循环系统死亡数与 NO_2 之间,呼吸系统死亡数与 O_3 之间无显著相关关系外,其余污染物与总死亡数、呼吸系统死亡数均存在显著性相关关系。其中 O_3 与总死亡数、循环系统死亡数之间为负相关关系,PM 2.5、PM 10、SO_2、NO_2、CO 与各死亡数之间为正相关关系。

表 2-5-7 张家港市 2016 年空气污染物与死亡相关关系

污染物类别	总死亡		呼吸系统死亡数		循环系统死亡数	
	γ	P	γ	P	γ	P
PM 2.5	0.180	0.001	0.209	0.000	0.162	0.002
PM 10	0.138	0.008	0.147	0.005	0.134	0.010
SO_2	0.239	0.000	0.144	0.006	0.159	0.002
NO_2	0.080	0.131	0.127	0.016	0.070	0.180
CO	0.119	0.023	0.105	0.045	0.127	0.016
O_3	-0.230	0.000	-0.082	0.118	-0.223	0.000

（二）空气污染对急救就诊的影响

1. 空气污染状况对急救人数的影响。结果显示，急救中心的总急救人数和呼吸系统、循环系统疾病的日急救人数均值在达标日与超标日的分布均未检验出显著性差异。

2. 不同污染物对急救人数的影响。污染物 PM 2.5、PM 10、SO_2、NO_2、O_3、CO 在不同污染浓度下，总急救人数、呼吸系统和循环系统疾病急救人数随浓度升高而急救人数逐渐增加的趋势并不明显。

3. 不同污染物与急救人数相关性分析。污染物 PM 2.5、PM 10、SO_2、NO_2、O_3、CO 日平均浓度与日总急救人数之间无显著相关关系。污染物 PM 2.5、PM 10 日平均浓度与日呼吸系统急救人数之间呈显著正相关关系，O_3 日平均浓度与日循环系统急救人数之间呈显著负相关关系。

（三）空气污染对医院门诊就诊的影响

1. 空气质量状况对综合医院门诊就诊的影响。本次调查选取的综合医院为张家港市中医院。

（1）空气质量状况对医院门诊就诊的影响。结果显示，2016 年张家港市中医院空气质量超标日的呼吸系统和儿科的就诊量要显著高于达标日。

表 2-5-8 空气质量状况与张家港市中医院门诊人数比较

空气质量状况	天数	平均就诊人数						
		总门诊	内科	呼吸	循环	儿科	皮肤	眼和附属器
达标日	260	2688	737	405	113	305	128	98
超标日	105	2713	731	454*	114	339*	129	99

*:t 检验 $P<0.05$

(2)PM 2.5浓度等级对医院门诊就诊的影响。结果显示,PM 2.5达到 100μg/m^3 以上时,呼吸系统和循环系统的医院日门诊量均值出现显著增加,而门诊总量变化不明显。

表 2-5-9 张家港市中医院 2016 年就诊情况与 PM 2.5日均浓度关系分析

日均 PM 2.5浓度分级(μg/m^3)	天数	日均总门诊数(人次)	门诊量增加(%)	呼吸系统疾病		心血管疾病	
				日均(人次)	门诊量增加(%)	日均(人次)	门诊量增加(%)
0~35	138	2655.40	0.00	384.28	0.00	106.96	0.00
36~75	157	2741.11	0.03	422.19	0.10	118.11	0.10
76~99	38	2660.18	0.00	489.24	0.27	112.21	0.05
100~150	29	2663.66	0.00	475.79	0.24	117.24	0.10
151~	2	2939.00	0.11	471.50	0.23	136.50	0.28

(3)相关性分析。结果显示,PM 2.5、PM10、O3 与日门诊总量呈相关关系,NO_2 与内科门诊量呈正相关关系;污染物 PM 2.5、PM10、O_3、SO_2、NO_2 与儿科门诊量相关;污染物 PM 2.5、PM10、O_3、SO_2、NO_2、CO 与呼吸系统疾病门诊量相关;PM 2.5、PM10、NO_2 与循环系统疾病日门诊量相关。在上述相关关系中,除臭氧为负相关外,其余均为正相关关系。结果提示空气污染对儿科门诊量、呼吸系统和循环系统疾病的影响最为显著。

2. 空气污染对社区医院门诊就诊的影响。本次调查选取的社区医院为张家港澳洋医院杨舍分院。

(1)空气质量状况对医院门诊就诊的影响。除了呼吸系统门诊量在达标日和非达标日存在统计学上差异,其他总门诊、内科、循环系统、皮肤、眼和附属器等在达标日和非达标日均不存在统计学差异。

表 2-5-10 澳洋医院杨舍分院 2016 年门诊人数与空气质量状况关系

空气质量状况	天数	平均就诊人数					
		总门诊	内科	呼吸 *	循环	皮肤	眼和附属器
达标日	260	225	34	42	27	14	7
超标日	105	223	33	40	26	13	7

* :t 检验 $P<0.05$

(2)PM 2.5浓度对澳洋医院杨舍分院门诊就诊的影响。结果显示,不同 PM 2.5浓度下,总门诊、呼吸系统、心血管系统门诊量无显著性差异。

表 2-5-11 澳洋医院杨舍分院 2016 年就诊情况与 PM 2.5日均浓度关系分析

日均 PM 2.5 浓度分级 ($\mu g/m^3$)	天数	日均总门诊数(人次)	门诊量增加(%)	呼吸系统疾病		心血管疾病	
				日均(人次)	门诊量增加(%)	日均(人次)	门诊量增加(%)
0~35	138	219.52	0.00	42.02	0.00	26.34	0.00
36~75	157	229.35	4.49	41.68	0.00	28.29	7.40
76~99	38	219.61	0.00	37.55	0.00	25.47	0.00
100~150	29	223.40	1.77	40.9	0.00	26.7	1.37
151~	2	217.50	0.00	41.0	0.00	23.0	0.00

(3)相关性分析。呼吸系统门诊量与 PM 2.5、PM10、SO_2、CO 存在统计学上相关性;循环系统门诊量与 CO 有相关性。提示空气污染对呼吸系统疾病影响较为显著。

(四)空气污染对小学生健康的影响分析

本次调查选取的小学校为张家港城北小学。

1. 小学生雾霾期间患病率(%)。根据张家港市环保局提供的2016 年环保数据,将调查日期 11 月 16 日至 12 月 7 日分为期间 1(空气质量相对较好,未出现中度或重度污染日),将调查日期 12 月 8 日至 12 月 31 日分为期间 2(空气质量相对较差,出现了轻度、中度、重度污染,且污染日期较为集中)。经分析,期间 1 与期间 2 内受调查小学生患病率的差异无统计学意义。

2. 小学生症状发生率(%)。结果显示,空气质量相对较好期间小学生的上呼吸道症状发生率要显著低于空气质量相对较差的时期。

表 2-5-12 2016年不同空气质量条件下小学生症状发生情况

变量	期间1		期间2		χ^2	P
	N	患病率(%)	N	患病率(%)		
咽喉	299	0.49	245	0.40	9.687	0.002
咳嗽	277	0.45	224	0.37	9.524	0.002
咳痰	125	0.21	103	0.17	2.612	0.106
咽痛	60	0.10	48	0.08	1.463	0.226
眼睛	51	0.08	46	0.08	0.280	0.597
流泪	34	0.06	31	0.05	0.146	0.702
眼睛疼、红、痒	22	0.04	26	0.04	0.347	0.556
鼻腔	302	0.50	258	0.42	6.399	0.011
流鼻涕	269	0.44	226	0.37	6.293	0.012
鼻子痒、干	50	0.08	36	0.06	2.452	0.117
鼻塞	143	0.23	167	0.27	2.492	0.114
流鼻血	27	0.04	37	0.06	1.649	0.199
打喷嚏	135	0.22	145	0.24	0.464	0.496
皮肤	27	0.04	31	0.05	0.290	0.590
皮疹	10	0.02	5	0.01	1.687	0.194
皮肤瘙痒	19	0.03	21	0.03	0.103	0.784
其他	59	0.10	83	0.14	4.592	0.032
发热	28	0.05	49	0.08	6.114	0.013
恶心、呕吐	18	0.03	23	0.04	0.631	0.427
腹泻、腹痛	10	0.02	16	0.03	1.415	0.234
无上述症状	225	0.37	281	0.46	10.602	0.001

3. 小学生雾霾期间因病缺课情况。在期间1内，张家港市城北小学受调查学生中共有33名(13男20女)，占学生总数的5.4%；在期间2内，城北小学受调查学生中共有41名学生(15男26女)，占学生总数的6.7%，且受调查小学生在期间1与期间2的因病缺课差异无统计学意义。

4. 小学生症状发生的时间-频数分布。根据张家港市环保局提供的2016年环保数据，2016年12月16日和12月23日出现了重度污染的天气，12月16日至

19 日症状发生频数呈上升趋势,12 月 23 至 26 日症状发生频数同样有上升趋势。

二、公共场所和集中空调通风系统卫生监测

(一)公共场所空气质量

依据《公共场所卫生管理条例》和《公共场所卫生管理条例实施细则》,苏州市各级疾病预防控制中心接受社会委托,对公共场所空气质量进行卫生学检测。2016 年共接受公共场所委托 2903 家,其中检测合格单位数 2275 家,合格率为 78.37%。总监测 60996 项次,其中合格 56998 项次,合格率为 93.45%,主要不合格项为温湿度、二氧化碳、细菌总数、PM10、甲醛等不合格。

表 2-5-13　2016 年苏州市公共场所空气质量检测情况

疾控中心	委托单位数	合格单位数	监测项次数	合格项次数	主要不合格项次
苏州市	19	13	855	806	噪声
姑苏区	396	155	32803	30195	—
吴中区	826	788	4889	4075	温湿度、二氧化碳、照度
相城区	19	14	402	385	温度、甲醛、照度、噪声、PM10
高新区	291	288	5908	5905	细菌总数
工业园区	579	485	4250	4156	细菌总数
吴江区	53	52	386	385	空气细菌总数
常熟	70	14	1657	1535	可吸入颗粒物、照度、二氧化碳等
张家港	98	49	1389	1333	温度(冬季)、相对湿度
昆山	439	304	6777	6543	温度、湿度
太仓	113	113	1680	1680	—
合计	2903	2275	60996	56998	—

(二)公共场所集中空调通风系统卫生监测

依据《公共场所集中空调通风系统卫生规范》和《公共场所集中空调通风系统清洗消毒规范》,苏州市、张家港市疾病预防控制中心和苏州工业园区疾病防治中心接受委托,开展公共场所集中空调通风系统卫生监测。2016 年共接受公共场所集中空调检测 148 家,检测合格单位 130 家,合格率为 87.84%。总监测 1348 项次,其中合格 1324 项次,合格率为 98.22%,主要不合格项细菌总数、真菌总数、PM10 和冷却水中嗜肺军团菌。

表 2-5-14　2016 年苏州市集中空调通风系统卫生监测情况

疾控中心	委托单位数	合格单位数	监测项次数	合格项次数	主要不合格项次
苏州市	50	48	620	618	冷却水嗜肺军团菌
工业园区	90	77	540	527	细菌总数
张家港	8	5	188	179	细菌总数、真菌总数、PM10
合计	148	130	1348	1324	

第三节　农村环境卫生监测

为评价农村环境卫生状况，掌握农村环境卫生健康危害因素水平，为政府相关部门制订政策措施提供依据和支持，根据《关于印发 2016 年江苏省饮用水和农村环境卫生监测方案的通知》苏爱卫办〔2016〕16 号的要求，在全市范围内选取吴江区和昆山市两地开展农村环境卫生监测工作。完成了 10 个乡镇、40 个行政村监测点、200 户家庭监测户、20 所中小学校的环境卫生监测任务。主要结果如下：

一、农村环境卫生管理

各监测点 100% 制定了较完善的环境卫生制度，均配有专职保洁员，95% 的行政村制定了农村环境卫生规划，100% 开展卫生宣教，投入卫生经费各村平均接近 50 万元/年。

二、农村环境卫生

（一）基本情况

集中式生活饮用水区域供水覆盖率 100%；垃圾和污水集中处理率为 100%，95.07% 的家庭采用三格式厕所对粪便进行无害化处理；农村家庭农药使用率为 46%；91.5% 的家庭饭前便后都洗手；96% 的家庭使用的为煤气或天然气。

（二）病媒生物

在病媒生物的调查中，33% 的家庭房屋周围有鸡/鸭/鹅圈，66.5% 周围有垃圾投放点；入户病媒生物监测结果：蟑迹发现率 34%，鼠迹发现率 11.5%，苍蝇发现率 26%。

（三）农药的使用与管理

46%的家庭使用农药，17.88%的家庭在农药使用过程中没有佩戴任何防护设施；68.04%的用户将农药储存在杂屋内，69.57%的用户将废弃包装药瓶（袋）堆放在田边或垃圾堆边。

（四）土壤重金属监测

根据《土壤环境质量标准》GB15618－1995对土壤中铅、镉、铬含量进行检测和评价。土壤标准可分成一级标准、二级标准、三级标准，其中二级标准为保障农业生产、维护人体健康的土壤限制值，超过二级标准就可能对健康造成损害。本次检测土壤铅、铬、镉含量合格率均达到100%，其中土壤总铬含量一级标准达100%，镉含量一级标准达90%，铅含量一级标准达60%。

第六章

苏州市食品与健康

第一节　食源性疾病监测结果

一、食源性疾病事故暴发情况

据网络直报和补充报告统计苏州全市2016年暴发食源性疾病事故59起，发病906人，地区发病率为6.6/10万（人口基数含流动人口共1380万）。全年无死亡病例。

微生物是引起食源性疾病事故暴发的主要因素，其中以副溶血性弧菌为主；其次为未查明致病因子、有毒动植物中毒。

表2-6-1　2016年苏州市食源性疾病事故暴发致病因子

致病因子类别	起数	构成比（%）	发病人数	构成比（%）
微生物	47	79.66	748	82.56
不明原因	10	16.95	128	14.13
有毒动植物	1	1.69	27	2.98
化学性	1	1.69%	3	0.33
总计	59	100	906	100

食物中毒的主要场所是农村宴席、宾馆饭店、单位食堂和家庭等。

表 2-6-2 2016 年苏州市食源性疾病事故暴发场所

单位类型	起数	构成比(%)
农村宴席	19	32.20
宾馆饭店	14	23.73
单位食堂	13	22.03
家庭	5	8.47
食品店	3	5.08
学校食堂	2	3.39
食品超市	1	1.69
送餐单位	1	1.69
工地食堂	1	1.69
总计	59	100

中毒食品主要为水产品、肉制品和米面制品。

表 2-6-3 2016 年苏州市食源性疾病事故暴发食品类别

食品类别	起数	构成比(%)
不明食品	22	37.29
水产品	17	28.81
肉制品	9	15.25
米面制品	8	13.56
蔬菜	2	3.39
误用调味品	1	1.69
总计	59	100

二、食源性疾病负担调查情况

各行政区建立社区人群监测点，开展为期 12 个月的总人群急性腹泻病的调查。全市 10 个市、区监测点根据区域内各卫生服务中心所服务范围内人口数分配抽样比例，抽取居民户，入户调查将要过生日的家庭人员过去 4 周的急性胃肠炎发病治疗情况。2016 年全年 10 个市、区共调查 11620 人，其中 129 人在过去 4 周内发生过急性胃肠炎，月发病率为 1.11%，自诉食源性占 59%；年发病率为 0.09 次/人年。

以2016年底人口1380万计算，估算2016年全市有73万人次患食源性疾病，经济负担为4585万元，发病者去医院就诊率42%，粪检率7%，服药人数占67%。治疗费等人均62.07元。

表2-6-4 2016年苏州市食源性疾病负担调查情况

地区	调查人数	发病人数	月发病率%	年发病率（次/人年）	就诊人数	就诊率%	住院人数	检测人数	粪捡率%	服药人数	服药率%	食物因素	食源性%	治疗费（元）	其他费用（元）	误工（天）	误课（天）
姑苏区	1204	13	1.08	0.09	4	30	1	2	50	5	38	7	53	806	250	0	0
吴中区	1204	1	0.08	0.01	1	100	0	0	0	1	100	0	0	300	60	0	3
相城区	1173	2	0.17	0.01	1	50	0	0	0	1	50	1	50	21	0	0	0
高新区	1201	19	1.58	0.13	7	36	0	0	0	12	63	8	42	267.76	0	0	0
工业园区	830	14	1.69	0.14	11	78	0	0	0	10	71	8	57	1446.87	130	0	0
吴江区	1190	17	1.43	0.12	9	52	0	1	11	14	82	13	76	470.99	0	1	0
常熟市	1200	11	0.92	0.08	1	9	1	1	100	4	36	3	27	755	0	0	0
张家港市	1200	31	2.58	0.22	18	58	1	0	0	21	67	23	74	3243.1	0	1	0
昆山市	1218	18	1.48	0.12	3	16	0	0	0	17	94	14	77	255	0	0	0
太仓市	1200	3	0.25	0.02	0	0	0	0	0	2	66	0	0	1	0	0	0
全市	11620	129	1.11	0.09	55	42	3	4	7	87	67	77	59	7566.72	440	2	3

三、哨点医院食源性疾病病例主动监测情况

2016 年苏州市卫生计生委制定发布了《苏州市医疗机构食源性疾病病例监测报告规范》，并建立了基于 HIS 的食源性疾病实时监测系统，实现了与国家监测系统的对接。食源性疾病监测哨点医院进一步扩大到覆盖苏州全市的 35 家医院。全年全市监测点的食源性疾病病例就诊数 140461 例，采集病例信息数 3463 例，粪便标本 2895 份，检测沙门氏菌、副溶血性弧菌、志贺氏菌、致泻大肠埃希氏菌、小肠结肠耶尔森菌、弯曲菌、创伤弧菌、霍乱弧菌、金黄色葡萄球菌等致病菌和诺如病毒。检出阳性率 14.8%；其中致病菌阳性检出率为 9.5%，病毒阳性率为 5.3%。主要致病因子为副溶血型弧菌、诺如病毒、致泻大肠埃希氏菌、沙门氏菌、志贺氏菌、金葡菌、霍乱弧菌、空肠弯曲菌，其中以副溶血型弧菌、诺如病毒为主。

表 2－6－5　2016 年苏州市食源性疾病病例主动监测情况

医院名称	就诊人数	病例数	监测率%	样本数	采样率%	明确食物%	病因查明率%	细菌阳性	细菌检出率%	病毒阳性	病毒检出率%
市属	26755	387	1.45	381	98.4	71.8	24.1	68	17.8	24	6.3
姑苏	3649	198	5.43	194	98.0	81.3	10.3	12	6.2	8	4.1
吴中	3277	143	4.36	138	96.5	82.5	8.0	10	7.2	1	0.7
相城	6899	136	1.97	133	97.8	71.3	17.3	14	10.5	9	6.8
高新	3101	79	2.55	71	89.9	59.5	18.3	11	15.5	2	2.8
工业园	7965	161	2.02	157	97.5	11.8	8.9	11	7.0	3	1.9
吴江	4385	133	3.03	133	100.0	33.8	9.8	7	5.3	6	4.5
常熟	26588	758	2.85	758	100.0	72.3	20.7	84	11.1	73	9.6
张家港	16799	981	5.84	445	45.4	13.7	11.7	38	8.5	14	3.1
昆山	16608	267	1.61	267	100.0	81.6	8.6	16	6.0	7	2.6
太仓	24435	220	0.90	218	99.1	15.5	4.6	4	1.8	6	2.8
全市	140461	3463	2.47	2895	83.6	49.1	14.8	275	9.5	153	5.3

表 2-6-6 2016 年苏州市食源性疾病病例致病因子分布

致病因子	数量	构成比(%)
沙门氏菌	41	9.58
志贺氏菌	5	1.17
副溶血性弧菌	155	36.21
致泻大肠埃希氏菌、	37	8.64
金黄色葡萄球菌等致病菌	15	3.50
弯曲菌	8	1.87
创伤弧菌	2	0.47
霍乱弧菌	4	0.93
其他	8	1.87
诺如病毒	153	35.75
合计	428	100

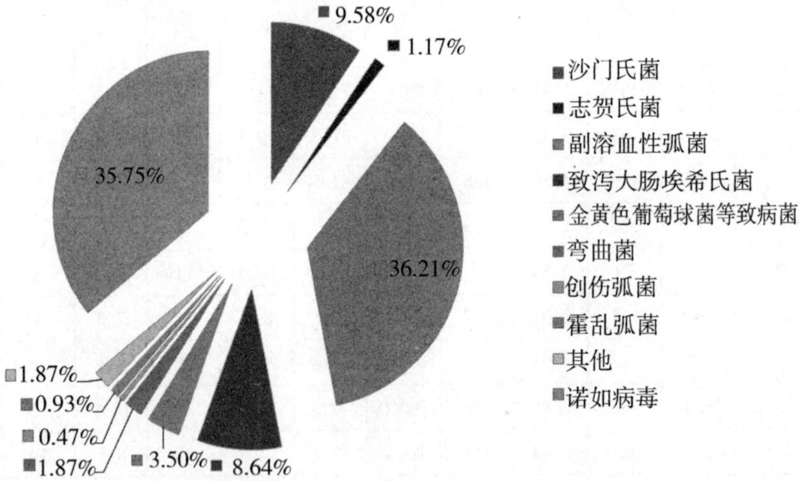

图 2-6-1 2016 年苏州市食源性疾病病例致病因子分布情况

第二节 食品监测结果

一、食品污染物监测结果

常规和专项监测样品共涉及9大类1296件，监测各类食品项目总数9539。理化污染物共监测8大类516件，主要监测元素、生物毒素、食品添加剂、有机污染物、农药、包装材料迁移污染物、非法添加物质、禁用药物。检测结果见表1。样品的平均检出率39.2%，项目平均检出率24.3%，样品平均超标率3.7%，项目平均超标率0.32%。食品中污染物的检出率较高的依次为有机污染物、元素、食品添加剂、农药、禁用药物和兽药，项目检出率较高的是元素、有机污染物和食品添加剂。

表2-6-7　2016年苏州市食品污染物指标检出与超标情况

食品污染物	样品量	项目数	样品检出量	样品检出率（%）	项目检出数量	项目检出率（%）	样品超标数量	样品超标率（%）	项目超标数量	项目超标率（%）
农药	167	2455	14	8.38	21	0.86	0	0	0	0
包装材料迁移污染物	16	184	0	0.00	0	0.00	0	0	0	0
元素	491	1508	454	92.46	1310	86.87	4	0.81	4	0.27
生物毒素	26	118	0	0.00	0	0.00	0	0	0	0
非法添加物质	25	90	0	0.00	0	0.00	0	0	0	0
食品添加剂	43	78	22	51.16	22	28.21	1	2.33	1	1.28
有机污染物	8	120	8	100.00	59	49.17	0	0	0	0
禁用药物	345	1304	12	7.35	12	2.44	12	3.48	12	0.92
合计	516	5857	202	39.15	1424	24.31	17	3.29	17	0.29

表2-6-8　超标的食品及项目

样品名称	检验项目	检测值	标准值
茭白	铅	0.227mg/kg	0.1mg/kg
果仁糕	铅	2.5mg/kg	0.5mg/kg

续表

样品名称	检验项目	检测值	标准值
蛏子	镉	3.016mg/kg	2.0mg/kg
生蚝	镉	3.016mg/kg	2.0mg/kg
红薯粉丝	含铝添加剂	0.042g/kg	0.01g/kg

表 2－6－9 禁用药物检出情况

样品名称	样品数量	检出禁用药物	含量均值
绿豆芽	2	吲哚乙酸	1.25mg/kg
蛋类	2	金刚烷胺	2.5μg/kg
鸡肉	3	金刚烷胺	0.6μg/kg
海产品(蛤类)	5	氯霉素	0.19μg/kg

二、食源性致病菌监测结果

食源性致病菌共采集样品548件，检测项目1240项，检出致病菌的食品74件，致病菌检出率13.5%。检出致病菌菌株90株。致病菌项目检出率7.3%。

检出的主要致病菌是空肠弯曲菌、副溶血性弧菌、沙门氏菌。主要的食品为鸡肉、大闸蟹、三文鱼。

表 2－6－10 不同食品类别监测项目的检出情况

食品类别	样品数量	阳性样品数量	阳性率(%)
焙烤及油炸类食品	13	2	15.38
餐饮食品	3	0	0
蛋与蛋制品	100	0	0
豆制品	57	0	0
肉与肉制品	123	53	43.09
冷冻饮品	50	0	0
水产品	82	18	21.95
淀粉制品	79	0	0
糕点	41	1	2.44
合计	548	74	13.50

表 2－6－11　检出阳性菌种类及食品数量

主要阳性食品	致病菌	阳性食品数量
鸡肉	空肠弯曲菌	52
膨化食品	蜡样芽孢杆菌	2
大闸蟹、三文鱼	副溶血性弧菌	22
鸡肉	沙门氏菌	10
卤菜、海产品	单核细胞增生李斯特氏菌	3
芝麻酥糖	金黄色葡萄球菌	1

表 2－6－12　不同食品类别监测微生物项目的检出情况

食品类别	合计			蜡样芽孢杆菌			单核细胞增生李斯特氏菌			副溶血性弧菌			金黄色葡萄球菌			沙门氏菌			空肠弯曲菌		
	样品数	阳性数	阳性率（%）	样品数	阳性数	阳性率（%）	样品数	阳性数	阳性率（%）	样品数	阳性数	阳性率（%）	样品数	阳性数	阳性率（%）	样品数	阳性数	阳性率（%）	样品数	阳性数	阳性率（%）
焙烤及油炸类食品	13	2	15.38	13	2	16.7	13						13			13					
餐饮食品	3	0	0	3			3						3			3					
蛋与蛋制品	100	0	0													100					
豆制品	57	0	0	7			7						57			57					
肉与肉制品	123	53	43.09	6			29	2	6.90				29			123	10	8.13	94	52	55.3
冷冻饮品	50	0	0				50						50			50					
水产品	82	18	22.0	1			31	1	3.23	81	22	27.2	1			31					
淀粉制品	79	0	0										79			79					
糕点	41	1	2.44										41	1	2.44	41					
合计	548	74	13.50	30	2	6.67	133	3	2.26	81	22	27.2	273	1	0.37	497	10	2.01	94	52	55.3

三、苏州地方特色食品监测结果

根据我市特点2016年年对“水八仙”“酥糖”“大闸蟹”“粉皮”“面筋”和“糟卤糟油”等地产食品进行了专项监测。

(一)水八仙

2016年苏州各区县共采集水八仙样品104份,监测重金属和农药,重金属包括砷、汞、铬、铅、镉5个项目,农药包括毒死蜱、三唑磷、敌敌畏、甲基异柳磷、甲基对硫磷、甲胺磷、对硫磷、氯氰菊酯、联苯菊酯、敌百虫、多菌灵、甲基硫菌灵、三唑酮、六六六、滴滴涕15个项目。具体结果如下:

1. 重金属:各项目检出率分别为铅100%、镉100%、铬100%、汞80%、砷50%。重金属平均值见下图。按GB2762－2012、GB2763－2012标准判定,其中有1份样品铅超标(常熟农贸市场－茭白0.227mg/kg),其余样品重金属均未超标。

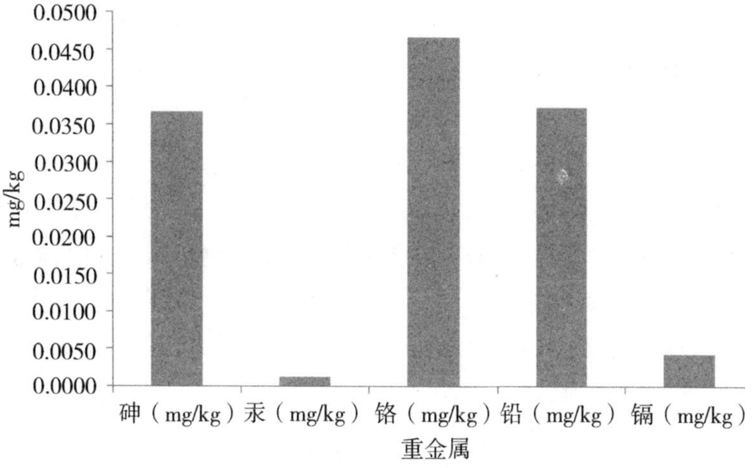

图2－6－2　2016年水八仙中重金属平均值

2. 农药:104份水八仙样品中,仅1份样品检出多菌灵,但未超标。其余样品均未检出上述15种农药。

(二)酥糖

共检测45件酥糖样品,检测了铅和砷两项指标。铅合格率97.8%,其中一件样品“果仁糕”铅超标,为2.5mg/kg,砷合格率100%。其中,铅的检出率为51.1%,平均检出量为0.181mg/kg;砷的检出率为31.1%,平均检出量为0.022mg/kg。另外,检测了菌落总数、大肠菌群、金黄色葡萄球菌、霉菌、沙门氏菌

5 项微生物指标,微生物检出率 80%,合格率 88.9%。菌落总数、大肠菌群、金黄色葡萄球菌、霉菌的检出率分别为 80%、22.2%、11.1%、26.7%,检出的几何平均数分别为 184.7CFU/g、28.9CFU/g、40.4CFU/g、77.9CFU/g。未检出沙门氏菌。

表 2-6-13 酥糖理化指标检出情况

	铅(mg/kg)	砷(mg/kg)
检出率(%)	98.1	1.89
平均水平(mg/kg)	0.0276	0.022
不合格率(%)	2.2	0

表 2-6-14 酥糖微生物指标检出情况

	菌落总数(CFU/g)	大肠菌群(CFU/g)	金黄色葡萄球菌(CFU/g)	霉菌(CFU/g)
检出率(%)	80	22.2	11.1	26.7
平均水平(CFU/g)	184.7	28.9	40.4	77.9
不合格率(%)	0	0	11.1	11.1

(三)粉皮

共检测 80 份粉皮样品,检测了铝指标和 4 项微生物指标。其中,铝的检出率为 100%,平均水平 38.7mg/kg。

菌落总数和大肠菌群检出率分别为 58.8% 和 11.3%。所有样品中均未检出金黄色葡萄球菌和沙门氏菌。

表 2-6-15 粉皮检测情况

	铝(mg/kg)	菌落总数(CFU/g)	大肠菌群(CFU/g)	致病菌
检出率(%)	100	58.8	11.3	0
平均水平	38.7	3166.1	177.8	0

(四)大闸蟹

本次共检测 48 份大闸蟹样品,全部样品检测了副溶血型弧创伤弧菌和霍乱弧菌 3 项微生物指标,其中 22 份样品检测了汞、铅、砷 3 项指标。副溶血型弧菌检出率 35.4%,所有样品均未检出创伤弧菌和霍乱弧菌。汞、铅、砷检出率分别为 90.9%、100%、100%,平均水平分别为 0.001mg/kg、0.056mg/kg、0.91mg/kg,汞、铅、砷未发现超标。

表 2-6-16　大闸蟹检测情况

	创伤弧菌（CFU/g）	霍乱弧菌（CFU/g）	副溶血性弧菌（CFU/g）	汞（mg/kg）	铅（mg/kg）	砷（mg/kg）
检出率（%）	0	0	35.4	90.9	100	100
平均水平	-	-	-	0.001	0.056	0.91
不合格率（%）	0	0	35.4	0	0	0

（五）糟油糟卤

本次共送检 32 份糟卤糟油样品。检测了 3 项微生物指标和 4 项理化指标。菌落总数检出率为 9.4%，检出的平均水平为 159CFU/ml，所有样品未检出大肠菌群和霉菌。糟油和糟卤的氨基酸态氮指标平均水平分别为 0.01g/100mL、2.7g/100mL，不合格率分别为 100% 和 91.7%。非盐固形物的平均水平分别为 0.1g/100mL、4.2g/100mL。铅和砷检出率为 100%、18.8%，平均水平分别为 0.039mg/kg、0.014mg/kg，没有发现铅和砷超标。

表 2-6-17　糟油、糟卤检测结果比较

	菌落总数	大肠菌群	霉菌	氨基酸态氮 g/100mL	非盐固形物 g/100mL	铅 mg/kg	砷 mg/kg	超标率%
糟油	409.76	<10	<10	0.0117	2.7488	0.0406	0.016	100.0
糟卤	24	<10	<10	0.104	4.249	0.038	0.014	91.7
地方标准	10000	100	—	0.15	2.0	3.0	0.5	

（六）面筋制品

本次共检测 44 份面筋制品，检测了 3 项微生物指标和 1 项理化指标。大肠菌群检出率为 45.5%，平均水平 772.6CFU/ml。所有样品未检出沙门氏菌和金黄色葡萄球菌。铅检出率为 56.8%，平均水平 0.083mg/kg，未发现超标样品。

表 2-6-18　面筋制品检测情况

	大肠菌群（CFU/ml）	铅（mg/kg）
检出率（%）	45.5	56.8

续表

	大肠菌群（CFU/ml）	铅（mg/kg）
平均水平	772.6	0.083

第七章

医疗机构和托幼机构消毒质量

第一节　医疗机构消毒质量

根据《各级疾病预防控制机构基本职责》和《江苏省医疗机构监测方案》的要求，各级疾控中心对医疗机构的重点部门和重点环节开展消毒质量监测，掌握消毒质量和感染危险因素，预防和控制医院感染的发生。评价依据：《医院消毒卫生标准》GB15982－2012、卫生部《消毒技术规范》2002 年版、《血液透析和相关治疗用水》YY0572－2005、《内镜清洗消毒技术操作规范》卫生部 2004 版、《医院消毒供应中心第 3 部分：清洗消毒及灭菌效果监测标准》WS310. 3－2009、《医务人员手卫生规范》WS/T313－2009、《医院洁净手术部建筑技术规范》GB50333－2013、《医疗机构水污染物排放标准》GB18466－2005 等。

2016 年共监测全市各级医疗机构 317 家。监测结果表明医院污水、消毒后内镜、手卫生的合格率偏低，另外部分灭菌器的灭菌效果不合格，存在较大医院感染风险。

表2-7-1 2016年苏州市医疗机构消毒质量监测结果汇总

单位级别	结果	室内空气	使用中消毒液	卫生手	外科手	环境物体表面	紫外线杀菌灯	灭菌器灭菌效果	高度危险性器材	中低度危险性器材	消毒后内镜	透析用水
三级(20)家	采样数	162	132	185	78	235	79	49	130	79	67	40
	合格数	158	131	164	70	226	79	49	130	79	56	40
	合格率(%)	97.53	99.24	88.65	89.74	96.17	100.00	100.00	100.00	100.00	83.58	100.00
二级(55)家	采样数	306	209	354	50	317	234	56	215	63	73	36
	合格数	302	205	328	46	314	232	56	213	63	71	36
	合格率(%)	98.69	98.09	92.66	92.00	99.05	99.15	100.00	99.07	100.00	97.26	100.00
一级(194)家	采样数	258	229	563	37	434	225	60	307	131	29	6
	合格数	245	225	502	37	428	208	54	301	131	29	6
	合格率(%)	94.96	98.25	89.17	100.00	98.62	92.44	90.00	98.05	100.00	100.00	100.00
无级别(48)家	采样数	42	32	89	25	103	38	34	88	1	4	1
	合格数	42	31	72	25	103	38	32	88	1	4	1
	合格率(%)	100.00	96.88	80.90	100.00	100.00	100.00	94.12	100.00	100.00	100.00	100.00

续表

单位级别	结果	室内空气	使用中消毒液	卫生手	外科手	环境物体表面	紫外线杀菌灯	灭菌器灭菌效果	高度危险性器材	中低度危险性器材	消毒后内镜	透析用水
合计（317）家	采样数	768	602	1191	190	1089	576	199	740	274	173	83
	合格数	747	592	1066	178	1071	557	191	732	274	160	83
	合格率（%）	97.27	98.34	89.50	93.68	98.35	96.70	95.98	98.92	100.00	92.49	100.00

第二节　托幼机构消毒质量

根据卫生部《各级疾病预防控制机构基本职责》和《江苏省托幼机构消毒质量监测方案》要求，全市各级医疗机构对托幼机构开展消毒质量监测，为托幼机构消毒工作提供技术支撑，规范托幼机构消毒方法，进一步提高消毒质量，预防托幼机构感染性疾病的发生和流行。评价依据：江苏省地方标准《托幼机构消毒卫生标准》DB32/776－2015。

2016 年共检测 110 所各类托幼机构，监测结果表明，保育人员的手卫生和紫外线灯的消毒质量方面存在隐患。

表 2－7－2　2016 年苏州市托幼机构消毒质量监测结果汇总

幼儿园分类	结果	空气(动态)	空气(静态)	物体表面	保育人员手	餐(饮)具	紫外线灯
(幼儿数≥400 人,52 家)	采样数	331	89	552	304	573	132
	合格数	322	86	525	200	555	119
	合格率(%)	97.28	96.63	95.11	65.79	96.86	90.15
(幼儿数 200－399 人,26 家)	采样数	162	11	162	112	176	39
	合格数	153	8	154	83	169	27
	合格率(%)	94.44	72.73	95.06	74.11	96.02	69.23
(幼儿数≤199 人,32 家)	采样数	161	2	182	113	255	56
	合格数	137	2	178	103	250	55
	合格率(%)	85.09	100.00	97.80	91.15	98.04	98.21
合计	采样数	654	102	896	529	1004	227
	合格数	612	96	857	386	974	201
	合格率(%)	93.58	94.12	95.65	72.97	97.01	88.55

第八章

苏州市媒介生物监测

第一节　病媒生物密度

病媒生物是指能直接或间接传播疾病(一般指人类疾病)的生物,主要包括鼠、蚊、蝇、蜚蠊(即蟑螂)、蚤、蜱、螨等。病媒生物能传播多种传染病,加强病媒生物防治,能有效预防和控制传染病的发生和传播,而开展病媒生物监测不仅能为病媒生物防治提供依据,而且能为病媒生物性传染病的流行趋势提供预测预警信息。因此,病媒生物监测是疾病预防控制中一项重要的系统性基础工作。根据工作计划安排,并依据《江苏省病媒生物监测方案(试行)》《江苏省重要病媒生物抗药性监测方案(试行)》(2014)等,2016 年我市开展了鼠、蚊、蝇和蟑螂种群及其密度监测,以及家蝇的抗药性监测等项工作。

一、鼠类种群及其密度监测

(一)种群分布

2016 年,全市捕获鼠累计 17 只,其中小家鼠 10 只,占捕获总数的 58.82%;褐家鼠 5 只,占 29.41%;黄胸鼠和黑线姬鼠各只,各占 5.88%。监测结果表明,小家鼠为苏州市优势鼠种(图 2-8-1)。

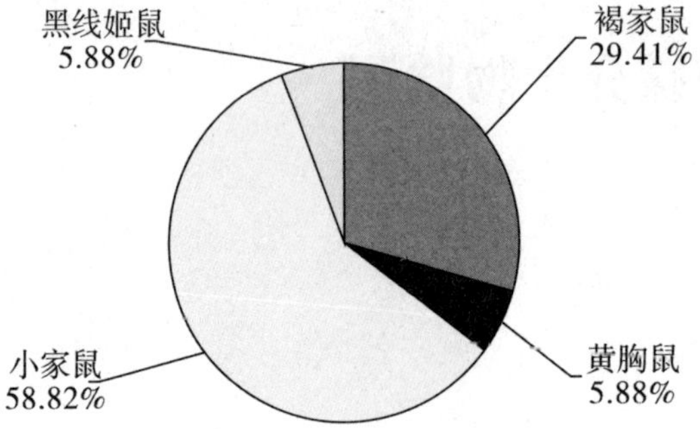

图 2-8-1　2016 年苏州市鼠群构成情况

（二）密度

2016 年，我市平均鼠密度为 0.33%，其中居民区平均鼠密度为 0.40%，特殊行业为 0.27%，农村自然村平均鼠密度为 0.37%。

（三）密度季节消长

1 月至 4 月鼠密度均为 0，5、7、9 和 11 月鼠密度分别为 0.26%、1.14%、0.74% 和 1.47%，11 月的鼠密度为全年最高峰（图 2-8-2）。

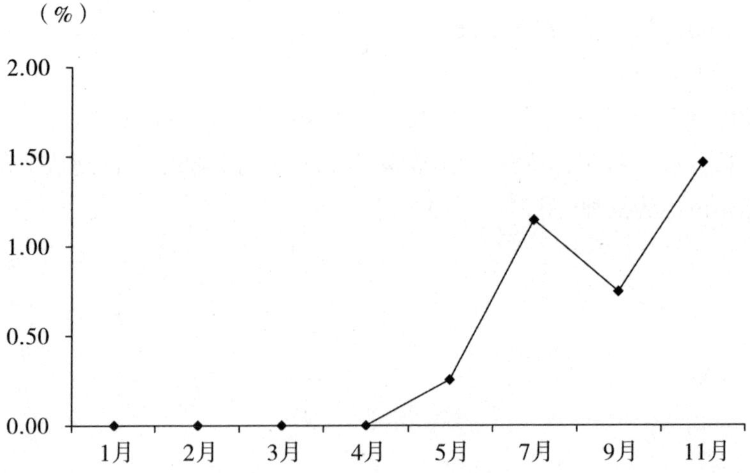

图 2-8-2　2016 年苏州市鼠密度季节消长情况

二、蚊类种群及其密度监测

（一）种群构成

2016 年，全市共捕获成蚊 2654 只，其中淡色库蚊占成蚊总数的 64.62%，三带喙库蚊占 9.98%，白纹伊蚊占 10.16%，中华按蚊占 6.04%，骚扰阿蚊占 9.19%。监测结果表明，淡色库蚊为优势种群（图 2-8-3）。

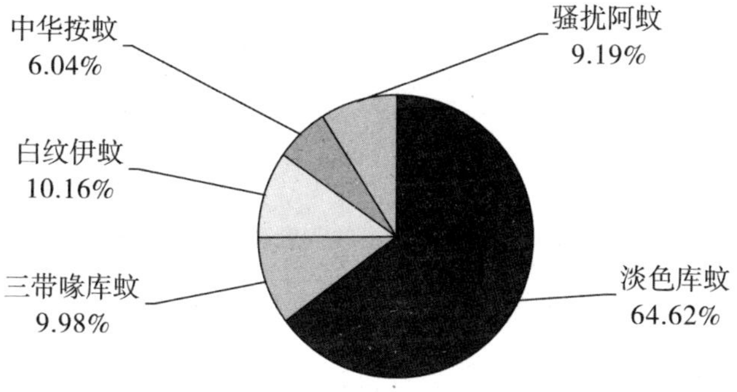

图 2-8-3　2016 年苏州市蚊种群构成情况

（二）密度

2016 年苏州市成蚊年平均密度 0.42 只/小时·灯。其中，医院平均成蚊密度 0.60 只/小时·灯，公园为 0.58 只/小时·灯，牲畜棚为 0.42 只/小时·灯，居民区为 0.28 只/小时·灯，农村民房 0.17 只/小时·灯。

（三）成蚊密度季节消长

苏州于 4 月份开始出现成蚊活动，但密度较低，仅为 0.08 只/小时，此后的 5、6 月成蚊密度不断攀升，7 月回落，但 8 月又突然回升，达全年最高峰，为 2.49 只/小时，次后迅速回落，至 11 月，成蚊平均密度仅为 0.04 只/小时，为全年最低（图 2-8-4）。

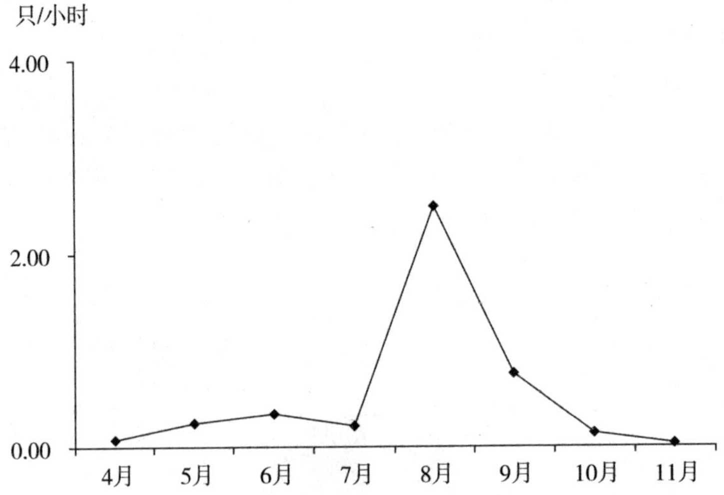

图 2-8-4　2016 年苏州市蚊密度季节消长情况

(四)伊蚊幼蚊密度季节消长

伊蚊幼蚊监测每年 5 月至 10 月进行,监测表明整个市区伊蚊密度从 5 月份开始上升,6 月份达到一个高峰,布雷图指数达 6.21,随后逐渐下降,至 8 月达到低谷,布雷图指数为 2.96,9 和 10 月份密度有所回升,但略低于 6 月的密度高峰,幼蚊密度季节消长曲线呈两头高中间低的马鞍形。除了 8 月份,6~10 月间布雷图指数均高于 5,说明有一定登革热传播风险;整个监测期农村幼蚊密度略高于城市,且高峰月份布雷图指数达到登革热暴发警戒线 10 以上标准。

三、蝇类种群及其密度监测

(一)种群构成

2016 年共捕获成蝇 371 只,其中家蝇 111 只,占 29.92%;市蝇 32 只,占 8.63%;丝光绿蝇 48 只,占 12.94%;铜绿蝇 29 只,占 7.82%;亮绿蝇 6 只,占 1.62%;大头金蝇 30 只,占总数的 8.09%;巨尾阿丽蝇 15 只,占 4.04%;红头丽蝇 4 只,占 1.08%;厩腐蝇 59 只,占 15.90%;麻蝇 5 只,占 1.35%;其他 32 只,占 8.63%(图 2-8-5)。

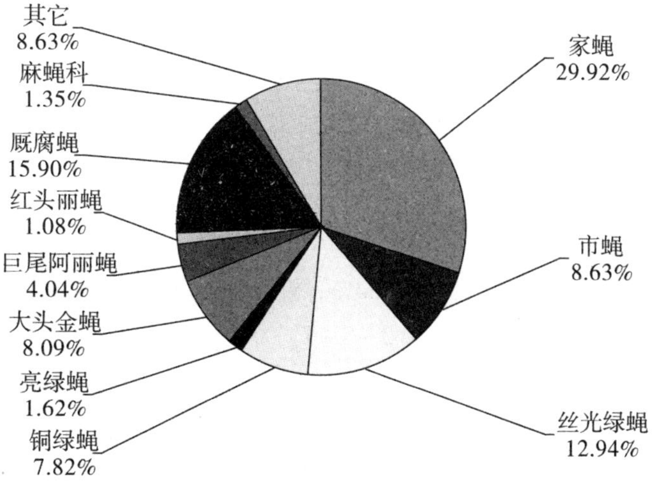

图 2－8－5　2016 年苏州市蝇种群构成情况

（二）密度

2016 年我市成蝇类平均密度为 2. 73 只/笼。其中农贸市场为 4. 60 只/笼，餐饮外环境为 3. 00 只/笼，绿化带为 1. 73 只/笼，居民区为 1. 83 只/笼。

（三）蝇密度季节消长

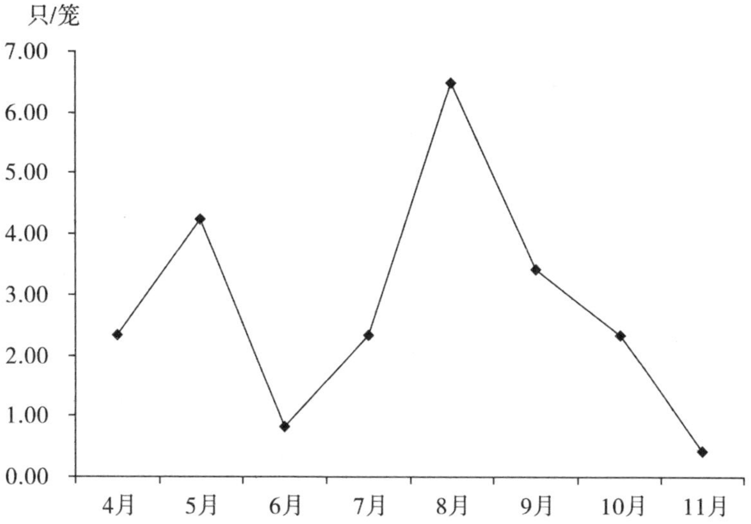

图 2－8－6　2016 年苏州市蝇密度季节消长情况

苏州市成蝇密度全年最高峰出现在 8 月份，达 6.50 只/笼，其次是 5 月份，密度为 4.24 只/笼。密度最低是 11 月份，为 0.44 只/笼（图 2－8－6）。

四、蟑螂种群及其密度监测

（一）种群构成

2016 年共捕获蟑螂 4031 只。经分类鉴定，其中德国小蠊 3932 只，占总捕获量的 97.54%；美洲大蠊 54 只，占 1.34%；黑胸大蠊 8 只，占 0.20%；其他 37 只，占 0.92%。德国小蠊为优势种群（图 2－8－7）。

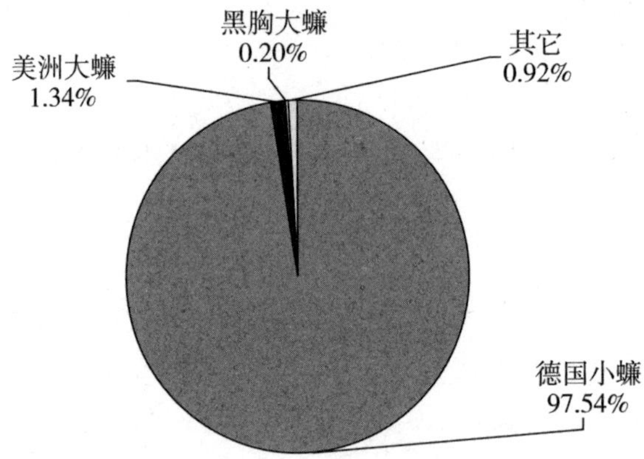

图 2－8－7　2016 年苏州市蟑螂种群构成情况

（二）密度

2016 年共布放粘蟑纸 2041 张，平均蟑螂密度为 1.98 只/张，其中农贸市场蟑螂密度为 9.50 只/张，商场超市为 1.72 只/张，餐饮行业为 0.51 只/张，宾馆为 0.83 只/张，医院为 0.09 只/张，居民住宅为 0.34 只/张。

（三）蟑螂密度季节消长

苏州市城区蟑螂全年活动，密度高峰期为 5～9 月，其中全年密度最高峰为 9 月份，达 9.41 只/张，其次是 5 月，密度为 2.45 只/张（图 2－8－8）。

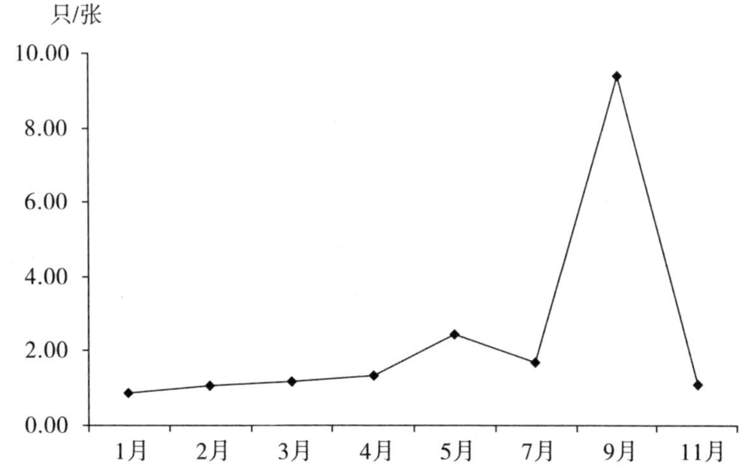

图 2－8－8　2016 年苏州市鼠、蟑螂密度季节消长情况

第二节　病媒生物抗药性

2016 年对家蝇抗药性进行了监测。苏州市不同生境中家蝇对溴氰菊酯、高效氯氰菊酯、敌敌畏、辛硫磷和仲丁威等 5 种常用杀虫剂的平均 LD50 分别为 0.0007937μg/♀、0.012184μg/♀、0.11190748μg/♀、0.08729μg/♀ 和 2.953895μg/♀。与标准品系相比，其抗性系数（现场品系 LD50/敏感品系 LD50）分别为 4.46、8.83、36.21、8.62 和 10.55。监测结果表明，苏州市家蝇对敌敌畏已产生很高抗药性，对高效氯氰菊酯、辛硫磷和仲丁威等 3 种杀虫剂已产生一定程度抗药性，对溴氰菊酯也已产生较低水平抗药性。本次监测结果提示，溴氰菊酯、高效氯氰菊酯和辛硫磷在今后蝇类防制过程中可以继续使用，而敌敌畏须禁止使用或严格控制使用，仲丁威应谨慎使用，并加强密切监测工作，防止抗药性的进一步增长。

第九章

苏州市职业与放射卫生

第一节 职业卫生

一、职业健康监护

2016 年全市职业健康检查机构共完成 7914 家用人单位的委托体检，体检总数 704210 人次，其中上岗前 337592 人次，在岗期间 335667 人次，离岗体检 30951 人次，发现各类职业禁忌证 19336 人次，检出疑似职业病 207 人次。

表 2－9－1 职业健康监护情况表

体检机构名称	体检单位总数	上岗前体检人数	职业禁忌证人数	在岗体检体检人数	职业禁忌证人数	疑似职业病人数	离岗体检体检人数	疑似职业病人数
苏州市疾控中心	481	5724	116	8475	211	0	1017	0
张家港疾控中心	437	4012	327	14172	109)	4	606	0
园区疾病防治中心	1015	53101	3408	53767	415	0	6838	0
常熟疾控中心	271	1836	66	8967	368	35	326	2
常熟第二人民医院	32	845	2	1760	125	5	67	0
常熟东明医院	891	6633	312	20847	282	2	342	0
常熟博爱医院	161	8115	163	9856	139	12	1273	0
常熟琴湖惠民医院	15	342	9	683	6	0	28	0
昆山疾控中心	217	15434	453	13918	259	4	2171	0
周市医院	71	267	4	202	6	0	96	0

续表

体检机构名称	体检单位总数	上岗前体检人数	职业禁忌证人数	在岗体检体检人数	职业禁忌证人数	疑似职业病人数	离岗体检体检人数	疑似职业病人数
昆山市第六人民医院	226	7365	270	7780	78	18	409	0
国宾门诊	549	51840	1464	44668	1128	2	2968	0
长海医院	485	38017	1104	28428	617	3	3793	0
华泰门诊	135	5596	77	5967	101	0	969	0
天美门诊	135	11196	21	6122	43	1	1236	0
昆山红房子医院有限公司	351	7587	219	9686	271	0	305	0
高新区疾控中心	16	550	40	138	14	0	3	0
太仓市疾控中心	460	16696	647	21881	984	0	1407	0
吴中区非疾控体检机构	347	2846	0	10131	0	0	156	0
相城区非疾控系统体检机构	291	1896	31	2665	57	0	44	0
苏州化工职防院	953	93732	4159	47878	1016	59	6265	0
苏州五院	120	600	60	7200	144	0	100	0
附二院	255	3362	49	10476	71	32	532	28
合计	7914	337592	13001	335667	6335	177	30951	30

* 数据来源:苏州市各职业健康检查机构上报的数据

二、职业病危害检测与评价

2016 年全市疾控系统检测机构共完成作业场所检测 1668 家次,开展建设项目职业病危害评价 27 个,其中预评价 9 个,控制效果评价 5 个,现状评价 13 个。

表 2-9-2 建设项目职业病危害评价与职业病危害因素检测情况

市别	预评项目数	控评项目数	现况评价项目数	职业病危害因素检测企业数
苏州市疾控中心	0	0	0	255

续表

市别	预评项目数	控评项目数	现况评价项目数	职业病危害因素检测企业数
姑苏区疾控中心	0	0	0	0
吴中区	0	0	0	0
相城区	0	0	0	0
高新区、虎丘区	2	0	0	123
工业园区	4	5	11	540
吴江区	0	0	2	192
常熟	3	0	0	124
张家港	0	0	0	90
昆山	0	0	0	182
太仓	1	0	0	162
合计	9	5	13	1668

*数据来源：各疾病预防控制中心上报数据，不含其他具备资质的社会检测与评价机构。

三、职业病诊断

2016年全市职业病诊断机构共受理职业病就诊登记921人次，诊断为各类职业病人数共计171人次，其中尘肺病98人次，各类职业中毒5人次，职业性噪声聋48人次，物理因素及其他职业病20人次。

表2-9-3　职业病诊断情况

诊断机构名称	就诊登记例数	诊断例数	肯定诊断例数					复诊断数
			尘肺	中毒	噪声聋	其他	合计	
苏州市疾控中心	751	516	47	4	40	14	105	4
常熟市疾控中心	2	2	0	1	0	0	1	0
苏州化工职防院	15	8	0	0	8	0	8	0
苏州市第五人民院	139	52	51	0	0	1	52	9
苏大附属第二人民医院	14	5	0	0	0	5	5	0
合计	921	583	98	5	48	20	171	13

四、苏州市重点职业病监测

2016 年开展了苏州市重点职业病监测与职业健康风险评估工作，完成了年度重点职业病危害风险评估报告。

本次项目实施全市区县覆盖率 100%、职业健康检查机构覆盖率 92.10%、职业病诊断机构覆盖率 100%、本年度报告和数据库均及时上报。此次共收集到安监部门的建设项目职业病危害申报表 22869 份，存在国家监测的重点职业病危害因素的企业共 12386 家，向职业健康检查机构收集到接触重点监测的职业病危害因素的人员的 131603 人次的职业健康检查个案资料。向劳动保障部门收集到 86 人的劳动保障待遇情况，向职业病鉴定机构收集了 25 人的职业病鉴定资料，向各职业病诊断机构收集了 139 人次的职业病诊断资料。数据收集情况良好。

本方案所称重点职业病，是指接触煤尘(煤矽尘)、矽尘、电焊工尘、金属粉尘、石棉、苯、铅、二甲基甲酰胺和/或二甲基乙酰胺、噪声、布鲁氏菌等 10 种职业病危害因素所致的煤工尘肺、矽肺、石棉肺及石棉所致肺癌和间皮瘤、苯中毒及苯所致白血病、铅中毒、噪声聋及布鲁氏菌病。在全市市本级及 10 个辖区内设立重点职业病监测点；监测点按市本级及县(市、区)级行政区划为单位设置，监测工作覆盖所辖的所有乡镇级行政区。内容包括辖区内重点职业病职业健康检查情况，辖区内重点职业病诊断与鉴定情况，辖区内重点职业病危害因素相关信息，辖区内职业病病人工伤保险待遇落实情况，辖区内职业病报告情况。

按照国家方案的要求，此次共收集到安监部门的建设项目职业病危害申报表 22869 份，存在国家监测的重点职业病危害因素的企业共 12386 家，危害因素主要分布于制造业，以中小企业为主，经济类型以私有经济和港澳台、外商经济为主，危害因素监测情况中噪声和矽尘的超标率最高，其他化学有害因素合格率较高。

向职业健康检查机构收集到接触重点监测的职业病危害因素的人员的 131603 人次的职业健康检查个案资料，其中噪声接触人员双耳高频平均听阈大于 40dB 的约为 11.24%，小型规模的企业噪声接触人员双耳高频平均听阈大于 40dB 的约为 14.74%，情况不容乐观。苯接触人员白细胞低于参考值的为 4.73%，其他接触重点职业病危害因素人员职业相关异常率较低。

向劳动保障部门收集到 86 人的劳动保障待遇情况，除外吴中区原有采石场关闭后所遗留的老的接尘工人所患尘肺以民政部门给予一定的经济补偿为主，以及申请工伤认定程序上和时间上的原因、部分用人单位或劳动者申请职业病鉴定，其他职业病病人均得到了相应的社保待遇。

向职业病鉴定机构收集了 25 人的职业病鉴定资料，苏州市总体职业病鉴定符合率较高，为88%，存在争议的主要为噪声的诊断，共有14例申请职业病鉴定，11例与原诊断符合，3例否定了原诊断结论。

向各职业病诊断机构收集了139人次的职业病诊断资料，主要分布在制造业。其中矽肺63例，主要为原采石场老工人的历史遗留问题，但是同时电焊工尘肺也有5例诊断，3例分布在私有经济企业，2例为外商经济企业，接尘工龄主要分布在7~14年。苯的危害仍然不容忽视，本年度共有2例苯中毒的诊断，工龄均在3年以内，3例苯所致白血病的诊断，工龄分布为1~9年，以中小企业为主。亦有1例二甲基甲酰胺的诊断病例出现，1例石棉肺的诊断为大型企业，其他重点监测的危害因素本年度没有职业病报告。

针对收集到的各类资料，监测组进行了整理、分析，详细结果见各专项分析表格。通过此次重点职业病危害因素监测发现，苏州市的职业病中，以采矿业中采石工为主的尘肺将不再是主要的病种，而机械加工业中的电焊工尘肺患病率有所上升；电子信息、化学品制造、机械制造等其他行业所致的急、慢性中毒、职业性噪声聋有逐渐增多的趋势，不同的行业呈现不同的发病特点。职业性中毒发病年龄趋于年轻化，多以中青年为主，往往工龄较短，对后续的工作、生活等影响较大。建议职业卫生监督部门依据苏州市职业病的发病趋势、发病特点加强对电子、化学品制造等行业的监管，监督用人单位落实本单位职业病防治的主体责任，从源头上控制和消除职业病危害。私有等小型企业加大职业病防治经费投入，健全职业病危害因素防护设施、防护措施。同时政府部门应加大职业病防治知识的宣传，提高劳动者职业病防护知识和意识。

接触各重点监测的职业病危害因素人群职业健康检查中专项健康检查结果详见下列各表：

表2-9-4　煤尘（煤矽尘）作业工人胸片专项检查情况（按地区）

地区	高千伏或DR胸片			合计
	正常	尘肺样改变	其他异常	
相城区	134	0	12	146
常熟市	6	0	1	7
张家港	296	0	6	302
昆山	171	0	3	174
太仓	6	0	0	6
合计	613	0	22	635

表 2－9－5　矽尘作业工人胸片专项检查情况（按地区）

地区	高千伏或 DR 胸片			合计
	正常	尘肺样改变	其他异常	
姑苏区	102	0	2	104
吴中区	584	0	13	597
相城区	92	0	5	97
高新区、虎丘区	239	0	8	247
工业园区	18	0	0	18
常熟	19	0	0	19
张家港	42	0	3	45
昆山	353	0	26	379
太仓	6	0	0	6
合计	1455	0	57	1512

表 2－9－6　石棉尘作业工人胸片专项检查情况（按地区）

地区	高千伏或 DR 胸片			合计
	正常	尘肺样改变	其他异常	
昆山	7	0	0	7
合计	7	0	0	7

表 2－9－7　苯作业人员专项检查情况（按地区）（$\times 10^9$/L）

地区	白细胞		中性粒细胞		血小板	
	<4	≥4	<2	≥2	<80	≥80
姑苏区	0	24			0	24
吴中区	7	234			0	241
相城区	1	24			0	25
高新区、虎丘区	3	132			0	135
吴江区	197	2694			16	2875
常熟	134	3981			38	4077
张家港	63	1337			2	1398
昆山	550	11602			42	12110
太仓	217	3590			14	3793

续表

地区	白细胞		中性粒细胞		血小板	
	<4	≥4	<2	≥2	<80	≥80
合计	1172	23618			112	24678

表 2-9-8 铅作业工人专项检查情况(按地区)

地区	血铅(μg/L)			尿铅(μg/L)			红细胞锌原卟啉(μg/gHb)	
	<400	400~<600	≥600	<70	70~<120	≥120	<13.0	≥13.0
吴中区				18	0	0		
相城区				14	0	0		
吴江区	131	1	0	1	0	0		
常熟	2	0	0	96	3	7		
昆山				373	0	0		
太仓				403	0	0		
合计	133	1	0	905	3	7		

表 2-9-9 噪声作业工人双耳高频平均听阈检查情况(按地区)

地区	双耳高频平均听阈	
	<40dB	≥40dB
姑苏区	1986	258
吴中区	33	1
吴江区	6320	811
常熟	9125	1167
张家港	5660	718
昆山	50466	6343
太仓	8223	1055
合计	81813	10353

表 2－9－10　金属粉尘作业工人专项检查情况(按地区)

地区	胸片		肺功能		皮肤		嗜酸性粒细胞计数		尿金属元素测定(钴、镍等)(可选)		免疫球蛋白IgE(可选)		淋巴细胞分类:CD4/CD8(可选)	
	正常	异常	正常	异常	正常	异常	正常	异常	正常	异常	正常	异常	正常	异常
昆山	175	0	166	15										
合计	175	0	166	15										

表 2－9－11　电焊工尘作业工人专项检查情况(按地区)

地区	胸片		肺功能	
	正常	异常	正常	异常
吴中区	35	0	35	0
张家港市	456	7	237	227
昆山市	280	31	313	1
合计	771	38	585	228

表 2－9－12　二甲基甲酰胺作业工人专项检查情况(按地区)

地区	肝功能		肝脾 B 超	
	正常	异常	正常	异常
高新区、虎丘区	15	0	12	2
吴江区	107	22	15	5
常熟	144	20	101	62
张家港	2	2	0	0
昆山	713	160	551	147
太仓	872	131	14	17
合计	1853	335	693	233

＊各数据来源:苏州市各职业健康检查机构

第二节 放射卫生

一、医疗机构放射防护检测与评价

2016 年全市疾控检测机构共开展 175 家医疗机构 335 个场所的医用防护检测，对 175 家医疗机构的 333 台设备开展了 X 线机质量控制检测，对 6 家医疗机构的 8 台设备开展了 CT 机质量控制检测。2016 年全市疾控放射防护评价机构共完成医疗机构防护评价 113 个，其中预评价 55 个，控制效果评价 58 个。

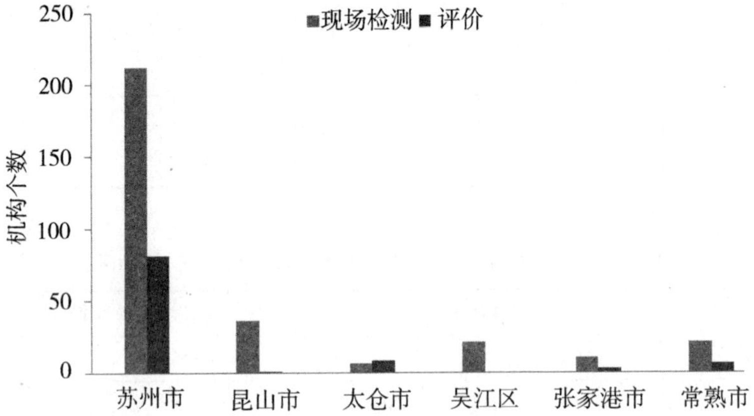

图 2－9－1 2016 年医疗机构放射防护检测与评价

*数据来源：苏州市各疾控中心上报数据

二、个人剂量监测

2016 年苏州市疾病预防控制中心对 820 名放射工作人员开展了个人剂量监测，同比 2015 年增加 50.7%，监测周期定为 3 个月/次。监测单位所涉及的职业分类包括：诊断放射学（2A）、牙科诊断学（2B）、放射治疗（2D）、介入放射学（2E）。经卫生部外照射个人监测管理系统统计本年度由苏州市疾病预防控制中心监测的放射工作人员年集体有效剂量为 98.4mSv。人均年剂量为 0.13mSv。其中年有效剂量最高为 1.93mSv（放射诊断学 2A），最低为 0.12mSv。检测结果未发现超过我国《电离辐射防护与辐射源安全基本标准》GB18871－2002 规定的剂量限值。

三、放射作业人员健康检查

2016 年全市疾控体检机构共完成 1093 家单位 10916 人次的放射工作人员健康检查。

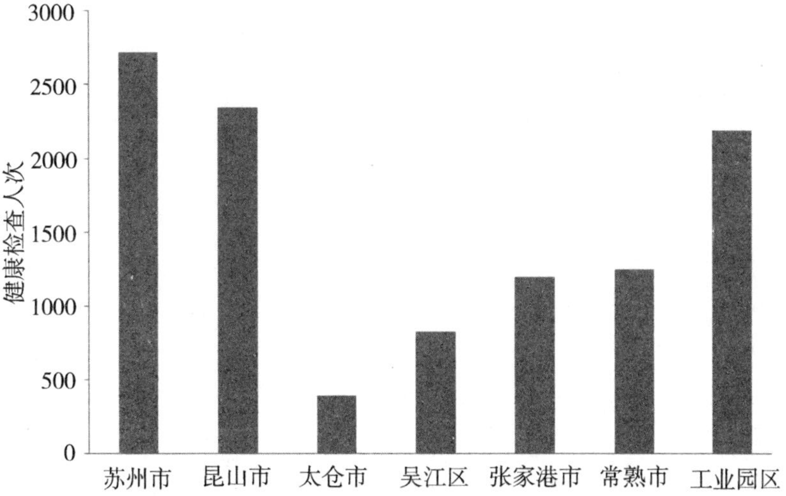

图 2－9－2　苏州市职业健康检查机构放射作业人员健康检查情况（人次）

数据来源：苏州市各职业健康检查机构上报数据

2016 年苏州市疾病预防控制中心对 352 个放射工作单位的 2721 名放射工作人员开展了上岗前、在岗期和离岗时的放射性职业健康体检（其中上岗前 603 人，在岗体检 1996 人，离岗体检 122 人次，应急体检 0 人）；2721 名被检者中，医疗卫生人员 1041 人次（单位共 155 家），工矿企业 1680 人次（单位 199 家）有效保障了广大放射工作人员的身体健康，及时发现了放射工作的不适应症。

四、放射风险监测工作

根据《2016 年江苏省食品中放射性物质监测工作手册》的要求，苏州市疾病预防控制中心全面完成了 2016 年食品饮用水放射性物质的监测工作：

1. 一般地区样品放射性监测

完成牛奶、奶粉、莴苣、青菜、猪肉、鸡肉、茶叶、蟹、水源水、出厂水、气溶胶、落下灰、地表辐射等合计 29 份样品的采集、前处理、碳化、灰化以及总 α、总 β 测量，并按时报送数据至省中心。

2. 专项样品放射性监测

干果(1 种干果,2 份不同品种或厂家)、干燥剂(2 份)。检测结果见表 2－9－13。

表 2－9－13　2016 年样品监测结果一览表

序号	监测样品名称	总 α	总 β	单位
1	猪肉	0. 0439	130. 0	Bq/kg
2	鸡	<0. 14	131. 0	Bq/kg
3	大蒜	1. 07	183. 0	Bq/kg
4	空气气溶胶－1 季度	<0. 016	7. 99 × 10 －4	Bq/m^3
5	沉降灰－1 季度	36. 5	39. 3	Bq/m^2
6	出厂水－枯	0. 241	0. 0180	Bq/L
7	水源水－枯	0. 0620	0. 347	Bq/L
8	牛奶	－0. 0698	61. 8	Bq/kg
9	奶粉	1. 03	177. 8	Bq/kg
10	奶粉	0. 450	367. 9	Bq/kg
11	茶叶	2. 16	169. 8	Bq/kg
12	萝卜	－0. 117	91. 2	Bq/kg
13	枇杷	0. 165	54. 0	Bq/kg
14	空气气溶胶－2 季度	0. 0018	0. 0020	Bq/m^3
15	沉降灰－2 季度	44. 97	104. 15	Bq/m2
16	水源水	0. 023	0. 258	Bq/L
17	小麦	1. 49	242. 1	Bq/kg
18	鸡毛菜	0. 0695	242. 1	Bq/kg
19	华味亨碧根果	3. 54	138. 4	Bq/kg
20	阿里山南瓜子	0. 293	30. 7	Bq/kg
21	碧根果干燥剂	80. 6	62. 2	Bq/kg
22	南瓜子干燥剂	53. 6	126. 5	Bq/kg
23	润之家开心果	0. 177	121. 8	Bq/kg
24	恒康碧根果	0. 224	23. 6	Bq/kg
25	空气气溶胶－3 季度	2. 2 × 10 －4	0. 0017	Bq/m^3
26	沉降灰－3 季度	13. 5	34. 9	Bq/m^2
27	水源水－丰	0. 016	0. 154	Bq/L

续表

序号	监测样品名称	总α	总β	单位
28	螃蟹	3.30	44.4	Bq/kg
29	虾	1.61	65.2	Bq/kg
30	稻谷	0.232	88.7	Bq/kg
31	空气气溶胶 -4 季度	8.3 × 10 -4	0.0016	Bq/m^3
32	沉降灰 -4 季度	18.0	55.1	Bq/m^2
33	环境本底 -1 季度	0.183	mGy	
34	环境本底 -2 季度	0.168	mGy	
35	环境本底 -3 季度	0.197	mGy	
36	环境本底 -4 季度	0.156	mGy	

第十章

苏州市烟草调查

吸烟行为是世界卫生组织(WHO)2002年列出了可防可治的5种主要慢性病行为危险因素之一。2008年,WHO指出,20世纪已有1亿人死于烟草使用,并预计在21世纪,将有10亿人死于烟草使用。我国是世界上烟草生产和消费量最大的国家,同时也是烟草所致死亡人口最多的国家之一。《烟草控制框架公约》已于2006年1月9日在我国生效。对烟草流行进行监测有助于了解烟草使用情况、相关疾病防控趋势,并为评价控烟工作提供科学依据。

我市根据卫生部、江苏省和市卫计委有关方案的统一要求,于2015年首次在全市15~69岁(年满15周岁,不满70周岁)的城乡常住居民中开展了入户烟草流行监测调查。现将调查结果报告如下:

一、调查基本情况

本次调查在全市范围内开展,经过分层整群随机抽样结合Kish表法,共调查回收问卷2008份,有效问卷1995份,有效率99.35%。

在本次抽样调查中,男性961名(48.2%),女性1034名(51.8%),女性人数较多;平均年龄46.50±14.09周岁,最大69周岁,最小15周岁。在调查对象中,家庭常住人口数平均为3.48±1.45人,最多9人,最少为1人。

二、调查主要结果

根据江苏省健康教育所烟草监测方案的统一要求,将《全国居民吸烟情况调查问卷》的内容,分成七个方面:吸烟行为、戒烟、免费戒烟热线、戒烟门诊、二手烟暴露、知识、态度与认知和对电子烟的认识,按照城乡、性别、年龄以及职业、学历等分别加以统计分析。

(一)吸烟行为

在本次调查过程中,苏州居民的吸烟率为27.1%,男性为54.3%,女性为1.8%,目前每日吸烟者为22.5%,苏州烟民中每日吸烟者为82.8%,日均吸烟量为13.0支/人。

总体上,农村吸烟率高于城市,男性明显高于女性。年龄分组中,以55~组和65~组的吸烟率最高,中老年组的吸烟率、每日吸烟者和日均吸烟量均高于青年人群,烟民中的每日吸烟率以中老年组最高,文化程度分类中以中小学人群吸烟率最高,职业中以公务员和事业单位人员吸烟率、每日吸烟率较高,日均吸烟量以公务员最高,在文化程度中日均吸烟量随文化程度的增高而减低。详情请见表2-10-1。

表2-10-1　2015年苏州居民烟草流行监测对象的吸烟行为

组别	吸烟率（%）	每日吸烟率（%）	烟民中每日吸烟率（%）	日均吸烟量（支）
地区				
城市	25.5	20.1	79.0	12.4
农村	29.0	25.1	86.5	13.6
性别				
男	54.3	45.4	83.5	13.2
女	1.8	1.2	63.2	5.1
年龄组				
15~	14.3	9.0	63.2	7.8
25~	21.6	16.8	78.0	9.3
35~	28.6	22.3	78.1	12.6
45~	28.9	24.1	83.2	14.0
55~	30.6	28.0	91.2	14.7
65~	30.7	25.2	82.3	13.4
文化程度				
不识字或识字很少	15.8	15.1	95.7	16.5
小学	29.2	25.3	86.5	16.0
初中	30.0	25.4	84.6	12.7
高中/职高/中专	31.4	25.8	82.1	11.9
大专/本科	21.1	15.6	74.2	10.7
硕士及以上	15.8	5.3	33.3	10.4
职业				

续表

组别	吸烟率(%)	每日吸烟率(%)	烟民中每日吸烟率(%)	日均吸烟量(支)
公务员	46.7	26.7	57.1	20.1
教师	21.7	17.4	80.0	11.0
医务人员	8.0	8.0	100.0	7.5
其他事业单位人员	35.2	25.7	73.0	12.5
学生	6.3	4.2	66.7	5.3
农民	29.3	25.5	87.0	15.8
工人	26.7	23.2	87.1	11.8
其他企业人员	29.9	24.0	80.3	11.4
其他	25.0	20.7	82.8	13.7
合计	27.1	22.5	82.8	13.0

(二)戒烟

戒烟比为曾经吸烟者而现在戒烟的人所占所有曾经吸烟者和现在吸烟者人群的比例。苏州烟民中17.8%的人已经成功戒烟,其中城市高于农村,女性高于男性,青年和老年人群高于中年,职业分类中公务员和学生戒烟比较高。

68.5%调查者中从没有过戒烟尝试,55.3%的人群没有戒烟打算,男性没有戒烟尝试或打算的数量均高于女性,公务员、事业单位员工和农民不打算戒烟的人数较多。

39.2%调查对象在过去一年看病时,医护人员曾建议戒烟,其中城市高于农村,男性高于女性,中老年人群被建议戒烟的人数最多,公务员、教师和农民中被医护人员劝诫戒烟的人数较多,详见表2-10-2。

表2-10-2 2015年苏州居民烟草流行监测对象的戒烟情况(%)

组别	戒烟比	过去没有戒烟尝试	过去没有戒烟打算	看病时医护人员曾建议戒烟
地区				
城市	20.5	69.7	52.1	33.0

续表

组别	戒烟比	过去没有戒烟尝试	过去没有戒烟打算	看病时医护人员曾建议戒烟
农村	14.9	67.3	58.5	22.9
性别				
男	17.5	68.5	56.4	39.6
女	24.0	66.7	22.2	27.8
年龄组				
15 ~	24.0	63.2	21.1	10.5
25 ~	15.5	67.1	35.4	18.3
35 ~	18.6	67.7	55.2	46.9
45 ~	15.9	69.7	58.5	38.7
55 ~	20.0	73.7	66.4	47.8
65 ~	21.5	60.7	60.7	47.5
文化程度				
不识字或识字很少	14.8	72.7	72.7	54.5
小学	23.0	76.0	66.3	48.5
初中	16.5	68.1	58.2	38.5
高中/职高/中专	13.0	64.7	53.2	34.5
大专/本科	21.9	65.2	34.8	32.6
硕士及以上	0.0	66.7	66.7	66.7
职业				
公务员	30.0	71.4	85.7	85.7
教师	16.7	50.0	50.0	60.0
医务人员	0.0	50.0	0.0	0.0
其他事业单位人员	17.8	56.8	54.1	29.7
学生	25.0	33.3	33.3	0.0
农民	17.9	75.0	69.6	50.0
工人	20.5	65.6	50.8	39.7
其他企业人员	14.8	71.2	46.2	40.2
其他	17.3	69.4	9.7	30.6

续表

组别	戒烟比	过去没有戒烟尝试	过去没有戒烟打算	看病时医护人员曾建议戒烟
合计	17.8	68.5	55.3	39.2

（三）免费戒烟热线

本次调查中，只有15.8%的居民听说过免费戒烟热线，0.8%的居民曾经拨打过戒烟热线，大部分居民不会或者不知道是否会拨打戒烟热线。详见表2－10－3。

表2－10－3 2015年苏州居民烟草流行监测对象戒烟热线认识情况（%）

组别	听说过免费戒烟热线	曾经拨打过戒烟热线	不会或者不清楚是否会拨打戒烟热线
地区			
城市	19.4	1.0	88.0
农村	11.9	0.7	85.9
性别			
男	16.3	0.7	84.0
女	15.4	1.0	89.9
年龄组			
15～	24.1	0.0	82.7
25～	17.2	0.3	84.0
35～	20.5	0.3	84.5
45～	15.5	1.6	84.6
55～	11.9	1.3	92.8
65～	9.4	0.0	92.5
合计	15.8	0.8	87.0

（四）戒烟门诊

26.9%居民听说过戒烟门诊，只有0.9%居民去过戒烟门诊，大概5.9%居民有去戒烟门诊寻求帮助的打算，其中城市居民对戒烟门诊的了解高于农村居民，女性高于男性，中青年组高于老年组，详见表2－10－4。

表2-10-4　2015年苏州居民烟草流行监测对象的戒烟门诊认识情况(%)

组别	听说过戒烟门诊	去过戒烟门诊	有去戒烟门诊接受戒烟帮助的打算
地区			
城市	33.0	0.7	5.0
农村	20.1	1.1	6.9
性别			
男	26.2	0.9	7.9
女	27.6	0.8	4.0
年龄组			
15~	34.6	0.8	9.8
25~	29.6	0.5	6.1
35~	31.8	1.2	7.1
45~	28.0	1.0	5.7
55~	20.1	1.1	4.9
65~	20.3	0.0	3.5
合计	26.9	0.9	5.9

(五)二手烟暴露

对于二手烟暴露的问题,调查中34.8%苏州居民每天都会接触二手烟,25.9%居民在过去一周内没有接触过二手烟,其中农村略高于城市,男性高于女性,中年人群接触二手烟的机会最多,初中文化程度以及农民、工人接触二手烟机会较多。

在不同地点的二手烟暴露情况为:31.8%居民在家中每天会接触二手烟,其中农村高于城市,男性高于女性,中年人群家中接触二手烟的机会较多,农民、工人接触二手烟机会较多。在过去一个月内,在室内工作场所49.4%居民会接触二手烟;室内公共场所约71.8%居民看见有人吸烟。详见表2-10-5。

表2-10-5　2015年苏州居民烟草流行监测对象家里暴露二手烟情况(%)

组别	通常每周接触二手烟的天数		每天有人在家里吸烟	过去1月内，在室内工作场所有人吸烟	过去1月内，在室内公共场所看见有人吸烟
	每天	没有			
地区					
城市	34.6	23.7	28.6	51.0	73.3
农村	35.1	28.4	35.3	47.6	70.0
性别					
男	41.8	17.6	35.0	60.1	75.6
女	28.3	33.7	28.7	39.5	68.2
年龄组					
15~	24.8	34.6	29.3	42.9	69.9
25~	30.6	28.0	28.5	47.8	75.2
35~	35.7	22.6	29.5	58.6	77.1
45~	39.1	21.9	34.1	54.8	73.2
55~	37.1	27.7	35.3	42.5	67.1
65~	31.7	28.2	29.2	43.1	64.4
文化程度					
不识字或识字很少	39.7	32.2	38.4	35.6	62.3
小学	37.4	23.0	34.8	44.9	70.8
初中	40.9	23.8	36.6	50.8	69.5
高中/职高/中专	32.0	26.4	32.7	53.4	75.9
大专/本科	25.6	28.7	19.4	50.9	74.4
硕士及以上	26.3	31.6	21.1	63.2	78.9
职业					
公务员	6.7	40.0	6.7	73.3	80.0
教师	28.3	37.0	19.6	28.3	78.3
医务人员	8.0	36.0	8.0	40.0	76.0
其他事业单位人员	33.7	28.8	27.9	70.2	82.7
学生	20.8	39.6	25.0	35.4	60.4

续表

组别	通常每周接触二手烟的天数		每天有人在家里吸烟	过去1月内，在室内工作场所有人吸烟	过去1月内，在室内公共场所看见有人吸烟
	每天	没有			
农民	42.7	21.3	42.0	42.7	66.2
工人	37.1	26.9	32.3	50.6	72.0
其他企业人员	29.7	24.3	28.1	55.3	74.1
其他	36.6	25.6	32.5	46.1	70.7
合计	34.8	25.9	31.8	49.4	71.8

（六）知识、态度与认知

调查中居民对烟草相关知识的了解和认知情况如下：对于吸烟危害中认识到吸烟会引发中风为50.6%，心脏病发作50.4%，阳痿为30.4%，农村高于城市，男性认知度均略高于女性。对二手烟引发疾病方面，认识到二手烟会引发成人心脏疾病为50.7%，儿童肺部疾病75.5%，成人肺癌78.1%，中年人群对知识掌握度高于青年和老年人群。29.4%居民仍然不清楚"低焦油等于低危害"是早被科学证明了的错误观点。详见表2－10－6。

表2－10－6 2015年苏州居民烟草流行监测对象对烟草危害知识、态度和认知（%）

组别	对吸烟危害认识			对二手烟危害认识			低焦油卷烟危害的认识
	中风（脑卒中、脑血栓）	心脏病发作	阳痿	成人心脏疾病	儿童肺部疾病	成人肺癌	
地区							
城市	50.0	49.5	27.7	47.3	74.7	76.3	31.4
农村	51.2	51.5	33.4	54.4	76.3	80.0	27.3
性别							
男	51.6	51.5	31.4	51.6	76.4	77.8	33.0
女	49.6	49.4	29.5	49.8	74.7	78.2	26.1
年龄组							

续表

组别	对吸烟危害认识			对二手烟危害认识			低焦油卷烟危害的认识
	中风(脑卒中、脑血栓)	心脏病发作	阳痿	成人心脏疾病	儿童肺部疾病	成人肺癌	
15 ~	45.1	48.9	32.3	42.1	78.9	81.2	27.1
25 ~	49.2	48.2	33.2	53.7	80.0	82.4	30.1
35 ~	46.4	49.1	28.0	52.7	76.2	79.2	26.8
45 ~	54.9	51.4	34.8	52.0	78.9	81.4	32.6
55 ~	51.0	51.2	25.1	48.5	68.9	71.6	29.8
65 ~	52.0	53.5	28.7	48.5	69.8	72.3	26.2
文化程度							
不识字或识字很少	31.5	35.6	19.2	31.5	52.1	57.5	17.8
小学	47.5	43.8	24.4	44.7	66.0	70.5	26.4
初中	53.1	51.5	29.2	51.2	77.6	78.9	29.4
高中/职高/中专	49.1	52.9	34.8	54.0	80.7	83.0	32.8
大专/本科	57.8	56.6	36.7	59.0	83.6	85.1	32.9
硕士及以上	47.4	57.9	26.3	31.6	63.2	78.9	21.1
职业							
公务员	33.3	53.3	40.0	53.3	80.0	86.7	40.0
教师	67.4	58.7	43.5	58.7	80.4	80.4	39.1
医务人员	88.0	88.0	52.0	92.0	96.0	96.0	44.0
其他事业单位人员	57.1	56.2	39.0	59.0	80.0	83.8	37.5
学生	47.9	52.1	35.4	45.8	79.2	79.2	33.3
农民	46.2	45.5	24.2	42.7	66.9	69.4	25.5
工人	53.1	49.7	32.5	49.0	77.6	81.9	30.1
其他企业人员	51.0	51.0	28.6	49.2	77.8	80.3	27.4
其他	46.8	49.6	29.3	54.1	74.1	75.4	29.1
合计	50.6	50.4	30.4	50.7	75.5	78.1	29.4

(七)对电子烟的认识

苏州居民中约47.6%的调查对象听说过电子烟,在过去一个月内,98.4%的调查对象从未使用过电子烟,18.2%的居民认为电子烟的危害比卷烟要小很多。

对于电子烟的认识,城市高于农村,男性高于女性,中青人组人群高于老年人群。详见表2-10-7。

表2-10-7　2015年苏州居民烟草流行监测对象对电子烟的认识情况(%)

组别	电子烟认识	在过去1月内,您没有使用过电子烟?	与卷烟相比,您认为电子烟危害小很多
地区			
城市	51.0	98.0	15.8
农村	43.9	98.9	20.7
性别			
男	57.1	97.5	22.1
女	38.9	99.3	14.5
年龄组			
15~	55.6	98.5	18.0
25~	62.0	98.7	20.8
35~	52.4	97.6	20.8
45~	47.0	98.4	21.1
55~	34.9	98.2	13.6
65~	36.6	100.0	11.4
合计	47.6	98.4	18.2

三、主要提示

2015年苏州居民的吸烟率为27.1%,男性为54.3%,女性为1.8%,目前每日吸烟者为22.5%,苏州烟民中每日吸烟者为82.8%,日均吸烟量为13.0支/人。苏州烟民中17.8%的人已经成功戒烟。34.8%苏州居民每天都会接触二手烟。

2015年中国GATS结果为:吸烟率为27.7%,男性现在吸烟率为52.1%,女性为2.7%。人群每日吸烟率为23.7%,现在吸烟者中85.4%位每日吸烟者。日平均吸烟量为15.2支。戒烟比为14.4%。

本次调查结果与GATS基本一致,吸烟率略低于国家水平,同时戒烟率高于国家水平,日均吸烟量低于2015年的调查结果。

(一)吸烟率农村高于城市,但戒烟率城市明显高于农村

苏州城乡居民的吸烟率、每日吸烟率和日均吸烟量相比较,均为农村略高于城市,但是戒烟率城市居民明显高于农村。这可能于苏州市区近年来大力推广《烟草控制框架公约》、医疗卫生及计生机构内禁烟和室内公共场所控烟有关。

(二)男性吸烟率较高,戒烟意识不强,戒烟率偏低

本次调查中,男性吸烟率明显高于女性,而戒烟率明显低于女性。男性吸烟者中没有戒烟尝试或者戒烟打算的人占大多数,这与中国传统文化中男性吸烟是男性权利、力量和社交仪式等内容相符合。男性高吸烟率、低戒烟率的现状未见明显改善,与2010年和2015年GATS调查结果基本一致。

(三)中老年人群是控烟工作的重点

年龄分组中,以55~组和65~组的吸烟率最高,中年组的吸烟率、每日吸烟者和日均吸烟量均高于青年人群。中老年人群的吸烟率较高,二手烟暴露率较高,而他们中有过戒烟尝试和打算的人数较少,即戒烟意愿相对较低,这一类人群是我们今后健康教育工作的重点,只有加强对这类人群的教育和管理,才能大幅度提高烟草控制的效果。

(四)戒烟热线和戒烟门诊认识情况不佳

戒烟热线和戒烟门诊是近年来大力推广的公益戒烟途径,但是苏州市居民的了解率不高,使用率更低。可能与戒烟热线和戒烟门诊的宣传力度不够有关。

(五)二手烟暴露率较高

苏州居民二手烟暴露率较高,仅有约四分之一的人群在过去一周内未接触二手烟。在不同地点的二手烟暴露中,居民在家中暴露率最低、其次为室内工作场所,最高为室内公共场所,说明室内公共场所控烟仍然是今后工作的重点。

(六)烟草危害的知晓率较低

吸烟和二手烟危害的知识知晓率都不高,对吸烟危害的认识要低于二手烟危害的认识。对于卷烟的替代产品,电子烟和低焦油卷烟的知晓率也很低。

四、主要建议

(一)全社会动员、多部门联合,开展控烟工作

《烟草控制框架公约》已在我国生效10年。2008年2月,《2008年世界卫生组织全球烟草流行报告》进一步提出一直烟草流行的6项有效控烟政策:(1)监测烟草使用与预防政策;(2)保护人们免受烟草烟雾危害;(3)提供戒烟帮助;(4)警

示烟草危害;(5)确保禁止烟草广告、促销和赞助;(6)提高烟草税。这些政策的实施需要政府和群众的重视与支持,单靠个人或者单一机构是无法完成的。只有全社会动员起来,政府各部门通力合作,开展一系列大规模控烟活动,让控烟工作落到实处,才有取得令人满意的效果。

(二)针对重点人群,有针对性开展健康教育工作

监测结果提示,中老年男性人群应该作为控烟工作的重点人群。在营造无烟环境、避免接触烟草的同时,应对吸烟成瘾时间较长,而戒烟意愿又相对较低的中老年人加强控烟宣教,并提供戒烟帮助,促进该人群尽早戒烟,从而大大缩减吸烟人群的规模。

控烟宣教活动更要偏重烟草流行监测分析发现的薄弱知识点以及进一步宣传和培养居民的健康生活方式和行为,大胆采用微信、微博和手机短信等新媒体形式,宣传青少年远离烟草危害,拒吸第一口烟,倡导吸烟者戒烟。使用中老年男性喜闻乐见的方式开展烟草危害宣传,并采取有力措施促使吸烟者将对吸烟有害的认识转化为切实的戒烟行动。如果不能马上戒烟,请烟民们吸烟到吸烟区(点)去(吸烟是你的自由,但为了你和他人的健康,请不要自由吸烟)。

(三)发挥医院控烟主力军作用

进一步落实病人就诊首诊询问吸烟史,并开展戒烟劝助服务,进一步加强院内戒烟门诊建设,落实戒烟服务热线功能。发挥全院参与的精神,医护人员不光带头戒烟,更要劝阻病人及病人家属戒烟,杜绝烟草以及二手烟的危害。

(四)加大控烟执法力度

2013 年《江苏省爱国卫生条例》中明确规定十类场所禁止吸烟,部分室内公共场所要控制吸烟,吸烟者在禁止吸烟场所吸烟的,任何个人都可以劝阻,并可以要求禁止吸烟场所所在单位履行管理职责。动员社会各界力量,参与控烟管理,同时要出台相关的强制性法律法规,让管理者有法可依,有法可循,让控烟工作真正落到实处。

(五)定期开展烟草流行监测,及时发布监测结果

结合卫生部和省卫生厅要求,定期在全市范围内开展城乡居民烟草流行监测,完善烟草流行监测机制。同时,不同地区可针对当地文化风俗和主要相关疾病开展专题调查,动态监测居民烟草流行的变化趋势,及时发布监测结果,全面系统掌握我市居民吸烟率和戒烟率的影响因素,为制定医疗卫生服务政策提供科学依据,努力使居民烟草流行监测工作制度化、规范化。

第十一章

苏州公共自行车的健康和环境保护效应研究

公共自行车,又称为公交自行车。存在于公共自行车系统的服务站点。这些站点是根据城市公共交通规划隔一定距离布设在地铁出口、社区大门口、旅游景点等人流集中区域的租赁站点,每个站点配置20~50辆左右的公共自行车,通过公共自行车管理系统可以管理租赁站服务点的公共自行车。每辆公共自行车单独配置锁车器和读卡器,市民通过办理借车卡来进行公共自行车的租赁服务,各个站点之间互通互联,在方便市民租借的同时也方便归还服务。

"公共自行车"的概念最早起源于欧洲。1965年在荷兰开始出现第一代公共自行车系统。1995年丹麦首都哥本哈根推出第二代公共自行车系统。20世纪90年代末,欧洲的公共自行车租赁行业开始采用迅速发展的计算机、无线通信和互联网技术,实现了数字化管理和运营,被称为第三代公共自行车系统。荷兰的自行车交通拥有悠久的历史,政府大力倡导以自行车为交通工具,有专门的自行车道遍布全国。丹麦是自行车系统推行最好的国家,自行车是丹麦人最喜爱的交通工具,540万居民共拥有420万辆自行车,首都哥本哈根约有40%的交通由自行车承担,它是目前世界上唯一一座被国际自行车联盟授予"自行车之城"称号的城市。在美国、法国、英国、加拿大等国家也都陆续开展了公共自行车租赁服务。在我国,截至2013年,公共自行车系统已遍布我国江苏、四川、山东、浙江、湖南、广东、陕西等多个省份。

公共自行车在解决城市交通"两难"、公交"最后一公里"、缓解大气污染和全民健康方面起着重要作用。

一、苏州公共自行车发展现状

目前,苏州市公共自行车系统已经从姑苏区扩展到外围各区,包括工业园区、高新区、吴中区、相城区和吴江区。截至2014年6月底,苏州市已建成公共自行车租赁点达到1386个,共28730辆车。其中,姑苏区已建站点146个,共2000辆自行车,办卡32794张;吴中区213个站点,5000辆自行车,办卡40736张;相城区

51个站点，1070辆自行车，办卡10967张；工业园区已建站点399个，自行车10140辆，办卡290606张；高新区站点227个，共投入4180辆自行车，办卡31239张；吴江区已建站点350个，投入自行车28730辆，办卡7万余张。目前，各区公共自行车租赁点布局已从中心区逐步向各乡镇街道推进，满足了乡镇街道老百姓的出行需求。

表2-11-1　现状各区域公共自行车系统情况表

区域	租赁点数量(个)	租赁点所占比例(%)	配备自行车数量(辆)	公共自行车比例(%)	租赁点平均配车数(辆)	办卡数量(张)
姑苏区	146	10.5	2000	7.0	13.7	32794
工业园区	399	28.8	10140	35.3	25.4	290606
高新区	227	16.4	4180	14.5	18.4	31239
相城	51	3.7	1070	3.7	21	10967
吴中区	213	15.4	5000	17.4	23.5	40736
吴江区	350	25.3	6340	22.1	18	70000
市区	1386	100	28730	100	20.7	476342

苏州公共自行车实行“通租通还”也就是说租车者可就近租车和就近还车，随租随用，借、还车均需刷卡，还车未刷卡可能会造成借车卡暂停使用，第二次无法正常借车。除吴江区外，各区之间公共自行车都可以“通租通还”。

目前，各区按照“三统一两独立”（三统一：统一规划、统一管理、统一实施，两独立：收支相对独立、服务点布局区域规划和实施方案相对独立）原则，有序推进各区公共自行车建设。由于布点建设和收支各自独立，因此，各区的运营模式、办卡流程、扣费形式都有所不同。

目前，苏州公共自行车租赁点主要集中于各区中心区，各区服务点数量不一，租赁状况也有较大差异。

表 2－11－2　2013 年苏州市区公共自行车租用情况表

区域	日均租用次数	日均租用次数所占比例(%)	上下班高峰租用次数	日均周转率	平均租用时长	租用高峰时段分布
姑苏区	14152 次	9.2	6666 次	7.86	17.9 分钟/次	7:00～9:30 16:00～20:00
园区	95291 次	62.1	37331 次	12.7	12.6 分钟/次	
新区	12085 次	7.9	7687 次	3.2	13.5 分钟/次	
吴中	16891 次	11.0	7913 次	3.75	14.6 分钟/次	
相城	3482 次	2.3	2583 次	3.86	12.4 分钟/次	
吴江	11000～12000 次	7.5		2.02～2.19	15.7 分钟/次	

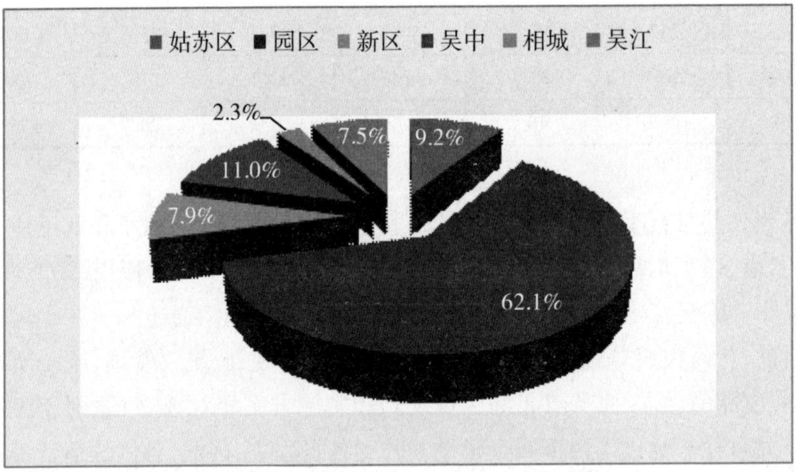

图 2－11－1　各区域日均租用次数百分比

从以上数据可以看出，工业园区公共自行车利用率最高，虽然该区租赁点比例只占总数的 29.2%，公共自行车数量占总数的 31.4%，但日均租用次数在全市中所占比例达到 62.1%，日均租用次数超过 9.5 万辆次，车辆日均周转率达 12.7 次。这与园区公用自行车租赁点分布密度大，设置位置合理，办卡用户数量大有很大的关系。

其次是姑苏区，公共自行车日均租用次数为 1.4 万辆次，日均周转率为 7.86

次，日均租用次数在全市中的比例为9.2%，设施利用率较高。

日均租用次数最低的是吴江区，租用次数与供给增长比例不同步，2014年4月初日均租用次数为1.1万至1.2万次，日均周转率为2.02次至2.19次，日均租用次数比例落后设施所占比例约16.4%。

二、健康与环保效益分析

（一）健康效益分析

苏州市公共自行车投入经费28730辆＊1500元=4,309,500元。

根据统计每辆车每天借用次数8次，每辆每次借用时间15分钟，相当于大约5.8万人经常运动，正常情况下5.8万人有1.16万患高血压（18岁以上成年人高血压患病率20%，18岁以上成年人糖尿病患病率10%），有0.58万人患糖尿病，而经常运动的人只有其50%，可减少高血压0.58万人，糖尿病2900人，以高血压和糖尿病各为年直接医药费用1000元计算，大约每年可以节省医药费870万元。另外，每年因不运动和空气污染引起的恶性肿瘤、呼吸系统疾病，可能因此而减少，造成的健康费用还没有计算在内。

（二）环保效益分析

1. 环保直接经济效益

根据统计每辆车每天借用次数8次，每辆每次借用时间15分钟（0.25小时），按自行车每小时15公里计算，苏州人骑公共自行车每年行驶里程为：

8次×0.25小时×15公里/小时×28730辆×360天=310284000公里。

如果每辆汽车油耗为8升/100公里，则每年减少汽油消耗量为：

310284000公里×8升/100公里（汽车油耗）=24822720升。

每年减少汽油消耗费用：

24,822,720升×7.5元/升=186170400元。

如果10%开车者骑车，则每年节省18617040元。

2. 减少环境污染物排放

汽车排放污染物主要有HC（碳氢化合物）、NOx（氮氧合物）、CO（一氧化碳）、PM（微粒）等，它们主要通过汽车排气管排放，将近45%的HC和极小数的其他污染物质则由曲轴箱和燃油系统排放。在上述汽车排放污染物中，CO是燃油不完全燃烧的产物，对人的健康危害较大。HC主要是燃油蒸发及不完全燃烧的产物，由200多种不同的成分构成，含有致癌物质。NOx是在燃烧室高温高压条件下，由氮和氧化合而成，排放到大气后变成NO2（二氧化碳），其毒性很强，对人及植物生长均有不良影响，是形成酸雨及光化学烟雾的主要物质之一。PM 主要成分是碳烟，上面附有大量化学物质，包含致癌物质，吸入人体后会在肺部长期停留。

根据研究，一般电喷汽车，CO、HC 和 NOx 的排放因子分别为 7.92 克/公里、0.31 克/公里和 1.82 克/公里，如果是欧Ⅲ电喷汽车，CO、HC 和 NOx 的排放因子分别为 0.63 克/公里、0.0044 克/公里和 0.058 克/公里。

苏州人因骑公共自行车，每年可减少汽油消耗量为 24822720 升，如果以 10% 开车者骑车计算，每年可减少汽油消耗量为 2482272 升，因此每年可减少各种污染物排放（一般电喷汽车）：

CO：24,822,72 * 7.92 * 100/8 公里/升 * 1/1000 公斤≈245745 公斤；

HC：24,822,72 * 0.31 * 100/8 公里/升 * 1/1000 公斤≈9619 公斤；

NOx：24,822,72 * 1.82 * 100/8 公里/升 * 1/1000 公斤≈56472 公斤。

（三）社会效益

1. 自公共自行车推行以来，引起了很大反响，公众对公共自行车的反映是普遍满意，都对该系统持肯定态度。

2. 公共自行车有租借费用低、无须防盗，出行时可与其他交通方式自由组合，自由掌控路线时间，选择余地大，目前很多点落实在人行道上，与公交站点衔接较好，给市民和游客的出行带来了极大的方便。由于公共自行车的出现，一些已多年不骑自行车的市民，又重新使用自行车，出行结构发生了变化，减少了小汽车的使用次数，优化了城市交通出行结构。

3. 公共自行车系统在苏州姑苏区、吴中区、高新区、相城区和吴江区提供 60 分钟的免费租用服务，工业园区提供 90 分钟的免费租用服务，而且超时后收取的费用也是非常低廉的。另外公共自行车也能免去市民购车、停放、防盗等方面的烦恼，从而有效降低市民的出行成本。

4. 苏州是著名的旅游城市，公共自行车系统为外来游客提供了很大方便。因此公共自行车系统不仅方便了市民出行，也使原先无条件使用自行车的外地游客有了新的选择。同时，也提升了苏州的城市形象。

5. 逐步引导市民采用“B + R”方式出行。公共自行车为市民提供了便捷的公共自行车服务，同时苏州市力求在各种公共交通系统（如公交车站点、轨道交通站点）附近都设置公共自行车服务点，从而引导公众采用公共自行车换乘。

6. 提高环境质量、促进“低碳”生活。公共自行车交通具有低碳、环保和绿色的特点，能有效改善城市环境，提升市民素质，倡导“低碳”出行，使环保的理念深入人心。

三、存在问题

(一)租赁点布设方面的问题

租赁点分布不均,密度不够。由于公共自行车租赁点在建设过程中,不少地区特别是近几年新建的新城公共自行车站点太少,许多市民还享受不到公共自行车带来的便捷,另外,一些地区公共自行车站点密度太小,服务半径还没有达到规划要求,有待进一步扩充。

布点落实难,布设不尽合理。目前有90%的已运营或在建服务点集中分布在主次干道上,在人行道上设点,居住、公建、学校、企业设置的服务点比较少,但需求量大,供需矛盾突出,主要原因是布点落实难。苏州高档居住小区通常是封闭式管理,不对外开放,因而也不可能设点;普通居住小区虽然不封闭,内部面积也较大,但内部用地一般被用来收费停车。涉及经济利益,小区管理者不愿意免费提供用地给公共自行车设点,而是希望将公共自行车服务点推向小区外部的城市道路上。即使在公共资源的城市道路上设点,也常常遭到阻挠。常有单位、商店以公共自行车服务点影响自家门前为由阻拦设点。

服务点规模偏小。在目前服务点密度没达到规划标准的情况下,每个点的规模偏小,尤其一些车容量小于20辆的点会出现满员无法还车的现象。

(二)管理服务方面的问题

调度不够合理,缺车或满桩点较多。目前,大部分服务点都"无人值守",在自行车出现数量不足情况时,调配的速度得不到保障,租车人员需要等待较长的时间或换点租车。车位饱和时又必须调配出空位。因此,必须针对各服务点的不同情况配备工作人员,如有必要可实行倒班制。

服务指示设置有待完善。租车者对公共自行车系统不是很了解,也不熟悉服务点的位置,而且租车点周边的指示标志缺乏,因此应加大设置服务点引导图力度,让更多的人了解该系统,吸引更多的人使用,完善服务点周边的指示设置,方便租车者"通租通还"。

未考虑外国人的需要。苏州是著名的旅游和现代化城市,外国游客较多,而苏州公共自行车租赁点指示等都是汉语,因此应增设双语指示牌和租车、服务点指南,并培训租车点服务人员常用租赁用语,为外国游客提供更好的服务,并提升苏州形象。

经费来源有待拓展。公共自行车靠政府持续不断的投入,经费来源渠道单一,可考虑加强公共自行车系统的自身"造血"功能,为发展网络、改进服务创造条件,适当减轻纳税人(公共财政)的负担。

（三）维修保养方面的问题

服务点缺少一定的储车设备。部分站点由于租用车次和归还车次并不能协调导致许多租用者无车可借、无桩可还只能到其他租赁点租还，造成不便。而且，由于大多数服务点没有遮雨棚导致自行车常年遭受风吹雨打、容易损坏，这既增加了维修费用又给租用者带来不便。

维修不及时。目前采用的维修方式是流动式维修，随着公共自行车使用时间与次数的增多，坏损现象越来越多，维修成为日常重要工作。

缺乏调度基地。目前采取的是各点存放车、分散调度的方法。但随着系统规模的扩大，集中的调度基地必不可少。

四、发展建议

（一）加强公共自行车健康文化宣传

通过各种途径对公众大力宣传公共自行车对个人、家庭和社会的好处，加大公共自行车健康和环境保护的宣传力度，不断提高公共自行车的使用频率和效率。

（二）完善公共自行车服务

对于是否发展自行车公共租赁系统，58.82%的市民表示赞成，不赞同的仅占6.52%。可见，市民对于公共自行车租赁还是相当赞成的。对市民发出的满意度调查问卷的反馈意见：非常满意的占55%，满意的占40%，一般的占5%；不满意的主要有站点无车，站点车满，借不到车的，经常会借到有故障的自行车。这需要加强公共自行车的调度管理，加强车辆检查维护，完善公共自行车服务。

（三）采取积极有效的激励措施

采取激励措施，对经常使用自行车特别是有汽车家庭成员经常使用公共自行车的给予奖励。

（四）扩大公共自行车布点

根据调查，建议在住宅、居民区的占35.7%，学校的占14.3%，医院12.5%，轨道、公交站点的占21.4%，购物中心的占16.1%。间隔距离在300米的占15%，500米的占50%，800米的占25%，1000米的占10%。可以根据公众对公共自行车布点建议，使公共自行车站点的设置再合理些。

第十二章

苏州市"十二五"健康城市评估总结

"十二五"是苏州市巩固"两个率先"建设成果、全面推进"三区三城"建设和城乡一体化发展的重要时期,也是爱国卫生和健康城市建设工作加速创新发展、提升服务水平的关键时期。市爱健办委托苏州市健康城市研究所对《苏州市 2011 ~ 2015 年爱国卫生运动与建设健康城市行动计划》(以下简称"行动计划")执行情况进行了评估,评估报告如下:

一、主要目标完成情况

"十二五"以来,在市委、市政府的正确领导下,各地各部门高度重视爱国卫生和健康城市建设工作,围绕服务经济社会发展大局,贯彻落实"行动计划",不断完善工作机制,加强能力建设,完成或基本完成行动目标,为改善城乡居民生活环境,提升城乡居民健康水平,促进经济社会发展做出了巨大贡献。鉴于统计数据要求,本文主要以 2014 年数据进行报告。

(一)健康服务能力不断提高

医疗卫生服务体系逐步健全,基本医疗保障制度不断完善,公共卫生服务均等化不断推进,服务能力和服务内涵不断提升。截止 2014 年末,医疗卫生人员数为 7.88 万人,实际开放总床位数 5.52 万张,分别比"十一五"期末增加约 2.2 万人和 1.6 万张。按常住人口计算,全市每千人口医疗机构床位数为 5.21 张,每千人医生数和每千人注册护士数均为 2.39 人。社区卫生服务体系健全率达 99%,全市人均基本公共卫生服务经费标准从 2010 年的 33 元提高到 2014 年的 46 元。人均体育设施用地面积从 2.4 ㎡增加到 2.7 ㎡,每千名老人拥有养老机构床位数从 20 张增加到 40 张。

(二)健康环境质量不断提高

加强环境保护,巩固生态市建设成果,提高城市管理水平,打造最干净的城市。2014 年底,城镇生活污水处理率从 90% 增加到 95%,农村(规划保留点)生活污水处理率达到 65.5%。人均公园绿地面积从 2010 年的 14 ㎡增加到 14.98 ㎡,

陆地森林覆盖率从2010年的23.7%增加到29.4%。环境质量综合指数保持在90%以上。完成城区2万多户居民家庭“改厕”任务。农村生活饮用水水质合格率保持在100%。城市生活垃圾无害化处理率保持在100%。

（三）健康社会内涵不断提升

城乡低保、基本养老、居民医疗保险全面并轨，成为全国首个统筹城乡社会保障典型示范区，五大社会保险覆盖面均在99%以上。城乡低保标准由“十一五”末期的农村340元/月、城市420/月提高至750元/月。建成覆盖城乡的食品安全监测预警体系和肉类流通追溯体系，全市千人食品抽检率突破4批次/千人，动态合格率保持在98%以上。新建保障性住房12.75万套，完成69个老住宅小区、303幢零星居民楼、51个城中村（无地组）改造任务，改善了居民居住条件。

（四）人群健康水平不断提升

“十二五”期间，我市居民健康各项指标均保持较高水平：2014年，全市婴儿死亡率、五岁以下儿童死亡率、孕产妇死亡率三项指标为3.05‰、4.23‰和2.47/10万，较2010年分别下降1.38‰、2.06‰和1.63/10万；人均期望寿命为82.74岁，比2010年提高1.64岁。经常参加体育锻炼的人比例达到35.4%，国民体质监测合格率从2010年的92.5%增加到96.4%。

（五）卫生创建质量不断巩固

苏州市区及下辖的张家港、常熟、太仓、昆山市连续两轮通过国家卫生城市复审。新增国家卫生镇11个、省级卫生镇3个、省级卫生村42个，省级卫生镇实现全覆盖，国家卫生镇比例达到84.3%，省级卫生村比例达到98.5%。新增5个市级健康镇和317个市级健康村，占国家卫生镇和省级卫生村的比例分别为69.8%和53.3%。

（六）健康促进品牌持续凸显

实施健康促进百千万工程，开设健康苏州大讲堂，开展健康大巴进社区，推进健康教育场景建设，发放健康干预工具。建成健康步道178条，健康主题公园50个，健康教育园75个，健康自助小屋197个，发放健康指导工具301.3万份。城乡居民健康素养水平从17.7%增加到21.3%。

二、重点行动实施情况

（一）健康环境持续改善

实施蓝天工程，全市累计投资近800亿，完成大气治理项目700余个，全市大气环境质量稳步提升。加强水环境治理，实施古城区河道、农村黑臭河道、东太湖综合整治、石湖水质提升等水质提升工程。提高生活污水处理能力，城镇新、扩建

45座污水处理厂,906个自然村建成独立式生活污水处理设施,822个自然村生活污水接管处理,农村(规划保留点)生活污水处理率达到65.5%。全市地表水国控断面水质逐步好转,已消除劣V类断面。加强水源地保护,集中式饮用水源地水质达标率保持在100%。推进生态文明建设"十大工程",建成国家园林生态城市,国家环保模范城市复核实现"满堂红"。实施绿化工程,五年间市区新增绿地2400万平方米,建成市级以上湿地公园19个,绿地森林覆盖率达29.4%,绿化覆盖率达到42.93%,人均公共绿地面积达到14.99平方米。实施城区居民改厕工程,完成2万多户改厕任务。开展了931个城市环境综合整治行动,完成了32家古城区农贸市场标准化提升改造。健全数字城管体系,网格化、精细化管理不断强化,"数字城管"实现全覆盖。加大环卫基础设施建设力度,垃圾焚烧发电厂三期、餐厨垃圾处理二期、七子山垃圾填埋场二期、建筑垃圾资源化终端利用等重点工程建成并投入使用。持续加大机械化保洁设备投入力度,古城区机械化保洁覆盖率达83%。优化提升环卫收运体系,升级改造市区垃圾转运站,取消垃圾收集房,实施"以桶换桶"收集模式,农村建立户集、村收、镇转运、县处理的生活垃圾收运模式,生活垃圾集中收运率达到100%。推行生活垃圾分类,我市被列为全国第一批生活垃圾分类示范城市,市区验收通过的垃圾分类试点小区已达307个。

(二)健康社会不断构建

推进社会保障城乡一体化,城乡低保、基本养老、居民医疗保险全面并轨,成为全国首个统筹城乡社会保障典型示范区,城镇职工养老、医疗、失业、工伤、生育五大社会保险覆盖面均在99%以上。深入推进就业城乡一体化建设,出台《苏州市职业介绍补贴试行办法》,城镇失业登记率始终控制在4%以内。加快"公交优先"战略建设,新增公交首末站和公交枢纽62个,市区设置公交专用道147.44公里,公交优先路口164个358处,市区公交专用道系统的骨架已初步成型。制定《苏州市中心城区慢行交通系统规划》和《苏州市区公共自行车专项规划》,截至2015年10月底,市区(共6个区)已建成公共自行车站点1576个,车辆36057辆,日均周转次数近5次,市民公交出行比例不断提升。加强社会治安综合治理,依法打击违法犯罪活动,推进平安苏州建设。开展道路安全行动,全力整治"三超一疲劳"、闯红灯、酒驾、毒驾等严重交通违法行为,道路安全项目获世界卫生组织健康城市最佳实践奖。加强保障性住房建设,进一步改善居住条件。深入开展食品安全集中整治,开展"天安行动"和"放心行动",全面推行食品安全监督信息公示和餐饮单位量化分级,全市餐饮单位食品安全量化分级管理率达100%。

(三)健康服务日益完善

科学配置医疗卫生资源,苏大附一院平江院区、苏大附儿院园区总院、市立医院本部新门急诊综合楼投入使用。新建科技城医院、公共医疗中心、独墅湖医院等,全市基层医疗卫生机构总数达到2309个,全市城乡社区卫生服务覆盖率达到100%,基本建成“15分钟健康服务圈”。全面实施国家11大类43项基本公共卫生服务项目,全部向辖区常住人口免费提供。强化了公共卫生专业机构建设,疾病预防控制、卫生监督机构健全率100%,妇幼保健机构健全率90%。实施了医疗卫生便民服务“一卡通”工程、院前医疗急救系统、基本药物制度、母婴阳光工程、婴幼儿健康促进工程、重性精神病免费服药和体检、老年人免费健康检查、社区影像远程会诊中心、社区临床检验集中检测中心、外来流动儿童免疫接种等政府实事项目,全面建成了基于健康档案的区域卫生信息平台,开展了手机、电话、网上、微信、诊间等预约挂号服务,加大城市医院与基层医疗机构间的对口支援和双向转诊力度,建立了上下联动、分工协作机制,有效缓解了看病就医问题。突发公共卫生事件应急指挥系统初步建成,“12320”公共卫生咨询服务系统实现省、市县三级联动,市、县两级血液管理信息系统实现统一管理,急诊120率先启用急救MPDS分级调度系统,初步实现了全市突发公共卫生事件早期预警与高效处置的一体化。提高医疗保障水平,职工医保和城乡居民医保参保人员政策范围内住院医疗费用报销比例已分别达到90%和76%以上,居于全省乃至全国的领先水平。同时,开展重性精神病患者免费服药和服药后免费安全检测、门诊治疗老年性白内障报销90%等项目。

建立全科医师培训基地,开展全科医师规范化培训,推进家庭责任医师制度。开展慢性病综合防控,建成2个国家级慢性病防控示范区。积极推进卫生信息化建设,实施老年人免费健康体检,加快推进养老服务。三年来,共新增养老床位20097张、日间照料中心258个、助餐点431个,居家养老服务体系逐步建立。2014年底,人均期望寿命达82.74岁,婴儿死亡率下降到3.05‰,孕产妇死亡率控制在4/10万以内。

(四)健康人群广泛培育

完善人口出生缺陷社会化干预长效机制,推行一站式免费婚检,实施“幸福家庭世代服务工程”和母婴阳光工程,婚检率从2011年的91.81%增长到95.96%,出生缺陷发生率从2011年的6.31‰降低至5.52‰。大力开展阳光体育运动,建立学生体质健康监测体系,每年发布《苏州市学生体质健康状况白皮书》。积极推动健康促进学校建设,截至2014年,已有550所中小学成功创建成江苏省健康促进铜奖以上学校,占比91.2%。逐步健全以居家养老为基础、社区照料为依托、机构养老为支撑、信息服务为辅助的“四位一体”养老服务体系,2015年底,全市拥有养老床位总数达61773张,千名老人拥有养老机构床位数达到40张,全市所有街道、镇全部建有居家养老管理中心。为老年人提供“三优四免三补贴”的普惠化福利待遇。开展流动人口健康促进行动，在流动人口集宿区、集中务工企业、子女学校开展健康促进干预，普及健康素养基本知识与技能，赠送健康知识读本和保健包，对流动儿童免费预防接种，为流动人口开展结核病免费检查、艾滋病免费咨询和检测以及职业病诊断。开展全民健身行动，打造“十分钟体育健身圈”，全市共有5206个健身点，社会体育指导员29000多人，形成覆盖城乡比较健全的全民健身公共服务体系，经常参加体育锻炼人数比例达35.4%，国民体质合格率达96.4%。

（五）健康促进广泛开展

大力开展健康促进百千万工程，开设“健康苏州大讲堂”，成立了健康促进讲师团，市级讲师每年开展健康苏州大讲堂100余场。开展“健康大巴进社区”活动，组织苏州各医院名医深入社区，免费为居民开展健康咨询服务，指导居民养成良好的生活习惯。建设“健康教育场景”，“十二五”期间，新增健康主题公园50个，健康教育园37个，健康步道176条，累计建成健康主题公园50个，健康教育园75个，健康步道178条。开展公共场所和工作场所控烟工作，医疗卫生机构控烟率保持100%，开展“无烟城市——盖茨中国控烟项目”，在市委、市政府大院31个行政机关和事业单位开展机关工作人员控烟工作，组织各部门开展控烟联合执法行动，成人吸烟率降低至20.27%。调查并发布《苏州市职工心理健康现状调研白皮书》，开展心理健康促进行动。实施流动人口健康促进，在流动人口集宿区、集中务工企业、子女学校开展健康促进干预，引导企业开展健康促进企业创建活动，关注员工的身心健康，有40家企业建成江苏省“省健康促进示范企业”。开展健康素养促进行动，太仓市成为国家首批健康素养促进行动试点市。开通苏州健康微信公众号，电视、纸媒等新闻媒体均开设健康专栏，广泛普及健康知识与技能，城乡居民健康素养水平达21.1%。开展全民健康生活方式行动，“十二五”期间，全市发放健康指导工具300万份，建成健康示范单位342家。

（六）卫生（健康）创建深入推进

城乡卫生创建继续保持良好势头，各地以创建为抓手，以创促建，重点解决背街小巷、城乡接合部、农贸市场、五小行业等存在的影响群众健康的突出卫生问题，城乡卫生面貌和群众的健康素质明显提高。“十二五”期间，我市共新增国家卫生镇11个，省级卫生镇3个，省级卫生村42个，2个镇通过国家卫生镇考核待命名。截至2014年底，全市省级卫生镇实现全覆盖，国家卫生镇比例达84.3%，省级卫生村比例达98.5%。张家港、常熟、昆山、吴江实现国家卫生镇满堂红。在卫生镇村的基础上，积极推进健康镇村（社区）建设，新增建设健康城市先进镇5

个、先进村(社区)317 个。开展世界卫生组织健康场所建设,建成 38 家世界卫生组织健康学校、健康企业、健康社区等健康场所。通过卫生健康创建,逐渐实现由疾病管理向健康管理转变。

三、指标完成情况

本轮行动计划共设立 30 条定量指标,4 条定性指标。30 条定量指标共完成 27 条,完成率为 90.0% ,未完成的 3 条指标为人均公园绿地面积、室内公共场所和工作场所全面禁止吸烟、孕产妇死亡率,具体见表 2 – 12 – 1。

表 2 – 12 – 1

项目	指标	口径范围	责任部门	2010 年本底值	2015 年目标值	2015 年实际值
环境指标	人均公园绿地面积	市区	市园林部门	14.9	15	14.99
社会指标	室内公共场所和工作场所全面禁止吸烟	市区	各有关部门	未全面禁止	全面禁止	未全面禁止
人群指标	孕产妇死亡率	全市	市卫生部门	4.10/10 万	控制在 4/10 万以内	4.1

未完成原因如下:

1. 人均公园绿地面积。"十二五"期间,苏州市城镇化率快速上升,建成区面积增加明显,城镇人口增长迅速,虽然近年来,苏州市每年新增绿地 500 万平方米,但 2015 年实际完成指标值仍为 14.99 平方米/人,离目标值仅差 0.01 平方米/人。

2. 室内公共场所和工作场所全面禁止吸烟。2013 年,《江苏省爱国卫生条例》出台,规定了禁止吸烟场所和控制吸烟场所,我市执行上位法,部分场所是控制吸烟,并没有完全禁止吸烟。同时,指标目标值定得太高,受现实管理难度和不健康文化影响,即使上位法规定所有室内公共场所和工作场所全面禁止吸烟,但是执法监督跟不上,也难以做到全面禁止。

3. 孕产妇死亡率。2014 年,我市孕产妇死亡率为 2.47/10 万,2015 年孕产妇死亡率为 4.1/10 万,主要受单独二胎政策影响,高危孕产妇比重增加所致。

四、健康城市建设存在的主要不足之处

（一）深化健康城市建设的认识有待进一步提高

苏州市健康城市建设自起步起至今已有 17 年的历程，苏州也一直在坚持不懈地探索健康城市建设，但是与全面发展阶段相比，与健康城市建设重要意义相比，部分领导、部分地区对健康城市的认识出现了偏倚，对健康城市的重视程度出现了弱化。

（二）健康城市建设水平与市民期盼仍有距离

随着生活水平的提高，越来越多的市民群众更加关注自身健康，并且在心理健康、社会健康等方面也显现出更大的需求。新时期我市呈现出的城镇化、老龄化、人口结构外来化特点，也使我们在应对影响健康生活的传染病、慢性病等的同时，必须着力解决食品安全、环境卫生、身心健康、职业健康等新问题，这些对我市的医疗资源、环境、食品、健身、心理、生活方式、工作场所等方面都提出了更多新要求。

（三）健康城市建设还未形成完善的治理格局

健康城市是一项共享发展的社会事业，目前苏州市在健康城市建设中虽然有一些社会组织参与，但是总体参与氛围不够浓，其治理主体仍然以政府相关部门为主，社会组织和居民自治不足，健康城市建设还未形成完善的治理格局。

五、建议

（一）持续推进健康苏州建设

根据《国务院关于进一步加强新时期爱国卫生工作的意见》和党的十八届五中全会要求，建议持续推进健康苏州建设，将健康苏州建设列入苏州市国民经济和社会发展“十三五”规划纲要，将健康苏州建设提升为苏州市发展战略高度加以推进。同时制定苏州市健康城市建设“十三五”规划，引领健康城市发展。

（二）结合疾病谱死因谱开展重点疾病防治

当前，慢性非传染性疾病和传染性疾病威胁并存，恶性肿瘤、脑血管病、呼吸系统疾病、心脏病、损伤和中毒占据死因谱前五位，占全部死因的 80% 以上，建议针对这些重大疾病，建立筛查机制，关口下移，做到疾病早发现，建立协同救治体系，急症得到及时救治。

（三）加强宣传提高社会参与程度

开发具有影响力的、参与范围广的健康城市品牌活动，吸引广大市民踊跃参与健康城市建设。从青少年抓起，加强中小学健康教育，养成健康行为和生活方

式。在传统的电视、报纸等媒介基础上，结合网络、微信等新媒体，加强宣传，传播科学、权威的健康知识，营造健康城市建设的良好社会氛围。丰富健康城市治理主体和治理手段，突破政府相关部门这一单一主体，充分发挥社会组织作用，从政府包揽向政府指导、社会共同治理转变，鼓励和支持社会各方面参与，实现政府治理与社会自我调节、居民自治良性互动。

（四）转变做法推进健康细胞建设

根据苏州市委、市政府清理评比达标表彰工作的有关要求，创建命名式工作方式已经不适应政府工作要求，业务部门和基层要转变做法，探讨新的健康细胞建设路径，推进新形势下的健康镇村（社区）、健康单位、健康家庭等建设，并形成长效管理，不断扩大健康城市建设覆盖面。

（五）培育健康文化发展健康产业

实施文化精品战略，围绕健康文化主题，深入挖掘本土文化艺术资源，创作一批思想性、艺术性、观赏性俱佳的文艺精品。鼓励文艺院团和公共文化服务单位开展以健康为主题的公益性演出和展出活动。推动健康知识传播机构的发展，鼓励举办健康论坛、健康讲座等活动。科学制定全市健康服务产业发展规划，特别是在医疗服务业、健康养老产业、体育产业、科学育儿产业、保险业、医疗服务业等健康产业上有所突破，助推经济结构的转型升级。

第三篇　苏州市健康城市发展篇

第一章

中国当前卫生发展趋势分析

一、当前,我国卫生发展的新特点

“十三五”是一个新的历史阶段。在这个发展时期,有一些突出的新特点,认识和分析这些新特点,对于制订“十三五”卫生发展规划具有重要意义。

1.“十三五”是经济进入新常态的时期。中国共产党十八届五中全会提出“推进健康中国建设,深化医药卫生体制改革,理顺药品价格,实行医疗、医药、医保联动,建立覆盖城乡的基本医疗卫生制度和现代医院管理制度,实施食品安全战略。促进人口均衡发展,坚持计划生育基本国策,完善人口发展战略,全面实施一对夫妇可生育两个孩子的政策,积极开展应对人口老龄化行动”。

2.“十三五”是改革创新的时期。“十三五”是经济进入新常态的时期,要适应整个经济社会发展的新常态,医疗卫生事业发展不能仅仅依赖高投入,要更加突出体制机制的改革与创新,转变简单的规模扩张发展模式,在注重整体式优化和结构调整中提高服务水平和效率。

3.“十三五”是全面建成小康社会的决胜阶段。在“十三五”时期,人民群众日益增长的健康需求与医疗卫生服务供给约束之间的矛盾,特别是优质资源短缺,结构布局不合理的矛盾仍然是卫生发展的主要矛盾。在“十三五”期间,一方面要解决基本健康需求问题,另一方面也要努力地解决多层次多样化的健康问题。

4.“十三五”时期是多重健康问题叠加的时期。中国慢性病、传染病的双重负担日益加重。慢性病所导致的死亡人数占总死亡人数的比例达到了86.6%,同时传统传染病形势依然严峻,新发传染病威胁又不容忽视。同时,公共卫生的基础设施还相当薄弱,医疗服务体系和公共卫生服务体系缺乏衔接协同,难以应对复杂健康问题的挑战。

5.“十三五”是深化医改进入攻坚克难的时期。国务院关于全国医疗卫生服务体系规划纲要(2015~2020年)以及国务院关于推进分级诊疗制度建设的指导意见要求:建立分级诊疗制度,是合理配置医疗资源、促进基本医疗卫生服务均等化的重要举措,是深化医药卫生体制改革、建立中国特色基本医疗卫生制度的重要内容。

公立医院改革还有很多问题,深层次的矛盾和问题需要进一步破题。医疗保障的公平性和专业化水平亟待进一步提升,药品生产流通秩序规范的问题仍然比较严重。

6."十三五"是医药科技和信息技术快速发展的时期。近年来,一些关键技术和重大创举不断突破,新兴信息技术快速发展,都会为医疗卫生服务质量和水平跨上一个新台阶提供更有力的技术支撑,可能会大大促使医药卫生体制改革和服务模式创新。

从国外来看,欧美等发达国家的卫生事业发展正从医院服务逐渐转向社区服务;更注重发挥以信息技术为手段的监督;基层门诊和日间手术蓬勃发展。

世界银行和世界卫生组织的初步意见中指出,未来中国应该建立以病人和社区为中心、及时全面的一体化服务。各级卫生机构需要建立更加紧密的联系,以团队为基础,形成人口健康的责任制。加快卫生信息化的发展,改变以医院为中心的医疗卫生模式,更加注重患者的参与和自我管理。

二、当前卫生发展战略要求

——改革创新,构建公平高效医疗卫生体系战略。以改革创新的思想,结合苏州社会经济发展特点,深化医药卫生体制改革,紧紧抓住医药科技创新和信息技术快速发展的有利时机,促使医药卫生体制改革和服务模式创新,建立具有地方特色的公平高效医疗卫生体系。

——预防为主,积极健康促进战略。慢性病患病率逐年上升,需要重点加强健康促进机制建设,积极开展以社区为核心的健康促进工作,全面提高居民健康素养。

——健康公平,公共优先战略。优先配置公共卫生资源,做到四个优先:一是优先配置促进健康的公共卫生资源;二是优先配置实施公共卫生均等化的相关资源;三是优先配置边缘地带的公共卫生资源;四是优先配置投入少、效益广的有利于居民身心健康的公共卫生资源。

——注重质量,协调发展战略。医疗卫生一要适应经济发展的时代背景,使医疗卫生技术和服务一体化,多层次满足人民群众需求。二要适应现代人的就医心理变化,科学设置医院门诊,满足和完善住院服务。倡导现代医院文化建设,从根本上提高医疗卫生的服务质量。

第二章

苏州健康城市发展远景

一、"十三五"期间苏州市健康城市建设面临的机遇和挑战

"十三五"时期,苏州市卫生与健康事业发展也面临新的挑战。全面实施两孩政策,人口自然增长速度放缓,人口老龄化加剧,人口结构性问题日益突出。经济社会转型中居民生活环境与生活方式快速变化,相关疾病和危险因素成为影响群众健康的主要问题。重大传染病和重点寄生虫病等疾病威胁持续存在,苏州境内外交流的日趋频繁加大了传染病疫情输入风险。大气等环境污染和食品不安全对健康损害的威胁不容忽视。工业化、城镇化进程加快,疾病谱变化,进一步加大了医疗卫生服务的需求,医疗卫生资源供需矛盾将更加突出。医药卫生体制改革进入攻坚阶段,实现人人享有较高水平的基本医疗卫生服务与人民群众追求公平、多样的健康服务需求存在很大差距,基本建成现代医疗卫生体系的任务相当艰巨。经济发展进入新常态,大数据、医学技术创新等新兴技术的快速发展,都要求卫生与健康领域加快转变发展方式,创新服务模式和管理方式。

此外,制约苏州卫生与健康事业健康发展的深层次体制机制问题仍然存在。医疗资源分布不均衡、优质医疗资源尤其缺乏,专科资源供给不足,医院单体规模增长过快,医疗卫生服务体系碎片化、分级诊疗制度尚不成熟,基层服务能力仍是薄弱环节,信息化建设仍待加强,社会办医服务能力不足,国家和省、市出台的一系列促进卫生与健康事业发展的政策措施仍需进一步落实到位。总体来看,对照人民群众的健康需求、对照2020年"高水平建成小康社会"宏伟目标的要求,卫生与健康服务供给约束与健康需求不断增长之间的矛盾依然突出,对苏州卫生与健康发展提出了新要求、新任务。

2017年,苏州市政府根据《国家"十三五"卫生与健康规划》《江苏省"十三五"卫生与健康暨现代医疗卫生体系建设规划》《苏州市国民经济和社会发展第十三个五年规划纲要》等编制了《苏州市"十三五"卫生与健康规划》。《苏州市"十三五"卫生与健康规划》的指导思想是贯彻落实上级精神,以全民健康及健康公平

为中心,以建体系、强能力、促健康、转模式、强保障、激活力为着力点,转变卫生与健康工作理念和重点,改革卫生与健康工作体制、机制,统筹推进各项举措,实现发展方式由“以疾病为中心”向“以健康为中心”转变,实现创新驱动发展的卫生与健康服务供给模式转型升级,发展成果更多的公平惠及全体人民,显著提高人民群众健康水平。

二、《国家“十三五”卫生与健康规划》主要内容

《规划》分为四大部分,第一部分是规划背景,第二部分是规划的指导思想、基本原则和发展目标,第三部分是围绕六大目标展开的重点工作,第四部分是规划实施保障措施。

《规划》指导思想紧密贯彻中央精神,结合苏州地区实践,实现发展方式由以疾病为中心向以健康为中心转变,实现创新驱动发展的卫生服务供给模式转型升级,发展成果更多惠及全体人民,显著提高人民群众健康水平,谱写苏州卫生和健康新篇章,为苏州高水平全面建成小康社会奠定坚实健康基础。提出六大原则,包括:坚持以人为本问题导向与目标导向相结合;坚持深化改革,体系构建与能力建设相结合;坚持政府责任,基本服务均等化与个性化服务相结合;坚持理念转变,急慢分治与全健康管理相结合;坚持依法治理,加强监管与激发活力相结合;坚持统筹推进,分级诊疗与协同救治相结合。坚持在全国“率先领先”的基本定位,体现在六个方面目标:全面落实“健康苏州 2030”战略,深化医疗卫生体制改革取得突破,创新建构现代卫生与健康服务体系,整体提升医疗卫生服务能力,加快推进卫生与健康治理体系、治理能力现代化,保持人口均衡发展政策。这六个方面目标具体定位为 9 大类 26 项指标,主要包括:到 2020 年,人均预期寿命达 83. 5 岁,孕产妇死亡率、婴儿死亡率和 5 岁以下儿童死亡率保持较好控制水平,儿童免疫规划疫苗接种率≥95%,肺结核发病率≤30/10 万,因心脑血管疾病、癌症、慢性呼吸系统疾病和糖尿病导致的过早死亡率≤11%等。

围绕六个方面目标《规划》制定了 12 个方面重点工作和 12 个专栏,12 个方面重点工作是:(一)以重大疾病防控为核心,构建现代公共卫生服务体系。(二)以分级诊疗制度为核心,构建现代医疗服务体系。(三)以支付方式改革为核心,构建新的全民医疗保障体系。(四)以保障有效供给为核心,构建现代药品供应保障体系。(五)以促进优生优育为核心,构建计划生育管理服务体系。(六)以强化综合监管为核心,构建现代卫生与健康治理体系。(七)深化医药卫生体制改革,完善卫生与健康工作协同平台。(八)启动“健康苏州 2030”规划纲要,完善健康城市工作平台。(九)加强卫生与健康信息化建设,构建智慧健康服务管理平台。

(十)实施"科教强卫"战略,搭建卫生与健康人才发展平台。(十一)积极扶持健康服务,构建健康产业发展平台。(十二)提高全民健康素养,构建现代健康促进平台。12个专栏是——专栏1:公共卫生计生服务推进工程。专栏2:健康城市"531"行动计划。专栏3:健康市民"531"行动计划。专栏4:卫生强基工程。专栏5:医疗服务能力提升工程。专栏6:中医药传承创新和服务能力提升工程。专栏7:妇幼健康服务能力提升工程。专栏8:人口发展和质量提升工程。专栏9:健康卫士"531"行动计划。专栏10:健康苏州促进工程。专栏11:智慧健康服务工程。专栏12:科教强卫工程。

《规划》的第四部分是实施保障措施。主要从加强组织领导,营造良好氛围,强化监测评价等方面保障规划落地。

三、实施"531"系列计划

《苏州市"十三五"卫生与健康规划》中针对市民卫生与健康面临的重大问题和结构性矛盾,以全面实施健康城市"531"、健康市民"531"、健康卫士行动"531"计划为三大推手,通过健康优先的制度安排、深化医改的关键突破、服务体系的补缺协同,提出全市卫生与健康改革与发展综合性解决方案,全方位、全周期改善与提升全体市民的健康水平。

(一)健康城市"531"行动计划

启动全民健康素养提升工程。开发一套家庭健康自测工具、建立一个公共卫生科普中心、开展一系列健康公益讲座、建设一批健康示范场所、建设一批运动健身指导站、播放一批健康宣传广告等,开展千场健康公益讲座进社区、进企业、进学校、进机关、进军营等"五进"活动。

建立完善三大工作机制。即"政府主导、部门协同、社会参与、个人主责"的联动机制、"联防联控、群防群控、防治结合"的预防机制、"医防联动、快检快测"的突发公共卫生事件处置的应急机制。

重大传染病防治项目。加强艾滋病、结核病、慢性肝病防治工作,实施扩大免疫规划项目,开展65岁以上户籍老年人23价肺炎球菌多糖疫苗、适龄儿童水痘疫苗和初三学生麻风疫苗等免费接种工作。

心理健康促进项目。建设苏州市心理卫生中心和心理云医院管理网络平台,实施严重精神障碍亲情照护项目,抑郁障碍和老年痴呆干预项目,进一步完善心理健康服务网络,提供规范的心理卫生服务。

重点人群伤害干预项目。开展道路伤害、儿童意外伤害、老年人跌倒和职业病伤害干预工作,建立健全伤害综合监测网络,加大交通安全、职业卫生的宣传和执法力度,推进示范环境和体验场馆建设。

出生缺陷与重大疾病干预项目。开展出生缺陷综合干预、妇女儿童重大疾病防治和意外妊娠干预工作,加强婚前和孕前健康检查、产前筛查与诊断、新生儿疾病筛查与高危儿干预,拓展妇女宫颈癌和乳腺癌检查项目,开展儿童先天性心脏病和自闭症干预示范点建设。

健康危险因素监测与风险评估项目。实施以食品安全、生活饮用水、空气污染、学校卫生、医用辐射防护等为主要领域的卫生监测与风险评估工作,定期发布健康危险因素监测与风险评估系列白皮书。

(二)健康市民"531"行动计划

建立多中心疾病协同救治体系。建立市及各市/区"胸痛""卒中""创伤""危重孕产妇"和"危重新生儿"五大疾病救治中心,健全联通急救、医院与社区的多中心疾病协同救治体系,形成市、县(区)纵向衔接,多部门横向配合,医院、公卫和社区专业协同的工作格局,依托医疗物联网技术和医疗云技术,构建信息共享、实时交互的健康信息网络平台切实提升突发疾病的专业救治水平。

建立三大类疾病筛查机制。建立"肿瘤""心脑血管疾病""高危妊娠"等三大类疾病筛查机制,依托社区卫生服务中心对社区重点人群开展健康初评,对目标人群开展高危筛查,对高危人群实施健康干预,构建分类综合管理模式,及时发现、及时干预、及时治疗,利用上下级转诊机制和部门协作机制实现重点疾病预防、治疗、康复无缝衔接。

推动公立社区卫生服务中心转型。将社区卫生服务中心转型提升为综合健康管理服务平台,重点开展"六个一"服务,即一次基于健康体检的个性化居民健康的评估、一次由全科医生分病种的健康教育、一份高度精准的高危筛查推荐方案、一张由专业医联体专家制订的规范治疗处方、一张专业定制的健康生活运动处方、一份完整的动态的个性化健康档案,为市民"不发病、少发病"当好健康"守门人"。建设市民综合健康管理服务信息平台,实现基层卫生机构与上级医院的专业联动和专科协作。

三大机制:筛查监控高危人群

市疾控中心的数据显示,2014 年苏州人致死的前五种疾病依次是恶性肿瘤、脑血管疾病、呼吸系统疾病、心脏病、伤害,这 5 种死因占全部死因的 82.42%。随着全面两孩政策的落地实施,高龄、高危孕产妇的数量也不断增加。在健康市民"531"行动计划中,我市计划建立起肿瘤、心脑血管疾病、高危妊娠三大筛查机制,依托社区卫生服务中心的平台,筛查社区居民,"定位"找出这三类高危人群,有针对性地进行健康干预、状况调查、跟踪评估等工作。

早发现、早治疗是提高肿瘤诊疗效果的有效途径。因此,肿瘤筛查将针对我市居民疾病谱中的高发肿瘤,在社区居民中开展危险因素调查和高危人群评估。定期发布分年龄、分性别的居民肿瘤筛查指南。对高危人群实行有针对性的健康干预,对筛查发现的肿瘤患者,及时通过社区向上级医院转诊治疗,降低肿瘤致残率和死亡率,降低患者医药费用负担。

心脑血管疾病筛查机制将依托社区卫生服务中心,为居民提供心脑血管疾病健康状况评价。对被认定为高危可疑的对象进行健康状况调查,给出明确诊断和针对性综合健康干预建议,提供健康指导并持续随访。并通过信息平台,逐步实现与医院、急救中心的对接和联通。高危妊娠筛查机制将强化基于社区的围产保健管理,由社区卫生服务中心掌握其辖区孕产妇的基本信息,对孕产妇进行危险因素首诊排查、分类登记、专案管理和转诊服务,并负责对高危孕产妇的宣教指导和追踪随访。各级医疗保健机构和助产服务机构在孕早期、孕中期、孕晚期分别进行相应的危险因素筛查,将妊娠风险以及妊娠合并症、并发症进行标识、警示,完善会诊、转诊制度,实施分级分类诊疗和管理。

一个平台:服务市民综合健康管理

随着分级诊疗制度逐步推开,基层卫生服务机构将在健康管理中扮演越来越重要的角色,健康市民"531"行动计划中的"1"也将由社区卫生服务机构来"挑大梁"。

未来两年内,我市将建立起一个市民健康综合管理服务平台。通过进一步健全社区卫生服务体系,不断优化布局,推进标准化建设,在全市初步实现社区卫生服务向市民综合健康管理服务的转型提升,贴近市民和最方便服务的优势,进一步强化市民综合健康管理服务功能。重点做好针对重大疾病和慢性病的健康教育和健康促进;开展肿瘤、心脑血管疾病和高危妊娠筛查并形成健康评价报告,据此向社区居民推荐分年龄、分性别、有针对性的体检套餐;通过市民综合健康管理服务信息平台,实现社区与大医院的专业联动和专科协作,为加强社区居民综合健康管理提供坚实的平台支撑。

(三)健康卫士"531"行动计划

打造现代卫生与健康综合监管体系。覆盖医疗卫生、公共卫生、计划生育等重点领域,加强资格准入、服务规范、质量安全等重点环节监管,健全综合协调、监督与信用联动、"双随机一公开"等重点监管机制。完善法规制度建设,推进监督执法法治化;强化执法标准建设,推进监督执法规范化;统一监管信息平台,推进监督执法信息化;强化设备装备建设,推进监督执法专业化;构建风险监管模式,推进监督执法精准化。

这一系列“531”计划的实施将是苏州市健康城市建设新征程的重要阶段，也是深化医药卫生体制改革、创建苏州特色卫生服务体系、全面推进健康苏州战略的重要阶段。

附　录

附录1　苏州市“十三五”卫生与健康规划

“十三五”时期是我市争当建设“经济强、百姓富、环境美、社会文明程度高的新江苏”先行军排头兵的关键时期，是率先全面建成小康社会的决胜阶段和积极探索开启基本实现现代化建设新征程的重要阶段，也是深化医药卫生体制改革、创建苏州特色卫生服务体系、全面推进健康苏州战略的重要阶段。根据《国家“十三五”卫生与健康规划》《江苏省“十三五”卫生与健康暨现代医疗卫生体系建设规划》《苏州市国民经济和社会发展第十三个五年规划纲要》等编制本规划。

一、规划背景

（一）“十二五”时期取得的成绩

“十二五”期间，全市坚持科学发展、以人为本的服务理念，医药卫生体制改革不断深入，卫生与健康事业发展突飞猛进，我市居民健康各项指标均取得较好成绩：2015年，全市婴儿死亡率、5岁以下儿童死亡率两项指标为2.71‰、3.6‰，较2010年分别下降1.72‰和2.69‰；孕产妇死亡率4.1/10万，保持较低水平；人均期望寿命为82.87岁，比2010年提高1.77岁。健康状况水平全面达到省“十二五”目标要求。

1. 医疗卫生服务体系逐步完善，服务能力和内涵大幅提升

“十二五”期间，我市大力建设发展各类医疗卫生资源，医疗卫生资源不断增加。全市医疗卫生机构数增加10%以上：截至2015年末，全市注册登记医疗机构共计3121所，各类医院194所，基层医疗卫生机构数共计2822个。医疗卫生人员和床位数增加显著：截至2015年末，医疗卫生人员数为8.40万人，实际开放总床

位数5.93万张,分别比"十一五"期末增加约2.72万人和2.01万张。按常住人口计算,全市每千人口医疗机构床位数为5.59张,比"十一五"期末大幅提高约40%。每千人医生数和每千人注册护士数分别为2.47人和2.66人。

优化公立医院设置,稳步推进公立医院改革。出台《医疗卫生资源布局规划》,控制古城区医疗机构规模及存量,鼓励优质卫生资源逐步外迁,促进优质医疗资源的均衡分布。明确公立医院发展方向和重点,完善公立医院绩效工资制度。全面实施县级公立医院综合改革,开展医药价格综合改革。

基层卫生服务机构体系和能力建设不断加强。至2015年底,全市社区卫生服务人口覆盖率100%;苏州市社区影像远程会诊中心和社区临床检验集中检测中心运行稳定。落实12大类45项基本公共卫生服务项目,累计建立健康档案831.36万份,居民建档率达78.4%。社区卫生服务机构提档升级全面加速,全市建成省级社区卫生服务先进区(市)6家,建成国家级示范社区卫生服务中心3家,省示范乡镇卫生院22家、示范社区卫生服务中心25家。医养融合服务得到全面发展,居家养老慢性病患者纳入社区慢性病健康管理。"十二五"期间,全市设立护理院46家,开放床位8304张,每年收治22596人次;开设家庭病床15080张,开设全科医生工作室469家。

以信息化为支撑,不断提升卫生服务效能。全面建成基于健康档案的区域卫生信息平台,面向医疗卫生服务机构和居民提供基本的信息服务;将全市所有公立医疗卫生机构及主要民营医疗机构统一接入卫生信息专网,初步实现了省、市、县(区)三级医疗信息平台的互联互通;依托"12320"卫生综合服务平台提升就医便利,实现电话、网站、有线电视、微信、手机APP/WAP、自助机等多种医疗自助服务形式;突发公共卫生事件应急指挥系统初步建成,"12320"公共卫生咨询服务系统实现省、市、县三级联动,市、县两级血液管理信息系统实现统一管理,急诊120率先启用急救MPDS分级调度系统,初步实现了全市突发公共卫生事件早期预警与高效处置的一体化。

2015年,全市医疗机构总诊疗人次数约9131.80万人次,出院162.85万人次,手术42.74万人次。医疗机构病床使用率为88.34%,平均住院日为10.4天。有效缓解了快速涌入的流动人口对我市带来的医疗服务压力,较好满足了城乡居民的医疗服务需求。

2. 基本公共卫生服务均等化程度逐步提升,疾病防控水平迈上新台阶

强化公共卫生专业机构建设,市、县(区)疾病预防控制、卫生监督机构健全率100%,妇幼保健机构健全率90%,建立市级危重孕产妇、新生儿急救中心。加强了结核病、艾滋病、血吸虫病、结核病等重大传染病的防控工作,对肺结核病人实

行 DOTS 策略，对艾滋病人落实“四免一关怀”政策。规范落实扩大免疫规划，实现常住人口儿童预防接种全覆盖。落实重大妇幼卫生服务项目，完善预防艾滋病、梅毒和乙肝母婴传播协同工作机制，提高叶酸服用率和随访率，全面落实农村妇女“两癌”普查，妇女儿童健康水平不断提高。全面开展献血标本的核酸检测工作，核酸检测覆盖率达 100%；开展人类嗜 T 淋巴细胞病毒监测，切实保障临床用血安全。

疾病预防控制各项指标达到省“十二五”规划目标要求。法定传染病报告率 100%，无漏报瞒报现象；累计报告艾滋病感染人数 3470 例，远低于省规定目标；健全“三位一体”的新型结核病防治服务体系，各项管理治疗率均达到规划目标；重性精神病患者管理率保持在 90% 以上。

3. 实施政府实事项目，提供医疗卫生便民惠民服务

持续推进医疗卫生便民服务“一卡通”工程、院前医疗急救系统、基本药物制度、母婴阳光工程、婴幼儿健康促进工程、重性精神病免费服药和体检、老年人免费健康检查、社区影像远程会诊中心、社区临床检验集中检测中心、外来流动儿童免疫接种等政府实事项目，开通手机、电话、网上、诊间等预约挂号服务。

4. 推进爱国卫生和健康城市建设，健康促进工作取得成效

推进城乡爱国卫生和健康城市建设，获得 5 项世界卫生组织健康城市奖项，累计达到 27 项。实施全民健康促进，全市累计建成健康主题公园 50 个，健康步道 178 条，健康教育园 75 个，形成覆盖城乡的健康教育场景体系；开展健康镇村、健康社区、健康单位建设，城乡常住居民健康素养综合水平达 21.3%；实施城乡环境卫生整洁行动，全市 84.3% 的建制镇和 98.5% 的行政村建成国家卫生镇和江苏省卫生村，农村改水普及率和无害化卫生户厕普及率分别达到 100% 和 99.5%。儿童系统管理率和孕产妇系统管理率分别保持在 95% 以上；农村孕产妇住院分娩率 100%。食品安全风险监测点从 2014 年开始实现全覆盖。

5. 推行“科教兴卫”战略，科教创新和人才建设取得硕果

重点学(专)科建设取得成效。“十二五”期间已建成国家级医学重点学科 2 个、临床重点专科 15 个；省临床医学中心 2 个、医学重点学科 16 个、临床重点专科 68 个，位列全国地级市前列。高层次人才培养成果显现，截至 2015 年我市拥有中国工程院院士 1 人，省医学领军人才 9 名、重点人才 23 名。科技创新能力显著提升，2011 年至 2015 年，全市获国家级科技项目 344 项，省部级项目 195 项。国家科技奖 1 项、省科技奖 52 项、市科技奖 166 项，省医学新技术引进奖 148 项；专利发明 460 项，SCI 收录论文 2054 篇、中文核心期刊发表论文 8954 篇。

6. 稽查体系和能力建设不断加强,卫生监督效能显著提高

“十二五”时期,全市共设立 11 家卫生监督机构,建成市、县(区)、乡镇(社区)三级卫生与健康综合监督执法网络体系。大力推进卫生监督综合管理信息系统建设,率先实现与省信息系统互联互通。贯彻落实卫生行政执法责任制,实现卫生监督法制化、规范化、制度化,实现综合监督覆盖面达到 100%。开展系列专项整治活动,全市共完成经常性卫生监督 39.6 万户次,查处案件 5829 件,执行罚款 3350 余万元,移交司法机关案件 192 起,依法查办一批大案要案,有力地维护了群众健康权益。

7. 生育政策调整完善,计划生育事业发展逐渐转型

“十二五”期间,全市常住人口出生政策符合率始终保持较高水平,年均在 99% 以上;孕前优生健康检查覆盖率、人口公共服务机构覆盖率达到 100%;常住人口出生性别比基本正常,家庭健康服务覆盖率、流动人口管理服务率稳定在 90% 以上;计划生育各项奖励和优惠政策全面兑现;人均人口和计划生育事业经费达到标准要求,人口和计划生育队伍建设达标率、人口信息化建设指数始终保持在 99% 左右。扎实、稳妥、有序做好“单独两孩”政策实施工作,自 2014 年 3 月 28 日政策启动以来,全市“城市单独”再生育审批发证共 13423 例。

(二)“十三五”期间我市卫生与健康发展面临的机遇和挑战

党中央、国务院高度重视卫生与健康事业发展,从全局和战略高度对健康中国建设做出全面部署,明确了卫生与健康工作的方针目标和战略举措。江苏省委、省政府部署全面深化医药卫生体制改革,构建现代医疗卫生体系,打造“健康江苏”,按照习近平总书记在视察江苏时的指示精神,推动“医疗卫生工作重心下移,医疗卫生资源下沉,让群众享有更高水平的医疗卫生服务”、“迈上新台阶、建设新江苏”,卫生与健康发展的目标方向更加明确。苏州市委、市政府实施健康苏州战略,努力打造“全国重要的生命健康产业基地、国内知名的新型医疗和养生休闲服务中心”,为健康服务业创造更为广阔的发展空间。全面依法治国深入推进,为提升卫生与健康治理体系和治理能力现代化水平提供坚实的法制基础。医药卫生体制改革深入推进,医养融合加快发展,卫生与健康事业面临难得的历史发展机遇。

“十三五”时期,我市卫生与健康事业发展也面临新的挑战。全面实施两孩政策,人口自然增长速度放缓,人口老龄化加剧,人口结构性问题日益突出。经济社会转型中居民生活环境与生活方式快速变化,相关疾病和危险因素成为影响群众健康的主要问题。重大传染病和重点寄生虫病等疾病威胁持续存在,苏州境内外交流的日趋频繁加大了传染病疫情输入风险。大气等环境污染和食品不安全因素对健康损害的威胁不容忽视。工业化、城镇化进程加快,疾病谱变化等,将进一

步加大了医疗卫生服务的需求,医疗卫生资源供需矛盾将更加突出。医药卫生体制改革进入攻坚阶段,实现人人享有较高水平的基本医疗卫生服务与人民群众追求公平、多样的健康服务需求存在很大差距,基本建成现代医疗卫生体系的任务相当艰巨。经济发展进入新常态,大数据、医学技术创新等新兴技术的快速发展,都要求卫生与健康领域加快转变发展方式、创新服务模式和管理方式。

此外,制约我市卫生与健康事业健康发展的深层次体制机制问题仍然存在。医疗资源分布不均衡、优质医疗资源尤其缺乏,专科资源供给不足,医院单体规模增长过快,医疗卫生服务体系碎片化、分级诊疗制度尚不成熟,基层服务能力仍是薄弱环节,信息化建设仍待加强,社会办医服务能力不足,国家和省、市出台的一系列促进卫生与健康事业发展的政策措施仍需进一步落实到位。总体来看,对照人民群众的健康需求、对照2020年"高水平建成小康社会"宏伟目标的要求,卫生与健康服务供给约束与健康需求不断增长之间的矛盾依然突出,对苏州卫生与健康发展提出了新要求、新任务。

二、指导思想、基本原则和发展目标

(一)指导思想

"十三五"时期,要高举中国特色社会主义伟大旗帜,以邓小平理论、"三个代表"重要思想、科学发展观为指导,深入贯彻习近平总书记系列讲话特别是视察江苏重要讲话精神,紧紧围绕"四个全面"战略布局和"五位一体"全面布局,把握"创新、协调、绿色、开放、共享"的发展理念,贯彻"以基层为重点,以改革创新为动力,预防为主,中西医并重,把健康融入所有政策,人民共建共享"的新时期卫生与健康工作方针,坚持计划生育的基本国策,将人民的健康放在优先位置,以促进健康公平为导向,以深化医药卫生体制改革为动力,以建体系、强能力、促健康、转模式、强保障、激活力为着力点,更加注重预防为主和健康促进,更加注重提高服务质量和水平,更加注重工作重心下移和资源下沉,更加注重居民健康大数据管理和利用;统筹推进深化医改各项举措,统筹推进计划生育服务管理改革,统筹推进硬件建设和软件管理;实现发展方式由以疾病为中心向以健康为中心转变,实现创新驱动发展的卫生服务供给模式转型升级,发展成果更多惠及全体人民,显著提高人民群众健康水平,谱写苏州卫生和健康新篇章,为苏州高水平全面建成小康社会奠定坚实健康基础。

(二)基本原则

1. 坚持以人为本,问题导向与目标导向相结合

以市民健康为根本追求,以人人享有基本公共卫生服务为目标,以满足群众

健康服务需求、解决主要健康问题为导向,促进全民健康覆盖,加快实现健康苏州战略目标,为高水平建成小康社会打下坚实基础。

2. 坚持深化改革,体系构建与能力建设相结合

按照增强公益性、调动积极性、促进可持续的要求,紧紧围绕保基本、强基层、建机制,落实医疗、医保、医药“三医”联动,进一步推进医疗服务供给侧结构性改革,落实综合医改试点各项工作任务,科学合理配置卫生资源,创建现代医疗卫生服务体系,推动医疗卫生体制机制创新。

3. 坚持政府责任,基本服务均等化与个性化服务相结合

强化政府保基本职责,维护医疗卫生公益性,落实基本公共卫生服务均等化。实施政府和社会“双轮驱动”,促进多元化共同发展,支持社会资本举办医疗卫生事业,满足人民群众多层次、多样化的健康服务需求。

4. 坚持理念转变,急慢分治与全健康管理相结合

从“以治病为中心”转变到“以人民健康为中心”,抓住重点健康问题,“急病要急,慢病要准”,搭建覆盖全生命周期的健康管理平台。注重卫生与健康事业与健康产业协同发展。

5. 坚持依法治理,加强监管与激发活力相结合

构建现代卫生与健康法规、政策体系,从市场监管的角度出发,定位于社会公平和激发市场要素活力的实现,健全行业监管的法律法规和监管指标体系。依法执业、诚信行医,激活卫生与健康服务体系关键要素,提高服务绩效。推进卫生与健康治理体系和治理能力现代化建设。

6. 坚持统筹推进,分级诊疗与协同救治相结合

妥善处理专科与综合的关系,以病人为中心,以协同服务为核心,以医联体为纽带,开展重大疾病的多学科协作项目。坚持提升能力与转换模式同步,突出基层服务能力建设,围绕常见病、多发病,运用价格、医保支付、绩效考核等激励约束机制,实现基层首诊和社区健康管理,构建分级诊疗服务体系,提高卫生服务效率。

(三)发展目标

坚持在全国“率先领先”的基本定位,到2020年,基本建成现代医疗卫生体系,建立覆盖城乡居民的基本医疗卫生制度,实现人人享有更高水平的基本医疗卫生服务。市民健康状况得到改善,健康生活质量进一步提高,主要健康指标基本达到发达国家水平。

——全面落实“健康苏州2030”规划。

健康生活方式深入人心,健康素养水平持续提升,健康环境进一步优化,健康

服务和保障体系更加完善高效、体制机制活力明显增强、服务能力有效提升，内涵丰富、结构合理的健康产业体系基本形成，人人享有较高水平的基本医疗和公共卫生服务及基本体育健身服务，城乡居民健康水平进一步提高。居民主要健康水平进一步改善，到2020年，人均预期寿命达到83.5岁，孕产妇死亡率、婴儿死亡率、5岁以下儿童死亡率分别控制在6/10万、5‰、8‰以内。全面推进全民健康素养促进行动，城乡居民健康素养水平达到24%；有效推进健康产业发展，健康服务相关产业支撑能力不断提高，多样化的健康服务需求得到有效满足。

——深化医疗卫生体制改革取得突破。

全面完成国家和省级医改试点的各项目标任务，建立健全"维护公益性、调动积极性、保障可持续"的医疗卫生运行新机制。初步建立现代医院管理制度，制定适应医疗行业特点的人事薪酬制度，公立医院综合改革取得新突破。

——创新建构现代卫生与健康服务体系。

实施健康市民"531"行动计划，建立分级诊疗制度，发展"医联体"，逐步建立社区健康管理中心和家庭医生护士执业管理新机制，提供优质高效的整合型医疗卫生服务。推进健康城市"531"行动计划，强化覆盖全民的公共卫生服务，实施慢性病综合防控战略，加强重大传染病防控，强化对重大疾病及突发公共卫生事件预警、处置能力，完善计划生育服务管理，推进基本公共卫生服务均等化。

——整体提升医疗卫生服务能力。

出台新一轮医疗机构设置规划，资源总量适度增加，城乡区域资源配置更趋均衡。实施"科教强卫"工程，提升卫生科技人才水平，卫生人才队伍建设总量适宜、结构更优化。基层能力建设全面达标，儿童、妇幼、康复、精神、全科等薄弱专科建设显著改善，中医药发展整体实力保持全国领先，医学科技水平与能力进一步增强。"互联网+卫生"驱动创新，"智慧健康"服务水平全面提高。

——加快推进卫生与健康治理体系、治理能力现代化。

卫生与健康法律制度进一步健全，逐步构建我市卫生与健康法制体系框架，通过法律制度建设进一步强化市场主体责任，强化事中、事后监管，强化监管与信用联动，强化行政与刑事衔接。进一步整合卫生、计生部门执法机构和职责，加强队伍管理，逐步打造机制协调、权威高效的综合监督执法体系。加快推进以政府主导、行业协会、市场主体和社会积极参与的现代卫生与健康治理体系建设，政府主导的多元协作机制进一步完善，动员社会多元参与健康产业。

——保持人口均衡发展政策。

全面两孩政策平稳实施，继续保持人口适度增长，完善计划生育服务管理和家庭发展福利政策，有效控制出生缺陷发生率，进一步优化出生人口性别比。积极应对人口老龄化，推动医疗卫生和养老服务相结合。

主要发展指标

领域	序号	主要指标	单位	2020 年	指标性质
健康水平	1	人均预期寿命	岁	83.5	预期性
	2	孕产妇死亡率	/10 万	保持较好控制水平	预期性
	3	婴儿死亡率	‰	保持较好控制水平	预期性
	4	5 岁以下儿童死亡率	‰	保持较好控制水平	预期性
疾病防控与爱国卫生	5	以乡(镇、街道)为单位适龄儿童免疫规划疫苗接种率	%	≥95	约束性
	6	肺结核发病率	/10 万	≤30	预期性
	7	因心脑血管疾病、癌症、慢性呼吸系统疾病和糖尿病导致的过早死亡率	%	≤11	预期性
	8	登记在册的严重精神障碍患者管理率	%	≥90	预期性
	9	居民健康素养水平	%	≥24	预期性
	10	农村无害化卫生户厕普及率	%	99.8	约束性
妇幼健康	11	孕产妇保健管理率	%	≥95	约束性
	12	7 岁以下儿童保健管理率	%	≥95	约束性
	13	孕前优生健康检查目标人群覆盖率	%	>90	约束性
卫生监督	14	食品安全风险监测食品类别的覆盖率	%	100	约束性
计划生育	15	人口自然增长率	‰	5 左右	预期性
医疗服务	16	三级医院平均住院日	天	<8	约束性
	17	城乡居民两周患病基层机构首诊率	%	≥70	约束性
	18	门诊处方抗菌药物使用率	%	≤10	预期性
医疗卫生服务体系	19	每千常住人口医疗卫生机构床位数	张	≥6	预期性
	20	每千常住人口执业(助理)医师数	人	≥2.5	约束性
	21	每千常住人口注册护士数	人	3.14	预期性
	22	每万常住人口全科医生数	人	3	预期性

续表

领域	序号	主要指标	单位	2020年	指标性质
医疗保障	23	政策范围内住院费用医保支付比例	%	75左右	约束性
	24	个人卫生支出占卫生总费用的比重	%	≤28	预期性
智慧健康	25	居民电子健康档案规范化建档管理率	%	80	约束性
	26	县级以上医院面向基层远程医疗服务比例	%	90	约束性

三、重点工作

（一）以重大疾病防控为核心，构建现代公共卫生服务体系

1. 启动健康城市“531”行动计划

以市民健康为根本追求，以重大公共卫生问题为导向，实施健康城市“531”行动计划，进一步健全“政府主导、部门协同、社会参与、个人主责”的联动机制，完善“联防联控、群防群控、防治结合”的预防机制，建立“医防联动、快检快测”的突发公共卫生事件处置的应急机制，实施全民健康素养提升工程，启动重大传染病防治、心理健康促进、重点人群伤害干预、出生缺陷与重大疾病干预、健康危险因素监测评估等重点公共卫生领域工作，全面提升对影响市民健康的重大疾病的预防与干预能力，努力实现“健康苏州2030”规划目标。

2. 完善疾病防治服务体系

积极整合公共卫生服务资源，强化公共卫生服务功能，完善专业公共卫生机构、综合医院和专科医院、基层医疗卫生机构“三位一体”的重大疾病防控机制，以预防为主，实现功能互补、防治结合，不断提高疾病防治综合实力。深入推进“智慧健康”公共卫生项目，实现信息共享、互联互通，提高重大疾病防治与管理效率，促进防、治、管融合发展。加强疾病预防控制、卫生监督、妇幼健康、精神卫生、采供血和院前急救等专业公共卫生机构建设，配齐配强人员，优化基础设施、设备配置，提高公共卫生服务能力，促进城乡居民公共卫生服务均等化。按常住人口万分之1.75的比例，核定疾病预防控制机构人员编制数，机构建设全面达到基本现代化标准，合理配置内设部门，进一步完善覆盖城乡、布局合理、设施完善、功能齐全的疾病预防控制网络。

3. 加强疾病预防控制

健全完善传染病监测系统，提高各类传染病的早期发现、诊断和处置能力。依托健康城市“531”行动计划重大传染病防治项目，扎实开展艾滋病、结核病、慢性肝病等重点传染病防治工作，加强艾滋病检测和随访管理，诊断发现并接受规

范随访服务的感染者和病人比例达80%以上。进一步加大一般就诊者肺结核发现和耐多药肺结核筛查力度，开展耐多药结核病基因检测，推进肺结核患者全程随诊管理。进一步落实扩大儿童免疫规划，加强疫苗采购和预防接种管理，推进数字化预防接种门诊建设，到2020年，适龄儿童免疫规划疫苗接种率以乡（镇）为单位稳定在95%以上。开展65岁以上户籍老年人23价肺炎球菌多糖疫苗、适龄儿童水痘疫苗和初三学生麻风疫苗等免费接种工作，有条件地区将B型流感嗜血杆菌疫苗纳入免费接种范围，探索建立预防接种异常反应市级商业补充保险，进一步降低重大传染病和疫苗可预防疾病对市民健康的影响。坚持以传染源控制与钉螺控制并重的血吸虫病综合防治策略，全市达到消除标准。有效应对霍乱、麻疹、流感等重点传染病疫情，保持传染病防控的平稳态势，巩固消除疟疾、消除麻风病，消除碘缺乏病成果。加强人畜共患病综合防治，强化动物源性传染病的源头治理。开展职业病伤害干预项目。

4. 实施慢性病综合防治

完善慢性病防治服务网络，强化基层医疗卫生机构慢性病管理，100%县（市、区）建成省级慢性病综合防控示范区。开展慢性病及其危险因素监测，加强全人群死因登记报告和肿瘤登记报告，加强高血压、糖尿病等慢性病患者的管理和服务，完善对癌症等患者的随访和康复指导。推进健康市民"531"行动计划，建立心脑血管疾病、肿瘤筛查机制，开展心脑血管疾病、肿瘤高危人群筛查和综合干预工作，减缓心脑血管疾病致残率、死亡率上升的趋势，提升肿瘤早期发现、早期诊断和早期治疗的能力，提高患者五年生存率。

5. 健全食品安全监测评估和标准管理体系

完善食品安全风险监测和标准管理体系，加强食品安全机构和队伍建设。推进食品安全风险监测苏州分中心和各市（区）分中心以及食源性疾病哨点医院建设，制定本地区食品安全风险监测方案，确保食品污染物及有害因素、食源性疾病监测覆盖全市所有市（区）和100%人口。积极探索开展食品安全风险交流、标准宣传和管理。设立市、县两级食品安全首席卫生监督员和首席专家。

6. 稳步扩大公共卫生计生服务

实施基本公共卫生服务和重大公共卫生服务项目，拓展服务内容，深化服务内涵，强化实施效果，进一步提高服务可及性和均等化水平。逐步提高人均经费补助标准，到2020年，全市人均基本公共卫生服务经费高于江苏省规定标准。建立流动人口卫生和计划生育基本公共服务制度，实施"流动人口卫生和计划生育基本公共服务均等化工程"，流动人口基本公共卫生计生服务目标人群覆盖率达到90%以上。推进基层妇幼保健规范化门诊建设，实施农村妇女"两癌"检查等妇幼重大公共卫生服务项目。

7. 强化精神障碍防治

完善精神病防治康复服务体系，加强严重精神障碍患者的发现与服务管理，提升精神障碍预防、治疗和康复工作水平。深入推进严重精神障碍患者“双免”实事项目，逐步扩大受惠人群，拓展项目内涵。建立和完善医疗康复和社区康复相衔接的服务机制，以乡镇（街道）为主体，建立精神障碍社区康复机构，开展多种形式的精神障碍社区康复，促进精神障碍患者回归社会。2020 年，登记在册的严重精神障碍患者管理率达到 90% 以上，精神障碍社区康复机构建成率达到 100% 以上。落实“以奖代补”和严重精神障碍患者救治救助政策。依托健康城市“531”行动计划心理健康促进项目，建设苏州市心理卫生中心和心理云医院管理网络平台，实施严重精神障碍亲情照护项目，抑郁障碍和老年痴呆干预项目，进一步完善心理健康服务网络，提供规范的心理卫生服务。

8. 健全突发公共卫生事件应急体系

加强卫生应急“一案三制”建设，提升突发公共事件应急监测预警水平、应对能力和指挥效力。加强基层基础和能力建设，100% 区（市）和 50% 镇（街道）卫生应急工作规范化建设达到建设标准。落实国家“两个规范”，加强医疗机构和疾控机构卫生应急工作，强化紧急医学救援基地内涵建设和日常管理。提高全民自救互救素养，提升公众常见突发公共卫生事件自我防范和自救互救能力。

专栏 1：公共卫生计生服务推进工程

基本公共卫生均等化。扩大基本公共卫生计生服务项目，逐年提高基本公共卫生服务人均经费补助标准。全面推进流动人口基本公共卫生计生服务均等化，流动人口基本公共卫生计生服务目标体系覆盖率达到 90%。

疾病预防控制。认真落实血吸虫病、艾滋病、结核病等重大疾病的防控工作，加强传染病监测预警，及时做好疫情调查处置，有效应对霍乱、流感、麻疹等传染病疫情，巩固消除疟疾、消除麻风病危害的成果。

扩大免疫规划。加强疫苗采购和预防接种管理，推进数字化预防接种门诊建设，提高预防接种服务水平。

慢性病综合防治。全面启动心脑血管疾病、肿瘤高危人群筛查和综合干预工作。完善慢性病防治服务网络，强化基层医疗卫生机构慢性病管理，100% 县（市、区）建成省级慢性病综合防控示范区。

精神卫生干预。加强严重精神障碍患者的发现与管理，推进政府“双免”实事项目，加快精神障碍社区康复机构建设，完善心理健康促进工作，落实严重精神障碍患者救治救助。

专栏2:健康城市"531"行动计划

启动全民健康素养提升工程。开发一套家庭健康自测工具、建立一个公共卫生科普中心、开展一系列健康公益讲座、建设一批健康示范场所、建设一批运动健身指导站、播放一批健康宣传广告等,开展千场健康公益讲座进社区、进企业、进学校、进机关、进军营等"五进"活动。

建立完善三大工作机制。即"政府主导、部门协同、社会参与、个人主责"的联动机制、"联防联控、群防群控、防治结合"的预防机制、"医防联动、快检快测"的突发公共卫生事件处置的应急机制。

重大传染病防治项目。加强艾滋病、结核病、慢性肝病防治工作,实施扩大免疫规划项目,开展65岁以上户籍老年人23价肺炎球菌多糖疫苗、适龄儿童水痘疫苗和初三学生麻风疫苗等免费接种工作。

心理健康促进项目。建设苏州市心理卫生中心和心理云医院管理网络平台,实施严重精神障碍亲情照护项目,抑郁障碍和老年痴呆干预项目,进一步完善心理健康服务网络,提供规范的心理卫生服务。

重点人群伤害干预项目。开展道路伤害、儿童意外伤害、老年人跌倒和职业病伤害干预工作,建立健全伤害综合监测网络,加大交通安全、职业卫生的宣传和执法力度,推进示范环境和体验场馆建设。

出生缺陷与重大疾病干预项目。开展出生缺陷综合干预、妇女儿童重大疾病防治和意外妊娠干预工作,加强婚前和孕前健康检查、产前筛查与诊断、新生儿疾病筛查与高危儿干预,拓展妇女宫颈癌和乳腺癌检查项目,开展儿童先天性心脏病和自闭症干预示范点建设。

健康危险因素监测与风险评估项目。实施以食品安全、生活饮用水、空气污染、学校卫生、医用辐射防护等为主要领域的卫生监测与风险评估工作,定期发布健康危险因素监测与风险评估系列白皮书。

(二)以分级诊疗制度为核心,构建现代医疗服务体系

1. 实行分级诊疗制度

以苏州健康市民"531"行动计划为抓手,以提高基层医疗服务能力为重点,以常见病、多发病、慢性病及妇幼保健分级诊疗为突破口,形成科学合理的就医秩序,基本实现基层首诊、双向转诊、上下联动、急慢分治。实行差别化的医保支付和价格政策,强化财政政策支撑,支持和引导居民基层首诊。落实家庭医生签约服务制度,加快家庭医生执业管理制度建设,鼓励医生利用业余时间多点执业、自由执业。积极探索科学有效的医联体和远程医疗等多种方式,提升基层医疗卫生

机构服务水平。发挥信息化对建立分级诊疗制度的支撑作用。

专栏3:健康市民“531”行动计划

建立多中心疾病协同救治体系。建立市及各市/区“胸痛”“卒中”“创伤”“危重孕产妇”和“危重新生儿”五大疾病救治中心,健全联通急救、医院与社区的多中心疾病协同救治体系,形成市、县(区)纵向衔接,多部门横向配合,医院、公卫和社区专业协同的工作格局,依托医疗物联网技术和医疗云技术,构建信息共享、实时交互的健康信息网络平台,切实提升突发疾病的专业救治水平。

建立三大类疾病筛查机制。建立“肿瘤”“心脑血管疾病”“高危妊娠”等三大类疾病筛查机制,依托社区卫生服务中心对社区重点人群开展健康初评,对目标人群开展高危筛查,对高危人群实施健康干预,构建分类综合管理模式,及时发现、及时干预、及时治疗,利用上下级转诊机制和部门协作机制实现重点疾病预防、治疗、康复无缝衔接。

推动公立社区卫生服务中心转型。将社区卫生服务中心转型提升为综合健康管理服务平台,重点开展“六个一”服务,即一次基于健康体检的个性化居民健康的评估、一次由全科医生分病种的健康教育、一份高度精准的高危筛查推荐方案、一张由专业医联体专家制订的规范治疗处方、一张专业定制的健康生活运动处方、一份完整的动态的个性化健康档案,为市民“不发病、少发病”当好健康“守门人”。建设市民综合健康管理服务信息平台,实现基层卫生机构与上级医院的专业联动和专科协作。

2. 提升基层医疗卫生服务供给能力

深化城乡“15分钟”健康服务圈建设。完善基层医疗卫生服务体系,社区卫生服务中心设置实现全覆盖,每个街道或每3万~10万常住人口由政府举办一所社区卫生服务中心;中心覆盖不到的地方,每1万人左右设立一所社区卫生服务站。每个建制镇由政府办一所社区卫生服务中心(乡镇卫生院),并根据实际情况开设适量的病床。每个行政村或3000~5000人建立一所社区卫生服务站。对撤并乡镇的卫生院,根据实际情况转型为社区卫生服务机构。

各市(区)以当地服务人口为基数,核定社区卫生服务中心(乡镇卫生院)人员总编制,由当地机构编制部门会同卫生计生行政部门结合实际工作量统筹安排、动态调整基层医疗卫生机构人员编制。姑苏区政府办社区卫生服务中心卫技人员编制(含下辖社区卫生服务站)按12~15人/万人配备;其他各县级市、区的政府办城乡社区卫生服务中心(乡镇卫生院)卫技人员编制(含下辖社区卫生服务站)按18~20人/万人配备。社区卫生服务站的人员编制纳入上级社区卫生服务中心编制总额中统一核定并统筹使用。

专栏4:卫生强基工程

完善城乡基层医疗卫生服务体系。加强城乡基层医疗卫生机构标准化、规范化建设,实现社区卫生服务中心全覆盖。有条件的中心乡镇卫生院或镇二级医院建设成为所在市(区)医院分院;2020年底,全市50%的乡镇卫生院达到省级示范乡镇卫生院,85%的社区卫生服务中心达到省定标准。

创新基层医疗卫生服务能力建设。积极探索建设社区综合健康管理服务平台,形成"社区筛查预防——智慧急救——多中心协同救治"的分级防治体系。促进医养融合,鼓励二级以上综合性医院和中医院开设老年病专科和老年病区,畅通养老和医疗机构双向转介渠道,提高老龄医疗服务能力。

加强基层卫生人才建设。引导医学类毕业生到基层卫生机构工作,加强基层卫生机构在岗人员培训,开展基层卫生骨干人才的遴选和培养;鼓励城市医生到基层服务,制定各级专业医疗人员基层医疗机构工作激励政策。

创新基层卫生人才编制和人事管理方式。每两年动态调整基层医疗卫生机构人员编制,实行区域注册、统一管理、统一调配,对远郊工作实行政策倾斜。

开展基层卫生机构绩效工资改革。财政预算全额保障绩效工资,有条件基层医疗卫生机构自主确定绩效工资的构成及分配办法,适当提高绩效工资总量调控水平,基层医疗卫生机构人员待遇逐步达到区域内综合医院人员水平。

创新家庭医生工作机制。以重点疾病为基础开展全科医生签约服务制度,开展社区首诊、双向转诊工作,对签约慢性病患者实施"长处方"制度。全科医师团队可以对超出基本公共卫生服务项目和基本医疗服务范围的服务收费,鼓励二级医院以上医生和护士利用业余时间到社区多点执业,积极探索"双签约、双守门"模式。

构建"三位一体"慢病防治模式。依托医院、专业公共卫生机构和社区卫生服务机构,在社区卫生服务中心设立慢病管理科,由专科医师、全科医师和健康管理师等组成慢病服务体,利用区域卫生信息平台,针对高血压、糖尿病等重点疾病开展防治融合、全程有效的综合健康管理服务。

3. 健全各级各类医院布局

完善城市公立医院三级网,合理控制公立综合医院的数量和规模。贯彻落实《苏州市医疗机构设置规划2016~2020年》,各市、区制定具体实施方案,实现"三提升一适宜"(即总床位数、社会办医床位数、基层机构床位数全面提升,公立医院规模保持适宜)和"三加强一健全"(即附属医院、市县医院、基层医疗机构得到加强,院前急救、康复及医养融合进一步健全)目标。对新建城区、郊区、卫星城区等薄弱区域,有计划、有步骤建设公立医疗卫生机构,满足群众基本医疗卫生需求。

加强市级区域医疗中心规划与设置,建立国家医学中心,全面加强省级、地市级医院和住院医师培训基地建设。继续加强县级公立医院建设,全面改善县级医院业务用房和装备条件。开展专病专科医联体建设工作,重点围绕肿瘤、心脑血管疾病和高危妊娠、新生儿保健管理启动专病专科医联体建设试点,及时总结经验并全面推开。加强大型医用设备配置规划和准入管理,严控公立医院超常装备,逐步建立大型设备共用、共享、共管机制。完成科技城医院、独墅湖医院、市公共医疗中心(五院、广济医院迁建)、苏大附一院二期工程、苏大附二院本部二期工程(非矿院部分)、苏大附二院高新区医院改扩建一期工程、市中医医院二期工程、市第九人民医院(吴江)、市七院、常熟市北部医院、昆山市东部医疗中心和西部医疗中心、太仓市公共卫生中心等医疗项目的建设;新建市康复医院、市肿瘤治疗中心(质子医院),迁建市中心血站,新建一批护理院,推进园区泰康之家养老社区、中国人寿养老养生社区、太仓碧湾小镇生态养老社区等健康养老产业项目。

专栏5:医疗服务能力提升工程

合理规划医疗资源配置要素。医疗机构总床位数提升至每千常住人口6张,其中社会资本办医总床位数提升至每千常住人口1.8张,基层医疗机构总床位数提升至每千常住人口1.5张,公立医院床位数保持在适宜水平,达到"三提升一适宜"目标。

健全医疗服务体系,补充薄弱资源。新增三级康复医院、三级妇幼保健院、三级肿瘤医院(质子治疗中心)、三级口腔医院各1所,每个市建设1所妇幼保健院、精神病医院、传染病医院。增加护理院、医养融合、家庭病床总量。推进实施健康市民"531"行动计划,推动智慧急救工程建设、建立区域重点疾病救治体系。

县域医疗服务能力建设。加强县级公立医院标准化建设,重点提升儿童、重症医学、血液净化、母婴危重救治、康复、精神病等医疗服务水平。建立县域医学影像中心,形成"乡检查、县诊断"的医疗服务新模式。

临床重点专科建设。修订完善市级临床重点专科评审标准,强化市级临床重点专科动态管理。积极争创省级、国家级临床重点专科。

分级诊疗制度建设。结合县医院能力建设、基层医疗服务能力建设、基层人才培养项目,提升基层医疗服务能力。建成多种形式、有序运行的医联体,确保辖区内所有公立医疗机构和城乡基层医疗卫生机构进入医联体。组建签约医生服务联盟,支持签约服务工作开展。建立分级诊疗信息系统。建立分级诊疗建设监测评价制度。

医疗质量安全管理项目。医疗质量管理与控制体系建设、改善医疗服务行动计划、医院感染管理监测和质量持续改进、血液安全。

集约化管理。推进消毒供应、检验检查、后勤服务、血液透析、远程会诊、医疗废物处置等集约化配置。

4. 持续推进公立医院改革

全面推开公立医院管理体制改革,推动各级成立公立医院管理委员会并实质运作。完善法人治理结构和院长负责制,实行院长年薪制,建立符合行业特点的医疗卫生单位负责人薪酬制度改革。建立现代医院管理制度,建立科学合理的公立医院绩效考核体系。做好医药价格改革的政策衔接,建立公立医院医药价格动态调整机制。落实政府各项投入政策和政府补助,建立以奖代补的财政补偿机制。继续化解公立医院长期债务。

5. 进一步提升医疗服务能力

提高医疗质量安全,建立科学的医疗绩效评价机制以及医疗质量控制动态监测和反馈机制,健全医疗安全保障体系,实现医疗质量和医疗安全持续改进。

加强临床服务能力建设,规范诊疗行为,全面实施临床路径,以抗菌药物为重点推进合理用药,健全医疗技术临床应用监管,院内感染发生率控制在 3.2% 以下。建立科学的医疗绩效评价机制以及医疗质量控制动态监测和反馈机制。加强医师执业管理,健全医师定期考核制度。建立健全以控制不合理费用为重点的内审制度。

改善医疗服务,进一步优化就诊环境,推进预约诊疗服务,推行日间手术,畅通急诊绿色通道,发挥信息技术优势。推行电子病历规范化,提供诊疗信息、费用结算、信息查询等服务。完善入、出、转院服务流程,提供连续医疗服务,30 天再住院率低于 2.4%。加强护士队伍建设,持续改进护理服务。强化患者安全管理。

6. 大力发展中医药事业

完善和健全以中医类医院为主体、综合医院等其他类别医院中医药科室为骨干、基层医疗卫生机构为基础、中医门诊部和诊所为补充、覆盖城乡的中医医疗服务网络。鼓励社会力量兴办中医医疗机构,新增中医医疗机构主要靠社会力量来办。以建设国家和省、市级中医重点专科为抓手,加大中医重点专科评审、建设和管理力度,以评促建,着力打造一批中医药特色优势明显、成效显著的中医名科。

完善中医药基本公共卫生服务项目服务管理机制,加强中医预防保健服务体系建设,充分发挥中医药在预防保健工作中的特色和优势,大力推进中医"治未病"工作,积极探索和规范"治未病"服务流程和技术方案,挖掘和开发中医药养生保健方法和服务项目。

大力实施"人才强业"战略,健全中医药人才培养的体制和机制,重点抓好中医药领军人才、中医药骨干和基层中医药人员培养工作,全面提高中医药队伍的整体素质。开展名老中医药专家学术经验继承工作，总结、研究名老中医药专家学术思想和临床诊疗经验，探索高新技术时代中医药传承新模式、新方法；开展中医独特诊疗技术和单验方的挖掘整理研究，筛选、评价、推广一批安全、有效、适宜应用的技术、方法和方药。加强对吴门医派的学术思想继承、整理、研究工作。

加强中医药文化宣传和知识普及，引导人民群众自觉培养健康生活习惯。进一步挖掘、保护中医药文化资源，建设好中医药博物馆，宣传中医药文化。研究我市历代名医和流派学术特点和学术思想，弘扬具有“吴门医派”特色的中医药文化。广泛深入开展中医药文化科普宣传活动，大力推进中医药文化宣传教育基地建设，鼓励和支持中医药民间交流与合作。

专栏6：中医药传承创新和服务能力提升工程

中医药特色优势建设。吴中、姑苏区创建基层中医药工作先进单位，全市国家基层中医药工作先进单位达到80%以上。全市再建4个全国中医重点专科，5个以上省级中医重点专科，全市新增10~15个市级中医重点专科。

中医药人才队伍建设。建设1~2个国家级名中医工作室、2~3个省级名中医工作室，开展中医药学术经验传承工作。

中医药文化建设。建设1个国家级中医药文化宣传教育基地，新增1个省级中医药文件宣传教育基地。

7. 增强妇幼健康服务能力

全面加快妇幼健康服务体系建设，推进妇幼健康服务机构标准化建设。有效应对“全面两孩”政策，健全三级妇幼健康服务机构，优化调整产科、儿科资源布局，加强专业医联体建设，提升基层医疗保健机构服务能力，建立高危妊娠动态监测和分级管理机制，完善全市危重孕产妇及新生儿救治网络。强化妇幼健康优质服务，全面创新妇幼健康服务模式和管理机制，推进母婴阳光工程、婴幼儿健康促进工程、妇幼健康工程等政府惠民项目的实施。

专栏7：妇幼健康服务能力提升工程

加强妇幼健康服务体系建设。健全以基层社区卫生服务机构为基础、妇幼保健专业机构为核心、综合医疗机构为技术支撑的妇幼健康服务网络。推进妇幼健康服务机构规划建设，新建一所市级三级妇幼保健院，各县级市、吴江区建设一所二级妇幼保健院。加强各级医疗保健机构妇产科和儿科建设，合理配置二级及以上医疗保健机构产、儿科床位和医务人员，三级综合医院应当开设产科、新生儿科及儿科，其中产科床位不得少于50张；二级综合医院应当开设产科和新生儿科，其中产科床位不得少于30张。加强妇产科医师、儿科医师、助产士等紧缺人员培养和配备，在职称评定、薪酬分配方面对产科、儿科及从业人员给予政策倾斜。加快妇幼保健和计划生育技术服务资源整合，推进基层医疗卫生机构妇幼保健及计划生育门诊规范化建设，加强妇幼健康相关人员配备和培训，明确工作内容和管理要求。开展妇幼重点学科建设、重点人才培养以及新技术研究、引进、推广和应用。

加强妇女儿童健康保障。完善孕产妇健康管理服务模式，建立健全妇幼健康分级服务，强化基于社区的孕产妇和儿童高危因素的筛查和专案管理。加强孕产妇和新生儿危急重症临床救治能力建设，加快市、县两级危重孕产妇和危重新生儿救治中心建设，建立分级负责、上下联动、应对有序、运转高效的急救、转诊和会诊网络，强化产科质量控制，推行儿科医务人员进产房制度。强化助产技术、计划生育技术、产前筛查与诊断、新生儿疾病筛查、婚前医学检查和人类辅助生殖等技术服务的质量控制。以妇女、儿童健康管理和重大疾病防治为重点，深化农村孕产妇住院分娩补助、妇女宫颈癌和乳腺癌筛查、妇女增补叶酸预防神经管畸形以及孕产妇艾滋病、梅毒和乙肝母婴传播等妇幼重大公共卫生服务项目和免费计划生育技术服务项目，提高育龄群众生殖健康保障水平。

加强出生缺陷综合防治。落实出生缺陷三级预防措施，深化母婴阳光工程、婴幼儿健康促进工程、妇幼健康工程等惠民实事项目。推进免费婚前医学检查和免费孕前优生健康检查工作，规范婚育咨询指导。加强高龄高危孕产妇孕期指导和干预。完善出生缺陷筛查和诊断技术平台，加强高通量基因测序应用管理，提高产前诊断服务能力。推进新生儿 29 种遗传代谢疾病筛查等适宜技术的应用，做好确诊病例的治疗和康复。落实高危儿健康促进措施，提高出生人口素质。

8. 整合、提升老龄健康服务能力

积极应对人口老龄化，提高老年人健康素养。开展老年常见病、慢性病的健康指导和综合干预，推广以慢病管理和老年营养运动干预为主的适宜技术，65 岁以上老年人健康管理率达到 70% 以上。大力开展长期护理保险制度试点。开展老年心理健康和关怀服务，积极防治老年痴呆。

健全以社区为依托，预防保健、医疗救治、康复护理并重的老年健康服务体系。重点发展社区健康养老服务，提高基层医疗卫生机构为居家老年人提供上门服务的能力。完善治疗 - 康复长期护理服务链，发展和加强康复、老年病、长期护理、慢性病管理、临终关怀等接续性医疗机构。

9. 完善急救医疗网络体系

按照健康市民“531”行动计划要求，强化急救体系和能力建设。健全院前急救、医院急诊科、急诊 ICU 一体化的急救医疗服务体系（EMSS）。到 2020 年，全市二级以上综合医院急诊科全面达到省定标准和规范要求。健全急救医疗运行机制,加强"120"院前急救综合信息系统建设,完善指挥调度功能,协调好院前和院内,提供及时、快捷的院前急救服务。采取多种有效途径,解决好院前急救医疗机构急救人才匮乏的问题;开展培训与演练,提高急救医疗服务技术能力和水平。

10. 健全血液供应保障体系

完善血液供应保障机制,加强采供血机构标准化、规范化建设,建立政府主导、全社会参与的无偿献血宣传发动工作新机制,加强血液安全质量管理;继续推进血液集中化检测;加强医院输血科规范化建设,完善血液管理信息系统建设,实现与用血医院和区域卫生信息平台的互联互通。

(三)以支付方式改革为核心,构建新的全民医疗保障体系

1. 完善基本医疗保障制度

持续提升居民医疗保险保障水平,扩大参保范围,覆盖率达98%以上。巩固发展职工医疗保险、城乡居民医疗保险和社会医疗救助"三位一体"的医疗保障制度,不断完善医疗保险市级统筹机制,逐步推进苏州大市基本医疗保障制度统一。

2. 全面推进医疗保险支付方式改革

加大医保支付方式改革力度,加快推进临床路径管理,推行按病种付费、按人头付费等工作,推进日间手术按病种付费,扩大按病种付费的病种数和住院患者按病种付费的覆盖面。增强医疗保险对医疗服务行为和费用的调控引导与监督制约作用,逐步将医保对医疗机构服务监管延伸到对医务人员医疗服务行为的监管,促进医疗机构规范提供医疗服务,有效控制医疗费用不合理增长。建立疾病应急救助制度。全面推广城乡居民大病保险制度,加强与基本医保、医疗救助等制度衔接,有效防止因病致贫、因病返贫。

3. 加强医疗保险基金管理

完善住院统筹和门诊统筹相结合的补偿方式,扩大按病种付费的病种数,有效控制医疗费用不合理增长,减轻群众医疗费用负担。实施差别化的医疗保险报销政策,在落实分级诊疗、双向转诊、推广家庭签约、促进医养融合的过程中推动医保政策进一步向基层倾斜、向老年人倾斜。合理提高参保人员的医疗保险待遇水平。继续深化医保支付方式改革,提高医疗保险基金使用绩效,保障医保基金平稳、可持续运行。

4. 加快发展商业健康保险

大力发展与基本医疗保险相衔接的商业健康保险,推进商业保险公司承办城乡居民大病保险,扩大人群覆盖面。鼓励开发重大疾病保险、特定疾病保险、失能收入损失保险、长期护理保险等与基本医疗保险相补充的商业健康保险产品。发挥商业保险公司的专业优势,鼓励保险公司开展健康风险评估、健康风险干预等

服务，促进健康保险服务功能有效发挥。

5. 协同完善医疗保险支付制度

积极推进分级诊疗制度，实行差别化医保支付政策，门诊支付向基层医疗机构倾斜。严格执行住院转诊程序，住院起付线实行累积计算。由基层医疗机构按规定转诊到上级医疗机构的患者，在基层医疗机构花费可累加至转诊医疗机构计算起付线；上级医疗机构住院治疗后转诊回签约基层医疗机构或医联体机构继续康复、治疗的，不再收取住院起付线费用。

（四）以保障有效供给为核心，构建现代药品供应保障体系

1. 巩固完善基本药物制度

进一步扩大基本药物制度实施范围，将非政府办基层医疗卫生机构全部纳入制度实施范围。调整完善基本药物配备使用政策，推动公立医院优先配备使用基本药物。出台医联体内医疗机构药品使用管理规定，规范用药行为，完善分级诊疗药品供应保障。建立以基本药物为重点的临床用药综合评价体系，加强基层合理用药培训。探索采取政府购买或免费的方式向特殊人群（如老年人、残障人士等特殊群体）提供基本药物。

2. 建立健全药品供应保障体系

坚持以省为单位的网上集中采购，实行一个平台、上下联动，招采合一、量价挂钩，创新药品和医用耗材市级谈判新机制，保证药品质量，保障药品供应，降低药品虚高价格。优先保障急（抢）救药品、低价药品、妇儿专科药品供应。加强短缺药品动态监测和预警，强化供需衔接，保证临床药品日常、平稳使用。

3. 加强药品和医用耗材采购使用监管

加强药品和医用耗材采购使用监管信息化建设，强化日常监管，实现市、县（区）医疗机构信息平台互联互通、信息共享。开展实施基本药物制度和医用耗材采购使用督查，继续实施重点药品监控目录预警管理制度，加大通报力度，实行目录动态管理，确保临床用药合理性、适用性、安全性。依托市公共资源交易中心平台，实现信息共享，统一平台，统一专家库，优化医用耗材采购模式，提高监管透明度。

（五）以促进优生优育为核心，构建计划生育管理服务体系

1. 依法组织实施全面两孩政策

完善全面实施一对夫妇可生育两个孩子政策的配套措施，实行生育登记服务制度，做好便民服务。改进再生育审批管理，优化办事流程。修订《苏州市人口与计划生育办法》，做好政策衔接。依法依规查处政策外多孩生育，维护良好生育秩序。建立出生人口监测和预警机制，加强政策执行情况评估。推进计划生育信息

平台建设,加强部门间信息共享。

2. 加强计划生育基层基础工作

坚持计划生育目标管理责任制。开展新一轮全国计划生育优质服务先进单位创建活动,推进计划生育工作转型发展。深入开展人口协调发展先进县(市、区)创建活动,加强督查考核。切实稳定和加强基层计划生育工作网络和队伍,强化基层基础工作。健全和完善计划生育宣传倡导、依法管理、优质服务、政策推动、综合治理长效工作机制。建立健全卫生和计划生育综合监督行政执法体系,规范社会抚养费征收管理。充分发挥群众参与社会管理的基础作用,深化计划生育基层群众自治。建立连心家园项目示范点。

3. 提升计划生育服务水平

有效整合医疗卫生、计生技术服务资源,提高资源利用效率和服务的可及性。推进计划生育基本公共服务标准化。加强生育服务咨询指导,大力普及孕前优生知识,提高优生健康检查质量,实现孕前优生健康检查应检尽检,增强孕前优生服务能力。全面落实免费避孕节育技术服务,为育龄对象提供优质的生殖健康服务。加强计划生育药具工作,提高计划生育药具管理信息化水平,到2020年,实现"避孕节育随访服务/避孕药具不良反应、不良事件监测"工作城乡全覆盖。

4. 强化流动人口卫生计生服务管理

推进流动人口基本公共卫生计生服务均等化建设,开展全国流动人口基本公共卫生计生服务均等化示范区(市)创建活动,以满足流动人口健康需求为导向,全面落实国家规定的基本公共卫生计生服务项目,重点开展儿童预防接种、孕产妇和儿童健康管理、健康档案、传染病防控、健康教育与健康促进、计划生育等工作,巩固完善基层运行新机制,提升基本项目的覆盖率。加强基层服务体系建设,为流动人口打造便捷、高效的"15分钟健康服务圈",提高流动人口基本公共卫生计生服务利用水平。强化项目绩效考核,推动流动人口基本服务项目全面、规范实施,不断提高基本公共卫生计生服务均等化水平。全面实施流动人口健康教育和促进行动计划,启动"新市民健康城市行"系列宣传活动,开展健康促进企业、学校、家庭建设活动,在流动人口中倡导和践行健康促进理念和策略,促进流动人口健康素养水平提升。鼓励地方创新和完善服务模式,探索政府购买服务项目的管理方式,创建全国流动人口社会融合示范社区,推进流动人口社会融合示范试点工作,完善信息统计和动态监测工作制度,加强流动人口动态监测调查和相关工作研究。推进流动人口信息平台与系统内公共卫生相关业务平台的信息共享,加强信息比对,逐步实现互联互通和业务协同。

实施流动人口计划生育管理制度改革。推进网上信息核查和共享,做好流动人口在居住地的生育登记服务。推进流动人口婚育证明电子化改革。推进流动人口计划生育服务管理全国"一盘棋"工作,落实现居住地信息通报、协查、服务等职责。加强流动人口计划生育协会建设,推进党团组织、群众团体、社会组织共同参与流动人口服务管理工作,引导和组织流动人口自我管理、自我服务、自我教育。

5. 促进计划生育家庭发展

继续落实好奖励扶助、特别扶助、持独生子女父母光荣证企业退休人员及无业人员一次性奖励等政策,进一步完善政策兑现长效管理和动态增长机制,提升计划生育家庭发展能力。探索推广计划生育特别帮扶家庭养老帮扶等工作模式,妥善解决其生活照料、大病治疗、精神慰藉等问题。深入推进幸福家庭建设,分解落实人口素质提升、家庭健康促进、家庭发展扶助、和谐家园推进和家庭文化建设五大行动工作任务。扩大计划生育系列保险。

6. 促进出生人口性别平衡

加强对全市综合治理出生人口性别比重点项目地区的管理。完善出生实名登记制度,强化孕期服务和孕情监测。加强 B 超使用管理,严厉打击"两非"行为。实施"圆梦女孩志愿行动"。

专栏 8:人口发展和质量提升工程

实施全面两孩政策。修订《苏州市人口与计划生育办法》,制定全面两孩政策实施方案和配套措施。实行生育登记服务制度,改进再生育审批管理。建立出生人口监测和预警机制,加强政策执行情况评估。强化计划生育基层基础工作,稳定基层计划生育工作网络和队伍。统筹推进生育政策、服务管理制度、家庭发展支持体系和治理机制综合改革。

计划生育家庭民生保障。完善和推进计划生育奖励优惠政策,保障和改善计划生育家庭民生,提升计划生育家庭发展能力。计划生育老年奖励和计划生育特殊家庭扶助关怀。

人口质量提升项目。提供育龄群众免费优质的生殖健康服务,出生人口性别比综合治理力度,加大出生缺陷防治,做好免费孕前优生健康检查服务项目,重点培训风险评估和咨询指导。

妇女、青少年和儿童营养改善。实施农村义务教育学生营养改善计划和儿童营养改善项目,降低 5 岁以下儿童生长迟缓率。

实施流动人口计划生育管理制度改革。修订《苏州市流动人口计划生育工作办法》,强化流动人口计划生育服务管理区域协作,完善生育服务登记制度,推进流动人口婚育证明电子化。实行相关证明材料办理承诺制、首问负责制、限时办结制。加强流动人口计划生育协会建设,促进流动人口社会融合发展。流动人口聚集地计生协会覆盖率达85%。

(六)以强化综合监管为核心,构建现代卫生与健康治理体系

全面加强以问题和监督为导向的卫生与健康法制体系、监管体系建设,实现卫生与健康治理体系和治理能力的现代化,充分发挥依法治理对改革发展的引领与推动作用,保驾“健康苏州”。

1. 建设现代卫生与健康监管体系

加强卫生与健康监督体系建设。推进政府职能转变,坚持依法行政,加快推进属地化和全行业管理,切实提高行业治理能力水平。有效整合卫生与健康执法资源,完善市、县(区、市)、镇(街道)三级监督执法网络,监督机构标准化建设达标率100%,充实卫生行政执法力量,区(市)卫生监督人员数按照常住人口0.8/万的标准配置。提高公共卫生、医疗卫生、计划生育综合监督执法能力,健全卫生与健康日常监督和行政处罚等制度建设,建立定位明确、规范统一、运转高效、执法有力的综合监督体系和制度。

加大卫生与健康监督执法力度。依法加强医疗机构、从业人员、医疗技术应用、大型医疗设备等医疗服务要素监管,加大执法力度,维护医疗市场秩序。加强对公共场所卫生、饮用水卫生、学校卫生、职业卫生、放射卫生、传染病防治、计划生育和中医服务等监督执法工作,依法严厉打击危害人民群众身体健康和生命安全的违法行为。全面实施“双随机、一公开”监管,综合监督行政执法全过程记录制度和行政裁量权基准制度。健全行政执法和刑事司法衔接机制,实现行政执法和刑事处罚无缝对接。

实现卫生与健康监管与信用联动。大力推进监管信用体系建设,探索实施信用联动监管的工作方式,以信用评价为轴心,构建执法监督、行业自律、社会监督、公众参与的“五位一体”卫生与健康监管制度。推进综合监督执法信息公开,主动接受社会监督。

2. 加强卫生与健康法制体系建设

重点加强卫生与健康综合监督、医疗服务、计划生育、卫生人力资源管理、公共卫生等重点领域和薄弱环节的法制建设,填补法律法规的空白,初步形成具有苏州特色的卫生与健康法规体系框架。全面落实行政执法责任制、行政执法全过程记录制,强化对行政执法的制约和监督。推进卫生与健康行政决策工作规范化、程序化、法治化,重大行政决策落实公众参与、专家论证、风险评估、合法性审查、廉洁性审查和集体讨论决定等法定程序,强化决策程序的刚性约束。实行行政问责制,坚决纠正行政不作为、乱作为,坚决惩处失职、渎职,强化对行政权力的

监督和制约。

3. 进一步深化行政审批制度改革

加快政府职能转变,坚持简政放权、放管结合、优化服务协同推进。实施行政审批事项清单制度,继续减少、下放和转移一批行政审批事项。推进许可标准化管理,优化许可流程,严格规范行政许可行为。建立行政审批评价制度,强化事中、事后监管。

4. 创新多元化矛盾纠纷解决机制

强化法律在维护群众权益、化解社会矛盾中的权威地位。畅通相对人利益协调、权益保障法律渠道。健全行政复议、行政调解、行政裁决和仲裁制度,充分发挥行政机关、第三方机构在预防、化解社会矛盾中的重要作用,促进社会和谐稳定。

专栏9:健康卫士"531"行动计划

打造现代卫生与健康综合监管体系。覆盖医疗卫生、公共卫生、计划生育等重点领域,加强资格准入、服务规范、质量安全等重点环节监管,健全综合协调、监督与信用联动、"双随机一公开"等重点监管机制。完善法规制度建设,推进监督执法法治化;强化执法标准建设,推进监督执法规范化;统一监管信息平台,推进监督执法信息化;强化设备装备建设,推进监督执法专业化;构建风险监管模式,推进监督执法精准化。

(七)深化医药卫生体制改革,完善卫生与健康工作协同平台

1. 持续深入推进医药卫生体制改革

增强医药卫生改革的创新性、系统性、协调性,着力构建现代医疗服务、公共卫生服务、医疗保障、药品供应保障、医疗卫生监管体系,以人民群众的获得感为宗旨纵深推进改革,推进健康苏州2030规划。全面深化公立医院改革。加快建立现代化的医院管理制度,真正实现政事分离、管办分开、运转高效,提高人民群众和医护人员满意度。加快实施分级诊疗制度,实现医疗可持续发展,做实家庭医生签约服务。加快医保体系建设,充分发挥医保对医疗、医药的引领和牵头作用,大力推进医保支付方式改革,提高大病保险扶贫救困的精准度。加快规范药品生产流通秩序,促进药品生产流通企业优化重组,实施"两票制",完善采购机制,加强使用监控。大力发展非公立医疗机构,依法放宽社会办医准入条件,实行财税金融等优惠政策。深化编制人事制度改革,建立适应行业特点的人事薪酬制,完善绩效工资制度,激发医务人员积极性。大力实施智慧健康战略,促进健康医疗领域数据的共享,创新医疗服务管理模式。

2. 建立公平有效可持续的筹资体系

确立政府在提供公共卫生和基本医疗服务中的主导地位,确保卫生基础设施和重大项目的投入,落实公共卫生和基本医疗服务经费,逐步提高政府卫生投入占卫生总费用的比重,投入的增幅要高于经常性财政支出的增幅;建立完善的绩效评估和资金监管机制,实现政府卫生投入的预期目标。明确政府、社会与个人的卫生与健康投入责任,完善合理分担机制,鼓励和引导社会力量加大对卫生与健康事业的投入,积极推广政府与社会资本合作(PPP)模式,建立多元化、可持续的资金保障机制,形成投资主体多元化、投资方式多样化的办医体制。进一步缓解个人就医经济负担,降低个人卫生支出占卫生总费用的比重。

3. 建立科学合理的医药价格形成机制

建立科学合理的医药价格形成机制,充分发挥价格机制的约束激励作用。理顺医疗服务价格体系,完善补偿机制和绩效评价机制,合理体现医务人员劳务技术价值,探索政府定价与市场调节相结合的管理体制。实行差别化的医保支付和价格政策,促进各级各类医疗卫生机构分工协作机制的建立。巩固基本药物制度,建立健全药品供应保障体系,理顺药品价格,保证质量,保障供应,降低虚高价格。

(八)启动"健康苏州2030"规划纲要,完善健康城市工作平台

1. 开展全民健康生活方式示范行动

组织开展旨在提升居民健康素养水平的健康教育与健康促进系列活动和场景建设。深入开展健康城市建设,努力打造卫生城市升级版,促进城市健康与人的健康协调发展。修订新一轮健康城市建设评价指标体系,提高国家卫生城市群的整体水平,国家卫生镇比例达到90%,省级卫生村比例达99%。开展健康城市宣传,健康细胞建设,提高社会参与程度,建设健康主题公园、健康步道、健康教育园等健康支持性环境。

2. 开展城乡环境卫生整洁行动

巩固改水改厕成果,加强城乡生活饮用水卫生监测,做到生活饮用水卫生监测乡镇全覆盖,及时公布监测数据。做好病媒生物科学防治,做好密度监测和抗药性监测,将病媒生物密度控制在不足危害人群健康的密度水平。开展城乡大环境卫生综合整治,结合国家和江苏省行动方案,开展苏州市城乡环境卫生整洁行动、村庄环境综合整治、城市环境综合整治等,发动全社会参与。

3. 积极实施城乡健康养老行动

加快推进医养融合发展,加大基本医疗保险对老年人社区用药、社区医疗服务、长期护理等项目的支持力度。统筹医疗卫生与养老服务资源布局,促进养老

服务发展。建设以居家为基础、社区为依托、机构为支撑、医养相融合发展的养老服务体系。进一步完善养老服务设施,鼓励引导社会力量参与养老机构运营。

4. 积极实施健康服务业创新发展行动

鼓励社会力量参与医疗和养老服务等社会建设领域的体制机制创新,着力增加供给、优化服务,不断满足人民群众多层次、多样化的公共服务需求,逐步形成政府主导、企事业单位和社会组织广泛参与的多元化公共服务供给模式。落实促进非公立医疗机构发展的一系列政策措施。在符合规划总量和结构的前提下,进一步鼓励和引导社会资本在新城区和医疗资源薄弱地区举办上规模有特色的医疗机构。积极建设大健康产业,以高端医疗、健康管理、照护康复、养生保健、健身休闲等领域为重点,抢抓老龄化时代、消费升级带来的产业新机遇,努力打造"全国重要的生命健康产业基地、国内知名的新型医疗和养生休闲服务中心"。

专栏 10:健康苏州促进工程

全民健康教育与健康促进行动。建立健康知识和信息发布平台,完善市、县二级健康巡讲队伍建设。加强健康生活方式指导员培训。创新健康教育的方式和载体,引导医疗卫生机构积极开展健康教育。开展城乡居民健康素养干预及监测,推进全民减盐行动,加强居民膳食摄入量监测,促进居民科学合理膳食。加强公共场所和全民控烟工作。到 2020 年,全市 95% 的学校达到健康促进学校标准,城乡居民健康知识知晓率达 80% 以上,健康行为形成率达 65% 以上。

健康环境建设。积极推进健康城市、健康县城(镇)、健康社区(村)、健康单位和健康家庭建设。开展大气污染(雾霾)对人群健康影响监测及农村环境卫生监测。开展农村无害化改厕项目,力争 2020 年全市农村无害化户厕普及率达 99. 8% 以上。实施城乡生活饮水卫生监测项目。深入推进城乡环境卫生整洁行动。

全民自救互救素养和能力提升。建立卫生应急社会动员机制,实施应急救护培训、应急志愿者队伍建设、卫生应急体验馆建设以及公共场所投放 AED 等系列活动,全面提升公众卫生应急能力。

健康服务业发展。发展健康体检、咨询等健康服务,打造地方健康服务业品牌,引进国内、国际知名健康品牌,大力发展体检、心理咨询、母婴照料、健康咨询、家庭医生等健康服务形式。支持健康服务产业园(区)发展。支持国产药品、医疗器械临床应用。

(九)加强卫生与健康信息化建设,构建智慧健康服务管理平台

1. 提升"智慧健康"水平

健全健康信息服务平台和网络,推动区域人口健康信息平台互联互通和数据

应用,加快医疗卫生服务“用户端”体系建设。加强医疗卫生信息化建设。建立健全功能较为完善的人口健康信息平台,以个人电子健康档案为纽带,通过整合区域卫生信息平台和公共卫生信息平台的基础数据,在医疗机构、公共卫生机构、医护人员和患者之间建立起医疗行为的信息通道,为家庭医生、分级诊疗、双向转诊等重大制度的实现提供信息支撑,初步实现医疗行为记录、就医快捷引导、疾病防控研判等信息支撑服务和大数据分析。

2. 加快“三个一”工程试点推进

探索研究健康卡与市民卡、金融 IC 卡的融合,实现市民健康“一卡通”,加快推进试点地区健康档案全覆盖,提高电子健康档案的数据质量和动态管理水平,引导居民对个人健康档案自我管理。探索建设家庭医生(护士)管理云平台,实现家庭医生与患者的自助注册、就医的信息管理新模式。

3. 加强医疗卫生机构信息化建设

大力实施智慧健康战略,支持创新医疗服务管理模式,进一步提升我市医疗服务供给能力和服务水平。加强区域信息平台建设,实施“基于居民电子健康档案的卫生信息化工程”,实现全市健康档案数据整体入库以及县(市)区间、医疗卫生机构间互联互通和信息共享,初步实现全市范围的“两个任何”(即任何居民和医务人员,在任何联网医疗卫生机构,在满足业务规范的情况下可以调阅相关健康档案)。实施“基于数据标准化的区域健康大数据互联互通工程”(康联工程),构建涵盖区域医疗服务信息、公共卫生服务信息、药品使用等 3 类信息,支持绩效评价、政府拨付资金核定、医院可分配资金核定等 3 项管理功能和公立医院全面预算管理的“3 +3 +1”的医疗卫生服务综合监管系统,实现医疗卫生服务的现代化、均等化、便利化和管理精细化。

4. 推进健康医疗信息化新业态发展

发挥市场机制作用,动员全社会参与,扩大健康服务供给,创新服务模式。鼓励引进国内外健康服务机构和社会资本,提供人性化的体检、心理咨询、健康咨询等健康服务。加快发展心理健康服务。推动发展养生、医疗健康旅游、特色中医药健康旅游等产品,与商业健康保险相衔接,提供多样化的健康管理服务。培育壮大健康服务支撑产业,积极支持自主知识产权药品、医疗器械、健康信息化服务产品和其他相关健康产品的研发和应用,加大建设健康服务产业集聚区的支持力度。鼓励发展社会化的医学检验中心和影像中心。积极发展第三方医疗服务评价、健康管理服务评价等服务。支持临床使用国产大型医用设备等医药产品。

专栏 11:智慧健康服务工程

智慧健康基础设施建设。合理构建市、县级健康信息平台和数据中心,综合利用卫生与健康信息传输主干网、电子政务网、互联网,建立完善横向到边、纵向到底的网络基础设施。

健康信息共享建设。建立健康医疗信息共享交换标准体系,面向基层医疗卫生机构开展集中读片、出具诊断报告、远程会诊、双向转诊、医学咨询等远程医疗业务,支持形成上下联动、急慢分治等健康医疗服务新模式。

健康信息务实应用建设。开展预约诊疗、医患互动、信息查询、健康档案自我管理和运行监测、辅助决策、绩效考评。利用物联网、移动互联网、可穿戴设备等技术探索提供健康指导、康复、慢病管理个性化服务。

健康医疗大数据应用。建立和完善全员人口、服务资源、电子健康档案、电子病历和健康知识数据库,开展大数据深度挖掘与分析利用。

(十)实施"科教强卫"战略,搭建卫生与健康人才发展平台

1. 实施新一轮"科教强卫"工程

通过实施"科教强卫工程",推动医学技术进步,提升医疗服务能力,带动全市医疗卫生单位的学科建设、人才培养和适宜技术推广,使我市医疗卫生整体实力增强,技术水平显著提升,逐步达到国内领先、国际先进,重大疾病防治能力整体接近中等发达国家水平。到2020年,建成一支数量规模适宜、素质能力优良、结构分布合理的卫生与健康人才队伍,高水平高素质的卫生领军(重点)人才队伍建设进一步提高,基层公共卫生和医疗服务人才短缺的局面得到改善,逐步建立符合卫生与健康人才发展规律的人才工作机制,营造人才发展的良好环境。2020年卫生人员总量达到10.4万人,人才结构逐步优化,2020年每千人口卫生技术人员7.4人,执业(助理)医师2.5人,注册护士3.14人,基层卫生人才分布区域平衡,各类卫生人才协调发展。人才整体素质得到提高,住院医师规范化培训制度全面落实。加大"科教兴卫"工程财政投入力度,各市区参照市级标准制定完善《科教兴卫专项资金管理办法》,强化对全科医生培养的政策支持,全面落实基层卫生人才"百千万"提升计划。

2. 加快临床医学中心(创新平台)建设

力争在5年内培植2~3个省级临床医学中心(创新平台),7~8个市级临床医学中心(创新平台)。以建设临床服务、科技创新、人才培养综合能力具有国内一流、国际先进的标志性临床医学中心为目标,全面提升我市医疗卫生单位临床服务能力和科技创新水平。

3. 加快医学重点学科和实验室建设

建设具有苏州特色优势的标志性学科(实验室),争创10个省级重点学科(实验室)(含省市共建项目)、40个市级重点学科(实验室)。以严重影响我市居民健

康的常见病、多发病、疑难重症疾病的防治为切入点,以技术创新、转化医学、再创新和解决实际问题为重点,建设50个具有省内先进水平、体现苏州特色和优势的重点学科(实验室)。

4. 支持关键技术研究和科技成果转化

加强临床常见疾病、重点病种的核心诊疗技术以及重大疾病、传染病预防和控制关键技术的研究及成果转化。重点扶持100个对疾病预防、诊断、治疗和健康服务质量的提高具有重要价值的项目,切实提高我市临床重大疾病和传染病防控技术水平。

5. 加强高层次人才队伍建设

大力实施"姑苏卫生人才计划""临床医学专家团队"引进计划、海外特聘专家等项目,加快领军人才、重点人才和青年医学重点人才的培养。面向海内外引进和特聘5名医学专家,培育和引进20名省、市级医学领军人才、100名医学重点人才和200名青年医学重点人才。加快建立科学的人才聘用、引进、选拔、培养、使用和评估机制,充分发挥高层次人才评价调节作用。健全高层次人才境外研修制度,利用国际交流支撑计划等平台,有计划地资助中青年医疗卫生骨干人才出国(境)学习进修。

6. 加强基层卫生人才队伍建设

以全科医师岗位培训为重点,大力开展继续教育,打造基层社区卫生机构全科医师队伍,全面提升基层卫生专业技术人才水平。"十三五"期间,完成5000名住院医师规范化培训,全市新进入临床岗位的住院医师全部进入国家住院医师规范化培训基地进行培训。通过基层卫生机构一体化管理、人才联动、校园招聘等多种途径,吸引卫生人员到基层医疗卫生机构工作。完善基层医疗卫生机构绩效工资等激励保障政策,完善收入分配制度,提高基层中高级岗位待遇,鼓励医务人员到基层工作。建立和完善家庭医生制度,推进基层家庭医生签约服务。完善城市卫生人员下基层服务工作。

7. 统筹推进各类人才队伍建设

完善"广覆盖、多层次"的继续教育培训网络,建立多元化、多功能、规范化和制度化的继续教育体系,鼓励各级各类卫生技术人员通过各种途径参加医学继续教育,提高岗位适应能力。以适应新的健康服务需求为导向,合理配置各类卫生人才。统筹推进临床医疗、中医药、卫生管理、疾病预防控制、妇幼保健、社区卫生、卫生应急、卫生监督、职业病防治、健康教育等各类公共卫生人才队伍建设,遵循医学人才成长规律,兼顾当前需要和长远发展,逐步完善卫生人才培养制度和培养体系。

8. 建立完善人才运行机制

建立卫生人才评价指导体系,完善各类卫生专业技术人才评价标准。完善收入分配制度改革,建立以服务质量、服务数量和服务对象满意度为核心、以岗位职责和绩效为基础的考核和激励机制。提高医疗卫生机构管理队伍的职业化、专业化水平。不断完善绩效考核体系,着力推进人事薪酬制度改革,在可调控的范围内,逐年提高绩效工资总量。鼓励医师多点执业,建立有利于提升基层医疗卫生机构服务能力的人才和技术合作交流机制。探索区域内编制总量管理、统筹调剂使用,编制重点向基层倾斜。完善人才考核机制。加强日常考核和年终考核,强化考核结果运用。实行专业技术人才动态管理,完善培养对象考核办法,科学制定考核指标。

专栏 12:科教强卫工程

"科教强卫"工程。至 2020 年,建成 10 个在全省、全国具有影响力的临床医学中心(创新平台),打造 50 个优势明显、综合竞争力强的医学重点学科(实验室),重点扶持 100 项重大科技创新项目;培养 10 名医学领军人才,培育和引进 20 名省、市级医学领军人才,培养 100 名医学重点人才,200 名医学青年重点人才,5000 名合格的住院医师。

国际交流合作。2015 ~2020 年,全市选派出国研修 100 人,建立中外合作平台 50 个。

(十一)积极扶持健康服务,构建健康产业发展平台

1. 优化社会办医格局

大力推进社会办医,进一步优化政策环境,破除社会力量进入医疗领域的不合理限制和隐形壁垒。鼓励社会资本发展高端医疗服务。采取购买服务的方式,鼓励非公立医疗机构承担部分公共卫生服务和基本医疗卫生服务。到 2020 年,按照每千常住人口 1.8 张床位为社会办医预留规划空间,社会资本举办的医疗机构床位数和服务量占比均达 30% 以上,在符合规划总量和结构的前提下,取消对社会办医疗机构的具体数量和地点限制。及时向社会公布并详细说明本区域可新增或拟调整的医疗资源的规模和布局。对涉及新增或调整医疗资源的,包括新建城区等,支持由社会力量举办和运营医疗机构。社会办医疗机构在机构设置、执业监管、技术准入、设备配置等方面与公立医疗机构享有同等待遇。鼓励社会力量举办中医类专科医院和只提供传统中医药服务的中医门诊部、中医诊所,加快社会办中医类机构发展。鼓励社会力量举办康复、护理、口腔等医疗机构,使民营医疗机构占医疗机构比例控制在 60% 左右。推进医师多点执业、自由执业,鼓励有资质的医师到基层医疗卫生机构执业或开设工作室,支持有资质的中医专业

技术人员特别是名老中医开办中医门诊部、诊所。依法加强对非公立医疗机构服务行为的监管。

2. 积极培育健康服务新业态

顺应经济发展新趋势和新需求，积极培育现代服务业新兴产业，打造现代服务业增长新亮点。以高端医疗、健康管理、照护康复、养生保健、健身休闲等领域为重点，抢抓老龄化时代、消费升级带来的产业新机遇，努力打造“全国重要的生命健康产业基地、国内知名的新型医疗和养生休闲服务中心”，开展国家康养旅游示范基地、中医药健康旅游示范区（基地、项目）建设。

探索运用规范的政府和社会资本合作模式新建或改造一批基础设施项目，在医疗和养老服务设施等领域探索运用 PPP 模式。大力发展健康体检、健康咨询、健康教育、健康管理、疾病预防等服务。引导体检机构、健身机构提高服务水平，开展连锁经营。规范发展母婴护理、养生美容等服务市场，健全行业标准体系，培育服务品牌。加快发展心理健康服务，培育专业化、规范化的心理咨询、辅导机构。支持发展第三方医疗服务评价、健康管理服务评价。培育发展健康文化产业，鼓励开发特色医药文化资源。大力发展健康食品产业，规范保健品市场。

加快社会建设领域平台建设，加快推进中国现代健康科学协同创新中心、中国儿童药研发与技术转移平台、中国妇女孕期健康管理智能平台、中国慢性病防控综合支撑平台、苏州医学中心、“虚拟养老院”等科研与服务平台的设立与运作，加强重点实验室、生物技术检测平台、药物分析测试平台等公共服务平台建设，推动相关技术成果和创新业务模式的产业形态落地，着力打造依托苏州、服务全国的社会建设领域的重大运营平台，以事业与产业的深度融合，不断创新社会建设的体制机制。

3. 创新发展医药和医疗器械产业

集聚智慧，集约要素，完善政、产、学、研、用协同创新体系，将医疗器械和生物医药等产业培育成为推动苏州新一轮发展优势主导产业。大力推进医学与信息、材料等领域新技术的交叉融合，构建生物医药、医工技术创新体系。加快研发高精密诊断及治疗设备，差异化 CT、彩超、磁共振等影像设备，新型便携治疗设备。开发单克隆抗体系列产品和检测试剂，传染病早期检测诊断试剂，新型系列肿瘤标记物检测试剂。研发生物医学材料，骨、牙、关节等系统用生物活性修复材料，人工器官等体内植入物。发展生物合成、生物芯片、生物反应器等共性关键技术和工艺装备。推进基因工程药物、抗体药物、多肽药物、核酸药物等规模化制备。发展化学制药、高端仿制药和生物育种。重点支持高新区等地区的医疗器械产业、工业园区和吴中区等地区的生物医药产业加快发展。

4. 加快发展健身休闲运动产业

加强体育健身休闲领域供给侧结构性改革,培育多元市场主体,引导社会力量参与,构建以大众化市场为主体、适应多元化消费需求的健身休闲运动产业发展新格局。推进"所有权属于国有、经营权属于公司"的公共体育场馆运营管理改革,促进体育场馆服务业和相关城市服务业的融合渗透,打造一批健身休闲服务综合体。鼓励发展多种形式的体育健身俱乐部。积极培育具有消费引领特征的时尚休闲运动项目,打造具有区域特色的健身休闲示范区、产业带,培育一批健身休闲特征明显的体育健康特色小镇。健全健身休闲业质量标准体系和质量管理体系,利用现代信息技术实现服务内容创新。加大青少年体育培训服务供给,培育潜在体育消费市场。

(十二)提高全民健康素养,构建现代健康促进平台

1. 加强健康教育和健康促进

打造健康促进品牌活动,倡导和发展健康文化。加大控烟力度,特别是卫生与健康机构和公共场所控烟力度,控制烟草危害。实施健康素养促进行动,开展健康素养基本知识与技能行为普及,提升健康素养水平。城乡居民健康素养水平提升至24%。实施心理健康促进,完善心理健康服务队伍建设。广泛开展心理健康宣传教育,普及心理卫生知识。开设公益热线,为市民免费提供心理援助服务。深入社区、学校、企业、机关、农村开展心理咨询及相关心理卫生服务,普及大众心理卫生健康知识。

2. 强化宣传平台建设

充分发挥微博微信等新媒体传播速度快、互动性强、影响面广的优势,健全信息发布机制,完善平台功能。整合全市卫生与健康系统新媒体资源,建设健康苏州新媒体矩阵,形成纵向联系紧密、横向全面覆盖、上下充分联动的新媒体网络。要利用好电视、广播、报纸、网站等传统媒体的强大影响力,做好新闻宣传和舆论引导,做到主动策划、形成主流舆论的强大声势。利用新闻发布会、新闻通气会、官方网站及微博微信等各种渠道,第一时间做好重大政策措施的发布和政策解读。借助地铁、公交、车站、城市广场大屏、社区宣传栏等阵地,广泛传播健康知识。

3. 健全宣传工作机制

健全宣传工作制度,强化正面宣传和典型宣传,规范新闻发布、媒体沟通、舆情预警、舆情处置、新闻应急等工作流程。重大突发公共卫生事件、医疗纠纷等信息要及时、主动上报。建立健全宣传工作考评机制,将宣传工作纳入年度绩效考核,与评先评优相结合。加强宣传人才队伍建设,加大新闻通讯员、新闻发言人和

网络评论员培训力度，提升新闻宣传能力，逐步探索建立以专家咨询团队、媒体记者团队、网络大V团队、卫生与健康行业宣传队伍团队和基层卫生与健康宣传骨干为主体的全网式宣传队伍。

四、规划实施

（一）加强组织领导

各级政府要从全面建成小康社会、推进健康苏州建设的高度提高认识，把握习近平总书记提出的“让人民群众享有更高水平的医疗卫生服务”总体要求，着眼全局，进一步加强领导，将卫生与健康“十三五”规划与苏州市经济社会发展总体规划相融合，积极推进将健康理念融入政府各项政策中，加强政府部门间协作，确保认识到位、责任到位、投入到位。及时协调解决卫生与健康工作中的重大问题，努力使卫生与健康事业与经济社会发展相协调，使人民健康水平与经济发展水平相适应。认真贯彻国家法律法规和医药卫生体制改革的总要求，发挥政府在卫生与健康事业发展中的主导作用，切实转变政府职能。卫生与健康相关部门要加强统筹协调，形成合力，提升城乡卫生服务水平，将政府主导与引入市场机制相结合，将制度建设和体制机制创新相结合。全面落实《健康苏州2030规划纲要》《苏州市深化医药卫生体制改革试点工作实施方案》和苏州市健康市民、健康城市、健康卫士“531”系列行动计划，建立具体保障管理机制、监督机制、奖励和责任追究机制，深入推进健康苏州建设，持续推进医药卫生体制改革，建设现代医疗卫生体系、建立科学有序的就医秩序、缓解看病就医矛盾，努力让人民群众享有高质量的医疗卫生服务。

（二）营造良好氛围

加强多渠道沟通，争取各方面支持，保障规划的有效实施。坚持正确的舆论导向，通过各种渠道广泛宣传卫生与健康事业面临的形势与挑战、改革与发展的重要意义与政策措施，增强社会对健康和卫生与健康工作的普遍认知，争取全社会的理解、支持和参与。进一步加强卫生与健康行风和职业道德建设维护卫生与健康行业的良好形象。加强卫生与健康普法宣传，优化医务人员执业环境和条件，保护医务人员的合法权益，调动医务人员改善服务和提高效率的积极性。坚持医务公开、院务公开，及时公布医疗服务项目和收费标准，向社会公开服务承诺。加强卫生与健康精神文明建设，树立行业良好形象。完善新闻发布制度，及时回应社会关切，合理引导社会预期，营造良好的社会舆论环境，大力宣传医药卫生体制改革发展的典型经验和进展成效，加强改革发展政策解读，为卫生事业发展“十三五”规划的实施和医药卫生体制改革提供保障。

（三）强化监测评价

强化组织领导，层层落实责任，各级卫生与健康相关部门要成立规划实施工作领导小组，在当地党委、政府的领导下，负责规划的组织实施工作，将规划确定的相关任务纳入年度计划，明确责任和进度要求。建立健全规划实施责任制，各有关部门要按照职责分工，细化目标，做好相关任务的实施工作。对规划确定的重点任务、重大项目要明确要求、落实进度，确保规划各项目标任务的落实。强化规划执行监督评估，严格执行规划确定的目标和任务，建立严格的规划执行评估制度，探索建立第三方评估机制，监督重大项目的执行情况，及时发现和解决规划实施中存在的问题，增强规划的硬约束，提高监测评估的科学性和有效性。地方各级人民政府要定期组织对当地规划实施情况的检查督导，确保规划顺利实施，取得预期成效。

附录 2　苏州市健康卫士“531”行动计划

一、指导思想

认真贯彻落实国家、省卫生与健康大会的精神，以提高公众健康水平为核心，以依法公正监管、改革创新监管办法、提高监管效率为重点，实施健康卫士“531”行动计划，加快推进卫生计生治理法治化、规范化、专业化、精准化、信息化进程，充分发挥健康监管的制约、预防和促进作用，切实保障卫生计生健康服务安全，努力实现“健康苏州 2030”规划目标。

二、总体目标

到 2020 年，完成市、县（区）、镇（街道）监督执法体系建设，形成以政府为主导，行业组织、市场主体和社会积极参与的卫生计生监管模式，提升科学管理和执法水平，实现我市卫生计生治理体系和治理能力现代化。

主要指标：

（一）卫生监督体系建设：市、县（区）级卫生计生行政部门下设综合监督机构，综合监督机构业务用房、执法车辆、办公设备、执法装备、仪器设备达到省、市有关标准，标准化建设达标率 100%。

（二）医疗机构执业行为评价率：不良执业行为发生率≤10%，多次不良执业行为发生率≤5%。核心制度执行符合率≥95%，第二、三类医疗技术应用规范率

≥95%，母婴保健和计划生育技术服务规范率≥95%，医疗照射受检者个人防护用品使用率≥95%，二级以上综合医院、中医院和妇幼保健院自体输血率≥25%。

（三）卫生监督综合评价率：传染病防治分类监督综合评价率，一级以上医疗卫生机构100%，一级以下医疗卫生机构≥80%。中小学校卫生综合监督评价率100%。住宿业、沐浴业、美容美发、游泳场所卫生综合监督评价率100%。

（四）卫生监督抽检合格率：医疗机构消毒卫生抽检合格率≥95%，放射防护监督抽检合格率≥95%。健康相关产品生产企业卫生监督检查合格率≥95%，健康相关产品抽检合格率≥95%。生活饮用水供水单位监督检查合格率≥98%，生活饮用水抽检合格率≥98%，游泳场馆水质抽检合格率≥90%。学校教学环境与生活设施卫生监督抽检合格率≥95%。

（五）公共卫生安全事件报告率100%，事件处置率100%。卫生计生行政许可、行政处罚社会公开率100%，投诉举报处理率100%，监督检查发现的违法案件查处率100%，涉嫌犯罪案件移送率100%。

三、主要任务

苏州市健康卫士"531"行动计划，即建设一个体系（现代卫生计生综合监管体系），突出全面监管三个重点（覆盖重点领域、监管重点环节、健全重点机制），明确提升监管能力五大任务（完善法规制度建设、强化执法规范建设、强化专业能力建设、构建风险管理模式、统一监管信息平台）。

（一）建设现代卫生计生综合监管体系

1. 健全执法网络。各地要按照转变职能、整合资源、综合执法、提高效率的原则，结合当地实际，加快整合卫生、计划生育现有的行政执法机构，大力推进医疗卫生、公共卫生、计划生育综合监督行政执法，建立定位明确的卫生计生综合监督体系和制度，监督机构职能职责和名称规范统一、上下对应。推进卫生监督分所建设，促使行政执法力量向基层倾斜。

2. 明确监管责任。按照国家简政放权和监督重心下沉要求，坚持就近、便利原则，合理划分、依法规范市县（区）两级卫生计生行政执法权限范围，明确监管职责，落实属地化监管措施，执行行政执法责任制。强化指导服务，引导卫生计生监管相对人建立健全质量安全管理体系和诚信体系，促进服务信息公开透明，使之成为权责明确、运转协调、制衡有效的市场主体，全面落实主体责任。

3. 构建社会共治。强化行业组织自我约束和管理，完善管理制度，发挥行业协会、专业组织在行业治理、政府法规制度论证、事中事后监管、重大政策制度评估工作中的积极作用。提升公众参与的组织化水平，建立健全制度规范，畅通公众参与的途径和渠道，实行社会监督员、志愿者团队、有奖举报等制度，切实提高公众参与度，形成以政府为主导，行业组织、社会公众、舆论媒体等社会力量积极参与的社会共治格局。

（二）全面监管三个重点

进一步推进卫生计生领域简政放权、放管结合，加快构建事中事后监管体系，全面加强监管，维护卫生计生服务市场秩序。

1. 覆盖重点领域。拓展监管的深度、广度，实现重点领域全覆盖。在医疗卫生领域，依法加强医疗机构、从业人员、医疗技术应用、大型医疗设备等医疗服务要素监管，开展医疗机构依法执业信用等级评价、医疗机构和医师不良执业行为记分管理，积极运用大数据、云计算、物联网等信息化手段，探索实施“互联网＋监管”新模式。加大执法力度，严厉打击各类非法行医和非法采供血行为。在公共卫生领域，加强对公共场所卫生、饮用水卫生、学校卫生、职业卫生、放射卫生、传染病防治监管，开展住宿、美容美发、沐浴、游泳四类公共场所和学校卫生综合监督评价，开展传染病防治分类监督试点工作，推进居民饮用水水质、游泳场馆水质在线监测项目，实施医疗机构放射防护远程监控及医疗废物在线监测管理，建立血液全程追溯监管信息平台。在计划生育领域，加强医疗机构母婴保健和计划生育专项技术监管，严厉打击代孕及非医学需要的胎儿性别鉴定和选择性别的人工终止妊娠等违法违规行为，加强对孕产妇与新生儿等重点人群母婴保健服务监管，保障全面两孩政策实施。

2. 监管重点环节。加强卫生计生服务重点环节监管，重点抓好资格准入、服务规范、质量安全等监管。严格审批事项和审批权限管理，细化医疗卫生机构、人员、设备、技术准入标准，推行审批、许可、变更、校验环节信用公开承诺制度，健全对行政审批的监督制约机制；充分运用大数据、物联网等现代信息技术和违规失信、投诉举报、监督抽检等相关信息，加强执法监督和指导，规范服务行为；在血液安全、医疗感染控制、临床医疗技术应用、抗菌药品临床应用、健康体检、饮用水安全、学校卫生安全等专业领域建立健全质量安全评价和控制体系，提高发现问题和防范化解风险的能力，保障质量安全。

3. 健全重点机制。一是综合协调机制。加强地方政府对卫生计生监管工作的组织领导，健全综合协调机制，促使卫生计生、环保、食药、人社、物价、市场综合管理等部门间联动配合，形成工作合力。建立卫生计生与公安、检察、审判机关信息共享、案情通报、案件移送制度。明确卫生计生各个业务领域职责分工，加强协调配合，建立行政管理与执法监督工作衔接机制，在政府行政审批制度改革试点工作中，建立行政许可审批和事中事后监管工作衔接机制。二是监督与信用联动机制。强化监督与信用联动，建立跨部门、跨地区、跨行业的守信激励和失信惩戒机制，促使管理相对人在依法执业、质量管理、规范服务、信息公示等各方面切实履行法定义务。三是实施“双随机一公开”监管机制。建立“一表两清单、两库一平台”的“双随机”抽查机制和工作细则。根据监管领域实际情况，合理确定随机抽查比例和频次，并根据需要委托医疗专业组织、行业协会、律师事务所、检验检测机构、征信机构等第三方机构开展专业服务。

（三）提升监管能力五大任务

1. 完善法规制度建设。围绕医疗技术监管、医师执业管理、健康体检管理、妇幼健康管理、疾病预防控制、院前急救管理、餐具消毒管理、公共场所控烟管理等方面加强立法调研，做好项目规划并适时制定出台规范性文件，对《苏州市医疗机构执业管理办法》等规范性文件进行全面评估，根据立、改、废的评估意见组织实施修订工作。改进法制宣传教育的方式方法，加强对法定代表人、单位负责人和从业人员的法制培训，深入开展社会法制宣传教育，形成具有苏州特色、促进市民健康的法规制度和宣教体系。

2. 强化执法规范建设。分析研究地区、行业特点和监管形势基础上，建立健全卫生计生执法标准体系。制定医疗卫生、公共卫生、计划生育等专业领域的执法工作规程，统一案件立案、调查、终结等各环节中相关违法行为认定要件标准、违法情节裁量标准及行政处罚实施基准。在查处过度医疗、医疗事故、“医托”、“号贩子”、非法行医、非法采供血、非医学需要的胎儿性别鉴定等重点领域，加强对疑难问题的研究分析，明确关键要素和认定标准。推行实施卫生计生监督执法全过程记录制度，完善管理制度和办案程序，着力于规范执法行为和提高案件查办能力。

3. 强化专业能力建设。加强国家医疗服务监督苏州培训基地、国家放射卫生监督苏州培训基地、国家卫生计生执法苏州科研基地建设，完善我市监督人才培养体系，推行卫生监督员职位分类管理制度和首席监督员制度，支持卫生监督员到医疗机构等专业机构实践培训和上级行政部门岗位锻炼，选聘医疗技术专家纳入监督名录库，形成以卫生监督员为主要力量、医疗专家为技术支撑、卫生监督协管为补充的专业化执法队伍。加强疾控机构健康危害因素检测能力专业化、系统化建设，不断拓展检验检测项目；各级监督机构内设快检室，配备环境卫生、学校卫生、传染病、职业放射卫生、健康相关产品监督监测任务相适应的快速检测设备，全面提升卫生计生检验检测能力。

4. 构建风险管理模式。推行卫生计生监管领域，全环节、全过程风险分级监督管理模式。结合本地区和监管行业特点，在风险评级基础上，开展针对性监管：

一是风险发现，通过随机抽查、投诉举报、大数据监测、转办交办、舆情监测以及利用医疗卫生单位、社会组织建立监测哨点等渠道发现风险；二是风险分类，各监管机构要因地制宜，建立风险评估指标体系，开展监管风险动态评估，提高监管的精准。风险分类情况不对外公开；三是风险处置，要采取差异化应对措施，综合运用提醒、约谈、告诫、处罚等手段，将高风险主体列为监管重点，实行"双随机"定向抽查，增加频次，加大抽查比例。

5. 统一监管信息平台。整合我市现有卫生计生监管信息资源，加快推进市卫生计生综合监管信息平台建设，建立管理相对人"一户一档"动态电子监管档案，实现审批信息、监管信息、信用信息互通共享，实现部门联动、执法全过程记录、行政处罚自由裁量数字化基准模式、"双随机一公开"监管、风险分级监管业务支撑，实现高效、精准、科学监管。卫生计生行政部门要向其他政府相关部门主动推送、向社会有序开放有关监管数据。

四、保障措施

（一）加强组织领导

各级政府要充分认识深入推进健康卫士"531"行动计划的重大意义，将其列入"健康优先"制度框架。市和各市、区政府要建立卫生计生、法院、检察、公安、财政、人社、环保、食药、市场综合管理、物价等部门组成的健康卫士"531"行动计划领导小组，充分发挥政府部门卫生计生治理的主导作用，统筹协调重大问题，有序推进本计划各项目标任务落实到位。

（二）强化能力保障

各级政府要优化卫生计生监督执法环境，完善政策措施，在综合考虑辖区服务人口数、工作量、服务范围等因素基础上，科学合理确定人员配备，充实卫生计生监督行政执法力量。根据国家、省、市有关规定标准，配置卫生监督机构办公用房、执法装备、执法车辆，满足卫生计生行政执法工作需求。

（三）开展督导评估

苏州市健康卫士"531"行动计划领导小组负责对项目工作的组织、进度、实施过程、效果和经费使用情况进行定期督导、考核和评估。建立动态分析、情况通报、检查督办等制度，分层推进各项重点工作、分步实施各项工作任务、及时发现并解决实施中的实际问题并予以完善改进。

附录 3 苏州市健康市民“531”行动计划

为深入贯彻落实市委市政府《苏州市深化医药卫生体制改革试点工作实施方案》,加快建立分级诊疗制度,积极推进“健康苏州 2020”战略,按照“急病要急、慢病要准”的理念,探索创新医疗卫生服务机制,增强对危害市民健康的主要重大疾病的专业预防和救治能力,进一步提升医疗卫生服务水平、提升人民群众健康水平,特制订《苏州市健康市民“531”行动计划》。

一、指导思想

认真贯彻落实国家、省和我市深化医改的精神,按照推进健康城市建设和建立分级诊疗制度的总体要求,以市民健康为根本追求,以防治重大疾病为问题导向,探索创新健康综合干预、疾病高危筛查、院前院中联动、学科协同救治医疗卫生供给模式,持续优化医疗卫生服务机制,全面增强重大疾病专业防治能力,提升人民群众健康水平,提升健康城市核心建设水平。

二、工作目标

近期目标:到 2017 年,市区公立社区卫生服务中心全部强化达标为市民综合健康管理服务平台;肿瘤、心脑血管疾病和高危妊娠筛查机制基本建立并运行;市级胸痛中心、卒中中心、创伤救治中心、危重孕产妇救治中心、危重新生儿救治中心全部建立并运行,各分中心建设顺利推进。

远期目标:到 2020 年,全市城乡公立社区卫生服务中心全部建成市民综合健康管理服务平台;肿瘤、心脑血管疾病和高危妊娠筛查机制不断完善并逐步推广;市区和各县级市均建立健全联通医院、急救与社区的城市多中心疾病协同救治体系,不断提升胸痛、卒中、创伤、危重孕产妇、危重新生儿等五大中心的专业救治水平。

三、主要任务

健康市民“531”行动计划的核心内容,是建立一个平台(市民综合健康管理服务平台)、三大机制(居民疾病高危因素筛查机制)和五大中心(城市多中心疾病协同救治体系)。

(一)市民综合健康管理服务平台

进一步健全社区卫生服务体系,不断优化布局,推进标准化建设,丰富六位一体内涵,用两年左右的时间,在全市初步实现社区卫生服务向市民综合健康管理服务的转型提升,发挥社区卫生服务机构最贴近市民和最方便服务的优势,在完成基本医疗卫生服务任务基础上,进一步强化市民综合健康管理服务功能。重点做好针对重大疾病和慢性病的健康教育和健康促进;开展肿瘤、心脑血管疾病和高危妊娠筛查并形成健康评价报告,据此向社区居民推荐分年龄、分性别、有针对性的体检套餐;通过市民综合健康管理服务信息平台,实现社区与大医院的专业联动和专科协作,为加强社区居民综合健康管理提供坚实的平台支撑。

(二)疾病高危因素筛查机制

1. 建立肿瘤筛查机制:针对我市居民疾病谱中的高发肿瘤,在社区居民中开展危险因素调查和高危人群评估,在此基础上对高危人群进行筛查。依托社区卫生服务机构的平台优势,充分发挥社区临床检验集中检测中心的作用,建立"社区——医院"居民肿瘤筛查机制。定期发布分年龄、分性别的居民肿瘤筛查指南。对高危人群实行有针对性的健康干预,对筛查发现的肿瘤患者,及时通过社区向上级医院转诊治疗,争取早诊断早治疗,降低肿瘤致残率和死亡率,降低患者医药费用负担。

2. 建立心脑血管疾病筛查机制:依托社区卫生服务中心,以疾控、临床专业人员为骨干,为社区居民提供相关检测以及初步心血管健康状况调查,提供心脑血管病健康状况评价。对被认定为高危可疑对象的,接受进一步健康状况调查。根据以上检查和询问结果,由医生给出明确诊断和针对性综合健康干预建议,提供健康指导并持续随访。通过信息平台,逐步实现与医院、急救中心的对接和联通。

3. 建立高危妊娠筛查机制:建立妊娠危险因素的筛查和预警制度。强化基于社区的围产保健管理,社区卫生服务中心掌握辖区孕产妇基本信息,对孕产妇进行危险因素的首诊排查、分类登记、专案管理和转诊服务,并负责对高危孕产妇的宣教指导和追踪随访。各级医疗保健机构和助产服务机构依据国家孕产妇保健工作规范和省高危孕产妇分级分类管理要求,在孕早期、孕中期、孕晚期分别进行相应的危险因素筛查,将妊娠风险以及妊娠合并症、并发症进行标识、警示,完善会诊、转诊制度,实施分级分类诊疗和管理。

(三)城市多中心疾病协同救治体系

1. 胸痛中心

(1)工作体系:在苏大附一院、九龙医院、市立医院已建成国家级胸痛中心基础上,苏大附二院建成国家级胸痛中心,各市、区(除姑苏区外)分别建立市胸痛中心和分中心,建成覆盖全市的区域性协同一体化救治网络体系。

(2)信息平台:建成市胸痛急救信息网络平台,利用医疗物联网技术和医疗云技术,实现院前急救和院内抢救的无缝衔接,共享信息,做到患者未到,信息先到,协同救治。

(3)建设进度:2016 年 1 月 ~6 月,成立指导专家组,制定市胸痛中心区域化网络建设方案,明确胸痛中心及分中心建设标准。2016 年 6 月 ~2017 年 6 月,参照中国胸痛中心认证条件,建设多学科联合的胸痛中心,根据胸痛中心建设标准,遴选符合基本条件的医院建设胸痛分中心。2017 年 7 月 ~8 月,各级医院向苏州市卫生计生委提交相应的申报胸痛中心和分中心材料。2017 年 9 月 ~10 月,市卫生计生委组织专家审核申报材料,对符合要求的申报医院进行现场评审并提出评审意见,对达标医院,授予苏州市胸痛中心或分中心牌子。

2. 创伤救治中心

(1)工作体系:根据创伤救治中心建设和分级标准,在市区建成 3 家 Ⅰ 级创伤救治中心基础上,各县级市、吴江区、吴中区、相城区、苏州高新区分别建设 Ⅱ 和 Ⅲ 级创伤救治中心,共同建成区域性创伤救治体系。

(2)信息平台:建立苏州市创伤救治信息网络平台。实现院前急救伤者病情评估信息的采集和发送,实时掌握各创伤救治中心急救相关床位、设备、血液和人员等急救资源的状态,跟踪患者院内救治整体过程中各关键时间节点,评价各协作医院创伤救治质量。

(3)建设进度:2016 年 1 月 ~6 月,成立指导专家组,通过调研我市院前急救中心和各级医院在救治严重创伤患者中的现状和问题,制定创伤救治中心的建设标准和救治规范。2016 年 6 月 ~2017 年 6 月,在市区建设 3 家Ⅰ级创伤救治中心,在市、区遴选符合基本条件的医院建设Ⅱ和Ⅲ级创伤救治中心。2017 年 7 月 ~8 月,各级医院向市卫生计生委提交申报材料。2017 年 9 月 ~10 月,市卫生计生委组织专家对申报材料进行审核,对符合要求的申报医院进行现场评审并提出评审意见,对达标单位授予Ⅰ、Ⅱ、Ⅲ级创伤救治中心牌子。

3. 卒中中心

(1)工作体系:在苏大附一院建成国家高级卒中中心的基础上,苏大附二院、市立医院力争在一年内建成市卒中中心,达到国家高级卒中中心建设标准。姑苏区以外的各市、区分别建立卒中分中心,建成区域性卒中预防与救治网络。

(2)信息平台:建立苏州市卒中中心数据管理平台,及时分析卒中筛查、干预和救治等数据,为完善卒中防治策略及措施提供科学依据。

(3)建设进度:2016 年 1 月 ~2 月,成立指导专家组,制定卒中中心及分中心建设标准。2016 年 3 月 ~5 月,召开卒中中心项目建设启动会议,开展专项培训,启动信息平台建设。2016 年 6 月 ~2017 年 6 月:苏大附二院、市立医院建成多学科联合的卒中中心。各地明确建设单位,建设分中心。2017 年 7 月 ~8 月:苏大附二院、市立医院向市卫生计生委申报建设市卒中中心。各地建设单位经辖区卫生计生部门同意后,向市卫生计生委申报建设分中心。2017 年 9 月 ~10 月,市卫生计生委进行材料审核与现场评审。对达标单位授予卒中中心或分中心牌子。

4. 危重孕产妇救治中心

(1)工作体系:苏州市立医院本部和苏大附一院建成功能完善的苏州市危重孕产妇救治中心。各市、区(除姑苏区外)分别建立危重孕产妇救治分中心,完善绿色通道,建成区域协同联动的危重孕产妇救治网络。

(2)信息平台:依托"智慧健康"项目和苏州市妇幼卫生信息平台,开发建设苏州市危重孕产妇救治信息管理系统,部署于各级医疗保健机构、助产服务机构、采供血机构和危重孕产妇救治中心及分中心,实现全市危重孕产妇救治中心床位使用、人员配备和危重孕产妇救治等信息的互联互通,支持中心与分中心之间的远程会诊和医疗力量的有效调配。

(3)建设进度:2016 年 1 月 ~4 月,制订实施方案和建设标准,成立市级危重孕产妇救治专家组。2016 年 5 月 ~6 月,遴选建设单位,部署建设任务,明确功能职责、建设要求和建设进度,举办项目建设培训。2016 年 7 月 ~2017 年 6 月,按标准启动项目建设。2017 年 7 月 ~10 月,组织专家评审,对达标单位授牌。

5. 危重新生儿救治中心

(1)工作体系:在苏州市立医院本部和苏州大学附属儿童医院建成苏州市危重新生儿救治中心。各市、区(除姑苏区、工业园区外)分别建立 1 ~2 家危重新生儿救治分中心,建成全方位的危重新生儿救治网络体系。

(2)信息平台:建立苏州市危重新生儿救治信息系统,实时了解各中心病床分布、设备使用、医护人员配备以及危重新生儿救治状况等数据,实现危重新生儿救治资源有效调配和远程会诊功能。

(3)建设进度:2016 年 1 月 ~4 月,制定建设方案,明确建设标准,成立市级危重新生儿救治专家组。2016 年 5 月 ~6 月,遴选建设单位,部署建设任务,明确功能职责、建设要求和建设进度,举办项目建设培训班。2016 年 7 月 ~2017 年 6 月,按标准启动项目建设。2017 年 7 月 ~10 月,组织专家评审,对达标单位授牌。

四、保障措施

(一)加强组织领导,强化督导考核

各级政府是实施健康市民"531"行动计划的主体,要将其纳入"十三五"发展规划。各市、区要建立卫生计生部门牵头,经信、财政、人社、物价等部门配合的健康市民“531”行动计划领导小组，制定工作方案，明确工作任务，实施目标责任管理。

（二）加强部门协调，推进医改深入

健康市民“531”行动计划是深化医改、建立分级诊疗制度和建设健康城市的重要抓手，必须强化部门协调配合，卫生计生部门要督促项目单位推进项目建设；财政部门要保障项目建设和必要的运行经费；人社部门要进一步加大社保支付政策的支持力度；宣传部门要指导新闻媒体加强宣传的力度和广度，营造全社会关心支持的氛围。各有关部门要不断完善配套政策，及时协调解决实施过程中出现的问题，确保各项任务按期保质完成。

（三）动员社会参与，汇聚各方力量

鼓励和动员社会力量积极参与行动计划，积极探索设立健康教育公益基金，开发防治重大疾病市民参与的健康管理险种，通过群众喜闻乐见的形式和渠道，加大宣传力度，提高市民对重大疾病预防救治规律的认识，努力营造全社会关注健康、积极参与行动计划的良好氛围。

附录4　苏州市健康城市“531”行动计划

为贯彻习近平总书记在全国卫生与健康大会上的重要讲话精神，落实“努力全方位、全周期保障人民健康”的目标，积极推进“健康苏州2030”规划纲要，建立完善重大疾病防治工作机制，探索创新公共卫生领域工作模式，不断提高对影响市民健康的重大疾病的预防与干预能力，进一步提升人民健康水平，特制订此计划。

一、指导思想

认真贯彻落实国家卫生与健康大会精神，以市民健康为根本追求，以重大公共卫生问题为导向，进一步健全“政府主导、部门协同、社会参与、个人主责”的联动机制，完善“联防联控、群防群控、防治结合”的预防机制，建立“医防联动、快检快测”的突发公共卫生事件处置的应急机制，实施全民健康素养提升工程，启动重大传染病防治、心理健康促进、重点人群伤害干预、出生缺陷与重大疾病干预、健康危险因素监测评估等重点公共卫生领域工作，全面提升对影响市民健康的重大疾病的预防与干预能力，努力实现“健康苏州2030”规划目标。

二、2020 年工作目标

（一）居民健康素养水平提高到 24% 以上，其中慢性病防治和基本医疗素养分别提高到 15% 以上，15 岁以上人群吸烟率降低至 25% 以下，经常参加体育锻炼的人数达 420 万人。

（二）艾滋病、结核病、慢性肝病等重大传染病防治工作得到加强，扩大免疫规划覆盖人群和免费接种项目，探索建立预防接种异常反应市级补充保险。青年学生等重点人群艾滋病防治知识知晓率达 90% 以上，男男性行为等高危人群艾滋病相关高危行为减少 10% 以上，开展艾滋病感染者和患者的健康管理。实施耐多药结核病免费基因检测项目，逐步将肺结核（包括耐多药结核病）纳入基本医疗保险门诊特殊病种支付范围，提高报销比例。实施慢性肝病预防、筛查与健康管理，肝衰竭患者、丙型肝炎患者人数减少 30%，因各类慢性肝病死亡人数减少 10%。

（三）建立良好的心理健康社会支持环境，完善心理健康服务体系，建设市心理卫生中心和心理云医院管理网络平台，开展严重精神障碍亲情照护、抑郁症和老年痴呆干预项目。居民心理健康素养显著提高，城市、农村普通人群心理健康核心知识知晓率分别达到 80%、60%，在校学生心理健康核心知识知晓率达到 80%。推动市民形成心理健康的行为和生活方式，提高心理健康行为形成率。

（四）重点人群伤害发生率和致残率有所降低。建立儿童意外伤害监测与干预模式，儿童因溺水导致的致死致残率每年下降 5%；酒后驾驶等导致的交通事故死亡率每年下降 5%；建立老年人跌倒预防干预的有效模式，开展预防老年人跌倒示范场所建设；加强职业病的前期预防和重点职业病监测与职业健康风险评估，完善职业病和化学中毒救治体系。

（五）妇女儿童主要健康指标处于省内领先水平，孕产妇死亡率稳定在 6/10 万以下；婴儿和 5 岁以下儿童死亡率分别控制在 5‰、8‰以下；出生缺陷发生率控制在 5‰以下，严重多发致残的出生缺陷发生率逐步下降；扩大免费孕前优生健康检查目标人群，加强妇女儿童重大疾病综合防治，降低意外妊娠发生率。

（六）健全健康危险因素监测评估体系，加快苏州市卫生检测中心建设，加强公共卫生突发事件应急处置、食品安全风险监测、饮用水安全与介水传染病监测和传染病分子检测等平台建设，建成市菌毒种保藏中心，开展食品、饮用水、空气污染、学校等健康影响监测和风险评估，定期发布健康危险因素监测与风险评估系列白皮书。

三、主要任务

(一)启动全民健康素养提升工程

主要围绕“六个一”开展,即开发一套家庭健康自测工具、建立一个公共卫生科普中心、开展一系列健康公益讲座、建设一批健康示范场所、建设一批运动健身指导站、播放一批健康宣传广告等,实现家庭健康自测与疾病早期发现,建立传统媒体与新媒体结合的全方位、多途径、立体化的健康传播体系,开展千场健康公益讲座进社区、进企业、进学校、进机关、进军营等“五进”活动,推进全民健身和全民健康的深度融合,普及健康素养知识与技能,进一步提高居民健康自我管理的意识和能力,提升居民基本医疗素养和慢性病防治素养,促进医患共同决策,共建共享健康生活。

(二)建立完善三大工作机制

1. 建立完善“政府主导、部门协同、社会参与、个人主责”的联动机制

坚持政府主导,加强部门协同和全社会参与,努力打造“全民参与、全民共建、全民共享”的健康环境和健康社会。一是要坚持政府主导,把人民健康放在优先发展的战略地位。各市(区)要成立以政府(管委会)主要领导为组长、相关部门及单位负责人为成员的健康城市“531”行动计划领导小组,领导小组下设办公室,统一指导协调、全面推进辖区健康城市“531”行动计划。二是要坚持部门协同,做到部门职责明确、任务落实。定期召开部门联席会议,及时解决工作难点和重点,完善分级负责、协同推进的工作机制,形成齐抓共管的良好工作局面。三是要强化社会参与,开展多形式健康宣教活动,积极引导和鼓励机关、企事业单位、社团组织、学校、社区和家庭自觉主动参与健康城市“531”行动,鼓励支持专家学者开展课题研究,并积极参与相关公共政策的制定。提高全社会的知晓度、重视度和参与度。四是要强化个人主责,倡导“每个人是自己健康第一责任人”的理念,自觉践行健康文明生活方式,鼓励开展健康自测,早期发现疾病早期干预。

2. 建立完善“联防联控、群防群控、防治结合”的预防机制

坚持预防为主方针,完善联防联控、群防群控、防治结合的预防机制。努力实现由“以疾病治疗为中心”向“以健康促进为中心”的转变。一是要强化联防联控机制,科学有序调动各方面力量,建立跨部门、跨单位协调和信息通报机制,强化属地化管理,创新工作方法,把握关键环节,形成稳固的防控合力,全面打造联防联控的公共卫生工作新格局。二是要强化群防群控机制,坚持以人为本,充分依靠和发动群众,大力整合社会各类资源,畅通群众参与渠道,鼓励群众组建各类健康自我管理小组,主动干预自身的健康隐患,提升群众健康自我管理能力,进一步

提高群众参与健康城市“531”行动计划的可及性与有效性。三是要强化防治结合机制，充分发挥医疗机构在疾病监测方面的优势，以重大传染病和慢性病为重点，明确疾控机构、医疗机构和基层医疗卫生机构的职责任务，完善“三位一体”的疾病防治工作模式，提高疾病防治综合实力。

3. 建立完善“医防联动、快检快测”的突发公共卫生事件处置的应急机制

强化部门信息共享，以“夯实基础、提升能力，规范管理、提高效率”为目标，有效建立“医防联动、快检快测”的突发公共卫生事件处置的应急机制。通过加强各部门和区域间卫生应急协作，健全我市监测预警、信息沟通、技术支持和应急资源共享的联防联控工作机制。通过优化各类突发事件卫生应急预案体系，完善卫生应急响应精细化管理，明确突发事件应对的责任体系、现场指挥体系、工作流程和处置措施，加强市卫生检测中心建设，提高快检快测能力，最大限度减少突发公共卫生事件的发生，有效控制和处置事件的发展，增强市民公共卫生安全感。

（三）实施五大领域重点项目

1. 重大传染病防治项目

针对影响市民健康的艾滋病、结核病、肝病等重大传染病，实施以男男性行为人群、青年学生为重点人群的艾防宣传干预、艾滋病感染者和患者健康管理、耐多药结核病基因检测、慢性肝病健康管理等为主要内容的重大传染病防治项目，提高重大传染病防治能力；实施扩大免疫规划项目，开展65岁以上户籍老年人23价肺炎球菌多糖疫苗、适龄儿童水痘疫苗和初三学生麻风疫苗等免费接种工作，有条件地区将B型流感嗜血杆菌疫苗纳入免费接种范围，探索建立预防接种异常反应市级商业补充保险，进一步降低重大传染病和疫苗可预防疾病对市民健康的影响。

2. 心理健康促进项目

针对影响市民心理健康的主要问题，满足不断增长的心理健康服务需求，实施以苏州市心理卫生中心、心理云医院管理网络平台建设、严重精神障碍亲情照护、抑郁障碍和老年痴呆干预为主要内容的心理健康促进项目，进一步完善心理健康服务网络，提供规范、多样、公平、可及的心理卫生服务；结合“以奖代补”政策，对严重精神障碍患者及其家属开展心理干预，协助患者家庭获得必要的社会支撑，建立健康的家庭心理环境，促进患者回归社会；开展抑郁障碍、老年痴呆的宣传和干预工作，提升公众对抑郁症、老年痴呆症的认识，增强专业人员的识别与诊治能力，提高抑郁症的治愈率和老年痴呆症的社会照护水平，进一步降低抑郁症的自杀率和复发率。

3. 重点人群伤害干预项目

针对影响市民健康的主要伤害问题,实施以道路伤害、儿童意外伤害、老年人跌倒和职业病伤害干预为主要内容的重点人群伤害干预项目,关注儿童、老年人和职业人群,完善工作机制,加强部门协作,建立健全伤害综合监测网络,强化重点人群意外伤害安全防护意识,加大交通安全、职业卫生的宣传和执法力度,推进示范环境和体验场馆建设,积极营造良好的社会氛围,提高全社会预防伤害的综合防控能力,减少意外伤害导致的死亡率和致残率。

4. 出生缺陷与重大疾病干预项目

针对影响妇女儿童健康的重点问题,实施以出生缺陷综合干预、妇女儿童重大疾病防治及意外妊娠干预为主要内容的出生缺陷与重大疾病干预项目,加强婚前和孕前健康检查、产前筛查与诊断、新生儿疾病筛查与高危儿干预,拓展妇女宫颈癌和乳腺癌检查项目,开展儿童先天性心脏病和自闭症干预示范点建设,启动意外妊娠干预等工作,呼吁社会、家庭、个人共同参与妇幼健康管理,切实提高妇女儿童健康水平。

5. 健康危险因素监测项目

针对影响市民健康的主要危险因素,充分发挥市卫生监测中心的平台作用,实施以食品安全、生活饮用水、空气污染、学校卫生、医用辐射防护等为主要领域的卫生监测与风险评估工作,对可能引发公共卫生风险隐患的危险因素进行识别、分析和评价,定期发布健康危险因素监测与风险评估系列白皮书,为政府决策提供科学依据,采取针对性举措,尽量减少健康危险因素对人群健康的影响。

四、保障措施

(一)加强组织领导

各级政府要充分认识深入推进健康城市“531”行动计划的重大意义,将其列入“健康优先”制度框架和经济社会发展“十三五”规划予以安排和落实。市和各市(区)成立健康城市“531”行动计划领导小组,发挥统一组织和沟通协调作用,构建常态化的组织领导网络,建立完善“三大”工作机制,研究制定公共卫生重点领域项目实施方案、工作计划、配套措施和支持性政策,分阶段分步骤启动实施,加强分类指导和督导评估,有序有力实施本计划。

(二)加大经费保障

各级财政要加大资金投入力度,合理制定项目经费和工作经费预算,建立健全多元化健康投入机制,鼓励、引导社会和个人参与健康城市“531”行动领域建设项目。同时落实制定经费使用制度,严格规范经费使用渠道,加强经费使用监管,做到专款专用，确保经费足量到位和合理使用。

（三）注重资源整合

各级政府要加强统筹协调，完善政府各部门间信息沟通机制，促进联席会议制度化和常态化。在健康城市建设过程中，注重资源整合，积极引导非政府组织、企业和社区的有效有序参与，发挥群众号召力、社会凝聚力等自身能力和优势，突显其社会责任和社会价值，助推健康城市良性发展。

（四）强化能力建设

各级政府的实事项目应对卫生与健康工作有所倾斜，充分体现“健康优先”。结合健康城市建设面临的新形势、新任务和新要求，要全面统筹考虑，专项规划卫生人才的培养，进一步强化公共卫生机构和能力建设。加强医疗和疾病预防控制体系建设，提高疾病监测、干预、诊治和卫生应急救援能力。

（五）开展国际交流

积极借鉴国际先进工作经验，充分利用自身的资源优势，开展相关课题研究，深入分析项目实施带来的社会效益和经济效益，有效利用监测数据，指导健康城市建设可持续发展。加强国际交流与合作，及时总结经验与不足，提出政策建议，有效应用研究成果。

（六）开展督导评估

苏州市健康城市“531”行动计划领导小组负责对项目工作的组织、进度、实施过程、效果和经费使用情况进行定期督导、考核和评估。各项目承办单位应建立完善的质量控制体系，保证项目执行质量。

附录5 苏州市健康城市“531”行动计划实施方案

各市、区爱健会，市爱健会各成员部门：

为贯彻苏州市政府办公室《关于印发苏州市健康城市“531”行动计划的通知》（苏府办〔2016〕287号）精神，落实“一项提升工程、三大工作机制和五大领域重点项目”工作任务，不断提高影响市民健康的重大疾病的预防与干预能力，努力实现“健康苏州2030”规划目标，现将健康城市“531”行动计划实施方案印发给你们，请各地各单位认真贯彻落实。

附件：

1. 苏州市全民健康素养提升工程实施方案

2. 苏州市重大传染病防治项目实施方案

3. 苏州市心理健康促进项目实施方案
4. 苏州市重点人群伤害干预项目实施方案
5. 苏州市出生缺陷与重大疾病干预项目实施方案
6. 苏州市健康危害因素监测与风险评估实施方案

苏州市爱国卫生运动与健康促进委员会

2017 年 1 月 6 日

附件 1：

苏州市全民健康素养提升工程实施方案

为全面贯彻习近平总书记在全国卫生与健康大会上的重要讲话精神，普及健康生活，树立大卫生、大健康的观念，把以治病为中心转变为以人的健康为中心，建立健全健康教育体系，提升全民健康素养，推动全民健身和全民健康深度融合。结合我市实际，在全市范围内实施全民健康素养提升工程，根据苏州市健康城市"531"行动计划，特制订本方案。

一、项目背景

根据历年我市居民健康素养和烟草流行监测结果，近年来我市居民素养水平提升缓慢，特别是 2015 年我市居民健康素养水平为 21.3%，仅比 2014 年提升 0.2 个百分点，其中慢性病预防素养和基本医疗素养最低，分别为 5.1%、7.3%。15 岁以上人群吸烟率达 27.1%，其中男性为 54.3%，女性为 1.8%，室内公共场所和工作场所吸烟情况仍不容乐观，市民对吸烟危害认识不足。经常参加体育锻炼的人数比例仅为 35%。

二、目标任务

通过实施全民健康素养提升工程，普及健康知识与技能，倡导健康文明的生活方式，推进健康自我管理，促进医患共同决策，建立健全健康教育体系，提升全民健康素养，推动全民健身和全民健康深度融合。

到 2020 年底，全市居民健康素养水平提高到 24% 以上，其中慢性病防治和基本医疗素养提高到 15% 以上，15 岁以上人群吸烟率降低至 25% 以下，经常参加体育锻炼的人数达 420 万人。

三、主要内容

全民健康素养提升工程主要围绕"六个一"开展，即"开发一套家庭健康自测工具、建立一个公共卫生科普中心、开展一系列健康公益活动、建设一批健康示范场所、建设一批运动健身指导站、播放一批健康宣传广告"

（一）开发一套家庭健康自测工具。开发一个融健康自测量表和健康实用技能学习于一体的家庭健康 APP,覆盖家庭全体成员、生命全周期,寓健康于娱乐,实现健康自测与早期发现相结合,建立家庭健康学习网络,提高健康素养水平。

(二)建立一个公共卫生科普中心。结合苏州市健康教育园升级改造,利用 VR、AR 等新技术,打造融卫生与健康知识学习和技能实践于一体的公共卫生科普中心。每年开展多部门协作的健康科普宣传,大力推进青少年暑期实践教育活动。发挥主渠道阵地作用,采编制作一批健康科普知识传播视频和指南,丰富完善健康教育权威知识储备库,建立传统媒体与新媒体结合的全方位、多途径立体化健康传播体系。

(三)开展一系列健康公益活动。依托各级健康教育讲师团,开展健康公益活动进社区、进企业、进学校、进机关、进特殊人群等"五进"活动,开展需求服务调查,每年开展千场健康公益讲座,普及健康素养知识与技能。探索建立网络预约健康讲座系统,方便基层单位菜单式选学。

(四)建设一批健康示范场所。以制定实施健康策略、提供健康服务、营造健康环境为主要内容,开展健康社区、机关、企业、学校、医院等健康场所标准化建设,着重建立单位健康讲堂、建设健康小屋、开展健康自我管理活动、应用站立式办公系统和建成无烟环境。在建设健康场所的基础上,每年每种类型建成 10 个市级示范单位,及时总结推广典型经验,提高参与度和建设水平。

(五)建设一批运动健身指导站。完善监测网络,探索建设一批与社区卫生服务中心相结合的市民健康自测、体质测定服务,打造集健康自测、体质测定、运动能力评估、科学健身指导等为一体的运动健身指导站,继续开展"全民健身大课堂""三进工程"等健身指导服务,引导大众树立科学健身理念、培养健康生活方式,推进全民健身和全民健康的深度融合。

(六)播放一批健康宣传公益广告。继续完善与主流媒体和新媒体的宣传机制,在全市形成健康苏州建设的浓厚氛围。加强公益宣传,与苏州广电合作,每月一个主题,在有线电视机顶盒开机画面播放一批健康宣传公益广告,提高市民对健康相关内容的知晓程度。

四、实施方法

(一)加强健康素养提升工程实施领导。在健康城市 531 行动计划领导小组领导下,成立健康素养提升工程实施小组,落实责任分工,明确时间节点,确保经费落实。各地要健全健康教育体系建设,根据国家卫计委颁布的《全国健康教育专业机构工作规范》,建齐建强健康教育专业机构。

(二)加大社会力量参与力度。积极引入社会组织、企业、志愿者等主体,鼓励社会力量参与健康教育和健康促进工作,在健康支持性环境建设、健康自我管理、全民健身、控烟、全民健康教育资金设立等方面积极参与。

(三)加强专业队伍能力建设。通过培训、竞赛、评比等方式,加强健康教育专业机构队伍、健康自我管理小组组长队伍等能力建设。联合体育部门的社会体育指导员,探索建立健康生活指导员队伍,为全民健康素养提升工程顺利实施提供智力支持。

五、实施进度

(一)启动阶段(2017 年 1 月 ~6 月)

市实施小组调研确定具体项目实施标准,制定年度推进计划,在全市举行培训、动员,结合媒体营造社会氛围,启动实施全民健康素养提升工程。

(二)实施阶段(2017 年 7 月 ~2020 年 6 月)

各市(区)、各部门根据健康素养提升工程实施方案要求,制定本地、本部门每年度推进计划,按计划加紧实施。

(三)评估阶段(2020 年 7 月 ~2020 年底)

全面评估健康素养提升工程各项工作完成情况,人群健康素养相关指标的改善情况,发现存在的不足之处,为"十四五"规划制定提供依据。

六、监督评估

由政府牵头,多部门联合成立监督评估组,对各市(区)工作落实情况组织开展年度、期中、期末评估,并根据工作需要适时进行监督检查。每年开展健康素养监测、烟草流行监测、国民体质监测等,对工作总体成效进行评估。

附件 2:

苏州市重大传染病防治项目实施方案

近年来,艾滋病、结核病、乙型肝炎等重大传染病的危害依然严重,某些病原微生物的耐药性不断增加,特别是多重耐药的结核菌、艾滋病病毒等,已成为严重的公共卫生问题。为全面贯彻习近平总书记在全国卫生与健康大会上的重要讲话精神,落实"努力全方位、全周期保障人民健康"的目标,坚持"预防为主,防治结合"的原则,启动苏州市健康城市"531"行动计划,实施重大传染病综合防治策略,决定在全市范围内开展重大传染病防治项目。为保障项目顺利实施,特制订本方案。

一、项目背景

苏州市作为经济发展外向型城市,外来流动人口众多,人员流动频繁,艾滋病、结核病、乙型肝炎等重大传染病流行形势严峻,已成为威胁市民健康的重要公共卫生问题。疫苗可预防疾病,比如老年人肺炎、儿童水痘等导致老年人疾病负担加重、学校突发疫情增多等问题也亟须解决。艾滋病:近年艾滋病疫情呈现两个明显特征，一是性接触传播仍然是最主要的传播途径，占95%以上，其中男男性行为传播超过2/3；二是青年学生艾滋病感染疫情进一步加重。2015 年新报告学生感染者 23 例，是 2011 年报告数的 3.3 倍。艾滋病毒感染者晚治疗与早治疗相比，更易发生二代传播，扩大抗病毒治疗覆盖面、推行“发现即治疗”的策略势在必行。结核病：耐多药结核病治疗疗程长、医疗费用高，病情迁延不愈，导致家庭因病致贫。另外，耐多药结核杆菌毒力更强、传播更快，造成的社会危害更严重。提高耐多药结核病患者的发现、规范治疗和保障水平尤为重要。据统计，艾滋病、结核病已成为苏州市民感染性疾病死因顺位的第一、第二位的死因。慢性肝病：乙型病毒性肝炎是导致慢性肝病的主要病因，据推算，苏州市 70 岁以下人群乙肝病毒携带者约 94.56 万，其中约 4.73 - 9.46 万人将发展为慢性感染，慢性感染导致的慢性肝病以及肝硬化、肝衰竭、肝癌等相关并发症已成为耗费医疗和社会资源的重要疾病。疫苗可预防疾病：预防接种是现行最经济的预防疾病的有效措施，老年人和儿童是我市关注的重点人群。肺炎球菌和流感病毒感染是导致 65 岁以上老年人肺炎的主要原因，水痘 - 带状疱疹病毒感染引起的传染病疫情在托幼机构和学校时有暴发流行，B 型流感嗜血杆菌感染所致的侵袭性疾病是 5 岁以下儿童肺炎、脑膜炎的主要病因，成人和 8 月龄以下儿童麻疹相对高发，在重点人群实施肺炎、水痘、麻风等疫苗接种的扩大免疫规划策略，对于减少疫苗可预防疾病发生、减轻疾病负担具有重要的意义。预防接种异常反应补偿：疑似预防接种异常反应纠纷日益受到公众关注，我市多次发生集访、闹访事件。2016 年 1 月起，全省建立了预防接种异常反应保险补偿机制，由于省级补偿难以达到患儿家属的预期，加大了妥善处置此类纠纷的难度。探索建立由各市、区政府投保的预防接种异常反应市级补充保险，与省级基础保险和补充保险相结合，有助于解决异常反应的补偿和救助问题。

二、目标任务

到 2020 年：

1. 加强男男性行为人群、青年学生艾滋病同伴教育与干预工作，加强艾滋病感染者和病人的健康管理。青年学生等重点人群艾滋病防治知识知晓率达 90% 以上；男男性行为人群等高危人群艾滋病相关高危行为减少 10% 以上。

2. 实施耐多药结核病免费基因检测项目，逐步将肺结核（包括耐多药结核病）纳入基本医疗保险门诊特殊病种支付范围，提高报销比例。

3. 加强新生儿和高危人群乙肝疫苗接种工作，实施慢性肝病预防、筛查与健康管理，肝衰竭患者、丙型肝炎患者人数减少 30%，因各类慢性肝病死亡人数减少 10%。

4. 实施扩大免疫规划,扩大免疫规划覆盖人群和免费接种项目;探索建立预防接种异常反应市级补充保险。

三、项目内容

1. 加强艾滋病综合干预实效,针对青年学生和男男性行为两大重点人群,启动学校“青春红丝带”项目,支持社会组织在男男性行为人群中开展宣教、干预和动员检测等服务。扩大与加强艾滋病咨询检测,提高检测服务的可及性,最大限度发现感染者。逐步实施由艾滋病定点医院提供医学随访、定期体检、治疗与疗效监测、机会性感染处理等“一站式”服务工作模式。

2. 开展肺结核高风险人群的症状筛查,早期发现、转诊可疑肺结核患者;对目标人群进行耐多药肺结核的早期基因筛查;建立市区两级定点医院上下协助关系,落实肺结核患者分级诊疗和健康管理;逐步将肺结核(包括耐多药结核病)纳入基本医疗保险门诊特殊病种支付范围,提高报销比例。

3. 实施成人乙肝疫苗接种优惠减免政策,加强成人及新生儿乙肝疫苗接种工作,落实乙肝母婴阻断工作,提高人群乙肝免疫水平。开展慢性肝病健康危险多因素监测,提高高危因素患者的发现率。成立苏州市肝病诊疗质量控制中心,建立完善慢性肝病诊治与管理体系,开展慢性肝病筛查与健康管理。

4. 实施扩大免疫规划策略,开展65岁以上苏州户籍老年人23价肺炎多糖疫苗、适龄儿童水痘疫苗、初三学生麻风疫苗等免费接种工作,开展65岁以上老年人流感疫苗接种,有条件的地区将B型流感嗜血杆菌疫苗纳入免费接种范围,进一步降低重大传染病和疫苗可预防疾病对市民健康的影响。探索建立由各市、区政府投保的预防接种异常反应市级补充保险,健全省级基础保险、省级补充保险和市级补充保险相结合的多层次补偿体系,提高预防接种异常反应补偿水平和补偿效率。

四、保障措施

1. 强化部门协作,健全工作机制。充分认识重大传染病防治项目开展的重要性,加大财政投入力度,落实相关配套政策。加强多部门协作,落实联席例会和定期评估的工作制度,有效整合社区、医院、疾控、高校和社会组织等各方资源,有力有序推进重大传染病防治项目。

2. 加强疾病监测,提高发现能力。加强实验室能力建设,完善重大传染病检测网络,加强监测质量控制,利用先进技术提高传染病的早期发现水平。结合各类体检开展慢性肝病筛查,实施重点人群的持续健康管理。

3. 开展综合防治,确保工作实效。进一步完善医疗机构、疾控机构和基层卫生机构“三位一体”的重大传染病防治服务体系,做到职责明确,任务落实。突出重点人群、把握重点环节,采取有效综合干预措施,阻断疾病传播与扩散。

4. 落实救助政策,实施社会关爱。贯彻艾滋病"四免一关怀"和结核病相关减免政策,提高重大传染病的规范管理与治疗质量。推进预防接种安全工程,实施老年人、儿童的扩大免疫规划策略,确保预防接种工作质量。探索建立预防接种异常反应市级补充保险,完善异常反应多层次补偿机制。

5. 加强宣传培训,提高防治技能。利用传统媒体和新媒体,积极开展重大传染病防治知识的宣传教育,提高市民的健康意识和技能。同时,要围绕防治工作重点和难点开展针对性培训,提高防治重大传染病的能力和水平。

五、进度安排及要求

第一阶段:准备阶段(2016. 11 – 12)。制定项目方案,成立项目专家技术指导组。

第二阶段:实施阶段(2017. 01 – 2020. 06)。启动实施项目,定期开展督导评估,发现问题,持续改进。

第三阶段:评估总结(2020. 06 – 2020. 12)。开展项目实施情况总结和考核评估,完成总结评估报告。

六、监督评估

苏州市健康城市"531"行动计划领导小组负责对项目工作的组织、进度、实施过程、效果和经费使用情况进行定期督导和考核,协调解决项目进展中的问题。

各级卫生计生行政部门定期组织专家通过抽查的方式,对各相关单位进行包括方案实施、现场工作、质量控制、数据资料、管理随访等工作的督导检查。

附件:1. 苏州市艾滋病防治项目实施方案

2. 苏州市耐药肺结核筛查和干预项目实施方案

3. 苏州市慢性肝病患者健康管理项目实施方案

4. 苏州市扩大免疫规划项目实施方案

附件 2 – 1:

苏州市艾滋病防治项目实施方案

为贯彻苏州市健康城市"531"行动计划,落实重大传染病防治项目,进一步深入推进全市艾滋病综合防治工作,结合当前艾滋病疫情新形势、新特点以及防治工作需要,特制订本实施方案。

一、项目背景

近年来,苏州市各市(区)、相关部门认真落实艾防措施,在艾滋病扩大检测和治疗、降低病死率、提高艾滋病病毒感染者和艾滋病病人(以下简称感染者和病人)生活质量等方面均取得了明显成效。但是,我市艾防形势依然严峻,艾防工作仍面临诸多困难与挑战，随着艾滋病感染者管理人数逐年增加，随访、干预、医疗救治和关怀救助等工作任务逐年增长。近几年，新报告病例中95%以上是经性途径传播，其中男男同性传播超过2/3，这类人群较隐蔽，行为改变困难，干预难度较大；另外，青年学生、老年人群中艾滋病感染者数量上升，疫情呈现由高危人群不断向一般人群扩散的态势。因此，加强对青年学生、男男性行为者等重点人群的艾防宣教和干预指导工作显得尤为重要。同时，动员全社会各种力量参与艾防工作，进一步健全与完善现有艾滋病防治体系，是破解上述难题的重要措施。

二、目标任务

紧紧围绕减少新发艾滋病病毒感染、降低病死率、提高艾滋病感染者和病人生存质量的总体目标，扩大艾防宣教和干预覆盖面，不断提高宣传教育的针对性与实效性，有效控制经性途径传播艾滋病，切实完善“预防为主、防治结合”的医防服务体系，将我市艾滋病疫情持续控制在低流行水平。至2020年底力争达到：

1. 青年学生等重点人群艾滋病知识知晓率达90%以上；

2. 男男性行为人群等高危人群艾滋病相关高危行为减少10%以上；

3. 100%的艾滋病定点医院承担感染者和病人的随访、定期CD4细胞和艾滋病病毒载量检测、抗病毒治疗等工作；

4. 艾滋病抗病毒治疗有效率力争达到90%以上；

5. 感染者和病人病死率力争控制在2/100以下。

三、项目内容

（一）扩大艾滋病防治宣传教育的覆盖面和针对性，突出青年学生等重点人群，不断提高群众艾防意识和技能。

（二）加强高危人群干预，强化综合干预实效，支持社会组织在男男性行为人群中开展宣教、干预和动员检测等服务。

（三）加强艾滋病咨询检测，提高检测服务的可及性，最大限度发现感染者，重点在男男性行为者等高危人群中扩大艾滋病检测，在性病相关门诊推动医务人员主动提供的艾滋病咨询检测。

（四）加强感染者和病人的管理，逐步推行治疗、随访“一站式”模式，实行由艾滋病定点医院提供治疗、医学随访与体检、疗效监测和机会性感染处理等服务工作模式，全面加强抗病毒治疗管理质量控制与评价。

四、实施方法

（一）扩大艾防宣传教育，提高群众防病意识

开展大众人群预防艾滋病知识宣教，强化青年学生、流动人口、被监管人员等重点人群的艾滋病感染风险教育，提高其自我防护能力。重点加强学校预防艾滋

病宣教,建立健全学校艾滋病疫情通报和工作会商机制,制定并落实针对性防控措施;启动学校"青春红丝带"项目,学校要落实各项预防艾滋病教育措施,将艾滋病教育与性健康、心理健康、禁毒和安全教育等内容有机结合,扩大受众对象和覆盖面;支持校园预防艾滋病讲师队伍建设,组建由教务、学工部(处)、共青团组织、校医院等多部门人员组成的预防艾滋病教师宣讲队伍,定期开展专题讲座,指导学生开展预防艾滋病工作;充分调动学生参与艾滋病防控工作的积极性,发挥青年志愿者作用,培训、支持学生社团和青年志愿者,通过同伴教育、健康咨询等形式,传播预防艾滋病知识,提高学生的自我保护意识和能力;探索"互联网+"宣传工作模式,提高青年学生对艾滋病防治工作的关注度、参与度,提高宣教针对性,提升工作效果。

(二)强化综合干预实效,加强高危人群干预

加强社会综合治理,依法打击卖淫嫖娼、吸毒贩毒等违法犯罪行为。积极控制经性传播,加强针对高危行为人群的警示教育,提高安全套的可及性和使用率。重点加强艾滋病疫情和危险因素监测,开展信息互通、协同干预等联防联控工作,探索适宜的医学、心理、社会、文化等手段相结合的男男同性传播干预策略。鼓励、支持社会组织在男男性行为人群中开展艾滋病防治宣教、干预和转介动员等服务,在社区人群中倡导安全性行为,促进其及时寻求检测服务,减少易感染艾滋病高危行为的发生。继续深入提供技术支持,培训社会组织志愿者,提高其工作能力。建立健全我市社会组织参与艾滋病防治工作的评价机制,开展对其工作自主性、透明度、信用度和工作实效的评估,强化对社会组织的监督与指导。

(三)加强咨询检测可及性,最大限度发现感染者

进一步完善艾滋病监测和检测服务,健全综合监测和实验室网络,加强对筛查实验室的培训、指导、质控考核和质量管理督查,确保检测工作质量。各级医疗机构要主动为有感染艾滋病和梅毒等性传播疾病风险的就诊者提供艾滋病咨询检测服务,同时支持社会组织在男男性行为等高危人群中开展动员检测,促进男男性行为等高危人群进行定期检测,尽早发现艾滋病感染者,并开展艾滋病抗病毒治疗、随访和关怀。

(四)加强艾滋病感染者和病人的管理,逐步推行治疗、随访"一站式"服务模式

根据国家、省卫生计生委关于艾滋病抗病毒治疗工作的相关要求,要进一步优化艾滋病检测、治疗和随访等工作流程,完善疾控机构、医疗机构和基层卫生机构间的转介和衔接机制,明确职责分工,探索适合本辖区的艾滋病随访管理模式。在条件成熟的地区增设艾滋病抗病毒治疗定点医院,充分发挥定点医院在病人随

访管理中的优势和作用;逐步为感染者和病人提供"一站式"服务,为其设立健康档案,提供治疗、医学随访与体检、疗效监测、机会性感染处理等服务。调整、充实艾滋病抗病毒治疗专家组,组建由医疗、护理、疾控、检验、药品管理、妇幼等专业人员组成的专家组,指导全市艾滋病病人诊断、治疗方案的确定与调整、治疗效果评估,指导处理严重机会性感染、并发症和药物不良反应,定期开展质量督导与评估。

五、进度安排及要求

第一阶段:准备阶段(2016.11 - 12)。制定项目方案,成立项目专家技术指导组。

第二阶段:实施阶段(2017.01 - 2020.06)。启动实施项目,定期开展培训和督导评估,发现问题,持续改进。

第三阶段:评估总结(2020.06 - 2020.12)。开展项目实施情况总结和考核评估,完成总结评估报告。

六、监督评估

苏州市艾滋病防治工作委员会办公室负责制订本实施方案的督导与评估框架,组织相关部门开展督导检查,定期开展评估工作。各地、各有关部门根据职责,制定实施计划,对艾滋病防治工作进展情况、措施落实、质量控制等方面开展督导检查,重点对实施效果进行评估。

附件2-2:

苏州市耐药肺结核筛查和干预项目实施方案

为贯彻苏州市健康城市"531"行动计划,落实重大传染病防治项目,进一步深入推进全市结核病防治工作,结合当前防治工作难点和重点,特制订本实施方案。

一、项目背景

我国是全球结核病和耐药结核病高负担国家之一,肺结核患者数位居全球第二,2015年全国累计报告肺结核86.4万,发病率63.4/10万。苏州市作为开放的经济发展外向型城市,外来流动人口众多,人员流动频繁,结核病、耐多药结核病的发病率不低于全国水平,年发病总人数估算在6000人以上。一旦感染耐多药肺结核,治疗疗程长、疗效差,病情迁延不愈,肺部功能逐渐丧失而致残,高额的药费和劳动力的丧失导致家庭贫困,被称为"结核癌"。而耐多药肺结核病人结核杆菌的传播,造成了更为严重的社会危害性。进一步做好肺结核的健康管理,早发现和早治疗肺结核患者,尤其是耐药、耐多药肺结核患者,将是今后结核病防控工作的重点。

传统的肺结核检测主要依靠痰涂片抗酸染色和痰结核菌培养,但痰涂片阳性率低，仅为40%左右，并且无法区分细菌死活、结核分枝杆菌和非结核分枝杆菌、是否耐药等；痰培养的阳性率较痰涂片稍高，但耗时2－3月，导致部分耐多药结核病人未能得到及时有效的治疗，造成耐多药结核菌的进一步传播扩散。目前，新的基因芯片检测方法能快速检测分离株并区分结核和非结核分枝杆菌，且可检测利福平、异烟肼的耐药情况，将常规方法的2－3月缩短为6小时。该方法准确、临床符合度高，测序符合率达100%，利福平耐药临床符合率95%以上，异烟肼耐药临床符合率约85%。

二、指导思想

根据《国家卫生计生委关于进一步加强结核病防治工作的通知》和《国家卫生计生委办公厅关于开展结核病分级诊疗和综合防治服务模式试点工作的通知》，进一步细化各级结核病防治机构职责和任务，全面实施现代结核病控制扩展策略（DOTS－Plus策略），预防和控制耐多药结核病传播，保障市民身体健康。

三、项目内容

1. 在全市范围内开展肺结核的初筛检查，对目标人群进行耐多药肺结核的早期基因筛查。

2. 建立市、区两级定点医院上下协助关系，落实肺结核患者分级诊疗和健康管理。

3. 逐步将肺结核（包括耐多药结核病）纳入基本医疗保险门诊特殊病种支付范围，提高报销比例。

四、实施方法

（一）开展肺结核高风险人群筛查，加大患者发现力度

1. 各级医疗卫生机构开展全员培训，增强肺结核防治意识，对肺结核可疑症状者进行重点排查，强化结核病发现和首诊责任意识，提高诊断及时性和准确性，减少漏诊。对因症就诊的患者、肺结核密切接触者、65岁以上老年人和糖尿病人等高风险人群主动开展症状筛查，早期发现、转诊可疑肺结核；对家庭、学校、工厂等人群密集场所中的活动性肺结核，开展密切接触者健康检查；对艾滋病病毒感染者和病人，增加结核病筛查频次。

2. 开展耐药肺结核筛查，早期发现耐药患者。在全市范围内，针对抗结核治疗后二三月末痰检仍阳性患者、复治涂阳患者、耐多药患者、耐多药患者密切接触者、耐药患者反复复治患者、疑似肺结核患者等六类重点人群，开展基因芯片、Xpert和细菌培养等耐药检测，加大耐药、耐多药肺结核早期发现力度。

（二）优化肺结核分级诊疗模式，落实病人上下转诊

1. 完善病人健康管理措施。各级疾病预防控制机构，在现有结核病三级防控

网络管理基础之上，进行延伸管理，开展患者停药后半年复诊、停药后一年复诊的随访，及时发现复发患者并进行相应干预。重点落实对长期涂阳肺结核、耐药肺结核的个体化随访，进行动态、长期、持续管理。

2. 组建结核病诊疗联合体。依托市级结核病（耐多药肺结核）定点医院，联合各市、区结核病定点医院，组建诊疗联合体。市级定点医院下派专科医生驻点对口支援，建立长期业务合作关系，提高基层诊断和治疗水平。市级、县级结核病定点医院按照疾控部门要求，开展辖区内患者停药后半年复诊、停药后一年复诊的随访检查，并及时反馈检查结果，及时发现未愈患者并转诊。

3. 落实上下转诊分级诊疗。各市、区定点医院负责普通肺结核患者诊治，并将疑难重症和耐多药患者及时向市级定点医院转诊；市级结核病诊治定点医院治疗的痰菌阳性的疑难重症患者，病情稳定后转诊至县级定点医院。

（三）加强患者传染期隔离管理，落实住院治疗

1. 对所有传染性肺结核患者、耐多药肺结核患者，逐步试行传染期全程住院隔离、康复治疗管理，待痰菌阴转后再出院。

2. 实施诊疗费用减免政策。鼓励耐多药肺结核患者接受传染期隔离治疗，对按要求接受管理和治疗的耐多药肺结核医保患者，申请办理“门诊特定项目”，享受门诊特定项目报销比例，直至治疗疗程结束终止，更好地保障患者完成全程抗结核治疗。

（四）提高病人管理和服务能力，保障措施落实到位

1. 提高临床诊疗服务能力。一是提高结核病诊断水平，加强市级结核病重点实验室建设，提高痰涂片、痰培养、基因检测等结核相关检验检测能力，并向基层医疗机构辐射，逐步建成苏州市结核病临床检验检测中心和影像会诊中心。二是加强对肺结核患者的规范化诊治管理，规范肺结核患者尤其是耐多药患者的住院治疗，建立全市结核病临床诊疗质量控制中心，定期开展诊疗技术培训和质控工作。

2. 强化重点人群健康管理。一是耐多药肺结核患者出院前，市级定点医院报告市疾控中心，市疾控中心通知患者居住地县级疾控中心；县级疾控中心根据就近原则组织落实相应的社区卫生服务中心（乡镇卫生院）、社区卫生服务站（村卫生室）等共同负责管理，指定督导医生、开展健康教育、监测不良反应、督促定时复诊等。二是在艾滋病病毒感染者、中小学生结核菌素试验强阳性人群中，探索开展预防性治疗。

3. 完善结核病患者医保政策。各级卫生计生行政部门要会同有关部门，做好基本医疗保险、大病保险、医疗救助、临时救助和财政补助等政策与公共卫生服务

项目的统筹衔接，切实减轻结核病患者的医疗费用负担。逐步将肺结核（包括耐多药结核病）纳入基本医疗保险门诊特殊病种支付范围，提高报销比例。继续落实结核病筛查和一线抗结核药品等补助政策，鼓励为肺结核患者提供治疗期间的交通和营养补助。

五、进度安排及要求

2016 年：项目实施方案完善与论证，开展耐多药结核筛查。

2017～2018 年：各级医疗机构开展结核病筛查，重点人群筛查率 90%；继续开展重点人群基因芯片、Xpert 和痰培养耐药检测，所有肺结核患者开展痰培养检测，其中涂阳肺结核基因芯片、Xpert 检测率达到 80%；组建结核病诊疗联合体，开展定点医院对口支援，完善信息系统，建成分级诊疗体系；开展结核病患者健康管理，病人停药后一年内复诊率 50%；肺结核患者治疗成功率 90%，耐多药患者按要求完成治疗率 70%，治疗成功率 50%。

2019 年：各项指标任务进一步提升。

2020 年：项目终期评估与总结。

六、监督评估

根据《省卫生计生委关于建立分级诊疗综合防治服务模式进一步加强结核病防治工作的通知》（苏卫疾控〔2016〕10 号）要求，结合本实施方案，定期对该项工作开展情况进行督导评估，并通报评估结果。市、区两级疾控中心分别对耐多药肺结核病人督导管理工作进行质量控制和评价。

附件：

1. 苏州市结核病诊疗定点医疗机构联合体

2. 苏州市结核病临床诊疗质量控制中心成员名单

苏州市结核病诊疗定点医疗机构联合体一览表

地区	定点医院	地址	负责人	联系人及电话
苏州市	苏州市第五人民医院	苏州市西二路 2 号	张建平（13584882502）	惠　芬（13814864795）
姑苏区	苏州市第五人民医院	苏州市西二路 2 号	张建平（13584882502）	惠　芬（13814864795）
张家港市	张家港市第一人民医院	张家港市杨舍镇暨阳西路 68 号	蒋　锋（13773233300）	李　蕾（13812989609）
常熟市	常熟市第二人民医院传染病分院	常熟市虞山镇中山南路 1 号	祝卫东（13601573211）	韦海旭（13962339504）

续表

地区	定点医院	地址	负责人	联系人及电话
昆山市	昆山市第一人民医院	昆山市前进西路91号	尹弘清（18906261973）	张小川（13962681985）
太仓市	太仓市第一人民医院	太仓市城厢镇常胜南路58号	邵雪峰（18915768058）	郭红玲（18915768017）
吴江区	吴江区第一人民医院	吴江区松陵镇公园路3号	尤 华（13375160005）	叶福龙（13375160232）
吴中区	苏州市中西医结合医院（木渎人民医院）	吴中区木渎镇下沙塘39号	朱纪中（13862147173）	丁阿亮（17706219016）
相城区	相城人民医院	相城区华元路1060号	薄惠龙（13962197852）	黄铁熬（13506218012）
高新区	高新区人民医院	高新区华山路95号	陆春法（13814892028）	毛 敦（13862045458）
工业园区	星海医院	工业园区葑春路400号	陆月琴（13962154215）	赵海生（13052852040）

苏州市结核病临床诊疗质量控制中心成员名单

主　任：吴妹英　市第五人民医院副院长、主任医师

副主任：张建平　市第五人民医院副院长、副主任医师

成　员：

朱培福　张家港市第一人民医院感染科主任、主任医师

韦海旭　常熟市第二人民医院感染科主任医师

傅茂英　昆山市第一人民医院感染科主任、副主任医师

浦永兰　太仓市第一人民医院感染科主任、主任医师

钮志林　吴江区第一人民医院感染科主任、主任医师

陈延斌　苏大附一院呼吸科病区副主任、主任医师

徐国鹏　市立医院本部呼吸科副主任、副主任医师

叶志坚　市第五人民医院呼吸科主任、主任医师

沈兴华　市第五人民医院急诊 ICU 主任、副主任医师

秘　书：唐佩军　市第五人民医院科教科副科长、主治医师

附件2－3：

苏州市慢性肝病患者健康管理项目实施方案

为贯彻苏州市健康城市"531"行动计划，落实重大传染病防治项目，深入推进全市慢性肝病筛查与健康管理工作，结合当前慢性肝病及其并发症防治工作需要，特制订本实施方案。

一、项目背景

近年来，各类慢性肝病逐渐成为影响群众健康的重要因素之一，主要包括乙肝、丙肝等各类病毒性肝病、非酒精性脂肪肝、酒精性肝病、自身免疫性肝病、药物性肝病、血吸虫性肝病等，其中导致慢性肝病的最主要的因素是乙肝病毒感染。我国是乙肝大国，根据全国乙型肝炎血清流行病学调查结果推算，苏州市70岁以下人群乙肝病毒携带者约94.56万（其中15～29岁约19.27万），其中约4.73～9.46万人会发展为慢性感染，且患者通常没有任何感觉，一部分患者最终会发展为肝癌。

乙肝病毒感染时的年龄是影响慢性化的最主要因素。在围生期和婴幼儿时期感染乙肝的人群中，分别有90%和25%～30%将发展成慢性感染，而5岁以后感染者仅有5%～10%发展为慢性感染。因此，接种乙肝疫苗是预防乙肝病毒感染最有效的方法，接种对象主要是新生儿，其次为婴幼儿、15岁以下未免疫人群和高危人群。接种乙肝疫苗后有抗体应答者的保护效果一般仅可持续12年，因此建议对高危人群进行监测，如乙肝表面抗体＜10mIU/mL，应给予加强免疫。2010年起，苏州市卫生行政部门将"当年成人乙肝疫苗接种人数达到18岁以上户籍高危人群的5%，或累积接种率达到80%"列入对各市、区疾病预防控制工作考核指标。截至2015年底，除高新区、吴中区、姑苏区和工业园区外，其他地区均已推出了成人乙肝疫苗接种的减免优惠政策。2010－2015年，全市累计有100万人接受了成人乙肝疫苗的接种。除乙肝外，丙型肝炎及肝硬化患者，以及与代谢性疾病相关的脂肪肝等各类慢性肝病患者，也已成为耗费医疗和社会资源的重要对象，是急需规范管理的重要人群。

因此，进一步降低人群乙肝病毒携带率，发现并治愈丙型肝炎患者，加强慢性肝病患者的健康管理，降低慢性肝病肝硬化、肝衰竭、肝癌等并发症的发生率，改善患者生活质量，在全市开展慢性肝病患者健康管理具有重要的意义。

二、指导思想

强化"预防为主、防治结合"的工作机制，落实高危人群预防接种策略，规范慢性肝病患者的筛查与健康管理，进一步降低人群肝炎病毒携带率，提高慢性肝病患者的健康管理率，降低和减少慢性肝病肝硬化、肝衰竭、肝癌等并发症的发生率,改善患者生活质量,提高患者健康水平。

三、目标任务

1. 全人群乙肝表面抗原阳性率降到7%以下,7岁以下儿童乙肝表面抗原阳性率降到1%以下;

2. 新生儿乙肝疫苗接种率≥95%、出生24小时首针及时接种率≥90%;

3. 每年通过筛查发现目标人群数5000人,转诊率达60%;

4. 至2020年,终末期肝病、丙型肝炎患者人数减少30%,因各类慢性肝病死亡人数减少10%。

四、项目内容

1. 进一步落实新生儿和高危人群乙肝疫苗接种工作,规范开展乙肝母婴阻断工作。

2. 开展慢性肝病健康危险多因素监测,提高高危因素患者的发现率。

3. 建立慢性肝病患者诊治和管理体系,对慢性肝病患者进行门诊随访、住院治疗等临床干预和健康管理。

4. 成立苏州市慢性肝病诊疗质控中心,开展肝病诊断、治疗、会诊质控工作。

5. 建立慢性肝病健康服务平台,多途径开展患者健康管理。

五、实施方法

(一)落实重点人群乙肝疫苗接种

1. 加强新生儿乙肝疫苗接种管理与母婴阻断工作。加强医疗机构产房预防接种管理,确保新生儿乙肝疫苗接种率≥95%、出生24小时首针及时接种率≥90%。规范乙肝母婴阻断工作,在慢性肝病诊治与管理中心集中开展乙肝母婴阻断,开展预防肝炎母婴传播的咨询、产前指导、阻断、治疗、产后访视、婴儿随访和检测等服务,提高感染孕产妇及婴儿母婴阻断率。

2. 落实高危人群预防接种策略。落实15岁以下未免疫人群和高危人群疫苗预防接种策略。继续实行苏州市社会医疗保险支付乙肝疫苗及接种费政策,鼓励各市、区实行成人乙肝疫苗接种优惠减免政策。2018年整体推进姑苏区成人乙肝疫苗免费接种工作。

(二)开展慢性肝病危险因素筛查

各级医疗卫生机构通过人群健康体检、因病就诊等,早期发现病毒性肝炎、酒精性肝病、脂肪性肝病、药物性肝病、自身免疫性肝病、血吸虫性肝病等各类急慢性肝病患者,筛查出活动性病毒性肝炎、中重度脂肪肝、早期肝纤维化、肝癌患者等重点人群,以及乙肝表面抗原阴性人群。

（三）加强慢性肝病健康管理

1. 建设慢性肝病诊治与管理中心。在全市建立两个慢性肝病诊治与管理中心，在各市区分别建立慢性肝病诊治与管理分中心。确定慢性乙肝、慢性丙肝等病毒性肝炎、自身免疫性肝病、酒精性肝病、中重度脂肪肝、血吸虫性肝病，以及合并的肝硬化、肝癌等为重点干预对象，针对不同目标人群，分别制定住院治疗指证和诊疗方案。对各类慢性肝病患者给予住院治疗或门诊随访，通过早期干预，减少各类肝病中晚期并发症发生率，保障群众健康。

2. 成立肝病诊疗质量控制中心。成立全市肝病诊疗质量控制中心，制定完善全市统一的慢性肝病筛查、诊断、治疗、管理方案，加强质量控制工作。建立两个慢性肝病会诊中心，逐步实现全市范围内二级以上医院肝病诊疗远程会诊，为全市范围内各级各类医疗机构急慢性肝病患者提供临床诊疗和健康管理的技术支持。

（四）建立慢性肝病健康服务平台

开放微信公众号，设立咨询电话，定期举办现场讲座，对目标患者主动进行健康教育。所有慢性肝病患者在个人健康档案中补充加入肝炎疫苗接种和肝病管理相关内容，对不同目标患者每年给予指定项目的免费健康检查，定期进行病情评估，对高危患者及时实施医学干预。

六、进度安排及要求

2016 年：制定实施方案。

2017～2018 年：项目实施阶段。启动苏州市慢性肝病危险因素筛查和转诊工作；建立苏州市肝病质控中心、会诊中心；建立慢性肝病诊治与管理中心，为患者完善肝病相关健康档案，对相关项目定期进行随访检查和病情评估，对高危人群实施个性化干预；建立慢性肝病患者健康服务平台，开放微信平台，设立咨询电话，定期举办现场讲座，对目标患者主动进行健康教育。

2019 年：项目提升阶段，各项指标数据进一步优化。

2020 年：终期评估与总结。

七、监督评估

卫生计生行政部门将慢性肝病健康管理作为传染病和慢病管理重点内容，定期进行督导评估并及时通报评估结果。督导检查内容包括：新生儿和高危人群乙肝疫苗接种落实情况，各类医疗机构开展高危人群筛查、干预及转诊，专科医院健康档案建立，专题健康教育落实，肝病会诊中心建立及会诊等情况。

附件：

1. 苏州市慢性肝病危险因素筛查内容

2. 苏州市慢性肝病诊治与管理中心建设标准

3. 苏州市慢性肝病患者健康管理项目专家组成员名单

苏州市慢性肝病危险因素筛查内容

一、筛查内容。包括危险因素初筛、体格检查、实验室检查和腹部超声检查等。

二、危险因素。根据社区慢性病筛查和干预工作流程，依据以下 10 项危险因素进行风险评估：

1. 肥胖：腰围 > 90cm（男性），> 80cm（女性），和（或）BMI > 25kg/m²；

2. 甘油三酯（TG）增高：血清 TG≥1.7mmol/L，或已诊断为高 TG 血症；

3. 高密度脂蛋白胆固醇（HDL - C）降低：HDL - C < 1.03mmol/L（男性），< 1.29mmol/L（女性）；

4. 血压升高：动脉血压≥130/85 mmHg 或已诊断为高血压病；

5. 空腹血糖（FPG）增高：FPG≥5.6 mmol/L 或已诊断为 2 型糖尿病；

6. 乙肝表面抗原阳性（HBsAg +）；

7. 丙肝抗体阳性（抗 HCV +）；

8. 饮酒史：饮酒≥40g/d（男性），≥30 g/d（女性），时间超过 5 年；或近 2 周内饮酒 > 80 g/d。

9. 丙氨酸氨基转移酶（ALT）增高超过正常值上限的 1.5 倍，和/或天门冬氨酸氨基转移酶（AST）与 ALT 比值 > 1，和/或血小板减少，γ - 谷氨酰转肽酶（GGT）增高；

10. 腹部超声提示脂肪肝。

11. 家族成员中有肝癌病史，或血清甲胎蛋白（AFP）增高。

三、筛查结果判定

1. 第 1 ~ 5 为非酒精性脂肪性肝病评估变量，针对具有 3 项及以上危险因素的人群，评定为非酒精性脂肪性肝病高危人群；

2. 具有第 6 ~ 7 中任一项者，评定为慢性病毒性肝炎高危人群；

3. 具有第 8 项者，评定为酒精性肝病高危人群；

4. 具有第 9 ~ 11 中任一项者，为各类型慢性肝病中——高危对象。

四、对高危人群的建议

对筛查出的高危人群，建议其到专科医院进一步检查，包括生化免疫检测、肝功能评定检测、腹部超声检查等，旨在进一步了解高危个体的危险因素暴露情况及疾病特征,依据疾病防治指南,对相应高危对象提供规范干预建议。对于乙肝表面抗原阴性(HbsAg－)人群,经评估后决定是否接种乙肝疫苗。

苏州市市级慢性肝病诊治与管理中心建设标准

一、基本设施要求(结构性指标)

1. 医院等级:三级医院。

2. 科室设置:具备肝病科(感染科或消化内科)、ICU、普外科、妇产科、手术室、介入室、影像科。

3. 床位规模:至少具备75张床位,能满足对各类慢性肝病患者住院治疗的需要;其中重症监护床单元不少于8张床位。

4. 相关条件:

(1)手术室:全天候开放的手术室。

(2)介入室:提供24小时介入治疗。

(3)影像科:提供24小时全身CT(含增强造影)和超声检查、无创肝纤维化测定。

(4)人工肝和血液净化室:能提供24小时应急治疗。

二、人员和相关技术开展要求(结构性指标)

1. 肝病科:具有与市级临床重点专科必备医疗技术相应的专业人员和诊疗技术。能常规开展抗病毒治疗技术、人工肝和血液净化技术、肝脏穿刺活检技术、肝癌介入诊疗技术、肝脏普通外科技术、乙肝母婴阻断技术等。

2. 检验科:能常规开展各类病毒性肝炎免疫学检测技术、各类慢性肝病诊断检测技术。

3. 影像介入科:能通过CT、超声的检查和介入技术诊断和治疗肝脏疾病。

4. 人工肝和血液净化室:具有成熟的人工肝和血液净化治疗技术团队。

三、肝病康复治疗相关设备要求(结构性指标)

能开展上述相关技术的设备。

四、运行和管理(过程性指标)

1. 肝病诊疗质量控制和健康管理。建立苏州市慢性肝病健康管理专家组和肝病诊疗质量控制中心,制定完善全市统一的慢性肝病高危因素筛查、诊疗、康复方案,并组织实施;每半年召开例会,讨论质量改进问题,加强质量控制工作;建立两个市级慢性肝病会诊中心,为全市范围内各级各类医疗机构慢性肝病患者提供会诊服务。

2. 肝病康复治疗中心日常管理。在医院分管院长或医务部门领导下,围绕肝病诊断和治疗目标,建立各项管理制度,细化各项质控指标,实施各项管理措施,评估阶段性工作成效。每年至少召开2次全院相关科室全体会议，总结阶段工作，强化薄弱环节工作，落实整改。每年至少举办1次省级以上继续教育学习班，推进全市慢性肝病规范化治疗和管理。尽快建立慢性肝病健康服务平台，加强慢性肝病患者的系统管理，通过建立大数据，为政府科学决策提供依据。

五、目标管理（结果性指标）

1. 筛查和高危人群转诊率指标。从基层医疗卫生机构、其他医疗机构筛查出的慢性肝病高危患者，通过信息化手段，转诊到专科医院进行进一步评估，通过数量统计、比率统计进行目标管理。目标是筛查、转诊的数量和比率不断提高。

2. 高危因素人群干预指标。转诊到专科医院的高危人群，建立个人管理档案的数量和比率；确定为治疗干预对象的目标人群数量和比率。目标是建档、干预的数量和比率不断提高。

3. 高危人群干预效果指标。统计高危因素人群通过干预措施获得改善的数量和比率、住院人数和时间、医疗（医保）费用情况，评价该中心对高危因素人群干预的覆盖面、干预的有效率，评价实施该项策略总体和人均医疗费用情况。目标是覆盖面、干预有效率不断提高，人均医疗费用不断下降。

苏州市县级慢性肝病诊治与管理分中心建设标准

一、基本设施要求（结构性指标）

1. 医院等级：二级甲等以上医院。

2. 科室设置：具备感染科（肝病科或消化内科）、普外科、妇产科、手术室、介入室、影像科。

3. 床位规模：至少具备35张床位，能满足对各类慢性肝病患者住院治疗的需要；其中重症监护床单元不少于3张床位。

4. 相关条件：

（1）手术室：全天候开放的手术室。

（2）介入室：提供24小时介入治疗。

（3）影像科：提供24小时全身CT（含增强造影）和超声检查。

二、人员和相关技术开展要求（结构性指标）

1. 感染科（消化内科）：具有与市级临床重点专科必备医疗技术相应的专业人员和诊疗技术。能常规开展抗病毒治疗技术、肝脏穿刺活检技术、肝癌介入诊疗技术、肝脏普通外科技术、乙肝母婴阻断技术等。

2. 检验科：能常规开展各类病毒性肝炎免疫学检测技术、各类慢性肝病诊断检测技术。

3. 影像介入科：能通过CT、超声的检查和介入技术诊断和治疗肝脏疾病。

4. 人工肝室:能开展人工肝治疗技术。

三、肝病康复治疗相关设备要求(结构性指标)

能开展上述相关技术的设备。

四、运行和管理(过程性指标)

1. 慢性肝病诊疗质量控制管理。按照全市统一的慢性肝病高危因素筛查、诊断、治疗、管理方案,组织实施;每半年召开例会,讨论质量改进问题,加强质量控制工作;建立本县市区域慢性肝病会诊中心,为辖区内各级各类医疗机构慢性肝病患者提供会诊服务,并将危重病人向上转诊。

2. 肝病康复治疗中心日常管理。在医院分管院长领导下,围绕肝病诊断和治疗目标,建立各项管理制度,细化各项质控指标,实施各项管理措施,评估阶段性工作成效。每年至少召开 2 次全院相关科室全体会议,总结阶段工作,强化薄弱环节工作,落实整改。每年至少举办 1 次市级以上继续教育学习班,推进本县市慢性肝病规范化治疗和管理。

五、目标管理(结果性指标)

1. 筛查和高危人群转诊率指标。从基层医疗卫生机构、其他医疗机构筛查出的慢性肝病高危患者,通过信息化手段,转诊到县级定点医院进行进一步评估,通过数量统计、比率统计进行目标管理。目标是筛查、转诊的数量和比率不断提高。

2. 高危因素人群干预指标。转诊到定点医院的高危人群,建立个人管理档案的数量和比率;确定为治疗干预对象的目标人群数量和比率。目标是建档、干预的数量和比率不断提高。

3. 高危人群干预效果指标。统计高危因素人群通过干预措施获得改善的数量和比率、住院人数和时间、医疗(医保)费用情况,评价该中心对高危因素人群干预的覆盖面、干预的有效率,评价实施该项策略总体和人均医疗费用情况。目标是覆盖面、干预有效率不断提高,人均医疗费用不断下降。

苏州市慢性肝病患者健康管理项目专家组成员名单

顾　问:甘建和　苏大附一院感染科主任、主任医师

组　长:朱传武　市第五人民医院副院长、主任医师

副组长:李　明　市第五人民医院传染科主任、主任医师

赵卫峰　苏大附一院感染科副主任、主任医师

成　员:钱　峰　市第五人民医院传染科副主任、主任医师

江敏华　苏大附一院感染科主任医师

呼闯营　苏大附二院消化科主任、主任医师

张金坤　市立医院本部消化科主任、主任医师

陈志荣　市立医院东区消化科主任、主任医师

庞　智　市立医院北区消化科主任、主任医师

田健美　苏大附儿院副院长、主任医师

朱雄雄　市中医医院消化科主任、主任中医师

张　钧　市疾控中心副主任、主任医师

汪　云　市立医院产科主任、主任医师

秘　书:王海燕　市第五人民医院医务部副主任、副主任医师

附件 2-4:

苏州市扩大免疫规划项目实施方案

为贯彻苏州市健康城市"531"行动计划,落实重大传染病防治项目,实施扩大免疫规划策略,逐步扩大免疫规划覆盖人群和免费接种项目,有效建立重点人群疫苗可预防疾病的免疫屏障,进一步减少疫苗可预防疾病发生、减轻疾病负担,决定在全市范围内启动扩大免疫规划项目。为保障该项目顺利实施,特制订本实施方案。

一、项目背景

(一)老年人肺炎球菌疾病与季节性流感防控

截至 2014 年底,中国 65 岁以上老年人口约 1.37 亿,占总人口的 10.06%,我国已步入老龄化社会,老年人的健康保障意义重大。综合考虑疾病危害、经济负担等因素,世界卫生组织在可预防疾病的分级中,将肺炎球菌疾病列为极高度优先级别、季节性流感疫苗列为高度优先级别。国内外研究证据显示肺炎疫苗和流感疫苗联合接种对于预防慢性疾病具有良好的效果,尤其是针对 65 岁以上老人。目前,上海市、深圳市、成都市、杭州市、北京市已启动 60 岁或 65 岁以上户籍老人肺炎和(或)流感疫苗接种补助项目。从相关的监测和调查数据来看,这些项目取得了良好的社会效果和卫生经济学效果。

(二)儿童水痘和 B 型流感嗜血杆菌侵袭性疾病防控

水痘目前尚未列入我国法定报告传染病,但是学校和托幼机构水痘暴发疫情已成为我市突发公共卫生事件相关信息报告的主要来源。水痘是急性呼吸道传染病,传染性强、传播迅速,感染后病毒潜伏人体,可再次发病为带状疱疹。B 型流感嗜血杆菌(HIB)是我市儿童细菌性肺炎和细菌性脑膜炎的主要病因,亚洲是 HIB 疾病的高发地区。目前,世界上已有 130 多个国家和地区将 HIB 疫苗列入国家免疫规划,部分发达国家已将水痘疫苗列入国家免疫规划。

(三)新生儿先天性风疹综合征和成人麻疹防控

麻疹和风疹是儿童好发急性呼吸道传染病。通过多年国家免疫规划项目麻

风疫苗在儿童8月龄和18月龄时接种,目前我市主要发病人群集中在8月龄以下婴幼儿和成人。对便于集中管理的初三阶段学生进行麻疹风疹二联疫苗的接种,可有效降低成人麻疹发病,同时通过提高育龄女性抗体水平,减少免疫前小月龄婴幼儿发病并预防先天性风疹综合征。浙江省从2011年开始,每年为初三学生免费接种1剂麻风疫苗,已取得良好成效。

(四)疑似预防接种异常反应补偿

疑似预防接种异常反应近年来日益受到公众关注,江苏省已于2016年1月起,将全省范围内预防接种异常反应的补偿机制由"财政补偿"转变为"保险补偿"。补偿金额以江苏省年城镇居民人均可支配收入为基础进行系数核定。苏州市城镇居民人均可支配收入高于全省水平约30%,按照省级现有标准无法满足我市人民群众实际要求,应考虑建立市级补充保险。

为进一步建立健全苏州市扩大免疫规划体系,完善我市预防接种异常反应补偿机制,借鉴国际和周边发达城市经验,提高全市预防接种保障水平,减轻相关人群相关疾病的经济负担,根据苏州市实际情况,制定本方案。

二、指导思想

全面贯彻实施《疫苗流通和预防接种管理条例》《预防接种工作规范》等扩大免疫规划政策,关注老年人、适龄儿童和青少年等重点人群,逐步扩大免疫规划覆盖人群和免费预防接种项目,有效建立重点人群疫苗可预防疾病的免疫屏障,减少疫苗可预防疾病发生和流行。建立健全省级基础保险、省级补充保险和市级补充保险相结合的多层次预防接种异常反应补偿体系,有效解决异常反应的补偿和救助问题。

三、目标任务

(一)开展65岁以上户籍老年人23价肺炎球菌多糖疫苗免费接种,至2020年覆盖全市40%的目标人群。开展65岁以上老年人流感疫苗接种,至2020年覆盖50%的目标人群。

(二)将水痘疾病纳入传染病监测系统,将水痘疫苗纳入苏州市儿童免疫规划程序,至2020年覆盖95%的目标人群。有条件的地区将B型流感嗜血杆菌疫苗纳入免费接种范围。

(三)开展初三学生麻风二联疫苗免费接种,至2020年覆盖90%的目标人群。

(四)探索建立由各市、区政府投保的预防接种异常反应市级补充保险,与省级基础保险和补充保险相结合,提高预防接种异常反应补偿水平和补偿效率。

四、项目内容

(一)开展65岁以上户籍老年人23价肺炎球菌多糖疫苗免费接种项目,开展

65 岁以上老年人流感疫苗接种项目。

（二）将水痘疾病纳入地方法定报告传染病监测系统，将水痘疫苗纳入苏州市儿童免疫规划程序。有条件的地区将 B 型流感嗜血杆菌疫苗纳入免费接种范围。

（三）开展初三学生麻风二联疫苗免费接种项目。

（四）探索建立预防接种异常反应市级补充保险，与省级基础保险和补充保险互为补充。

五、实施方法

（一）65 岁以上户籍老年人 23 价肺炎球菌多糖疫苗免费接种和 65 岁以上老年人流感疫苗接种项目。

1. 选择试点开展 65 岁以上户籍老年人 23 价肺炎球菌多糖疫苗和 65 岁以上老年人流感疫苗接种意愿调查，并分析推算全市自愿接种的比例。适时开展老年人流感和肺炎疾病负担调查。

2. 测算相应年龄组户籍老年人口数，根据自愿接种比例推算接种数。

3. 制定疫苗采购、设施设备、人员等经费预算，上报每年接种计划。

4. 详细制定实施方案，落实接种任务和各部门职责，开展接种后疑似预防接种异常反应监测和应急处置工作。

（二）水痘疫苗纳入市儿童免疫规划程序，推进 HIB 疫苗纳入免疫规划程序。

1. 将水痘疾病纳入传染病监测系统。

2. 选择试点开展适龄儿童水痘疫苗和 HIB 疫苗接种意愿调查，并分析推算全市 6 岁以内常住儿童自愿接种的比例。适时开展儿童水痘病毒感染和 HIB 侵袭性疾病负担调查。

3. 统计江苏省儿童预防接种信息系统在册管理适龄儿童数，根据自愿接种比例推算 2 种疫苗接种针次数。

4. 制定疫苗采购、设施设备、人员等经费预算，上报每年接种计划。

5. 详细制定实施方案，落实接种任务和各部门职责，开展接种后疑似预防接种异常反应监测和应急处置工作。

（三）开展初三学生麻风二联疫苗免费接种项目

1. 选择试点开展初三学生麻风二联疫苗接种意愿调查，并分析推算全市初中学生自愿接种的比例。

2. 按照教育局上报的初中学生数，根据自愿接种比例推算麻腮风疫苗接种人数。

3. 制定疫苗采购、设施设备、人员等经费预算，上报每年接种计划。

4. 详细制定实施方案，落实接种任务和各部门职责，开展接种后疑似预防接种异常反应监测和应急处置工作。

（四）探索建立预防接种异常反应市级补充保险

1. 2017 年 2 月底前公开招标，确定承保机构。补偿费及诊断费的支出。

2. 2017～2020 年度内疑似预防接种异常反应个案涉及补偿的，根据保险合同和流程进行补偿，各级疾病预防控制机构收集整理有关资料，于每年 12 月份将本年度保险补偿开展情况上报卫生计生行政部门及上级疾病预防控制机构。

3. 各市、区卫生计生部门和财政部门评估定期当年市级补充保险补偿项目开展情况，核算当年补偿金额及诊断费用，制定次年项目开展计划及预算。

六、进度安排及要求

（一）前期准备

2017 年 1 月～2017 年 3 月，将水痘疾病纳入传染病监测系统。开展各项目针对人群自愿接种的意愿调查和分析工作，确定苏州市级疑似预防接种异常反应补充保险承保机构。

（二）方案制定

2017 年 4～6 月，根据前期试点调查结果，制定各项目具体实施方案和接种计划。

（三）宣传发动

2017 年 7～9 月，多渠道多角度全方位开展宣传教育，大力宣传有关疫苗接种的重要作用和意义，提高公众参与力度。

（四）逐级培训

2017 年 6 月，各市、区卫生计生行政部门牵头，在疾病预防控制机构技术指导下，逐级开展接种参与工作人员的技术培训，确保接种工作和保险补偿顺利进行。

（五）现场实施

2017 年 10 月～2020 年 12 月，开展针对人群相关疫苗接种工作，推进第一类疫苗疑似预防接种异常反应市级补充保险补偿实施。

（六）定期评估

2017 年开始，每年 12 月，由各市、区卫生行政部门组织评估辖区当年各项目开展情况。

七、部门职责

（一）卫生计生部门负责采购疫苗，制定详细实施方案，做好宣传培训、技术指导和监测评价。

（二）宣传部门协助卫生计生部门开展落实各相关媒体开展广泛宣传。

（三）财政部门落实经费保障，核实经费使用情况。

（四）教育部门配合卫生计生部门开展初三学生麻疹风疹二联疫苗免费接种宣传发动。

（五）保险机构配合卫生计生部门制定预防接种异常反应市级补充保险合同和流程，根据年度项目实施方案和实施进度，在预算范围内按相关基金财务制度和保险经办业务管理规程执行。

八、监督评估

（一）各地要坚持政府主导，强化组织领导和监督职能，加强统筹指导，及时发现并研究解决工作中出现的问题。

（二）各市、区卫生行政部门对各项目实施进展情况督导，同时组织专家对项目接种实施情况进行科学客观的综合评估。

（三）市卫计委将采取抽查方式对抽查地区各项目进展情况进行督查评估。同时组织开展对医疗卫生机构、诊断机构、鉴定机构以及承保机构等单位的督导评估，加强对承保机构补偿工作的监督检查，落实对疑似预防接种异常反应患者的保障，切实维护各方合法权益。

（四）承保机构要定期公布项目实施进度和补偿费的支出情况，接收同级社会保险行政、财政、审计、卫生计生等部门和社会的监督。

附件 3：

苏州市心理健康促进项目实施方案

为全面贯彻习近平总书记在全国卫生与健康大会上的重要讲话精神，落实“努力全方位、全周期保障人民健康”的目标，强调心理健康融入所有政策、贯穿健康全程，进一步完善心理健康服务体系，加强心理健康服务，提升全民心理健康素养，按照苏州市健康城市“531”行动计划，决定在全市范围内开展心理健康促进项目。为保障项目顺利实施，特制订本方案。

一、项目背景

世界卫生组织提出健康是“个体在身体、心理、社会功能三方面的一种完满状态”，“没有精神卫生就没有健康”。2016 年 8 月全国卫生与健康大会上，习总书记提出“要加大心理健康问题基础性研究，做好心理健康知识和心理疾病科普工作，规范发展心理治疗、心理咨询等心理健康服务”。

当前我国正处于社会快速转型期，随着经济快速发展，生活节奏明显加快、社会竞争加剧、贫富差距加大，人口老龄化、价值观多样化等社会问题，导致普通民众中心理行为异常和常见精神障碍逐年增多，因极端情绪引发的恶性事件时有发生，社会心理健康问题日益突出，群众心理健康服务需求日益增长；另一方面，心理健康服务体系不健全、政策法规不完善，社会心理疏导工作机制尚未建立，服务和管理能力滞后,现有的心理健康服务状况不能满足人民群众的需求。在苏州全面率先实现小康社会的决胜阶段、建设健康苏州的背景下,加强心理健康服务,开展心理健康促进工作已经刻不容缓。

二、指导思想

深入贯彻习近平总书记系列重要讲话精神和《精神卫生法》要求,落实健康中国2030规划纲要总体部署,强化党委政府领导,明确部门职责,以群众心理健康为根本追求,实现服务导向从“疾病治疗”转向以“群众健康”为中心,服务理念从“生理健康”转向“生理-心理-社会的平衡”,服务策略从“专家主导”转向“共同决策”,发展驱动从“规模竞争”转向“服务创新”,以普及健康心理生活、优化心理健康服务为导向,以关注重点人群心理健康、预防和早期识别心理行为问题为基础,以影响群众心理健康的重大问题为切入点,打造融合实体与云端的心理健康服务体系,开展多层次心理健康服务,实现全周期、全方位、全人群的心理健康覆盖,提高全民心理健康素养,促进社会和谐稳定。

三、工作目标

到2020年,建成党委政府领导,部门协同配合,社会组织、单位、家庭、个人广泛参与、各尽其责的心理健康服务体系,各领域各行业普遍开展心理健康教育,心理健康促进社会氛围逐步形成,心理健康服务能力得到有效提升。社会心理疏导、危机干预机制基本建立,重点人群心理健康问题得到关注和及时疏导,心理行为问题识别与干预水平显著提高,心理疾病发生的上升势头得到缓解,群众心理健康素养普遍提升。

到2020年,城市、农村普通人群心理健康核心知识知晓率分别达到80%、60%,在校学生心理健康核心知识知晓率达到80%。抑郁症、老年痴呆症、严重精神障碍等重点心理疾病防治能力得到提高,心理障碍患病率和致残率有所降低。

四、主要任务

(一)大力普及心理健康知识

各级党委政府要结合培育和践行社会主义核心价值观,将提高公民心理健康素养作为精神文明建设的重要内容,落实心理健康促进策略和措施,大力普及心理健康知识,提升全民心理健康素养。充分利用“世界精神卫生日”,广泛开展社会性心理健康宣传。通过广播、电视、书刊、影视等传统媒体,宣传心理健康相关知识,播放宣传教育公益广告;创新科普宣传方式,广泛运用门户网站、微信、微博、手机客户端等新媒体,开展心理健康知识传播。在医院、学校、社区、企事业单位、监管场所等重点场所开展心理健康教育,常见心理问题认知和主动就医意识普遍提高。

（二）建立健全心理健康服务体系

加快苏州市心理卫生中心建设，成为全市心理健康促进的多元服务、协同管理的平台，提供全方位、全周期、全人群的心理健康服务，并对县级市心理卫生中心开展培训、指导和质量控制等工作。建立健全各部门各行业心理健康服务网络，到2020年，各级机关和企事业单位普遍设立心理健康辅导室，配备专（兼）职心理健康辅导人员。教育系统进一步完善学生心理健康服务体系建设，每所高等院校均设立心理咨询与心理危机干预室，每所中小学设立心理辅导室，配备或聘请具有相应专业技术水平的专职教师和辅导人员。公安、司法等部门要根据行业特点普遍设立心理服务机构。加强医疗机构心理健康服务体系和能力建设，到2020年，所有二级以上医疗机构开设临床心理相关科室，为精神障碍患者和有需求人员提供规范的心理健康服务；要建立多学科心理和躯体疾病联络会诊制度，与高等院校和社会心理服务机构建立绿色通道，实现双向转诊。所有的社区卫生服务中心设立心理咨询室，配备专业心理辅导人员，协调社会志愿者，对社区居民开展心理健康宣传教育和心理疏导。积极引导和支持非政府组织、社会团体等参与心理健康促进工作，逐步承担政府转移、委托、授权的职能，规范提供相应的心理健康服务。

要充分发挥互联网优势，借助心理云医院管理平台建设，建立心理自助网络服务平台，开展“互联网＋心理健康服务”，通过互联网、手机客户端、微信公众号等渠道，提供线上、线下融合的心理健康教育、咨询与自测、心理治疗和康复等全方位的心理健康服务，不断提高心理健康服务的便利性和效率。

（三）改善重点人群心理健康

关注学生、老年人、妇女和残疾人，改善重点人群心理健康。学前教育、特殊教育机构要对家长开展科学育儿知识宣传，将儿童心理健康向家庭、社会延伸。中小学校要开展生命教育和职业生涯发展教育，培养学生乐观向上的心理品质。高等院校要重视提升大学生的心理调适能力和适应能力，重视自杀预防，开展心理危机干预。各级共青团组织要与家庭、学校携手，开展心理健康促进活动，提高学生自我情绪管控能力。老龄委、妇联、残联和基层组织要将老年人、妇女和残疾人心理健康作为工作重点，充分利用老年大学、老年活动中心、残疾人教育康复机构等场所宣传心理健康知识。通过培训专兼职工作人员、引入社会力量等多种途径，为空巢、失独、失能老年人、妇女和残疾人提供心理辅导、情绪疏解、家庭关系调适等心理服务。在村（居）民委员会开设老年活动室，方便老年人就近参与社会生活。护理院、养老院、残疾人康复机构要积极引入社会力量开展心理健康志愿服务。加强对孕产期、更年期等特定时期妇女的心理关怀，结合意外妊娠干预项目提供必要的心理援助。

（四）开展重大心理疾病干预项目

以影响群众心理健康的重大疾病为切入点，开展抑郁障碍干预、严重精神障碍亲情照护和老年痴呆症干预项目，进一步提高全市重大心理疾病的早期识别与干预水平。普及抑郁症防治知识，提高医务人员对抑郁症的识别和诊治能力，开展高危人群的定期筛查、评估和干预，最大限度地减少病残率和自杀率。整合医务人员、社会工作者、志愿者等多种力量，加强对严重精神障碍患者及其家属的心理干预和社会支持，建立健康的家庭心理环境，促进患者回归社会。开展老年痴呆症的社会宣传和危险因素干预，加强老年痴呆症患者的规范护理和康复，提供护理补助，进一步提高老年痴呆症的社会照护水平。

（五）建立健全心理危机干预机制

依托苏州市心理卫生中心，成立心理危机干预中心，开通心理援助热线电话，建立心理危机干预队伍。在全市逐步建立和完善心理健康教育、心理服务热线、心理评估、心理治疗和精神科治疗等衔接递进、密切合作的心理危机干预体系。将心理危机干预和心理援助纳入自然灾害和突发事件应急预案，加强心理危机干预队伍的专业化和系统化建设，定期开展培训和演练。在突发事件发生时，及时、科学地开展心理援助工作。在应急援助和恢复重建过程中，依托各地心理援助专业机构、志愿者组织和心理援助热线，对高危人群持续开展心理援助服务。

（六）推动心理健康服务行业有序发展

鼓励创办多元化的心理健康服务机构，为群众提供专业、系统、规范的心理健康服务。到2020年，建设一批标准化的心理健康服务机构，引领心理健康服务行业规范发展。心理健康服务机构要面向基层设立服务网点，扩大服务覆盖面，广泛开展心理健康宣传，并为弱势群体提供公益性服务。心理健康服务机构要加强专业人才的引进和培养，加强对从业人员职业伦理道德、实践技能的培训和督导，提高对精神障碍的识别能力，并及时向医疗机构转介。规范和推进心理健康促进协会建设，指导协会开展行业管理。培育并提高协会自身服务管理能力，建立健全行业自律的规章制度，督促会员依法开展心理健康服务，组织开展业务培训，引导行业健康发展。

五、保障措施

（一）加强党和政府领导

各级党委、政府要将心理健康服务作为建设健康中国、平安中国建设内容，列入重要议事日程，作为政府目标管理和绩效考核的重要内容，形成党委政府领导、部门齐抓共管、社会力量积极参与、单位和家庭个人尽力尽责的工作格局。出台

《苏州市精神卫生条例》,逐步将心理咨询、治疗人员和机构的执业资格、注册等纳入法制化管理轨道。

（二）保障经费投入

加大财政投入力度,保障工作所需经费并加强对任务完成情况和财政资金使用绩效的考核,提高资金使用效益。要落实基层组织开展心理健康服务的投入政策,加大政府购买社会服务的力度。建立多元化资金筹措机制,积极开拓心理健康服务公益性事业投融资渠道。鼓励社会资本投入心理健康服务领域。

（三）强化心理健康人才队伍建设

加强心理健康专业人才培养,完善人才激励机制,各部门设立心理健康服务岗位,畅通职业发展渠道,制定符合行业特点的人才激励和保障机制,制定体现服务价值的价格体系,鼓励和引导志愿者参与心理健康服务。加强部门管理和行业自律,充分发挥行业协会作用,建立规范人才评价和培训机制,建立定期考核和动态监管制度,促进心理健康服务人才有序发展。

（四）加强心理健康证据和学术研究

在循证和经验的基础上,以重点心理障碍的预防、治疗和康复为重点推进核心技术研究,加强临床适宜技术转化。加强国际合作与交流,吸收借鉴和推广国际先进科学技术及成功经验。

六、进度安排及要求

第一阶段:准备阶段（2016.11～2016.12）。制定项目方案,成立项目专家技术指导组。

第二阶段:实施阶段（2017.01～2020.06）。启动实施项目,定期开展督导评估,发现问题,持续改进。

第三阶段:评估总结（2020.06～2020.12）。开展项目实施情况总结和考核评估,完成总结评估报告。

七、督导与评估

苏州市健康城市“531”行动计划领导小组负责对项目工作的组织、进度、实施过程、效果和经费使用情况进行定期督导和考核,协调解决项目进展中的问题。

附件:

1. 苏州市心理健康促进平台建设项目实施方案
2. 苏州市抑郁障碍干预项目实施方案
3. 苏州市严重精神障碍亲情照护项目实施方案
4. 苏州市老年痴呆症干预项目实施方案

附件3－1：

苏州市心理健康促进平台建设项目实施方案

为贯彻苏州市健康城市“531”行动计划，落实心理健康促进项目，进一步推进心理健康服务体系建设，提升心理健康服务能力，满足人民群众日益增长的心理健康服务需求，结合苏州实际，特制订本实施方案。

一、项目背景

心理健康是人类健康不可或缺的重要组成部分。近年，苏州市心理卫生专业人员短缺，心理卫生服务技术和能力有待提高；心理咨询人员和机构执业、开业无法可依、无章可循、缺乏监管；心理健康促进、管理体系不完善，尚未建立市心理卫生中心，无法满足群众日益增长的多层次心理健康服务需求，急需建立完善的、适应苏州实际的心理健康促进和服务体系。

二、目标任务

1. 建立苏州市心理卫生中心和心理危机干预中心，心理健康服务能力得到提升；

2. 建设心理云医院管理网络平台，心理健康服务效能得到提高；

3. 出台《苏州市精神卫生条例》，心理健康服务得到规范发展。

三、项目内容

（一）建立心理卫生中心，提升心理健康服务能力

围绕“政、用、研、学、产”，整合苏州市广济医院现有资源，完善工作架构和制度，加强人员配备，将苏州市心理卫生中心建设成为全市心理健康促进的多元服务、协同管理的平台，提供全方位、全周期、全人群的心理健康服务。开展专业心理咨询、治疗和康复等诊疗工作，重点加强抑郁症、老年痴呆、儿童孤独症等疾病的干预；开展适应社会需求的心理健康促进、临床、康复等理论和技术研究，打造心理健康促进智库；对县级市心理卫生中心开展培训、指导和质量控制等工作；指导社区结合市民健康管理综合服务平台建设要求，开展适宜心理健康促进和心理健康服务，提升全市心理健康服务水平。

依托市心理卫生中心，成立心理危机干预中心。整合精神科医师、心理治疗师、心理咨询师、社会工作师和护士等专业人员，分级组建突发事件心理危机干预队伍，定期开展培训和演练，发生突发事件后及时开展心理援助。设立24小时心理援助热线，配备和培训专职人员开展心理援助服务。

加强心身医学与会诊－联络精神医学工作及相关研究，建立规范、科学的会诊、转诊制度。以多学科联合门诊、多点执业、宣传培训等方式提高综合医院心理障碍的识别能力和诊治水平，转变临床诊疗观念，提升医疗质量，提高患者满

意度。

（二）建设心理云医院平台，提高心理健康服务效能

整合各部门、各行业心理健康服务资源，建设集心理健康服务、监测预警、危机干预、医疗协作、综合管理为一体的心理云医院管理平台。通过互联网、手机客户端、微信公众号等渠道，提供居民在线心理健康教育、心理健康自测和咨询、预约就诊、心理危机干预等服务，实现对严重精神障碍患者管理治疗、临床辅助决策支持和专家在线指导、在线转诊等功能。心理云医院管理平台重点建设患者信息数据库、心理健康资源数据库、心理咨询数据库等，并实现数据采集、存储、交换和管理。通过心理健康信息共享、业务协同以及辅助分析，形成互联互通的心理健康促进业务协作、监测和监管网络，促进心理健康服务发展。

（三）完善法律制度建设，加强心理健康服务管理

推动出台《苏州市精神卫生条例》，逐步将心理咨询、治疗人员和机构的执业资格、注册等纳入法制化管理轨道；对心理咨询机构开展心理咨询服务的业务指导和监督检查。按照国家、省关于加强心理健康服务的要求，借鉴国内外心理健康促进的经验，制定适合苏州实际的心理健康促进政策和措施。将心理危机干预和心理援助纳入地方各级政府自然灾害和突发事件应急预案，定期培训演练。规范和推进心理健康促进协会建设，指导协会开展行业管理。培育并提高协会自身服务管理能力，建立健全行业自律的规章制度，督促会员依法开展心理健康服务，组织开展业务培训，引导行业健康发展。

四、进度安排及要求

2017 年：启动苏州市心理卫生中心建设，建立苏州市心理健康促进协会。搭建心理云医院管理平台架构，上线心理健康自测、心理健康在线咨询功能。

2018 年：开展《苏州市精神卫生条例》的调研工作，完善苏州市心理卫生中心和危机干预中心建设，完成心理云医院管理平台架构搭建，建立心理健康基础数据库。

2019 年：建成心理云医院管理平台。

2020 年：出台《苏州市精神卫生条例》。

附件 3－2：

苏州市抑郁障碍干预项目实施方案

为贯彻苏州市健康城市“531”行动计划，落实心理健康促进项目，加强抑郁障碍干预工作水平，满足人民群众日益增长的心理健康服务需求，结合苏州实际，特制订本实施方案。

一、项目背景

抑郁症是最常见的精神障碍之一，全球抑郁症的终生患病率为3～16.9%，抑郁症患者自杀死亡率可达4～10.6%。抑郁症具有高患病率、高致残率、高自杀率、高复发率、高社会负担和低识别率、低就诊率的特点，首次发作后高达85%的患者会再次发作，75～80%的患者会反复多次发作。抑郁症患者更多到社区诊所或综合医院求治，往往误诊、漏诊、误治，误诊率高达80%；在综合医院，躯体疾病伴发抑郁障碍的比例较高，导致住院时间延长、卫生支出增多、躯体疾病的死亡率和自杀风险增加。选取对我市市民心理健康具有重要影响的抑郁症，作为心理健康促进项目突破口之一，开展抑郁障碍相关知识的普及，提高抑郁症的就诊率、识别率，降低误诊率、患病率、自杀率和致残率，对提升全民心理健康素养具有重要意义。

二、目标任务

1. 提高公众对抑郁障碍的认知，减少偏见与歧视，增强对抑郁障碍防治重要性的认识和自我识别能力；

2. 提高社区医师对抑郁症的识别能力；

3. 提高综合医院医务人员对抑郁症的识别与诊治能力；

4. 提高抑郁症的治愈率；

5. 降低抑郁症的自杀率、复发率。

三、项目内容

（一）加强社会宣传，提高公众对抑郁障碍的认知

通过广泛的、多平台知识宣传，让群众了解、认识抑郁障碍，知晓抑郁症可治、可防、可康复，降低病耻感，提高就诊率；重视对媒体的引导，树立正确的舆论导向，充分发挥正面作用。

（二）加强定期培训，提高医务人员的识别与诊治能力

通过培训、联合诊疗和案例教学等方式提高综合医院、基层卫生机构医务人员对抑郁症的识别和诊治能力；积极开展联络会诊，形成成熟的多学科联合诊疗模式，实现高危人群的识别、评估和双向转诊，有效降低抑郁症的误诊率、自杀率和致残率。

（三）把握重点人群，开展抑郁障碍预警和干预工作

面向特定易感人群，提供心理健康服务，增强自我心理调适能力，提高自我识别并及时寻求专业帮助的意识。确定抑郁症的高危人群，重点加强学生、围妊娠期女性、老年人、肿瘤患者、艾滋病感染者等特定人群的定期筛查、评估，给予相应的干预。对于诊断明确的抑郁症患者要加强个案管理，提高治疗的依从性，倡导

全病程综合治疗(药物治疗、心理治疗等),针对患者及家属开展健康教育,努力提高治愈率;强化心理援助和心理危机干预工作,降低抑郁症的自杀率和复发率,提高生存质量,恢复社会功能。建立重点人群预警机制,在重点人群中,如儿童少年、肿瘤患者、艾滋病患者、老年人群等抑郁症高发群体,建立预警联动机制,早期识别、早期干预,最大限度减少病残率和自杀率。

(四)结合学科发展,开展抑郁症干预的相关研究

大力开展抑郁症的临床、基础和健康促进理论、技术研究,为抑郁症的干预提供科学依据。在项目实施过程中,定期总结项目工作经验、评估项目工作实效,借鉴国内外先进理论和实践,不断探索抑郁症干预的有效方法。

四、进度安排及要求

2016~2017年:开展全市抑郁症的流行病学调查,确定抑郁症干预的重点人群,开展围产期女性抑郁障碍干预工作,评估综合医院及社区卫生机构对抑郁症的识别、诊断能力。

2017~2018年:开展宣传,加强培训,提高人群对抑郁症的认识,提高医务人员对抑郁症的识别与诊治能力。对重点人群,制定相应专项干预措施。

2019~2020年:通过不断评估和改进,进一步提升干预水平,实现预期目标。

附件3-3:

苏州市严重精神障碍亲情照护项目实施方案

为贯彻苏州市健康城市"531"行动计划,落实心理健康促进项目,加强对严重精神障碍患者及其家属的心理干预和社会支持,促进患者回归社会,维护社会和谐稳定,结合苏州实际,特制订本实施方案。

一、项目背景

苏州市目前在册严重精神障碍患者3.3万人,大部分患者由家属照护,急需日常护理、相处支持等专业指导和培训;根据家庭系统理论,当一个家庭成员长期面临心理健康问题时,其他家庭成员的生活及心理状态也受显著影响,家属在持续的心身压力和疾病造成的巨大经济负担下,极易罹患各类心理障碍;患者家庭多数面临社会歧视,患者及家属存在强烈的病耻感,缺少社会支撑。不利因素综合作用阻碍精神障碍患者的治疗、管理和康复,影响家庭和谐,造成社会不稳定。同时,苏州市心理卫生资源短缺及碎片化严重,缺乏社区心理干预的技术和经验,急需制定针对精神障碍患者及其家庭的综合心理服务模式,提供医学、心理、社会等多方面支持,形成"医院——社区——家庭——个人"连续、有效的心理健康干预。

二、主要目标

1. 严重精神障碍患者的家属压力减轻,不良情绪缓解,心理状况明显改善;

2. 患者的治疗依从性提高，精神疾病复发率降低；

3. 患者对家属造成的人身伤害发生率下降；

4. 患者家庭疾病负担降低。

三、主要任务

针对严重精神障碍患者家庭，运用“医院——社区——家庭——个人四位一体”理论，采用结构家庭治疗、社会个案管理等技术，结合国家严重精神障碍患者管理治疗项目、“以奖代补”政策，对患者及其家属开展心理干预，协助患者家庭获得必要的社会支撑，建立健康的家庭心理环境，推动患者康复和回归社会，提高家庭生活质量，促进社会和谐稳定。

（一）探索试点工作模式，逐步扩大项目覆盖面

在苏州市心理卫生中心指导协助下，整合医务人员、社会工作者、志愿者等多种力量，以患者家庭为单位，通过社区筛查、确定家庭干预对象，深入到患者生活及家庭之中，给予患者家庭实用有效的心理、社会支持。通过社区试点，探索“医院——社区——家庭——个人”四位一体心理障碍康复模式，并向全市推广，扩大项目的社会效益。

（二）开展重点家庭系统干预，促进家庭心理环境健康

通过团体教学、家庭访谈、小组建设与训练工作等形式，向患者及家属传授心理障碍及药物治疗的相关知识；教育家属掌握如何与患者相处，帮助患者改善情绪、调整心态、回归社会的知识和技巧；对家属进行心理干预，使其掌握对自身情绪改善和压力缓解的能力；培训家属应对患者冲动等突发状况的应急处置技术；宣传福利政策，帮助患者家庭获得更多经济、医学和心理等方面援助的机会。实现心理障碍的社区精准干预及三级预防，帮助家庭健康成长。

（三）制定患者个案管理方案，不断提高管理治疗水平

按照严重精神障碍患者社区管理和防治项目要求，为严重精神障碍患者制定随访和个案管理技术方案，不断提高严重精神障碍防治和管理的工作质量，减少和预防精神障碍患者肇事肇祸事件发生，维护社会和谐稳定。

四、进度安排及要求

2016～2017 年：以桃花坞街道为试点，开展家庭心理健康社区诊断，确定重点干预家庭，制定干预策略。

2017～2018 年：项目覆盖面扩大至姑苏区范围，并定期总结经验，不断持续改进。

2019～2020 年：项目覆盖面扩大至全市所有市、区。

附件3 –4：

苏州市老年痴呆症干预项目实施方案

为贯彻苏州市健康城市“531”行动计划，落实心理健康促进项目，提高老年痴呆症的识别、干预、治疗和社会照护水平，降低老年痴呆症的误诊率、患病率和致残率，保障人民身体健康，结合苏州实际，特制订本实施方案。

一、项目背景

老年痴呆症，是一种神经退行性疾病。据报道，目前我国老年人口已达到1.44亿人，其中65岁以上每20人就有1人患阿尔茨海默病，有近1000万的患病人群，占世界患病总人数的1/4。老年痴呆症患者大多因感染、营养不良、肺炎或心力衰竭死亡，病程一般在1～25年之间（平均8年），对社会、经济造成巨大负担。老年痴呆症发展是不可逆的，临床尚缺乏有效的治疗方法，老年痴呆症早期预防、早期干预至关重要。绝大部分家庭对此病缺乏认识，不少患者出现就诊不及时或根本得不到合理规范治疗。苏州市已经进入老龄化社会，2015年65岁及以上人口为108万人，占常住人口10.18%。老年痴呆症防治形势严峻，开展老年痴呆症干预项目，做到早期识别、预防，规范治疗和护理，降低老年痴呆症的误诊率、患病率和致残率。

二、目标任务

1. 提高公众对老年痴呆症的认识，营造社会关爱氛围；
2. 提高居民和专业人员对老年痴呆症的识别能力，降低误诊率；
3. 针对老年痴呆症危险因素进行重点干预，降低患病率、致残率；
4. 提高老年痴呆症规范治疗能力，减缓疾病发展；
5. 提高老年痴呆症社会照护水平，提高生命质量；
6. 加强老年痴呆症临床和干预基础研究。

三、项目内容

（一）加强老年痴呆症的社会宣传

利用不同渠道和手段开展广泛的老年痴呆症防治知识的宣传教育，开发老年痴呆症自测手机客户端，提高公众对老年痴呆症状早期识别的能力，了解老年痴呆症的治疗、护理常识，营造关心老人的社会氛围。

（二）开展老年痴呆症危险因素干预

开展流行病学调查，结合流行病学调查结果、医学循证结果、临床经验确定三级预防人群，理清不同人群的健康特征和重点影响因素。针对高危因素开展干预，促进老年人养成健康的生活习惯：低油少糖、老有所为、科学运动、心情开朗、勤于用脑。结合预防老年人跌倒、心脑血管疾病筛查等项目，加强老年人脑外伤、中风等伤害的预防与干预工作。

(三)加强老年痴呆症早期识别、诊断和治疗能力

在老年人健康体检项目中增加老年痴呆症相关筛查项目。提供老年痴呆相关联合诊疗服务,加强老年痴呆症的心理治疗。开展针对基层医务人员老年痴呆症早期识别、诊断和康复等内容的培训。在心理云医院管理网络平台中开发老年痴呆患者综合管理系统,建立老年痴呆患者健康档案。结合"黄手环"项目,提高患者随访和个案管理水平。

(四)提高老年痴呆症的社会照护水平

与医养结合、家庭医生(护士)等制度相衔接,加强老年痴呆患者规范护理和康复能力,对老年痴呆患者提供护理补助;开展社会宣传,促进家人多陪伴和照护老人,引导和鼓励社会组织参与老年痴呆症患者照护、康复活动。

(五)加强人才队伍建设和能力培养

提高综合医院、基层卫生机构、护理院专业医务人员对老年痴呆的识别能力、诊治能力,开展相关专业知识的培训,并提升联络会诊的服务意识,有效降低误诊率。加强专业机构老年痴呆症流行病学、临床医学、康复医学以及基因水平的基础研究,为老年痴呆症科学发现、治疗、康复提供技术支撑。

四、进度安排及要求

2016~2017年:开展我市老年痴呆症流行病学调查,确定主要影响因素和干预的重点人群,掌握我市综合医院及社区医师对老年痴呆症的识别率、诊断率;

2017~2018年:开展宣传,加强培训,提高公众对老年痴呆症的认识,提高医务人员对老年痴呆症的识别与诊治能力。对重点人群,制定相应专项干预措施;

2019~2020年:通过不断评估和改进,进一步提升干预水平,达到预期目标。

附件4:

苏州市重点人群伤害干预项目实施方案

近年来,我市因伤害导致的死亡位于居民死亡谱的第五顺位,伤害致残、致伤事件数量居高不下,严重威胁市民的生命和健康,已成为重要的公共卫生问题,开展伤害干预迫在眉睫。为全面贯彻习近平总书记在全国卫生与健康大会讲话精神,牢固树立安全发展理念,健全公共安全体系,努力减少公共安全事件对人民生命健康的威胁。针对我市伤害发生实际情况,决定在全市范围内开展重点人群伤害干预项目,为保障项目顺利实施,特制订本方案。

一、项目背景

伤害是指机体急性暴露于物理介质如机械能、热量、电流、化学能和电离辐射,其数量或速度超过了机体耐受水平而导致的机体损伤。据统计,我国伤害致

死位于死因顺位的第五位,2015 年苏州市有 3640 人死于伤害,死亡率达 54.82/10 万,其中最主要的原因是意外跌落(占 37.94%)和交通事故(占 26.40%)。

联合国儿童基金会有关调查结果显示,意外伤害导致 1 名儿童死亡,就会有 12 名儿童留下永久残疾,34 名儿童需要就医或休学,意外伤害严重威胁儿童的生命与健康。2015 年,我市 5 岁以下儿童意外伤害死亡率达 81.2/10 万,成为 5 岁以下儿童死亡的首要原因。其中,儿童伤害死亡的最主要原因是溺水,死亡率达 28.73/10 万,高于全国平均水平。

据估算,我国每年有 3500 万 65 岁以上老年人至少发生 1 次跌倒。在我国,跌倒在 65 岁以上老年人意外伤害死因顺位中位居首位,并且随年龄的增加,跌倒的死亡率急剧上升。2015 年,苏州市意外跌落死亡占伤害死因的 37.94%,随年龄增加死亡率逐年增长,70 岁后呈直线上升趋势,最高达 701/10 万。同时,2015 年苏州市交通事故死亡占损伤和中毒类别的 26.40%,居各类安全生产事故的首位。

职业人群是城市居民的重要组成部分,苏州市作为全省的工业经济大市,国民生产总值、工业企业数量和从业人员数量均位居全省第一。同时,我市也是职业病和化学中毒报告较多的区域,近年职业病诊断病人数占全省 40-60%。

国内外研究表明:发生各类伤害的相关危险因素明确、具有显著的人群特征,开展针对性的干预效果明确,采取综合性的策略成效显著。

二、目标任务

到 2020 年,形成政府主导,部门协同,社会组织、企事业单位和家庭广泛参与的伤害预防工作体系。积极营造良好的社会氛围,提高全社会伤害预防意识、知识和技能。建立健全伤害综合监测网络,以儿童、老年人和职业人群为重点,探索防控模式,采取适宜技术开展伤害干预,减少交通伤害、溺水、意外跌落和职业病的发生。

1. 完善工作机制,加强部门协作,加大宣传、提高社会关注度,市民防溺水意识不断增强。因溺水导致的儿童致死致残率每年下降 5%(以基线调查为基础)。

2. 提高市民交通安全意识,减少交通事故的发生,降低因酒驾等原因导致的交通事故死亡率,力争每年下降 5%。

3. 提高目标社区老年人预防跌倒知识、信念和行为水平,减少环境致跌危险因素。开展家庭、超市、养老院、公共卫生间、公园等五类防老年人跌倒示范场所建设。

4. 加强职业卫生监管力度,开展职业健康风险评估,建设“苏州市中毒类紧急医学救援基地”,完善职业病和化学中毒救治体系,提高职业病救治水平。

三、项目内容

1. 建立健全伤害综合监测网络

开展基线调查,全面掌握我市意外伤害发生现状,分析造成意外伤害的原因,针对不同类型意外伤害的危险因素制定相应干预措施。建立监测网络,开发医院伤害监测软件,选取有代表性的综合医院和社区医疗机构开展门急诊伤害哨点和专项监测;在死因监测和公安交警事故分析系统基础上,拓展妇幼管理系统和学生因病缺课监测系统功能,各托幼机构、学校建立儿童伤害事故记录和报告制度,开展0-14岁儿童常规伤害监测;全面落实企业职业病危害申报工作,建立企业职业病危害因素检测超标预警预报系统,准确了解和掌握苏州市职业病发生情况。

2. 大力开展预防伤害宣传教育

通过电视、广播、报纸、网络等媒体,全面开展宣传教育,大力宣传意外伤害预防及现场急救知识。借助准妈妈学堂、预防接种家长学堂、交通安全进校园等宣教平台在幼儿园、学校、社区、医院等机构开展儿童伤害宣传,提高学校和家庭的安全意识,注重识别和消除危险因素,提高儿童和家长对溺水和交通意外的认知水平,避免监护缺失,防范伤害发生。在车管所、汽车维修和清洗店以及酒店、酒吧等公共场所开展道路安全宣传。编制和印刷老年人防跌倒核心信息宣传材料,通过提供宣传手册、开展健康宣传教育讲座和健康咨询等活动,提高老年人、老年人服务工作人员及家属跌倒危险因素知晓程度以及预防跌倒的认知水平。深入开展“职业病防治宣传周”等多种宣传教育活动,推广职业病防治先进经验和典型,促进企业和劳动者正确认识职业病危害的严重性,形成全社会关心劳动者健康、重视职业病防治的良好氛围。

3. 采取针对性措施开展干预工作

提高道路交通安全设施设计、规划和建设的科学性,组织实施公路安全生命防护工程,治理公路安全隐患。采取社会营销方式,推荐驾驶人配备、正确使用汽车儿童安全座椅。进一步加强道路交通安全治理,提高车辆安全技术标准,提高机动车驾驶人和交通参与者综合素质。通过家庭、学校、社区等途径,积极开展儿童溺水、跌倒、道路安全教育,开展公共场所、家庭危险因素评估,培养和提高看护者及儿童、老年人自身的安全意识及应急能力。科学评估老年人活动环境,形成公园、公厕等公共场所环境评估报告和改善意见,提供给规划和住建部门。倡导开展家庭微环境自评,逐步开展专业人员上门指导家庭环境改善。

4. 推进示范环境和体验场馆建设

积极推进道路交通安全基地和示范体验馆建设,在全市中小学建立“道路交通安全基地”,开发系列道路交通安全和预防溺水的标准化课件,每学年组织师生、家长参加安全主题课、参观交通安全体验馆。各地要积极整合资源,结合公共设施建设工程,开展家庭、超市、养老院、公共卫生间、公园五种类型的具有完善防老年人跌倒措施的示范场所建设,2020 年前实现各市、区全覆盖。

5. 不断加大法律法规执行力度

加大酒后驾驶和超速行驶的执法频率。加强道路运输安全管理,提升企业安全自律意识,落实运输企业安全生产主体责任。强化安全运行监管能力,增加道路安装监控设备。定期和不定期组织对违纪行为进行专项执法检查,加大处罚力度。

加强职业病危害监督执法力度,以职业病危害严重的行业领域为重点,积极抓好日常监管、专项监管和重点监管,查处违法违规行为。重点针对企业隐瞒职业病危害因素及岗位,未落实职业病危害员工告知,未经申报违规使用有毒物品,未开展职业病危害现场检测,未进行职业健康体检及体检异常人员未进行复查、调岗、治疗等违法行为,及时曝光典型案例,形成对职业卫生领域违法违规行为从严查处的高压态势。

6. 全面提高职业中毒救援能力

建设完善我市职业病和化学中毒救治体系,加快“苏州市职业病和化学中毒急救中心”和“苏州市中毒类紧急医学救援基地”建设。制定化学中毒应急救治预案,加大投入,提高毒物检测水平,成立毒物数据库与信息中心,建设全市化学中毒特效药品储备库。进一步完善苏州市企业安全监管系统,建立职业病健康监护数据库,实现早期发现、早期预警和早期干预的目标,提高职业人群健康水平。

四、保障措施

1. 完善政策法规。积极开展立法促进活动,推动建筑安全、食品安全、交通规则、公共设施、场所安全等法律法规和政策措施中增加针对儿童保护条款;通过法规明确职能部门,制定儿童产品安全质量标准,加强对儿童用品、食品、药品质量的监管,保证安全无害;加强安全管理和执法检查,减少公共环境和生产环境中的危险因素;加强对公共环境设施及道路交通的维护、调整与改造。

2. 建立协作机制。成立由市重点人群伤害干预项目协调小组,市政府分管领导任组长,成员由卫计、公安、交通、教育、财政、广电、安监和工商等部门和各市、区政府分管领导组成。建立多部门协作机制和部门联席例会制度,定期互通工作信息,开展研讨与分析,制订、调整干预策略与措施。

3. 明确部门职责。宣传部门负责协调落实各相关媒体开展大众宣传;广电部门负责策划和落实媒体宣传;卫计部门负责项目方案制定、健康教育技术支持、监测与评估;公安部门负责道路安全执法检查、开展监测和宣教;安监部门负责职业病危害监督执法、配合开展监测和宣教;交通部门负责道路安全建设规划、实施与改善;财政部门负责项目经费保障;教育部门负责学校安全教育,开展监测和宣教;质监部门启动产品伤害监测;老龄委、民政、住建及各主管部门开展环境评估和示范环境建设。

4. 争取社会支持。成立由工程学、儿科学、儿童保健学、心理学、法律学等多学科、多领域专家组成的专家指导组,指导项目工作开展。组织、引导热心社会公益事业的志愿者队伍,承接政府职能,接受社会捐助,积极开展重点人群伤害干预志愿服务。

5. 加强能力建设。积极开展各类专项培训,提高项目参与人员工作能力和水平,确保项目实施到位。采取集中授课和现场观摩等形式开展健康教育、调查、评估、监测和建设人员专题培训。加大全社会培训与宣传覆盖面,普及应急处置常识。定期开展应急演练和技能竞赛,提高医护人员专业急救水平。

6. 开展科学研究。积极借鉴国际先进工作经验,充分利用自身的资源优势,选择专业合作伙伴,举办专项研讨和培训活动,确定一系列优先研究问题和研究项目,开展对伤害预防具有良好预期效果干预措施的研究工作,提出政策和策略完善建议,及时总结经验,加强国际交流。

五、进度安排及要求

第一阶段:准备阶段(2016. 12 ~2017. 01)。制定项目方案,成立项目领导小组、项目办公室和专家指导组。

第二阶段:实施阶段(2017. 02 ~2020. 06)。启动实施项目,定期开展督导检查,发现问题,持续改进。

第三阶段:评估总结(2020. 06 ~2020. 12)。开展项目实施情况总结和考核评估,完成评估报告。

六、监督评估

苏州市健康城市"531"行动计划领导小组负责对项目工作的组织、进度、实施过程、效果和经费使用情况进行定期督导和考核,协调解决项目进展中的问题。

附件:

1. 苏州市儿童溺水干预项目实施方案
2. 苏州市老年人跌倒干预项目实施方案
3. 苏州市道路安全项目实施方案
4. 苏州市职业病伤害干预项目实施方案

附件4－1：

苏州市儿童溺水干预项目实施方案

为贯彻苏州市健康城市“531”行动计划，积极推进预防儿童溺水公共安全体系建设，努力提高全社会儿童溺水的综合防控能力，减少因溺水导致的死亡率和致残率，提高儿童健康水平及生存质量。结合当前干预工作需要，特制订本实施方案。

一、项目背景

世界卫生组织将意外伤害列为世界范围内人群的第五位死因。调查显示，意外伤害是我国0～14岁儿童的首位死亡原因，占儿童总死亡的31.3%，且这个数字正在逐年增加。并且，致死不是意外伤害的唯一结局，其导致的伤残人数远远大于死亡人数。导致儿童发生意外的常见原因有溺水、车祸、自杀、中毒和创伤等。其中溺水已成为儿童意外死亡的首位原因，占儿童伤害死亡的近50%。

2005年全国疾病监测系统死因监测数据显示，我国1～14岁儿童溺水死亡率为10.28/10万，儿童溺水死亡率最高的年龄段为1～4组，为18.32/10万。我国儿童溺水死亡率存在明显的地域和城乡差别，苏州市水域广泛，流动人口涌入，2015年1～4岁儿童溺水死亡率为28.73/10万，高于全国平均水平。据全球儿童安全网络上的消息：中国对北京、上海、广州儿童医院2000－2004年住院病历调查显示，就诊的儿童溺水者36%死亡，51%未痊愈。儿童溺水平均住院时间为9.3天，平均花费为5614元。因此，儿童溺水严重威胁儿童的生命与健康，已成为重要的公共卫生问题，儿童溺水的干预已迫在眉睫。研究表明，儿童溺水是可防可控的，但需要多部门共同参与，才能达到预期效果。

二、目标任务

完善工作机制，加强部门协作，通过项目实施，使预防儿童溺水引起全社会关注，市民意识不断增强，因溺水导致的致死致残率以基线调查为基础，每年下降5%。

三、项目内容

开展0～14岁儿童意外伤害基线调查，实施预防儿童溺水项目，探索建立完整的儿童意外伤害预防体系，保障儿童生命安全，提高健康水平。

四、实施方法

1. 政策措施。预防儿童溺水工作应由政府主导，建立健全卫生、教育、公安、水利、宣传等多部门合作的工作机制，建立相关工作制度，明确工作职责，各部门各司其职，全社会共同参与。各相关部门应积极推进预防儿童溺水安全行为的有关政策、法律条文的颁布，为预防儿童溺水创造良好的政策环境。

2. 环境改善。减少公共环境、设施中的危险因素,在自然水体周围安装围栏、加强水井管理;合理构建地下管道排水系统,减少排水沟渠暴露,减少儿童接触开放性水域的机会;加强基础设施管理,设立危险水域标识,避免公共休闲区域存在儿童溺水隐患,在流动人口集中地设置外来务工人群子女临时幼托点,为儿童提供安全的生存空间。

3. 健康教育。组建市级专家讲师队伍,规范开展预防儿童溺水技能培训与公益巡讲;利用学校、社区、公共场所等平台,通过电视、广播、报纸、网络等方式,宣传意外伤害预防及现场急救知识,提高家长在日常生活中的安全意识,注重识别和消除家庭伤害的危险因素,防范意外发生。

4. 提升技能。教育部门应建立健全在校学生溺水干预工作机制,加强中小学生游泳技能培训,提升学生游泳技能和识别危险因素的能力。各类游泳场馆应配备专职救生员并定期接受专业技能培训,提高应急救治能力。

5. 医疗救护。加强儿童意外伤害救治网络建设,开展家长、社区居民、学生等大众院前急救能力知识培训,完善各级医疗保健机构溺水儿童"急救绿色通道",保障溺水儿童得到及时、高效、规范、畅通的救治;定期开展应急演练、操作技能竞赛,提高医护人员专业急救水平。普及大众心肺复苏技能,保障溺水儿童在第一时间得到救治。

6. 监测制度。统筹相关部门,建立预防儿童溺水监测网络,各级医疗保健机构、学校、社区要常规报告儿童伤害事故,相关部门准确了解和掌握儿童伤害情况,并形成相关部门联席例会制度,互通信息,定期分析评估变化趋势,为决策提供客观依据。

五、进度安排

第一阶段:项目准备阶段。制定项目方案,成立项目领导小组、项目办公室和专家指导组;开展宣传,营造氛围。

第二阶段:项目实施阶段。启动实施项目,定期开展督导检查,发现问题,持续改进。

第三阶段:评估总结阶段。开展项目实施情况总结和考核评估,完成评估报告。

六、监督评估

苏州市健康城市"531"行动计划领导小组负责对项目工作的组织、进度、实施过程、效果和经费使用情况进行定期督导和考核,协调解决项目进展中的问题。

各级卫生计生行政部门定期组织专家通过抽查的方式,对各工作单位进行包括方案实施、现场工作、质量控制、数据资料、高危人群管理随访的督导检查,评估实施情况及经费使用情况。

附件 4－2：

苏州市老年人跌倒干预项目实施方案

为贯彻苏州市健康城市“531”行动计划，落实预防老年人跌倒项目，进一步保护老龄人群的健康，提高老年人健康水平和生活质量，结合当前防治工作需要，特制订本实施方案。

一、项目背景

跌倒是伤害导致死亡的重要原因，是65岁以上老年人伤亡的首要原因。2012年，我国65岁以上老年人跌倒死亡率达45.72/10万。国外有关研究证实每年约有30%的65岁以上老年人发生跌倒，据此估算我国每年约有3500万65岁以上老年人至少发生1次跌倒。2015年，苏州市死因统计显示：在65岁以上老年人中，意外跌落占损伤和中毒的49.49%，年龄越大，跌倒导致的死亡风险越高，伴随死亡有数量更为庞大的伤残发生。因此，跌倒严重影响老年人健康和生活质量，已成为重要的公共卫生问题，亟须采取有效手段加以重点干预。

二、目标任务

1. 全面提高预防老年人跌倒的认知水平。到2020年，老年人跌倒危险因素知晓率较基线调查提高10%以上；

2. 掌握老年人跌倒的流行现状与危险因素；

3. 提高社区老年人及家属防跌倒的意识和技能，倡导居民改善家居环境，每年开展环境改善示范家庭100家以上；

4. 建设超市、养老院、公共卫生间、公园等类型的防老年人跌倒示范场所，各市、区每年至少建成1家；

5. 到2020年，65岁以上老年人跌倒发生率较基线调查水平下降20%；

6. 探索老年人跌倒社区、家庭综合干预工作机制，培养社区干预专业队伍。

三、项目内容

1. 开展预防跌倒宣传教育。积极开展大众宣传、充分利用广播、电视及新媒体（如微信、网络）等开展倡导活动，营造预防老年跌倒的社会氛围。编印《关爱老人，预防跌倒》《老年居家安全五言口诀》和《笑做不倒翁》等老年人防跌倒宣传材料，通过发放宣传手册、开展健康宣传教育讲座和健康咨询等活动，帮助目标人群提高预防跌倒认知水平。

2. 组织预防跌倒技能培训。积极开展骨质疏松高危筛查，采用骨质疏松风险评估量表和骨密度检测等方法，筛查出骨质疏松高危对象，针对高危对象开展预防老年人跌倒、骨质疏松预防和老年人跌倒后康复培训。鼓励、扶持骨质疏松患者建立自我管理小组,定期开展小组活动。

3. 全面掌握老年人跌倒的现状。以社区为依托,组织专业调查队伍,开展老年跌倒的流行病学基线调查,掌握老年人跌倒的流行现状。针对各类危险因素,开展分析评估,制订干预措施。结合国家伤害监测点,选择较成熟区域试点开展老年跌倒伤害监测工作。

4. 启动环境致跌危险评估。组织专业人员针对重点公共场所进行系统评估。制订、发放《家庭跌倒危险因素排查清单》,倡导居民开展家庭环境自评,通过微信公众号上传家庭环境影像资料供专业人员评估。选取部分家庭,由专业人员入户进行现场评估,发现、识别家庭环境中存在致跌危险因素,提出改造建议,降低致跌危险因素暴露水平。

5. 组织实施示范场所建设。各市、区建设家庭、超市、养老院、公共卫生间、公园等五种类型的具有完善老年人防跌倒措施的示范场所。组织专业队伍开展环境评估,发放干预工具,针对以上五类环境中的致跌危险因素,设置警示标识,进行工程改造。

6. 组建专业干预工作团队。卫生、民政、残联等专业机构开展系列能力建设活动,提高技术水平。倡导全社会参与,整合资源,积极引导社会组织参与预防老年跌倒工作。建立一支长期稳定的预防老年跌倒社区工作队伍。

四、进度安排

2016 年 12 月:制定工作计划,成立项目领导小组、项目办公室和专家指导组。

2017 年 ~ 2019 年:启动实施项目,定期开展督导检查。

2020 年:实施情况考核评估,完成评估报告。

五、督导评估

苏州市健康城市“531”行动计划领导小组负责对项目工作的组织、进度、实施过程、效果和经费使用情况进行定期督导和考核,协调解决项目进展中的问题。项目组了解项目进程和控制现场工作质量。确保项目实施时间进度和实施效果,需对项目开展过程评价和效果评价,以便及时发现问题,并依据评价结果进行必要的干预计划改进和调整。

附件 4-3:

苏州市道路安全项目实施方案

为贯彻苏州市健康城市“531”行动计划,落实道路安全项目,减少道路交通伤害,提高生命质量,保障社会公共安全,结合我市道路交通安全现况,特制订本实施方案。

一、项目背景

目前,道路交通伤害已成为重要的公共卫生问题。1991 年以来,中国交通伤害的死亡率呈现显著的上升趋势,至 2000 年已达到 15. 49/10 万。近年来,苏州市经济发展迅速,全市人、车、路呈现井喷式增长,道路交通安全形势不容乐观。2015 年,全市机动车保有量突破 300 万辆,位居全国地级市之首,驾驶员达 285 万人以上。2015 年,死因统计中交通事故死亡占损伤和中毒的 26. 40%,交通事故导致的死亡数位居各类安全生产事故首位,并成为伤害的主要死因之一。

二、目标任务

到 2020 年:

1. 市民交通安全意识进一步提高,酒后驾驶和超速驾驶等违法行为下降 20%;

2. 酒后驾驶和超速驾驶事故数下降 20%;

3. 因酒后驾驶和超速驾驶导致的死亡人数下降 20%;

4. 汽车儿童安全座椅使用率提高 20%;

5. 开展调研,力争将配装汽车儿童安全座椅纳入立法程序。

三、项目内容

1. 营造道路交通安全的社会氛围。充分利用电视、广播、报纸、网络等媒体,大力宣传道路交通安全和现场急救知识,营造全社会参与的良好氛围。结合"四进"(社区、医院、企业、学校)根据各类人群的不同特点开展针对性的宣传活动。在新驾驶员培训、车辆年检、网上学习、汽车维修等服务等候区域播放宣传广告。每年组织小学、初中新生参观交通体验馆,树立正确的交通观念,进一步倡导家庭成员遵守交通法规。

2. 采取综合干预手段减少违法行为。积极借鉴中国道路安全项目成功经验,分析酒后驾驶和超速驾驶违法人员特征,开展警示教育和违法短信通知等干预活动。定期和不定期在娱乐场所、酒吧、餐厅附近和城乡接合部进行多部门联合执法,加大执法的强度和频度,提高执法可见度,形成高压态势。加快道路设施改造,增加超速监控设备,在城乡接合部、农村、学校和未设信号灯的十字路口加装道路减速带。

3. 逐步提高汽车儿童安全座椅使用率。整合社会资源,采取政府补贴、生产和经营企业让利、非政府组织服务等社会营销方式开展推广活动,引导儿童监护人使用汽车儿童安全座椅。在汽车销售服务和医疗机构等场所,加大活动推广力度。积极开展立法调研活动,形成汽车儿童安全座椅相关的道路安全政策评估报告和政策建议,促进相关法规、政策的制订和实施。

4. 提升道路安全干预能力和水平。同全球道路安全合作伙伴等国际合作组织进行合作,学习国际先进理念,开展项目管理、宣传方法、干预措施、数据分析、执法技巧培训,加强国际交流与合作,全面提升道路交通伤害综合干预的组织、管理和协调能力,培训一批道路伤害预防工作骨干,为全市道路伤害预防工作的广泛开展打下基础。

5. 准确掌握道路安全现况和发展趋势。建立道路交通伤害监测制度,开发基于医疗机构门急诊的伤害监测平台,确定监测哨点医院系统收集道路交通伤害信息。各地卫生计生和公安部门要建立信息共享机制,整合比对卫生死亡登记和交通违法数据,定期开展交通意外死亡回顾性调查,掌握道路交通伤害的流行趋势。

四、进度安排及要求

第一阶段:准备阶段(2016. 12)。成立项目领导小组、项目办公室和专家指导组;开展宣传,营造氛围。

第二阶段:实施阶段(2017. 01 ~2020. 06)。启动实施项目,定期开展督导检查,开展项目年度实施情况总结和考核评估,及时发现问题,及时更改。

第三阶段:评估总结(2020. 06 ~2020. 12)。开展项目实施情况总结和考核评估,完成评估报告。

五、监督评估

苏州市健康城市"531"行动计划领导小组负责对项目工作的组织、进度、实施过程、效果和经费使用情况进行定期督导和考核,协调解决项目进展中的问题。各级卫生计生行政部门定期组织专家通过抽查的方式,对各工作单位进行包括方案实施、现场工作、质量控制、数据资料、高危人群管理随访的督导检查。

附件 4 -4:

苏州市职业病伤害干预项目实施方案

为贯彻苏州市健康城市"531"行动计划,落实职业病伤害干预项目,进一步保护职业人群的健康,结合当前职业病防治新形势、新特点以及防治工作需要,特制订本实施方案。

一、目标任务

紧紧围绕减少新发职业病例、提高病人生存质量的总体目标,加大执法力量和服务水平,建立市职业病宣传教育、体检、诊断、康复、应急救治中心综合服务模式,实施职业危害因素健康干预,提高职业人群健康水平。

二、主要内容

1. 大力开展宣传教育。深入开展职业病防治宣传周等活动,推广职业病防治先进经验和典型,促进企业和劳动者正确认识职业病危害的严重性和可预防性,在全社会形成关心劳动者健康、重视职业病防治的良好氛围。各地安全生产监督部门定期举办企业安全干部职业健康培训班,每年1次以上。督促安全干部对所在企业劳动者进行安全与职业卫生培训,每年不少于1次。

2. 加强监督执法力度。全面落实企业职业病危害申报工作,建立企业职业病危害因素检测超标预警预报系统,准确了解和掌握苏州市职业病危害因素现况。以职业病危害严重的行业领域为重点,积极抓好日常监管、专项监管、重点监管,查处违法违规行为。重点针对企业隐瞒职业病危害因素及岗位,未落实职业病危害员工告知,未经申报违规使用有毒物品,未开展职业病危害现场检测,未进行职业健康体检及体检异常人员未进行复查、调岗、治疗等违法行为,及时曝光典型案例,形成对职业卫生领域违法违规行为从严查处的高压态势。

3. 完善职业病救治服务体系。提高全市职业病和化学中毒救治能力,各市、区至少确定1家医疗机构承担职业病诊断工作。制定化学中毒应急救治预案,进一步完善全市职业病和化学中毒救治体系,加快推进"苏州市职业病和化学中毒急救中心"和"苏州市中毒类紧急医学救援基地"建设。加大投入,提高毒物检测水平,建立工业企业化学毒物档案,建设全市化学中毒特效药品储备库。

4. 全面规范健康监护工作质量。全面掌握苏州市职业健康检查工作开展情况,对照职业健康监护技术规范的要求,规范工作流程,定期开展职业健康检查质量控制。建立协作机制,实现职业病健康监护数据库与企业安全监管系统对接,力争早期发现、早期预警和早期干预职业病患者,提高职业人群健康水平。

5. 提升职业病康复治疗服务水平。充分发挥职业病(工伤)康复定点医疗机构的作用,加大专业技术人员的培养和引进力度,扩大康复治疗场所,增加高压氧康复治疗设备的配备,逐步建立"苏州市职业病康复治疗中心",不断提高我市尘肺病和化学中毒损伤后康复服务水平。

6. 开展职业健康风险评估。严格依照国家《重点职业病监测与职业健康风险评估工作方案》要求,各市、区应建立重点职业病监测点,卫生计生、安全生产监督管理和劳动与社会保障部门要加强专业协作,建立信息共享机制,全面、高效收集重点职业病监测数据和相关信息,开展职业健康风险评估,研究分析我市重点职业病、疑似病例的发病特点、变化趋势和规律,为制定我市职业病防治策略提供科学依据。

三、进度安排

2016年12月:制订实施计划。

2017年12月:完成苏州市职业病和化学中毒救治体系建设,各市、区明确职业病诊断专业机构;建设"苏州市职业病和化学中毒急救中心"和"苏州市中毒类紧急医学救援基地”。

2017－2019年：完善职业健康监护数据平台、毒物数据库。

2020年：进行项目终期评估与总结。

四、监督评估

定期对该项目工作开展情况、进度进行检查，开展职业健康检查质量控制，定期进行督导评估并及时通报评估结果。

附件5：

苏州市出生缺陷与重大疾病干预项目实施方案

为全面贯彻习近平总书记在全国卫生与健康大会上的重要讲话精神，落实“努力全方位、全周期保障人民健康”的目标，进一步提高出生人口素质，保障妇女儿童健康权益，优化妇幼健康服务资源和服务质量，切实提升妇女儿童健康水平，按照苏州市健康城市“531”行动计划，决定在全市范围内实施出生缺陷与重大疾病干预项目。为保障该项目顺利实施，特制订本方案。

一、项目背景

健康是人类的基本需求和永恒追求，妇女儿童健康更是人类发展的前提和基础，关系着国家和民族的未来。但是受经济、社会发展水平等诸多因素制约，我国在保护和促进妇女儿童健康方面仍面临严峻挑战。据不完全统计，我国每年约有20万－30万肉眼可见先天畸形儿出生、13.2万宫颈癌新发病例，乳腺癌的发病增长速度也高于欧美国家，儿童先天性心脏病及自闭症的发生率约为4.09‰、1.53‰，给社会和家庭带来沉重的负担。同时我国属于低出生、高人工流产的国家，由于个人、家庭、社会等综合因素，每年有800～1000万例的人工流产，且呈现低龄化、重复性等特征，由此导致的不孕症发病率也逐年增高，因此，降低意外妊娠导致的人工流产率，是提高女性生殖健康水平的目标之一。

近年来，我市紧紧围绕“儿童优先，母亲安全”宗旨，以“健康出生、降低死亡、提高生存质量”为目标，妇幼健康服务工作保持了良好的发展态势，出生缺陷发生率、婴幼儿死亡率分别从2011年的6.31‰、3.9‰下降到2015年的5.22‰、2.71‰，婚前医学检查率、产前筛查率和新生儿疾病筛查率分别从2011年的91.81%、85.60%、98.19%上升到2015年的95.39%、93.32%和98.68%，孕产妇死亡率始终保持在较低水平，感染艾滋病、梅毒、乙肝等传染病的孕产妇及其所生新生儿均得到及时筛查、诊断和干预治疗，妇女儿童健康水平得到了有效提升。

二、指导思想

以党的十八大和十八届三中、四中、五中全会精神为指导，落实国家、省卫生与健康大会精神，坚持以“保健为中心，以保障生殖健康为目的，保健与临床相结合，面向群体，面向基层和预防为主"的妇幼卫生工作方针，认真贯彻《江苏省"十三五"妇幼健康事业发展规划（2016～2020年）》、"健康苏州2020"的决策部署，围绕妇女儿童的健康服务需求和主要健康问题，科学整合妇幼健康服务资源，提高妇幼健康服务能力及服务的公平性和可及性，实现疾病早发现、早诊断、早干预、早康复，切实提升妇女儿童健康水平。

三、目标任务

进一步优化妇幼健康服务资源配置，扩大妇幼健康惠民服务供给，逐步解决影响妇女儿童健康的突出问题，妇女儿童主要健康指标处于省内先进水平。孕产妇死亡率稳定在6/10万以下；婴儿和5岁以下儿童死亡率分别控制在5‰、8‰以下；出生缺陷发生率控制在5‰以下，严重多发致残的出生缺陷发生率逐步下降；扩大免费孕前优生健康检查目标人群，加强妇女儿童重大疾病综合防治，降低意外妊娠发生率。

四、项目内容

强化部门合作，依托全市妇幼健康服务网络，完善妇幼健康服务链，开展出生缺陷综合干预，加强高危儿童健康促进、妇女儿童重大疾病防治以及妇女意外妊娠干预，促进妇女儿童健康。

五、实施方法

（一）出生缺陷综合干预

1. 加强婚前、孕前健康检查。优化免费婚前医学检查服务模式，强化对严重遗传性疾病、指定传染病、严重精神障碍的检查与婚育指导。实施城市妇女增补叶酸预防神经管缺陷项目，进一步扩大免费孕前优生健康检查，加强待孕妇女营养指导和干预。

2. 加强产前筛查与诊断工作。落实《产前诊断技术管理办法》，完善出生缺陷筛查、诊断、干预的一体化工作机制，规范开展高通量基因测序产前筛查与诊断工作，提高产前诊断服务能力和胎儿期缺陷发现率，有条件的地区可扩大免费筛查和优生优育疾病险覆盖面。

3. 加强新生儿疾病筛查与干预。开展户籍新生儿耳聋基因免费筛查，推进户籍新生儿29种遗传代谢性疾病和先天性听力障碍免费筛查工作，对筛查出的患儿进行有效的医学干预、治疗与康复。

4. 加强高危儿筛查与干预。落实苏州市婴幼儿健康促进工程，实行分级服务，进一步优化流程管理，为高危儿进行全方位评估、监控、优化及促进和干预，有效降低病残率，提高婴幼儿的生存质量。探索建立儿童康复体系建设，加强儿童康复人才队伍建设。

（二）妇女儿童重大疾病防治

1. 妇女宫颈癌和乳腺癌检查。参照《苏州市农村妇女宫颈癌和乳腺癌检查项目实施方案》，为全市户籍 35 – 64 岁女性免费提供宫颈癌和乳腺癌检查，实现人群全覆盖。项目包括妇科检查、HPV 检查、宫颈细胞学检查、阴道镜检查、宫颈组织病理学检查；乳腺触诊、乳腺彩超检查、乳腺 X 线检查、乳腺组织病理学检查。开展健康教育，帮助女性掌握有关的健康知识并主动采取促进个人健康的行为，树立健康生活理念。建立政府主导、多部门协作、分级诊疗、全社会参与的妇女常见肿瘤筛查工作体系，形成保障妇女健康的长效机制，促进家庭和社会的稳定与和谐。

2. 预防艾滋病梅毒和乙肝母婴传播项目。贯彻落实国家、省、市《预防艾滋病、梅毒和乙肝母婴传播项目实施方案》，结合孕产妇健康管理，为所有孕产妇（包括流动人口）主动提供艾滋病、梅毒和乙肝检测与咨询，对感染孕产妇实行首诊负责，将其纳入高危管理，提供感染症状和体征监测、营养支持、心理支持，给予感染孕产妇安全助产服务，减少非意愿妊娠；婴儿出生后，及时提供免费抗病毒药物，给予科学的喂养指导，最大限度地减少母婴传播，降低艾滋病、梅毒和乙肝对妇女儿童健康的影响，进一步改善妇女儿童生活质量及健康水平。至 2020 年底，乙肝感染孕产妇所生新生儿乙肝免疫球蛋白注射率达 95% 以上；艾滋病母婴传播率下降至 5% 以下；先天梅毒报告发病率下降至 15/10 万活产以下。

3. 儿童先天性心脏病筛查。为户籍 0 – 3 岁儿童提供免费先天性心脏病筛查，完善分级诊疗和双向转诊制度，为异常患儿开通救治绿色通道。2017 年在张家港市、昆山市和姑苏区先行启动实施，其他县（市）、区可参照执行。

4. 儿童自闭症示范点建设。与残联等部门合作，为户籍 0 – 3 岁儿童提供免费儿童自闭症筛查，2017 年城区先行建成两家示范点，探索建立儿童自闭症的筛查、评估、干预及救助网络，做到早期发现、早期诊断、早期干预，有效提升我市儿童健康水平。

（三）意外妊娠干预

1. 开展健康教育。成立由医学、心理、法律等相关专业组成的健康教育讲师团，加强与妇联、教育等部门沟通与协调，开展公益讲座，传播生殖健康知识；与流管部门合作，开展流动人口预防意外妊娠健康促进；与人口计生协会合作，将预防意外妊娠融入青春健康校企行，开展预防少女意外妊娠健康促进和干预；利用新媒体等开展健康知识大众传播，提高自我保健意识，有效降低意外妊娠发生率。

2. 开展流产后关爱。在各级医疗保健机构，通过集体宣教和一对一咨询，向前来接受人工流产手术的女性和其配偶宣传避孕知识，使其具有预防意外妊娠的意识,帮助她们及时落实有效的避孕措施,避免重复流产的发生。

3. 设立生殖健康咨询平台。成立志愿者队伍,开通生殖健康咨询热线,在孕育桥 APP 中增设预防意外妊娠模块,为意外妊娠对象提供健康咨询,并给予科学指导,减除其恐惧心理,教会她们如何面对现实,提供心理支持。在不违背法律法规的前提下,为意外妊娠少女开设终止妊娠绿色通道。

4. 拓展避孕药具发放渠道。不断加强避孕药具发放网络建设,在医院、社区、企业集宿区等地,通过设置便民箱、发放机、上门服务等方式拓展药具发放渠道,同时通过苏州市免费药具网上服务平台,提供免费药具送到家服务,提高药具服务覆盖面。

六、进度安排及要求

1. 准备阶段:制定苏州市妇幼健康项目实施方案,召开项目协调会,开展宣传、营造氛围。

2. 实施阶段:启动实施,定期对项目实施开展督导评估。

3. 评估阶段:开展项目实施情况总结和考核评估,完成评估报告。

七、督导评估

苏州市健康城市"531"行动计划领导小组负责对项目工作的组织、进度、实施过程、效果和经费使用情况进行定期督导和考核,协调解决项目进展中的问题。

各级卫生计生行政部门定期组织专家通过抽查的方式,对各工作单位进行包括方案实施、现场工作、质量控制、数据资料、高危人群管理随访的督导检查,评估实施情况及经费使用情况。

附件 6:

苏州市健康危害因素监测与风险评估实施方案

健康危害因素监测与风险评估是科学掌握人群健康风险的有效手段,是做好公共卫生工作的前提和重要组成部分。为贯彻习近平总书记在全国卫生与健康大会上的重要讲话精神,以"努力全方位、全周期保障人民健康"为目标,以重大公共卫生问题为导向,全面加强能力建设,大力开展监测和风险评估工作,努力减少相关健康危害因素对人民生命健康的威胁。根据我市实际情况,决定全面开展健康危害因素监测与风险评估工作,为保障项目顺利实施,特制订本方案。

一、项目背景

健康危害因素主要指环境中与疾病发生、发展和死亡有关的各种诱发因素,涵盖环境、食品、学校、放射和职业卫生等多个方面。危害因素可以直接导致公共卫生突发事件,亦可产生个体的健康损害,加重基础疾病,影响人体生理机能。随着社会经济快速发展,生产技术和工艺革新持续加快,新的健康危害因素不断涌现,新旧污染物交互影响;空气污染、饮用水和食品安全、学校突发事件和职业危害事件时有发生;物理性、化学性、生物性和混合性危害因素与慢性疾病之间的关系尚不明确。

健康危害因素监测与风险评估是卫生防病工作的重要组成部分,是传统防疫工作的延伸,充分体现公共卫生关口前移和防未病的工作理念,是贯彻卫生与健康工作会议精神和建设健康中国的要求。需要进一步加大投入,加强公共卫生检测中心建设,搭建各专项监测检测平台,引进和应用新技术,全面提高监测检测能力,构建健康综合监测网络及风险评估体系,建立重大项目健康风险评估制度和风险沟通机制,预防和控制各类危害因素对健康的影响。

二、目标任务

提高全市卫生监测和检测能力,建立公共卫生监测服务规范和质量控制体系。推进"四平台一中心"建设,打造健康城市公共卫生监测检测技术支撑平台。开展健康危险因素监测与风险评估,定期发布系列白皮书。

具体目标和任务:

1. 建立公共卫生突发事件应急处置平台;
2. 建立重点传染病分子检测平台;
3. 建立食品安全风险监测平台;
4. 建立饮用水安全与介水传染病监测平台;
5. 建立苏州市菌毒种保藏中心;
6. 开展监测和评价,定期发布白皮书。

三、项目内容

(一)"四平台一中心"建设

构建市公共卫生监测检测技术支撑平台,加强全市卫生监测和检测能力,建立公共卫生监测服务规范和质量控制体系,提高检测质量和水平。

1. 建设公共卫生突发事件应急处置平台

通过应急处置平台建设,有效提升公共卫生突发事件现场快速判断水平和应急处置能力,实现事发现场与市卫生应急指挥中心及省、市疾控中心卫生应急作业(响应)中心信息共享和互通;配置视频采集和现场照明系统,实现信息现场采集,及时将视频资料和数据实时传送至后方指挥和处置中心,进行综合分析和研判;配置应急检测车辆,现场快速识别可能的危害因子、危害程度、暴露人群和影响范围;配置现场洗消等车辆设备,在现场系统开展媒介生物监测,迅速实施疫点、疫区及野外疫源地现场消杀灭工作;配备专业后勤保障车辆提供现场处置保障,如水、电、营地照明及野外生存必需的物资。根据传染病、化学中毒、核辐射、重大自然灾害等不同事件类别和配置标准,配备专业有效的应急防护装备,确保现场处置工作人员安全。

2. 建设重点传染病分子检测平台

提升致病微生物的检测能力对于有效防控传染病(尤其是新发传播性疾病)至关重要,从分子水平开展艾滋病、寨卡、登革热、中东呼吸综合征、结核病和新型布尼亚等病毒的识别和鉴定是早期诊断和预防疾病流行的有效手段。通过分子检测平台建设,利用基因高通量测序等技术检测病原体,实现大样本快速批量检测,全面提高我市的病原检测水平和工作效率;在应对各类新发、再发和输入性传染病过程中,能够快速、准确检测出病原微生物,具备"一锤定音"能力;对重点传染病病原体基因突变和耐药性进行追踪,为治疗疾病、控制疫情和政府决策提供可靠依据。

3. 建设食品安全风险监测平台

健全苏州市食品安全风险监测体系,以创建食品安全风险监测分中心为抓手完善食品风险监测信息平台,开展常见食品和地方特色食品的安全风险监测和评估工作。完善医院食源性疾病病例报告监测溯源体系,开展以病人为导向的食源性疾病监测和病因食品溯源工作,哨点医院覆盖全市二级以上医院;完善食品安全事故流行病学调查体系,开发和应用调查辅助系统,实现现场调查过程的电子化,开展培训和演练,提升业务人员调查技能。加强应急检验能力建设,开展食源性致病菌快速鉴定、细菌耐药和毒素检测;利用分子和流行病学溯源分析技术,及时发现食源性疾病疫情暴发和隐患。开展全市食品安全风险和食源性疾病监测,掌握食品安全风险状况、食源性疾病流行规律、趋势和负担,为预测预警和政府决策提供依据。

4. 建设饮用水安全与介水传染病监测平台

继续拓展苏州市水质监测平台,探索区域性水体中消毒副产物、抗生素、病原体、重金属和农药残留等特征污染物监测检测技术,做好技术贮备和基线调查,定期开展风险评估;建立全市饮用水卫生在线监测系统,针对常规卫生检测指标和部分非常规项目开展实时监测、分析和评价;开展介水传染病(包括细菌、病毒、原生动物和肠虫感染)和水性相关疾病监测,结合各监测点数据,建立生活饮用水健康危害预警预报体系。卫计、水务、供水和环保部门加大合作力度,进一步完善全市生活饮用水卫生监测网络,建立饮用水安全风险评估体系。

5. 建设苏州市菌毒种保藏中心

构建基于医疗和疾控机构分离得到的感染性菌毒株收集机制,成立苏州市菌毒种保藏中心。进一步规范各医疗卫生机构、科研院所的菌毒种收集、管理,满足生物安全管理要求。收集和保藏疾病诊疗、监测和疫情处置中分离培养的各种菌毒株，建设覆盖全市的“致病菌识别实验室网络”。建立病原分子档案库，开展病原学分子溯源和暴发疫情跨区域传播风险评估，实现早期预警。开展病原体抗原性改变、药位点变异、耐药机制、传播流行规律等研究，促进我市生物医药产业的发展。

（二）监测与评估工作

依托各专业监测平台建设，针对空气污染、学校卫生、放射卫生、重大工程等社会关注的重点公共卫生问题，开展健康危害因素和健康水平监测，定期开展分析和评估。

1. 空气污染（霾）方面

积极参与空气污染对人群健康影响国家级和省级监测点监测工作，逐步开展城乡空气污染和人群健康监测，联合环保、气象和教育等部门进行科学风险评估，研究苏州地区空气污染对人群健康的影响。进一步扩大城乡空气污染和人群健康监测覆盖面，增加城区监测点，开展空气污染（霾）特征污染物及成分对人群健康影响监测，了解不同地区空气细颗粒物（$PM_{2.5}$）污染特征，分析不同类型空气污染对居民产生的健康影响和相关疾病患病情况。定期报告空气污染（霾）对健康的影响，及时预报和预警，有效防控危害。

2. 学校卫生方面

健全学生常见传染病和因病缺课监测网络，定期开展疫情分析，及时采取防控措施，有效处置学校突发公共卫生事件；完善学生健康监测工作，加强学生健康检查信息化建设，建立全市学生体检数据库，提出个性化指导和干预建议；系统开展全市学校教学环境监测，定期发布教学环境监测报告，提出改进建议；建立师生健康危险行为监测和指导体系，系统开展师生健康危险行为监测；制订学生营养食谱，开展学生午餐食谱评价；加强健康知识宣传力度，把健康知识宣传纳入教学计划，开展以健康素养为主要内容的健康教育，引导学生养成良好的卫生习惯。

3. 放射卫生方面

开展医疗卫生机构及工矿企业等放射防护基本情况调查、放射工作场所及放射诊疗设备性能监测、放射工作人员个人监测和辐射效应监测，建立职业性放射性疾病危害因素监测网络；扩大全市范围放射性哨点监测单位数量，掌握全市职业性放射危害的现况。引进和应用外周血淋巴细胞染色体畸变基因水平分析检测技术，筛查电离辐射对职业性放射工作人员的健康影响，预防、控制和消除放射性职业危害。

4. 重大工程项目方面

建立重大项目健康影响评价和联审制度，规范评价程序，完善评价标准，系统评估各项重大工程项目对健康的影响；对列入政府实事的重大工程，从设计、施工和竣工验收三个阶段开展重大工程项目健康影响评价；建立全市重大工程项目内环境质量（空气、集中空调通风系统、生活饮用水、电磁辐射、职业有害因素等）监测网络，开展轨道交通、商场、宾馆酒店、医院和体育场所内环境卫生检测和评价工作；卫计、环保等部门联合开展重大工程项目对从业人员和周边居民的健康风险评估工作。

（三）编制系列白皮书

通过组织食品安全、生活饮用水卫生、空气污染、学校卫生、职业与放射卫生等领域的卫生监测，积累健康危害因素的种类和人群暴露水平等资料，分析变化规律，评估健康影响，定期编制我市健康危险因素监测与风险评估系列白皮书，提出针对性改善建议，为政府决策提供科学依据。

建立和完善沟通机制，通过健康教育和健康促进方式普及危害因素健康影响常识，动员全社会参与预防和控制危害因素健康影响行动，不断提高居民健康素养和生命质量。

四、保障措施

（一）加强组织领导

将健康危害因素监测与风险评估纳入健康苏州重点内容，成立项目工作领导小组，确定项目负责人；制定各具体平台和中心的建设实施方案，明确责任单位和参与部门；定期分析项目进展情况，按时完成年度目标和任务；建立完善的质量控制体系，保证项目执行质量。

（二）加大经费保障

制订分阶段实施计划，按照“高标准、优先应急、可持续和高效”原则逐步实施，确保经费投入到位，使用规范。

（三）强化能力建设

建立现场处置队伍和专家咨询队伍。逐步强化全市疾病预防控制能力建设，提高疾病监测、干预、诊治、检测和卫生应急救援能力。注重国内外先进理论运用，开展课题研究，有效利用监测数据，指导健康城市建设可持续发展。

（四）开展督导评估

按照健康城市 531 规划要求接受监督评审，卫生计生部门加强各平台建设和重点项目进程督导，政府部门实施终期检查，重点检查市公共卫生监测检测中心建设情况和各项重点工作推进，必要时组织专业机构评审。

五、实施进度

（一）启动阶段（2017 年 1 月 ~6 月）

市实施小组调研确定具体项目实施标准，制定年度推进计划，启动实施。

（二）实施阶段（2017 年 7 月 ~2020 年 6 月）

根据实施方案要求，制定年度推进计划，按计划加紧实施。2018 年底建成重点传染病分子检测平台和食品安全风险监测平台；2019 年底建成饮用水安全与介水传染病监测平台和公共卫生突发事件应急处置平台；2020 年建成苏州市菌毒种保藏中心。

2017 ~2020 年，根据监测工作结果，编制年度系列白皮书。

（三）评估阶段（2020 年 7 月 ~2020 年底）

全面评估各项工作完成情况，总结工作经验，发现存在的不足之处，为卫生政策的制定提供依据。